Peter Bocker

ISDN –
Digitale Netze für Sprach-, Text-, Daten-, Video-
und Multimediakommunikation

Springer

*Berlin
Heidelberg
New York
Barcelona
Budapest
Hongkong
London
Mailand
Paris
Santa Clara
Singapur
Tokio*

Peter Bocker

ISDN
Digitale Netze für Sprach-, Text-, Daten-, Video- und Multimediakommunikation

Vierte, erweiterte Auflage

In Zusammenarbeit mit
G. Arndt, V. Frantzen, L. Hagenhaus, M. Huber, G. Mägerl,
H.J. Rothamel, L. Schweizer

Mit 120 Abbildungen und 30 Tabellen

Springer

Dr. rer. nat. Peter Bocker Dr.-Ing. Manfred Huber
Dipl.-Ing. Gerhard Arndt Dr. rer. nat. Gerhard Mägerl
Dipl.-Ing. Viktor Frantzen Dr.-Ing. Hans Jörg Rothamel
Dipl.-Ing. (FH) Lutz Hagenhaus Dipl.-Ing. Lutz Schweizer

Siemens AG
Bereich Öffentliche Kommunikationsnetze
81359 München

ISBN-13:978-3-642-64360-6

Die Deutsche Bibliothek - CIP-Einheitsaufnahme
Bocker, Peter: Digitale Netze für Sprach-, Text-, Daten-, Video- und Multimediakommunikation /
Peter Bocker. - 4., erw. Aufl. - Berlin ; Heidelberg ; New York ; Barcelona ; Budapest ; Hongkong ;
London ; Mailand ; Paris ; Santa Clara ; Singapur ; Tokio : Springer, 1997
Bis 3. Aufl. u.d.T.: Bocker, Peter: ISDN, das diensteintegrierende digitale Nachrichtennetz
ISBN-13:978-3-642-64360-6   e-ISBN-13:978-3-642-60338-9
DOI: 10.1007/978-3-642-60338-9

Dieses Werk ist urheberrechtlich geschützt. Die dadurch begründeten Rechte, insbesondere die der
Übersetzung, des Nachdrucks, des Vortrags, der Entnahme von Abbildungen und Tabellen, der Funk-
sendung, der Mikroverfilmung oder der Vervielfältigung auf anderen Wegen und der Speicherung
in Datenverarbeitungsanlagen, bleiben, auch bei nur auszugsweiser Verwertung, vorbehalten. Eine
Vervielfältigung dieses Werkes oder von Teilen dieses Werkes ist auch im Einzelfall nur in den Grenzen der gesetzlichen Bestimmungen des Urheberrechtsgesetzes der Bundesrepublik Deutschland vom
9. September 1965 in der jeweils geltenden Fassung zulässig. Sie ist grundsätzlich vergütungspflichtig.
Zuwiderhandlungen unterliegen den Strafbestimmungen des Urheberrechtsgesetzes.

© Springer-Verlag Berlin Heidelberg 1997
Softcover reprint of the hardcover 4th edition 1997

Die Wiedergabe von Gebrauchsnamen, Handelsnamen, Warenbezeichnungen usw. in diesem Werk
berechtigt auch ohne besondere Kennzeichnung nicht zu der Annahme, daß solche Namen im Sinne
der Warenzeichen- und Markenschutz-Gesetzgebung als frei zu betrachten wären und daher von
jedermann benutzt werden dürfen.

Sollte in diesem Werk direkt oder indirekt auf Gesetze, Vorschriften oder Richtlinien (z.B. DIN, VDI,
VDE) Bezug genommen oder aus ihnen zitiert worden sein, so kann der Verlag keine Gewähr für
die Richtigkeit, Vollständigkeit oder Aktualität übernehmen. Es empfiehlt sich, gegebenenfalls für
die eigenen Arbeiten die vollständigen Vorschriften oder Richtlinien in der jeweils gültigen Fassung
hinzuzuziehen.

Produktion: PRODUserv Springer Produktions-Gesellschaft, Berlin
Satzherstellung mit TEX: Lewis & Leins GmbH, Berlin
Einbandentwurf: Struve & Partner, Heidelberg
SPIN: 10126832   62/3020 - 5 4 3 2 1 0 - Gedruckt auf säurefreiem Papier

Vorwort zur vierten Auflage

ISDN (Integrated Services Digital Network) ist der Name für digitale Netze, die über einen Teilnehmeranschluß Sprach-, Text-, Daten-, Video- und Multimediakommunikation erlauben und dabei komfortable Dienstmerkmale bieten. Netze nach dem ISDN-Konzept haben wegen ihrer Universalität und Wirtschaftlichkeit weltweit eine herausragende Bedeutung erlangt. Dieses ISDN-Konzept, die Dienste im ISDN, die Prinzipien der ISDN-Endeinrichtungen und die ISDN-Mangagementfunktionen werden in dem vorliegenden Buch dargestellt und erläutert.

Seit dem Erscheinen der ersten Auflage des Buches im Jahre 1986 wurde an dem ISDN-Konzept intensiv weitergearbeitet; zahlreiche Änderungen und Ergänzungen sind in die folgenden Auflagen aufgenommen worden. Die vorliegende vierte Auflage wurde nun inhaltlich ganz wesentlich erweitert: das Konzept und die Systeme des Breitband-ISDN (B-ISDN) werden erstmals in diesem Buch behandelt. Dies ist jetzt möglich, nachdem die Merkmale des B-ISDN in der internationalen Standardisierung klare Konturen erhalten haben; und die breite Veröffentlichung und Interpretation dieser neuen und richtungweisenden internationalen Vereinbarungen erscheint auch nötig, weil der Bedarf nach Breitbandkommunikation immer stärker geworden ist und weil daher in aller Welt vielfältige Breitbandanwendungen und Breitbandkommunikationsnetze erprobt werden.

Zunächst wird im vorliegenden Buch gezeigt, welche Nutzerbedürfnisse zu den Forderungen nach Bitraten bis zu 140 Mbit/s oder 600 Mbit/s führen; es sind neben dem schnellen Datentransfer vor allem die Bild- und die Multimediakommunikation. Die entsprechenden Dienste und Dienstmerkmale werden beschrieben. Beim Netzaufbau sind nun auch Ringstrukturen zu betrachten. In die Darstellung des Teilnehmeranschlusses wurden die Benutzer-Netz-Schnittstellen des B-ISDN aufgenommen mit den Protokollen auf der Basis des Asynchronous Transfer Mode (ATM). Der Abschnitt über Endeinrichtungen enthält neben Angaben zu den Geräten für das 64-kbit/s-ISDN und für das B-ISDN auch Ausführungen zu den Workstations für die Multimediakommunikation und zu privaten Telekommunikationsanlagen und Netzen am ISDN. In dem Abschnitt über Vermittlungstechnik wird besonders auch auf die ATM-Signalisierung und -Vermittlung eingegangen sowie auf die Server für Datendienste über ATM. Die Erläuterungen zur Übertragungstechnik wurden auf das B-ISDN erweitert mit Glasfasern im Teilnehmeranschlußbereich und mit hochratigen Kanalbündelungsprinzipien im Netzinneren.

Völlig neu ist in diesem Buch auch eine zusammenhängende Darstellung der Managementfunktionen im ISDN und der komfortablen Netz- und Dienstesteuerung, die eine besondere Flexibilität und z.B. die Einrichtung virtueller Privatnetze erlaubt. Ebenfalls neu ist die Behandlung der Mobilkommunikation in Verbindung mit dem ISDN, die äußerst rasch an Bedeutung gewinnt.

Wie bei den vorangegangenen Auflagen werden die Darlegungen ergänzt durch einen Anhang mit den Standards und Empfehlungen, die im Zusammenhang mit dem 64-kbit/s-ISDN und dem B-ISDN von Interesse sind; hier sind erstmals die entsprechenden European Telecommunication Standards (ETS) des Europäischen Institutes für Telekommunikationstandards ETSI mit aufgenommen.

Die Zielrichtung des Buches blieb auch für diese vierte Auflage unverändert: Es wendet sich an Ingenieure, die bei der Konzeption, dem Aufbau oder dem Betrieb von Kommunikationssystemen Kenntnisse über Voraussetzungen und Merkmale des 64-kbit/s-ISDN und des B-ISDN benötigen. Außerdem soll das Buch den in Forschung und Lehre Tätigen sowie einer technisch interessierten breiteren Öffentlichkeit einen Überblick verschaffen über die Hintergründe und Zusammenhänge dieser neuen Entwicklungen der Kommunikationsnetze.

Auch an der Vorbereitung dieser Auflage waren die Mitarbeiter der vorangegangenen Auflagen beteiligt: Dipl.-Ing. Gerhard Arndt, Dipl.-Ing. Viktor Frantzen, Dipl.-Ing. (FH) Lutz Hagenhaus, Dr.-Ing. Hans Jörg Rothamel und Dipl.-Ing. Lutz Schweizer; im Hinblick auf die Behandlung der neuen Themen wurde diese Gruppe erweitert um die Herren Dr.-Ing. Manfred Huber und Dr. Gerhard Mägerl. Für die Neufassung der Abschnitte waren verantwortlich: Abschnitt 1: P. Bocker; Abschnitte 2 und 4.7.2: H.J. Rothamel; Abschnitt 3: L. Hagenhaus; Abschnitte 4.1 bis 4.5: M. Huber; Abschnitte 4.6, 5.2 und 6: V. Frantzen; Abschnitte 5.1, 9: G. Arndt; Abschnitt 7 und Anhang: L. Schweitzer; Abschnitt 8: G. Mägerl. Außerdem sind in die Darstellung die Ergebnisse vielfältiger Hinweise eingeflossen, die die Verfasser in zahlreichen Gesprächen mit vielen Fachkollegen in aller Welt erhielten; besonders danke ich Herrn Dieter Kaiser für die gründliche Durchsicht von Abschnitt 4 und für die Aktualisierung des Anhanges, Herrn Dr. Rudolf Küchler für die Niederschrift von Abschnitt 4.7.1, Herrn Dr.-Ing. Anton Kammerl für seine Beiträge zu Abschnitt 6.2.6 und Herrn Dr. Hans-Jörg Thaler für einige konkrete Vorschläge zu Abschnitt 7.

Für alle Unterstützung bei der Arbeit an diesem Buch bedanke ich mich sehr. Nach Fertigstellung des Manuskriptes dieser vierten Auflage mit seinen besonders vielen neu geschriebenen Abschnitten möchte ich aber besonders herzlich den genannten Verfassern meinen Dank ausdrücken. Trotz sehr starker beruflicher Inanspruchnahme in unserem Industrieunternehmen haben sie mit viel persönlichem Einsatz dazu beigetragen, daß wir nun diese im Inhalt gegenüber den vorangegangenen Auflagen wesentlich erweiterte und im ganzen aktualisierte vierte Auflage unseres Buches vorlegen können.

München, im Frühjahr 1996   Peter Bocker

Inhaltsverzeichnis

1	Die Aufgabe der Kommunikationsnetze	1
1.1	Kommunikationsanwendungen, -dienste und -netze	1
1.2	Die Entwicklung der Kommunikationsnetze	2
	1.2.1 Herkömmliche Kommunikationsnetze	2
	1.2.2 Integration der Dienste	3
	1.2.3 Flexibilität und Netzintelligenz	4
	1.2.4 Netze mit höheren Bitraten	5
1.3	Konzept des diensteintegrierenden digitalen Kommunikationsnetzes ISDN	5
	1.3.1 64-kbit/s-ISDN	6
	1.3.2 Breitband-ISDN	8
1.4	Datenschutz im ISDN	9
1.5	Die Bedeutung der Standardisierung	10
2	Kommunikationsdienste	13
2.1	Definition der Dienste	13
	2.1.1 Struktur der Kommunikationsprotokolle	14
	2.1.2 Dienstegruppen	18
2.2	Multimediadienste	22
2.3	Definition der Dienstmerkmale	23
2.4	Dienste im 64-kbit/s-ISDN	24
	2.4.1 ISDN-Dienste mit 64 kbit/s und n x 64 kbit/s über B-Kanäle	24
	2.4.1.1 Dialogdienste als Übermittlungsdienste	26
	2.4.1.2 Dialogdienste als Teledienste	27
	2.4.1.3 Speicherdienste (Teledienste)	29
	2.4.1.4 Abrufdienste (Teledienste)	29
	2.4.1.5 Verteildienste	30
	2.4.2 ISDN-Dienste über den D-Kanal	30
	2.4.2.1 Dialogdienste als Übermittlungsdienste mit niedrigem Durchsatz	31
	2.4.2.2 Dialogdienste als Teledienste	31
	2.4.3 Bestehende Dienste aus dem Fernsprechnetz im ISDN	31
	2.4.4 Dienste im Zusammenhang mit Endeinrichtungen aus eigenständigen Text- und Datennetzen	32
2.5	Dienste im Breitband-ISDN	33

VIII Inhaltsverzeichnis

   2.5.1 Interaktive Breitband-Datenkommunikationsanwendungen und -dienste 36
   2.5.2 Interaktive Breitband-Dokumentenkommunikationsanwendungen und -dienste 37
   2.5.3 Interaktive Breitband-Bewegtbildkommunikationsanwendungen und -dienste 38
   2.5.4 Breitband-Verteilkommunikation 40
  2.6 Dienstmerkmale 40
   2.6.1 Allgemeine Anschlußmerkmale des ISDN 41
   2.6.2 Ergänzende Dienstmerkmale 41
   2.6.2.1 Dienstspezifische Anschlußmerkmale 41
   2.6.2.2 Verbindungsdienstmerkmale 42
   2.6.2.3 Informationsdienstmerkmale 43
  2.7 Dienstübergänge 44

3 Aufbau der Kommunikationsnetze 47

  3.1 Netzgliederung 47
  3.2 Netzkomponenten 48
   3.2.1 Anschlußleitungen für das 64-kbit/s ISDN und das B-ISDN 48
   3.2.2 Vermittlungsstellen 51
   3.2.2.1 Vermittlungsstellen mit Leitungsvermittlung 52
   3.2.2.2 Vermittlungsstellen mit Paketvermittlung 52
   3.2.2.3 ATM-Vermittlungsstellen 53
   3.2.3 Crossconnectoren 53
   3.2.4 Signalisierung zwischen ISDN-Vermittlungsstellen 54
   3.2.5 Verbindungsleitungen 55
  3.3 Netzaufbau 56
   3.3.1 Netztopologien 56
   3.3.2 Netzaufbau des 64-kbit/s-ISDN 57
   3.3.3 Netzaufbau des B-ISDN auf ATM-Basis 59
  3.4 Netzübergänge 61
   3.4.1 64-kbit/s-ISDN und das Telefonnetz 61
   3.4.2 64-kbit/s-ISDN und öffentliche Datennetze 62
   3.4.3 Anschluß von privaten Netzen 63
   3.4.4 Anschluß von Mobilfunknetzen 65
   3.4.5 Zusammenarbeit zwischen 64-kbit/s-ISDN und B-ISDN 66
  3.5 Netzdimensionierung 67
   3.5.1 Grundlagen 67
   3.5.2 Einflüsse der Diensteintegration 69
   3.5.3 Verkehrslenkung 70
   3.5.4 Verbindungsannahme und Parameterüberwachung im B-ISDN 71
  3.6 Numerierung 72
  3.7 Einführungsstrategien 73

	3.7.1	Overlaynetz und Insellösung	73
	3.7.2	Pragmatische Einführungsstrategie	75

4 Teilnehmeranschluß ... 77

4.1 Aufbau der Benutzerstation ... 77
    4.1.1 Referenzkonfigurationen ... 77
    4.1.2 Funktionseinheiten ... 79
    4.1.2.1 Netzabschlußeinheit 1 (NT1) ... 79
    4.1.2.2 Netzabschlußeinheit 2 (NT2) ... 80
    4.1.2.3 Endeinrichtungen (TE) ... 80
    4.1.3 Realisierungsmöglichkeiten ... 78
    4.1.4 Anschluß von privaten Netzen ... 82
4.2 Benutzer-Netz-Schnittstellen für das 64-kbit/s-ISDN ... 83
    4.2.1 Vorbemerkungen ... 83
    4.2.1.1 Kanaltypen ... 84
    4.2.1.2 Anschlußarten ... 85
    4.2.1.3 Schnittstellenstrukturen ... 86
    4.2.1.4 Betrieb allgemeiner Kanäle ... 86
    4.2.2 Benutzer-Netz-Schnittstelle beim Basisanschluß ... 87
    4.2.2.1 Modellkonfigurationen ... 87
    4.2.2.2 Elektrische Charakteristika für die Informationsübertragung ... 89
    4.2.2.3 Zugang der Endeinrichtungen zum D-Kanal ... 90
    4.2.2.4 Rahmenstruktur ... 92
    4.2.2.5 Aktivierung und Deaktivierung ... 93
    4.2.2.6 Elektrische Charakteristika für die Speisung ... 94
    4.2.3 Benutzer-Netz-Schnittstelle beim Primärratenanschluß ... 95
4.3 Benutzer-Netz-Schnittstellen für B-ISDN ... 97
    4.3.1 Allgemeine Aspekte ... 97
    4.3.1.1 Transfer Mode ... 97
    4.3.1.2 Protokollreferenzmodell ... 98
    4.3.1.3 Schnittstellenarten ... 99
    4.3.2 Physikalische Schicht ... 101
    4.3.2.1 Anpassung der Zellen an die Übertragung ... 101
    4.3.2.2 Übertragungsmedien ... 104
    4.3.3 ATM-Schicht ... 105
    4.3.3.1 Struktur einer Zelle ... 105
    4.3.3.2 Zellkopf ... 105
    4.3.3.3 Verbindungsarten ... 108
    4.3.4 ATM-Anpassungsschicht ... 109
    4.3.4.1 Funktionale Beschreibung ... 109
    4.3.4.2 Protokolle ... 110
    4.3.5 Betrieb und Wartung ... 113
    4.3.5.1 Allgemeines ... 113

		4.3.5.2 OAM für die physikalische Schicht 113

        4.3.5.2 OAM für die physikalische Schicht 113
        4.3.5.3 OAM für die ATM-Schicht 114
4.4 Benutzersignalisierung im ISDN 115
      4.4.1 Protokollarchitektur 115
      4.4.2 Verbindungsarten 117
      4.4.3 Besonderheiten bei der ISDN-Signalisierung 119
      4.4.3.1 Angaben für den Verbindungsaufbau 119
      4.4.3.2 Buskonfigurationen 121
      4.4.3.3 Simultane Signalisierungsaktivitäten 122
      4.4.4 Sicherungsprotokoll im D-Kanal 122
      4.4.4.1 Leistungsmerkmale der Sicherungsschicht 123
      4.4.4.2 Übermittlungsverfahren 123
      4.4.4.3 Vergabe eindeutiger Endeinrichtungs-Identitäten 125
      4.4.5 Signalisierung für leitungsvermittelte Verbindungen 126
      4.4.5.1 Einfacher Verbindungsaufbau 126
      4.4.5.2 Einfacher Verbindungsabbau 127
      4.4.5.3 Verfeinerter Verbindungsaufbau und Verbindungsabbau . 128
      4.4.5.4 Steuerung von ergänzenden Dienstmerkmalen 129
      4.4.5.5 Benutzer-Benutzer-Signalisierung 129
      4.4.5.6 Funktionales Protokoll (functional protocol)
               und Anreizprotokoll (stimulus protocol) 129
4.5 Benutzersignalisierung im B-ISDN 129
      4.5.1 Vorbemerkungen 131
      4.5.1.1 Einführungskonzept 131
      4.5.1.2 Signalisierungskonfigurationen 132
      4.5.2 Metasignalisierung 133
      4.5.3 ATM-Anpassungsschicht für Signalisierung 134
      4.5.4 Schicht-3-Protokoll für B-ISDN 135
      4.5.4.1 Protokoll für Capability Set 1 135
      4.5.4.2 Anforderungen für Capability Set 2 136
4.6 Anschluß von Endeinrichtungen mit herkömmlichen Schnittstellen an das 64-kbit/s ISDN 137
      4.6.1 Integrierte Lösung und Netzübergangslösung 141
      4.6.2 Anschluß von X.21-Endeinrichtungen mit Einphasenwahl . 145
      4.6.3 Endeinrichtungen des Fernsprechnetzes: Anpassung der analogen a/b-Schnittstelle und von Schnittstellen der V.-Serie 146
      4.6.4 Anschluß von Endeinrichtungen mit X.25-Schnittstelle an das ISDN 144
      4.6.4.1 Grundlegende Merkmale 147
      4.6.4.2 Punkt-zu-Mehrpunkt-Signalisierung für ankommende virtuelle Rufe 151
4.7 Anschluß und Kommunikationsbeziehungen von herkömmlichen Endeinrichtungen am B-ISDN 152

Inhaltsverzeichnis XI

4.7.1 Frame Relaying und B-ISDN 150
4.7.2 Verbindungslose (connectionless) Kommunikation über ATM 159
4.7.2.1 Funktionen für die Connectionless-Übermittlung im B-ISDN 159
4.7.2.2 Connectionless-Übermittlungsprotokolle 161

5 Endeinrichtungen 165

5.1 Endgeräte 165
    5.1.1 Vorbemerkungen 165
    5.1.2 Anschaltung von Endgeräten an den ISDN-Basisanschluß . 167
    5.1.3 Anschaltung von Endgeräten an die Breitbandschnittstelle 168
    5.1.4 Endgeräte für das 64-kbit/s-ISDN 170
    5.1.4.1 Das ISDN-Telefon 170
    5.1.4.2 Das ISDN-Bildtelefon 171
    5.1.4.3 Der ISDN-Fernkopierer 173
    5.1.4.4 Der Personal Computer 173
    5.1.5 Endgeräte für das Breitband-ISDN 176
    5.1.5.1 Das Fernsehtelefon 176
    5.1.5.2 Breitband-Endgeräte für besondere Anwendungen 176
    5.1.6 Multimedia-Endgeräte 178
5.2 Private Telekommunikationsanlagen 179
    5.2.1 TK-Anlagen am 64-kbit/s-ISDN 180
    5.2.1.1 Prinzipielle Lösungen 180
    5.2.1.2 Struktur und Merkmale einer TK-Anlage am 64-kbit/s-ISDN 181
    5.2.2 Local Area Networks 187
    5.2.3 Breitband-TK-Anlagen 190

6 Vermittlungstechnik im ISDN 191

6.1 Vorbemerkungen 191
6.2 Neue Anforderungen an die Vermittlungstechnik durch die Diensteintegration im ISDN und die Einführung von Breitbanddiensten 197
    6.2.1 Anforderungen an die Vermittlungstechnik durch die Diensteintegration im 64-kbit/s-ISDN 198
    6.2.2 Anforderungen an die Vermittlungstechnik durch die Einführung von Breitbanddiensten 198
    6.2.3 Benutzeranschluß 199
    6.2.4 Zwischenamtsanschluß 204
    6.2.5 Digitale Zeitmultiplex-Vermittlungstechnik 205
    6.2.6 ATM-Vermittlungstechnik 206
    6.2.6.1 Vermittlung von ATM-Zellen 206
    6.2.6.2 ATM-Crossconnect und ATM-Vermittlungsstelle 208

    6.2.7 Benutzersignalisierung 210
    6.2.8 Zentrale Steuerung 211
    6.2.9 Zwischenamtssignalisierung 213
    6.2.10 Betrieb und Wartung 214
    6.2.11 Takterzeugung und Netzsynchronisierung 215
  6.3 Die Zwischenamtssignalisierung im ISDN 215
    6.3.1 Grundmerkmale der Zwischenamtssignalisierung mit dem ITU-T-Signalisierungssystem Nr. 7 215
    6.3.2 Der Nachrichtentransferteil MTP 219
    6.3.3 Signalisierungsbeziehungen zwischen ISDN-Vermittlungsstellen 220
    6.3.4 Protokoll-Architektur der lSDN-Zwischenamtssignalisierung 224
    6.3.5 Transaktionsverkehr im Rahmen des ITU-T-Signalisierungssystems Nr. 7 225
    6.3.6 Zwischenamtssignalisierung im Breitband-ISDN 226
    6.3.6.1 Message Transfer Part auf Basis von ATM 226
    6.3.6.2 Broadband ISDN User Part 226
    6.3.7 Realisierung der lSDN-Zwischenamtssignalisierung in der Vermittlungsstelle 229

7 Übertragungstechnik im ISDN 231

  7.1 Vorbemerkungen 231
  7.2 Die Hierarchie der digitalen Übertragungskanäle 231
    7.2.1 Die Basis: 64 kbit/s 231
    7.2.2 Primär-Multiplexsignale 233
    7.2.3 Signale mit höheren Bitraten; Digitalsignal-Hierarchien . . 236
  7.3 Übertragungsmedien 236
    7.3.1 Leiter in Kabeln 237
    7.3.2 Richtfunk und Satellitenfunk 238
  7.4 Einrichtungen zur Übertragung von Digitalsignalen über Kabel- und Richtfunkstrecken 239
    7.4.1 Allgemeines 239
    7.4.2 Übertragung auf Kabeln im Bereich der Verbindungs-leitungen 241
    7.4.3 Übertragung mit Richtfunk 242
    7.4.4 Übertragung auf Teilnehmeranschlußleitungen 242
    7.4.5 Anschlußnetze 246
  7.5 Multiplexsignale und Multiplexeinrichtungen 247
    7.5.1 Signale mit 2048 kbit/s 247
    7.5.2 Digitalsignal-Multiplexer 248
  7.6 Netzsynchronisierung 250
    7.6.1 Erfordernis der Netzsynchronisierung 250
    7.6.2 Realisierung der Netzsynchronisierung 250

	7.6.3	Anforderungen an die Taktversorgung	252
7.7		Störwirkungen und Übertragungsqualität	252
	7.7.1	Störwirkung von Bitfehlern	252
	7.7.2	Störwirkung von Slip-Vorgängen bei 64-kbit/s-Diensten	254
	7.7.3	Einfluß der Signallaufzeit	255
	7.7.4	Einfluß von Phasenjitter und Phasenwandern	255

8 Netzmanagement im ISDN 257

- 8.1 Vorbemerkungen 257
- 8.2 Anforderungen der Netzbetreiber 258
- 8.3 Das Telecommunications Management Network (TMN) nach ITU-T 258
  - 8.3.1 Die funktionale Architektur des TMN 258
  - 8.3.2 Das Schichtenmodell für die Operations Systems Functions des TMN 260
  - 8.3.3 Informationsaustausch im TMN 261
  - 8.3.4 Die physikalische Architektur des TMN 262
- 8.4 TMN und IN: Management von Diensten 263
- 8.5 Ausblicke 264

9 Mobilkommunikation 265

- 9.1 Mobilfunkkommunikation und ihre Einbindung in das ISDN .. 266
  - 9.1.1 Zellularfunk 266
    - 9.1.1.1 Technik und Anwendungen 266
    - 9.1.1.2 Realisierungen 267
    - 9.1.1.3 Zusammenarbeit mit dem ISDN 268
  - 9.1.2 Funkruf 268
    - 9.1.2.1 Technik und Anwendungen 268
    - 9.1.2.2 Realisierungen 269
    - 9.1.2.3 Zusammenarbeit mit dem ISDN 270
  - 9.1.3 Das schnurlose Telefon 270
    - 9.1.3.1 Technik und Anwendungen 270
    - 9.1.3.2 Realisierungen 270
    - 9.1.3.3 Zusammenarbeit mit dem ISDN 271
  - 9.1.4 Zukünftige Entwicklungen bei der Mobilfunkkommunikation 272
- 9.2 Mobile Kommunikation im leitungsgebundenen Netz 273
- 9.3 Netzübergreifende Mobilkommunikation durch UPT 276

Anhang: ISDN-Standards 279

Literatur 305

Stichwortverzeichnis 323

1 Die Aufgabe der Kommunikationsnetze

1.1 Kommunikationsanwendungen, -dienste und -netze

Für die Konzeption eines Kommunikationsnetzes ist ein gründliches Verständnis der *Anwendungen* eine der wichtigsten Voraussetzungen. Aus den Anwendungen sind *Dienste* abzuleiten, welche durch das *Netz* den Anwendern geboten werden. Die Dienste und die Art ihrer Inanspruchnahme durch die Nutzer bilden schließlich die Grundlage für die zweckmäßige und wirtschaftliche Netzdimensionierung.

Aus der Vielfalt der möglichen Kommunikationsanwendungen ließ sich in der Vergangenheit technisch zunächst nur die Textübermittlung (Telegrafie), später auch die Sprachübermittlung (Telefonie) realisieren. Die Merkmale der entsprechenden Dienste, z.B. Telex, Telefondienst, wurden international vereinbart, und heute ist es nahezu problemlos möglich, über entsprechende Netze weltweit Verbindungen aufzubauen und auf der Basis dieser Dienste zu kommunizieren. Dabei ist die Kommunikation nicht auf Texte und Sprache beschränkt, sondern über das Fernsprechnetz können mit Hilfe geeigneter Zusatzeinrichtungen (Modems) z.B. auch Daten, Grafiken und Bilder übertragen werden.

Die technologische Entwicklung hat nun dazu geführt, daß die Forderungen der Nutzer durch die Kommunikationsnetze in viel größerem Maß als bisher erfüllt werden können: nicht nur Sprach-, sondern hochwertige Tonübermittlung ist möglich (Audiokommunikation); eine Textseite oder auch ein farbiges Bild läßt sich innerhalb weniger Sekunden übermitteln (Text/Daten/Bildkommunikation); auch Bewegtbildübertragung (Videokommunikation) ist mit einer Qualität möglich, die der des natürlichen Bildes sehr nahekommt. Außerdem kann der Forderung Rechnung getragen werden, zu einem Zeitpunkt über eine Verbindung auch in mehreren Informationsarten gleichzeitig zu kommunizieren (Multimediakommunikation).

Auch die Ansprüche nach mehr Komfort bei der Kommunikation können immer besser erfüllt werden: Information kann nicht mehr nur zwischen bestimmten Stationen, sondern auch zwischen bestimmten Personen – unabhängig von deren Aufenthaltsorten – übermittelt werden; Kommunikation ist auch mit Personen in Verkehrsmitteln (Automobil, Eisenbahn, Flugzeug) möglich; Nachrichten und Wünsche nach Kommunikationsverbindungen können zwischengespeichert werden. Dabei gewinnt auch die Forderung nach hoher Sicherheit der Kommunikation zunehmend an Bedeutung.

Grundlage für diese Fortschritte ist die physikalische Darstellung aller genannten Informationsarten Audio, Text/Daten/Bild, Video als binäre, isochrone

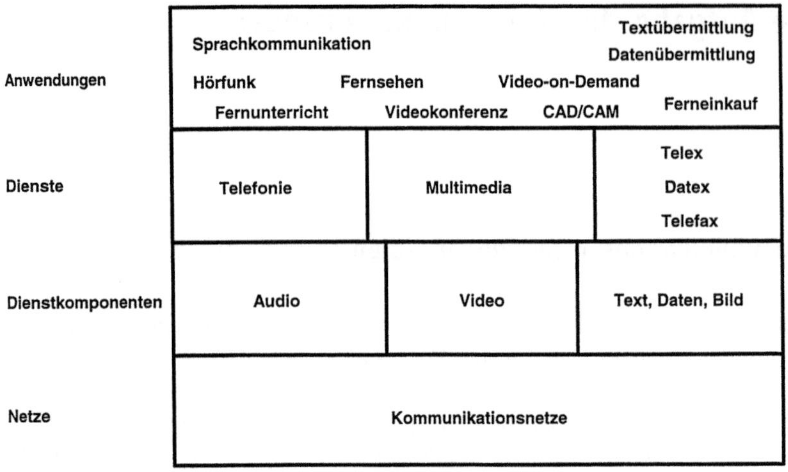

1 Die Aufgabe der Kommunikationsnetze

Anwendungen	Sprachkommunikation			Textübermittlung Datenübermittlung	
	Hörfunk	Fernsehen		Video-on-Demand	
	Fernunterricht		Videokonferenz	CAD/CAM	Ferneinkauf
Dienste	Telefonie		Multimedia		Telex Datex Telefax
Dienstkomponenten	Audio		Video		Text, Daten, Bild
Netze	Kommunikationsnetze				

Bild 1.1. Kommunikationsanwendungen, -dienste und -netze

Signale und auf dieser Basis die Nutzung der technologischen Fortschritte hinsichtlich Verarbeitungsgeschwindigkeit, Speicherdichte und Wirtschaftlichkeit.

Kommunikationstechnik bedeutet also (Bild 1.1):
- *Kommunikationsnetze* sorgen für den raschen, zuverlässigen Transport der digitalen Signale zwischen den gewünschten Partnern.
- Über diese Netze erlauben *Dienste* und *Dienstkomponenten* die Kommunikation in einer oder mehreren Informationsarten.
- Endeinrichtungen an diesen Netzen ermöglichen den Zugang zu den Diensten. Sie stellen damit das Bindeglied zwischen Kommunikationstechnik und *Anwendung* dar.
- Durch geeignete Maßnahmen in den Endeinrichtungen oder in den Netzen kann die erforderliche Sicherheit der Kommunikation bewirkt werden.
- Die Anwendungsbereiche reichen von Industrie über Verwaltung, wissenschaftliche Institute bis ins Heim, stations- oder personenbezogen, mit ortsfesten oder mobilen Nutzern.

1.2 Die Entwicklung der Kommunikationsnetze

1.2.1 Herkömmliche Kommunikationsnetze

Für die Individualkommunikation stehen folgende herkömmliche Wählnetze zur Verfügung:
- das *Fernsprechnetz* als das am weitesten verbreitete Wählnetz für Dialogkommunikation; es erlaubt außer der Sprachkommunikation auch – mit Hilfe geeigneter Zusatzeinrichtungen – die Übertragung von Festbildern (Faksimiles),

von Daten und von Fernwirkinformationen sowie den Informationsaustausch mit Bildschirmtext-Zentralen.
- das *Telexnetz*; es erlaubt Textverkehr nach einem standardisierten Verfahren zwischen allen angeschlossenen Fernschreibmaschinen.
- *Netze für Text- und Datenkommunikation*; diese arbeiten mit verschiedenen Durchschalteverfahren (Leitungsvermittlung, Paketvermittlung; s. Abschn. 3.2.2) und haben eine Anzahl von Teilnehmerklassen, für welche unterschiedliche Datenübertragungsgeschwindigkeiten sowie verschiedene Codes und Geschwindigkeiten in der Verbindungsauf- und -abbauphase festgelegt wurden. In Deutschland wurde das Telexnetz zu dem eigenständigen Integrierten Text- und Datennetz erweitert und um ein Paketvermittlungsnetz ergänzt.

Außer den Verbindungen auf diesen Wählnetzen können für die Sprach- und für die Text- und Datenübertragung *festgeschaltete Verbindungen* – auch temporär und mit variabler Bandbreite – zur Verfügung gestellt werden. In Verbindung mit Servern für spezielle Anwendungen (z.B. Electronic Mail) lassen sich für bestimmte Aufgaben auf diese Weise rasch und flexibel Netze aufbauen und betreiben (z.B. Internet).

1.2.2 Integration der Dienste

Derzeit stehen für die Individualkommunikation zwar weltweit kompatible Kommunikationsnetze und -dienste zur Verfügung, über die zahlreiche unterschiedliche Kommunikationssysteme betrieben werden; eine Zusammenarbeit zwischen den einzelnen Systemen für die Sprach-, Text-, Daten- und Bildkommunikation ist jedoch höchstens in besonderen Ausnahmefällen möglich. Sowohl die Endgeräte als auch die Vorgänge für den Netzzugang und die Kommunikationsabwicklung sind verschieden und ihrer jeweiligen Aufgabe angepaßt.

Die Weiterentwicklung der Kommunikationsnetze besteht also nicht nur in einem ständigen Verbessern, Vervollständigen und Modernisieren dieser Systeme, sondern es werden neue Gesamtlösungen angestrebt, welche die Hürden zwischen den verschiedenen Informationsarten und -techniken überwinden und damit die Grundaufgabe der Kommunikationstechnik besser erfüllen: dem Menschen die Kommunikation in ihrer Gesamtheit zu erleichtern. Dabei wird jedoch immer die Möglichkeit der Zusammenarbeit mit den bestehenden Netzen mitbetrachtet.

Nachdem aus wirtschaftlichen Gründen die Digitalsignale zur allgemeinen Grundlage der Kommunikationstechnik geworden sind, lag natürlich das Konzept eines *einheitlichen digitalen Kommunikationsnetzes* für alle Informationsarten nahe, das Konzept des Integrated Services Digital Network ISDN.

Mit diesem einheitlichen Netz werden zwei Ziele erreicht. Das eine Ziel ist die *Integration der Techniken*. Dabei sollen zum einen die Techniken für die verschiedenen Dienste zusammengeführt werden, so daß z.B. auch auf der Teilnehmeranschlußleitung mit den gleichen Mitteln Sprachsignale und Textsignale übertragen werden. Zum anderen sollen die Techniken für die Vermittlungs- und Übertragungsfunktionen im Netz integriert werden. In einem digitalisierten Netz kann z.B. auf das Auffächern der im Zeitmultiplex gebündelten Signale vor den Vermittlungsstellen verzichtet werden; den Vermittlungseinrichtungen werden direkt die Zeitmultiplexsignale zugeführt, und sie übernehmen dann neben der räumlichen auch die zeitliche Zuordnung der Kanäle (s. Abschn. 6.2.5).

Das zweite Ziel, das mit einem einheitlichen digitalen Nachrichtennetz erreicht wird, ist die *Einführung* komfortablerer *neuer Dienste* und die *Integration der Dienste*. Dies bedeutet,
- daß Endeinrichtungen für die unterschiedlichen Informationsarten über einheitliche Schnittstellen und Prozeduren des Verbindungsauf- und -abbaus ans Netz gebracht werden können,
- daß über eine Verbindung Kommunikation in verschiedenen Informationsarten (Sprache + Text, Sprache + Bild) gleichzeitig oder in zeitlichem Wechsel stattfinden kann (Multimediakommunikation).

1.2.3 Flexibilität und Netzintelligenz

Außer der Diensteintegration soll dem Benutzer eines modernen Kommunikationsnetzes auch die Möglichkeit geboten werden, in weiten Grenzen die Übertragungsgeschwindigkeit und -qualität entsprechend seinen Bedürfnissen zu wählen. Ein Schritt in diese Richtung wird in den Paketvermittlungsnetzen getan (s. Abschn. 3.2.2). Bei den zukünftigen Breitbandnetzen wird die paketorientierte Übermittlung sogar zum allgemeinen Prinzip erhoben (Asynchronous Transfer Mode ATM; s. Abschn. 3.2.2.3). Daneben werden vielseitige Möglichkeiten dafür geschaffen, daß die Kommunikation des Benutzers über die Grenzen eines Netzes hinausgehen kann. Übergänge von einem zu einem anderen Dienst werden ermöglicht (s. Abschn. 2.7); fallweise können Gebühren dem gerufenen Teilnehmer zugeordnet werden, statt – wie sonst – dem rufenden.

Neben einer solchen Flexibilität sollen moderne Kommunikationsnetze auch Möglichkeiten bieten, Nachrichten zu verarbeiten und zwischenzuspeichern; dies wird häufig als „Netzintelligenz" bezeichnet.

Durch „Netzintelligenz" ist z.B. eine *personenorientierte* anstelle der traditionellen stationsorientierten *Kommunikation* möglich. *Speicherdienste* mit „Briefkastenfunktionen" für Sprache, Text, Bild oder Daten lassen sich einrichten (s. Abschn. 2.4.1.3).

Der Benutzer kann auch in die Lage versetzt werden, sich im öffentlichen Netz *virtuelle Privatnetze* selber zusammenzuschalten und damit für sein Geschäftsnetz die wirtschaftlichen Vorteile, die Möglichkeiten einer größeren Flexibiliät bei der Anpassung an seine Bedürfnisse und die Vorteile einer größeren Verfügbarkeit der Einrichtungen des öffentlichen Netzes gegenüber privaten Einrichtungen zu erhalten. Schließlich soll es neben dem Betreiber auch dem Benutzer möglich sein, selbst nach seinen Bedürfnissen, d.h. auch in dichterem zeitlichen Wechsel,

1.3 Konzept des diensteintegrierenden digitalen Kommunikationsnetzes ISDN   5

nicht nur das Netz zu konfigurieren (Virtual Private Network), sondern auch Dienste einzurichten. Für private Dienstanbieter kann in öffentlichen Netzen ein *offener Netzzugang* (Open Network Architecture ONA, Open Network Provision ONP) vorgesehen werden, über den sie ihre „Mehrwertdienste"(Value Added Services) anbieten können.

Um die notwendige Netz- und Dienstgüte zu gewährleisten, ist eine umfassende Betriebssteuerung und -überwachung durch den Betreiber des öffentlichen Netzes, aber auch durch Betreiber solcher virtuellen Privatnetze zu ermöglichen (Network Management; s. Abschn. 8). Außerdem sind im Hinblick auf die Informationssicherheit im Netz, insbesondere in Bezug auf Echtheit („Authentication"), Vertraulichkeit, Vollständigkeit der Information, geeignete Maßnahmen vorzusehen.

1.2.4 Netze mit höheren Bitraten

Sprach-, Text-, Daten- und Bildkommunikation erfordern Bitraten, wie sie z.B. im digitalen Fernsprechkanal möglich sind. Daher hat dieser Kanal mit der Bitrate 64 kbit/s fundamentale Bedeutung im digitalisierten Fernsprechnetz und im 64-kbit/s-ISDN.

Viele Anwendungen der Datenübertragung, die Bewegtbildkommunikation und die Multimediakommunikation erfordern jedoch höhere Bitraten. Hierfür wurden entsprechende lokale Netze entwickelt: die *Local Area Networks (LANs)* (s. Abschn. 5.2.2). Solche Netze erlauben Datenübertragung zwischen Workstations, Druckern, Zentralrechnern und -speichern mit Geschwindigkeiten bis zu 100 Mbit/s. Die Kommunikation läuft über das Zweidraht-, Koaxial- oder Glasfaserkabel ohne individuelle Verbindungen: die Stationen sind ständig über das Kabel miteinander z.B. im logischen Ring verbunden und arbeiten verbindungslos („connectionless") mit standardisierten, auf Kabelart und -länge und auf die Übertragungsgeschwindigkeit abgestimmten Zugriffs- und Übermittlungsprotokollen zusammen. Diese lokalen Netze können sich mit ihrem verbindunglosen Betrieb auch über größere Bereiche erstrecken: *Metropolitan Area Networks (MANs)*.

Auch das Paketvermittlungsverfahren wurde bereits im Hinblick auf höhere Geschwindigkeiten und geringere, durch die Protokollabläufe bedingte Verzögerungen weiterentwickelt zum *Frame Relay Verfahren* (s. Abschn. 4.7.1).

1.3 Konzept des diensteintegrierenden digitalen Kommunikationsnetzes ISDN

In dem Konzept des universellen diensteintegrierenden digitalen Kommunikationsnetzes ISDN ist die Integration der Dienste neben der Integration der Techniken (s. Abschn. 1.2.2) konsequent erreicht. Selbstverständlich kann es – wie auch die modernen dienstspezifischen Netze – mit Flexibilität und Netzintelligenz (s. Abschn. 1.2.3) ausgestattet werden.

Ein so grundlegendes Konzept wie das des ISDN erfordert frühzeitige internationale Absprachen (s. Anhang). Danach ist das ISDN ein Netz mit von Teilnehmer zu Teilnehmer durchgehend digitalen Verbindungen, an das die Benutzer über festgelegte Benutzer-Netz-Schnittstellen angeschlossen werden [315].

Je nach den Bitraten auf diesen Benutzer-Netz-Schnittstellen wird unterschieden zwischen dem 64-kbit/s-ISDN und dem Breitband-ISDN (B-ISDN).

1.3.1 64-kbit/s-ISDN

Das 64-kbit/s-ISDN (Bild 1.2) ist durch folgende Grundeigenschaften gekennzeichnet:
- Basis des 64-kbit/s-ISDN ist das digitalisierte Fernsprechnetz, d.h. ein Netz auf der Grundlage des digitalen 64-kbit/s-Fernsprechkanals. Daher ist das ISDN im Grunde ein Durchschaltenetz; jedoch läßt sich auch paketvermittelter Datenverkehr im ISDN abwickeln (s. Abschn. 4.6.4).
- Die Verbindungen verlaufen im ISDN von Teilnehmer zu Teilnehmer durchgehend digital.
- Der *Basisanschluß* für einen Benutzer (s. Abschn. 4.2.2) sieht in beiden Richtungen je zwei 64-kbit/s-Basiskanäle (B-Kanäle) und einen 16-kbit/s-Hilfskanal (D-Kanal) vor; die Verbindungen über die beiden 64-kbit/s-Kanäle können zu verschiedenen Zielen führen. Außerdem ist – vor allem zum Anschluß von größeren ISDN-Nebenstellenanlagen – ein *Primärratenanschluß* definiert (s. Abschn. 4.2.3), der je nach dem eingesetzten Multiplexsystem (s. Abschn. 7.2.2) bis zu 24 Kanäle oder bis zu dreißig 64-kbit/s-Nutzkanäle und einen 64-kbit/s-Hilfskanal umfassen kann. Basis- und Primärratenanschluß sind auf den Kupferadernpaaren der vorhandenen Teilnehmeranschlußleitungen möglich (s. Abschn. 7.4.4).
- Jede Benutzerstation erhält nur eine Rufnummer, und zwar unabhängig von der Anzahl und der Art der dort angeschlossenen Sprach-, Text-, Daten-, Bildkommunikationsgeräte.
- Für das 64-kbit/s-ISDN ist eine universelle Benutzer-Netz-Schnittstelle definiert, die den Anschluß von unterschiedlichen Endeinrichtungen auch für verschiedene Informationsarten an eine einheitliche „Kommunikationssteckdose" erlaubt (Abschn. 4.2). Damit sind auch einheitliche Benutzerprozeduren für den Verbindungsauf- und -abbau (Abschn. 4.4) festgelegt.
- Die verschiedenen Endeinrichtungen einer Benutzerstation können in Bus- oder Sternkonfiguration angeschlossen sein (Abschn. 4.1.3). Das Netz stellt nicht nur Verbindungen zwischen den Benutzerstationen her, sondern darüber hinaus zwischen denjenigen Endeinrichtungen innerhalb der Benutzerstationen, die dem jeweils gewünschten Dienst entsprechen und kompatibel sind (s. Abschn. 4.4.3).

1.3 Konzept des diensteintegrierenden digitalen Kommunikationsnetzes ISDN

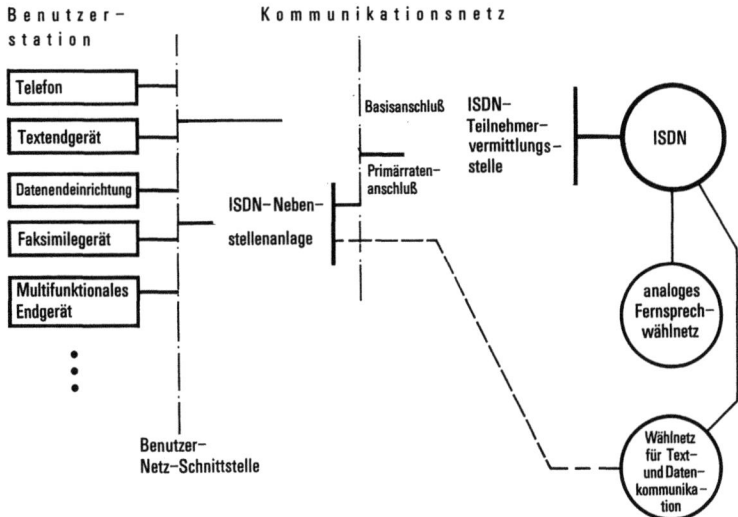

Bild 1.2. Das diensteintegrierende digitale Nachrichtennetz ISDN

Teilnehmer in vorhandenen Netzen, z.B. im analogen Fernsprechwählnetz, werden über das ISDN mit Hilfe von Netzübergängen erreicht (s. Abschn. 3.4). Falls ein bestimmter Netzübergang nicht vorhanden ist, muß die Teilnehmereinrichtung einen eigenen Anschluß an das betreffende Netz erhalten (in Bild 1.2 für den direkten Anschluß der ISDN-Nebenstellenanlage an das Wählnetz für Text- und Datenkommunikation gestrichelt gezeichnet).

Dieses 64-kbit/s-ISDN ermöglicht dem *Benutzer* durch eine Reihe vorteilhafter Dienste und Leistungsmerkmale
- neue, wirtschaftlichere und vielseitigere Anwendungen der Kommunikation infolge der Möglichkeit, gleichzeitig oder im zeitlichen Wechsel mit einer Station oder mit mehreren Stationen Informationen verschiedener Art, z.B. Sprache und Text, Text und Daten, austauschen zu können,
- Informationsaustausch mit dem Netz durch den leistungsfähigen Hilfskanal auch während einer bestehenden Verbindung ohne Störung der Übertragung der Nutzinformation, z.B. für ergänzende Dienstmerkmale wie *Anklopfen mit Anzeige* des rufenden Benutzers, *Anzeige der* auflaufenden *Gebühreneinheiten* (vgl. Abschn. 2.6),
- verbesserte Erreichbarkeit durch die beiden Basiskanäle und durch die Möglichkeiten des Hilfskanals und des Dienstewechsels,
- Anschluß von Endeinrichtungen, die in einfacher und einheitlicher Weise Zugang nicht nur zu einem, sondern zu mehreren Kommunikationsdiensten auch verschiedener Informationsarten bieten können; auch bei bestehender Verbindung ist ein Dienstewechsel einschließlich der Aktivierung oder

Deaktivierung entsprechender ergänzender Dienstmerkmale (s. Abschn. 2.6) möglich,
- das Umstecken einer Endeinrichtung von einer „Kommunikationssteckdose" an eine andere der gleichen Benutzerstation ohne Unterbrechung einer bestehenden Verbindung,
- größere Verbreitung von Kommunikationssystemen mit Bitraten von 64 kbit/s bis 2 Mbit/s (s. Abschn. 5.1.4), wichtig vor allem im Nicht-Sprachbereich, z.B. bei Faksimile und bei Datenübertragung.

Außerdem bietet das digitale Netz gute Voraussetzungen für Maßnahmen, die erforderliche Informationssicherheit im Netz herzustellen.

Für den *Betreiber* des 64-kbit/s-ISDN ergeben sich vor allem folgende Vorteile:
- Die im 64-kbit/s-ISDN gebotenen Dienste und Leistungsmerkmale führen zu neuen Anwendungen und zu mehr Kommunikation über Nachrichtennetze.
- Der Nutzungswert der vorhandenen Anschlußleitungen erhöht sich durch die beiden Basiskanäle je Benutzeranschluß.
- Das eine, allgemeine 64-kbit/s-ISDN mit einheitlicher, dienstunabhängiger Technik führt auch zur Vereinheitlichung der Betriebs- und Wartungstechnik.
- Das flexible, digitale Prinzip des Netzes erlaubt es auch, mit verhältnismäßig geringen Mitteln neue Kommunikationsdienste, unter Umständen auch nur probeweise, einzuführen.

1.3.2 Breitband-ISDN

In Anbetracht von Kommunikationsdiensten mit einem größeren Bitratenbedarf wurde das Konzept des 64-kbit/s-ISDN zu dem des Breitband-ISDN (B-ISDN) weiterentwickelt [142]. Das B-ISDN erlaubt Dialog-, Abruf- und Verteildienste mit konstanten und wechselnden Bitraten bis zu 140 Mbit/s und darüber. Hierbei handelt es sich praktisch ausschließlich um Multimediadienste, d.h. Dienste mit mehreren, auch wechselnden Informationsarten (s. Abschn. 2.5); daneben spielt – vor allem in der Einführungsphase des B-ISDN – die schnelle Datenübertragung in Verbindung mit der Kopplung von Local Area Networks eine besondere Rolle.

Das B-ISDN besitzt folgende Merkmale [64]:
- Grundlage ist das Übermittlungsverfahren des Asynchronous Transfer Mode ATM (s. Abschn. 3.2.2.3). Dieses ist besonders bei der Multimedia-Kommunikation vorteilhaft, da ein auf der Basis von ATM arbeitendes Netz den stark wechselnden Informationsmengen und unterschiedlichen Bitraten in wirtschaftlicher Weise Rechnung tragen kann [8].
- ATM-Einrichtungen können im Anschluß- und im Transitnetz eingesetzt werden; Multiplexer, Crossconnectoren und Vermittlungseinrichtungen können nach dem ATM-Prinzip arbeiten. Als Transportwege für ATM-strukturierte Information können aber auch die herkömmlichen STM (Synchronous Transfer Mode)-Kanäle dienen (s. Abschn. 3.2.5).

- ATM-Vermittlungs- und -Übertragungseinrichtungen erlauben auch den Anschluß der herkömmlichen Netze mit höheren Bitraten (s. Abschn. 1.2.4). Hierbei ist natürlich Kompatibilität zwischen den Protokollen dieser Netze vorteilhaft. Deshalb wurde für den verbindungslosen Verkehr aus dem DQDB[1]-Protokoll das CBDS[2]/SMDS[3]-Protokoll entwickelt (s. Abschn. 4). Das Frame-Relay-Verfahren basiert auf Festlegungen, die für das Protokoll im D-Kanal des 64-kbit/s-ISDN (LAPD; s. Abschn. 4.7.1) getroffen wurden.
- Die durch das ATM-Prinzip ermöglichte Flexibilität erlaubt eine einheitliche Benutzer-Netz-Schnittstelle unabhängig von speziellen Dienstmerkmalen und Bitratenerfordernissen, z.B. mit einer maximalen Bitrate von 150 Mbit/s. Aus wirtschaftlichen Gründen wird jedoch in manchen Ländern auch die Einführung einer 45-Mbit/s-Schnittstelle diskutiert; später ist auch eine 600-Mbit/s-Schnittstelle möglich (Abschn. 4.3).
- Über die Benutzer-Netz-Schnittstelle können gleichzeitig mehrere (virtuelle) Verbindungen aufgebaut werden. Über diese können einzelne *virtuelle Kanäle* geführt werden oder *virtuelle Pfade* als Bündel von virtuellen Kanälen (z.B. für die verschiedenen, getrennt steuerbaren Kanäle einer Multimedia-Verbindung oder für den Aufbau virtueller Privatnetze) (s. Abschn. 6.2.6.2).
- Das B-ISDN setzt wegen der hohen Bandbreiteerfordernisse Lichtwellenleiter auch im Anschlußnetz voraus (s. Abschn. 7.4.4).
- Über das B-ISDN können mit Hilfe besonderer Zusatzmoduln (Server) im „verbindungslosen" (connectionless) Betrieb Hochleistungsworkstations, Rechner, Local Area Networks (LANs) miteinander verbunden werden (s. Abschn. 4.7.2).
- Auch Breitbandverteildienste (z.B. für Fernsehprogramme) und die Dienste des 64-kbit/s-ISDN können durch das B-lSDN geboten werden (s. Abschn. 2.5.4). Hierzu sind allerdings noch spezielle Untersuchungen, insbesondere zur Wirtschaftlichkeit und zu den Merkmalen paketierter Sprache, erforderlich.

Damit ist das ATM-Prinzip die allgemeine technische Grundlage für Netze mit hohen Bitraten, und deshalb besitzt das auf der Grundlage von ATM konzipierte B-ISDN alle Merkmale eines zukünftigen universellen Kommunikationsnetzes.

1.4 Datenschutz im ISDN

Im ISDN übernehmen rechnergesteuerte Vermittlungseinrichtungen die Bewertung der Wahlinformation, den Verbindungsauf- und -abbau mit der Steuerung von verbindungsbezogenen Dienstmerkmalen, die Leitweglenkung, und sie arbeiten mit betriebstechnischen Einrichtungen (z.B. zur Gebührenberechnung

---

[1] Distributed Queue Dual Bus
[2] Connectionless Broadband Data Service
[3] Switched Multimegabit Data Service

und Verkehrsmessung) zusammen (s. Abschn. 6.2.8). Durch die Speicherung der verbindungsbezogenen Daten und durch die Trennung von Vermittlungs- und gebührenbezogenen Funktionen werden – z.B. in Verbindung mit dem 16-kbit/s-Hilfskanal – komfortable Dienstmerkmale ermöglicht und lassen sich die Gebührenstrukturen ohne großen Aufwand schnell verändern.

Aus Sicht des Datenschutzes werden jedoch einige dieser im ISDN möglichen technischen Merkmale kritisch gesehen. Dieses sind vor allem
- die Speicherung der ISDN-Kommunikationsdaten,
- der Einzelgebührennachweis,
- die Rufnummernanzeige beim gerufenen Teilnehmer.

Diese Merkmale gefährden aus Sicht der Kritiker nicht nur nur das Recht auf Privatheit und unbeobachtbare Kommunikation, sondern vor allem das grundgesetzlich geschützte Recht auf informationelle Selbstbestimmung.

Um den Sachverhalt zu analysieren und Lösungsansätze aufzuzeigen, hat die Informationstechnische Gesellschaft (ITG) im Verband Deutscher Elektrotechniker (VDE) einen Arbeitskreis „Datenschutz im ISDN" gegründet, in dem Vertreter des Bundesministeriums für Post und Telekommunikation (BMPT), der Deutschen Telekom, des Bundesbeauftragten für den Datenschutz, der Hersteller sowie der Fachwissenschaft und der Politik zusammenwirkten. In dem Bericht dieses Arbeitskreises [69] werden insbesondere zu den drei genannten technischen Merkmalen die Vorteile und die kritischen Feststellungen gegenübergestellt sowie Vorkehrungen zur Verbesserung des Datenschutzes aufgezeigt und bewertet. Zwar muß – vor allem bei der Speicherung der ISDN-Kommunikationsdaten über das Verbindungsende hinaus – sorgfältig zwischen Verbraucherschutz und Datenschutz abgewogen werden. Jedoch wurden für alle drei diskutierten Merkmale im ITG-Arbeitskreis einvernehmlich Handlungsempfehlungen aufgestellt, die sich an das BMPT, die Deutsche Telekom, die Hersteller und die Gesetzgeber richten. Dieses zeigt, daß auch das ISDN mit seinen komfortablen Dienstmerkmalen und den rechnergesteuerten Vermittlungseinrichtungen von seinem Konzept her keine Bedrohung oder Gefährdung des Nutzers darstellt, sondern den Anforderungen des Datenschutzes entsprechend aufgebaut und betrieben werden kann.

1.5 Die Bedeutung der Standardisierung

Die Entwicklung der Kommunikationstechnik hat das Ziel, eine zukunftssichere, leistungsfähige Telekommunikationsinfrastruktur zu ermöglichen, die allen zugute kommt: den vielen kleinen Anwendern mit gelegentlichen, vielseitigen Kommunikationsbedürfnisen ebenso wie den großen professionellen Anwendern mit ihren speziellen Anforderungen. Grundlage für eine solche Telekommunikationsinfrastruktur sind die öffentlichen Netze als Transportmedium, die dem Benutzer durch Dienste erschlossen werden müssen. Für die Ermöglichung solcher weltweiter Kommunikation hat die globale Standardisierung eine grundle-

1.5 Die Bedeutung der Standardisierung   11

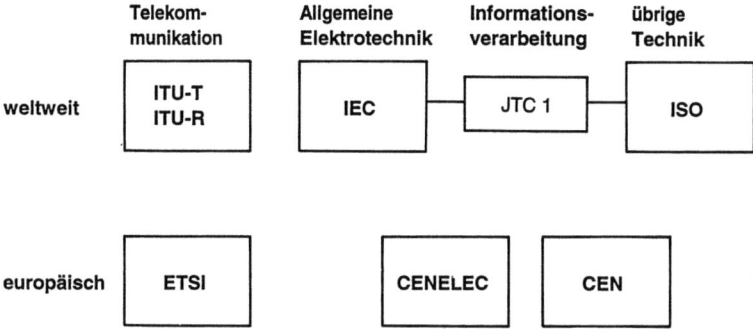

Bild 1.3. Standardisierungsorganisationen für den Bereich der Kommunikationstechnik

gende Bedeutung, die leicht etwas aus den Augen verloren wird angesichts der Selbstverständlichkeit, mit der wir heute die weltweiten Kommunikationsnetze vielfältig nutzen.

In Verbindung mit dem ISDN erstreckt sich die Standardisierung vor allem auf internationale Schnittstellen, d.h. auf die Zwischenamtssignalisierung und ihre besonderen Merkmale im ISDN (s. Abschn. 6.3), auf die Benutzer-Netz-Schnittstellen (s. Kap. 4), auf die ISDN-Dienste und ergänzenden Dienstmerkmale (s. Kap. 2) sowie auf die Managementfunktionen im ISDN (s. Kap. 8). Für diese Bereiche wurden in den letzten Jahren umfangreiche und detaillierte Standards vereinbart (s. Anhang), wobei bei der Standardisierung der Kommunikationsnetze, -systeme und -dienste immer mehr auch die Aspekte der Informationsverarbeitung berücksichtigt werden.

Weltweit sind für diese Aufgaben im wesentlichen drei Standardisierungsorganisationen tätig (Bild 1.3): ITU-T[4] und ITU-R[5] (vormals CCITT[6] und CCIR[7]) mit dem Schwerpunkt auf dem Gebiet der Telekommunikation, ISO[8] und IEC[9] mit dem gemeinsamen technischen Komitee ISO/IEC JTC1[10] für das Gebiet der Informationstechnik. In der europäischen Region sind die korrespondierenden Organisationen ETSI[11][335], CEN[12] und CENELEC[13], in Nordamerika und in Südostasien gibt es ebenfalls regionale Standardisierungsorganisationen. Selbstverständlich müssen zahlreiche Aktivitäten insbesondere in den Grenzbereichen zwischen den Standardisierungsorganisationen koordiniert werden. Hierfür gibt

---

[4]International Telecommunication Union -Telecommunication Standardization Sector
[5]International Telecommunication Union -Radiocommunication Sector
[6]Comité Consultatif International Télégraphique et Téléphonique
[7]Comité Consultatif International des Radiocommunications
[8]International Organization for Standardization
[9]International Electrotechnical Commission
[10]ISO/IEC Joint Technical Commitee 1-Information Technology
[11]Europäisches Institut für Telekommunikationsstandards
[12]European Commitee for Standardization
[13]European Commitee for Electrotechnical Standardization

es eigene Koordinierungsorganisationen, deren reibungsloses Funktionieren insbesondere für gremienübergreifende Standardisierungsprojekte immer bedeutsamer wird.

Außer in den genannten Standardisierungsgremien werden auch noch in Arbeitskreisen von Foren, Benutzergruppen u.a.m. technische Spezifikationen vereinbart; im Bedarfsfall können daraus nach bestimmten Regeln ebenfalls Standards gemacht werden. Für den Nutzer solcher Spezifikationen ist jedoch ihre Einstufung als Standards nicht bedeutsam, wenn sie nur – etwa als Publicly Available Specifications (PASs) – in einer allen interessierten Partnern offen zugänglichen Weise marktgerecht erarbeitet wurden.

Die Standardisierungsaktivitäten in den regionalen Organisationen, z.B. in dem Europäischen Institut für Telekommunikationsstandards ETSI, müssen inhaltlich und zeitlich im Einklang gehalten werden mit den entsprechenden weltweiten Arbeiten. Denn nur so lassen sich die Forderungen der Anwender, der Betreiber und der Hersteller nach einer leistungsfähigen, weltumspannenden Telekommunikation befriedigen.

2 Kommunikationsdienste

Die Kommunikationsmöglichkeiten über ein Nachrichtennetz werden dem Benutzer durch definierte Kommunikationsdienste geboten. Im 64-kbit/s-ISDN ermöglichen der B-Kanal (Basiskanal) mit einer Nutzbitrate von 64 kbit/s, die H-Kanäle mit Nutzbitraten gleich und größer als 384 kbit/s und der D-Kanal (Signalisierungskanal) mit 16 kbit/s oder 64 kbit/s (s. Abschn. 4.2.1.1) sowie im zukünftigen Breitband-ISDN (B-ISDN) die virtuellen Breitbandkanäle (vergl. Abschn. 4.3) leistungsfähige neue Dienste und ergänzende Dienstmerkmale. Daneben nimmt das ISDN aus Gründen der Kontinuität die bestehenden Dienste des heutigen Fernsprechnetzes mit auf. Schließlich lassen sich auch vorhandene Endgeräte aus dem Fernsprechnetz, aus öffentlichen leitungs- und paketvermittelnden Text- und Datennetzen und bestehenden Breitbandnetzen mit Anpassungseinrichtungen an den 64-kbit/s-ISDN- und B-ISDN-Anschlüssen betreiben. Damit kann der Benutzer die Vorteile der Diensteintegration nutzen, ohne gleich alle vorhandenen Endgeräte austauschen zu müssen.

Zur Klarstellung der Begriffe, die bei der Beschreibung der einzelnen Dienste verwendet werden, wird vorab in den Abschnitten 2.1 bis 2.3 der methodische Ansatz für die Klassifizierung und die Beschreibung von Kommunikationsdiensten erläutert.

2.1 Definition der Dienste

Als Dienste werden hier sämtliche Kommunikationsdienste bezeichnet, die den Benutzern zur Kommunikation über öffentliche und private Netze von Fernmeldeverwaltungen und privaten Dienstanbietern zur Verfügung gestellt werden. Beispiele sind die Dienste Fernsprechen, Bildfernsprechen, Videokonferenz, Telefax, Bildschirmtext, Dialog- und Abrufdienste für die Multimediakommunikation, Datenübertragung. Die *Dienste* werden charakterisiert durch ihre technischen, betrieblichen und benutzungsrechtlichen Dienstmerkmale. Diese beschreiben sämtliche Kommunikationsfunktionen und -protokolle, die zur Abwicklung der dem jeweiligen Dienst zugeordneten Kommunikationsmöglichkeiten erforderlich sind. Im folgenden werden nur technische und betriebliche Dienstmerkmale für den Benutzer weiter erörtert.

14 2 Kommunikationsdienste

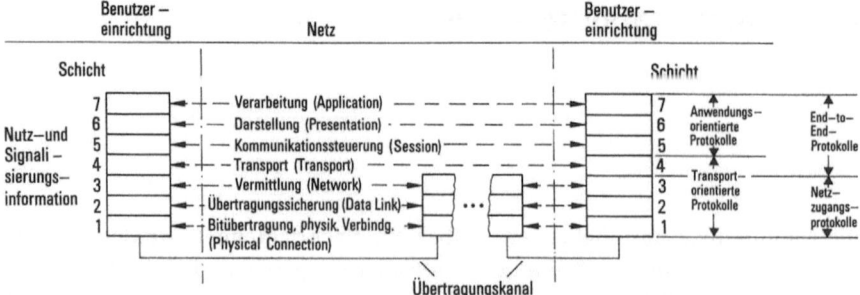

Bild 2.1. Gliederung der Protokolle für die Kommunikation zwischen zwei Benutzereinrichtungen über ein Vermittlungsnetz nach dem OSI-Referenzmodell.

2.1.1 Struktur der Kommunikationsprotokolle

Die Kommunikationsprotokolle umfassen sämtliche Regeln und Vorschriften für die Kommunikationsabläufe zwischen Benutzer und Netz oder von Benutzer zu Benutzer über das Netz.

Diese Funktionen und Protokolle lassen sich für die leitungsvermittelte und paketvermittelte Kommunikation über ISDN, Fernsprechnetz und bestehende Datennetze (z.B. Datex-L, -P, -J) entsprechend der hierarchischen Struktur der sieben Schichten des OSI-Referenzmodells (OSI-RM, Sieben-Schichten-Referenzmodell für die offene Kommunikation, Open Systems Interconnection [273]) gliedern. Für die zukünftige Breitbandkommunikation über das zellenvermittelnde B-ISDN (ATM) werden die Kommunikationsfunktionen und -protokolle entsprechend der hierarchischen Struktur der Schichten des B-ISDN-Protokoll-Referenzmodells (B-ISDN-PRM) [169] gegliedert (Bilder 2.1, 2.3). Die Abbildung der Schichten beider Referenzmodelle aufeinander ist nicht eindeutig möglich. Die Zuordnung der Kommunikationsfunktionen und -protokolle der einzelnen Schichten eines Modells zu den Schichten des anderen Modells ist noch nicht vollständig geklärt.

Beim *OSI-Referenzmodell* sind die Protokolle der Schichten 1 bis 4 transportorientiert, d.h. sie regeln zum einen den Zugang zum Netz, zum anderen den Transport der Informationen über das Netz von Benutzer zu Benutzer (end-to-end).

Der Schicht 1 sind die physikalischen Anschlußbedingungen wie Benutzer-Netz-Schnittstelle (ISDN-Schnittstelle S – s. Abschn. 4.2 – oder Schnittstellen herkömmlicher Datennetze, z.B. ITU-T-Empf. X.21, X.25 [261, 263]), Übertragungsgeschwindigkeit und elektrische Charakteristika zugeordnet.

Die Schicht 2 enthält fehlersichernde Übertragungsprozeduren (mit Fehlererkennung und -korrektur) sowohl für die Signalisierung zwischen Benutzer und Netz und von Benutzer zu Benutzer als auch für die Übermittlung der Nutzinformationen von Benutzer zu Benutzer. Im 64-kbit/s-ISDN finden die Benutzer-Netz- und die Benutzer-Benutzer-Signalisierung im D-Kanal statt (s. Abschn.

4.4); die Nutzinformationen können leitungsvermittelt oder auch paketvermittelt im B-Kanal und paketvermittelt (Daten und Telemetriesignale) im D-Kanal übertragen werden (s. Abschn. 4.2).

Die Protokolle der Vermittlungs- oder Netzschicht (Schicht 3) dienen dem Auf- und Abbau sowie der Überwachung der physikalischen Verbindung (Wegesuche), bei paketvermittelter Kommunikation außerdem der Steuerung und Kontrolle des Transports der Pakete (Flußkontrolle, Überwachung der Paketreihenfolge, ggf. Korrektur) für Signalisierung und Nutzinformation. Schicht 4, die Transportschicht, überwacht und steuert den Transport sowie die logische Kettung von Nachrichtenblöcken von Endeinrichtung zu Endeinrichtung (end-to-end).

Die anwendungsorientierten Protokolle des OSI-Referenzmodells sind den Schichten 5–7 zugeordnet. Schicht 5 enthält die Kommunikationssteuerung (Session) mit Auf- und Abbau sowie Kontrolle der logischen Verbindung, z.B. zwischen einem Verarbeitungsprogramm in einem Datenendgerät und einer Datenbank eines Informationszentrums (host) für den Abruf von Informationen. Auch die Umschaltung zwischen unterschiedlichen Betriebsarten eines Dienstes (z.B. Änderung der Video- oder Audiobetriebsarten beim Bildtelefondienst, Abschn. 2.4.1.2) sowie die Steuerung der Korrektur von Übertragungsfehlern, die in den transportorientierten Schichten nicht behoben werden konnten, durch die wiederholte Übermittlung zusammenhängender Informationen (z.B. einer Textseite oder eines Textabschnitts) erfolgen in dieser Schicht.

Schicht 6 umfaßt die Funktionen zur Informationsdarstellung wie Schrift- und Grafikzeichensätze, Bildelemente, Format und Struktur eines Dokumentes.

Der Schicht 7 sind die Funktionen und Protokolle zur Steuerung der Anwendungen (z.B. Text-/Bildübermittlung, Text-/Daten-/Bildabruf) und zur Be- und Verarbeitung (Aufbereitung) von Nachrichten(inhalten) für die Kommunikation zugeordnet. Zu den Schicht-7-Funktionen zählt auch die zur Steuerung des Kommunikationsprozesses notwendige Auswertung nachrichtenbezogener Angaben wie z.B. Art der Nachricht, Qualitätsanforderungen, Name oder Adresse des Kommunikationspartners oder des Verarbeitungsprozesses eines Rechners, Berechtigungen und Datenschutz (Verschlüsselung).

In Bild 2.2 sind als Beispiele die nach dem Ordnungsprinzip des OSI-Referenzmodells gegliederten ISDN-Signalisierungsprotokolle (D-Kanal) [184, 185, 229, 230, 232, 233] sowie Protokolle einiger Teledienste für die Text-, Grafik- und Bildübermittlung [77, 93, 94, 96–98, 116, 117, 138–140, 237–247, 249–256, 263, 271, 274–281, 283–288] aufgeführt.

Im *B-ISDN-Protokoll-Referenzmodell* (s. Bild 2.3) sind die Protokolle für den Netzzugang (Signalisierungsprotokolle, Control plane) und die Protokolle für die Übermittlung der Nutzinformation (Benutzer-zu-Benutzer, User plane) entsprechend den getrennten Signalisierungs- und Nutzkanälen (Outband-Signalisierung) als getrennte Protokollsäulen dargestellt. Dabei sind die transportorientierten Kommunikationsfunktionen in der Physikalischen Schicht (Physical layer, PL) und der ATM-Schicht (ATM layer, AL) enthalten und für die Benutzer-zu-Benutzer(Ende-zu-Ende)-Kommunikation (User plane) und für

16   2 Kommunikationsdienste

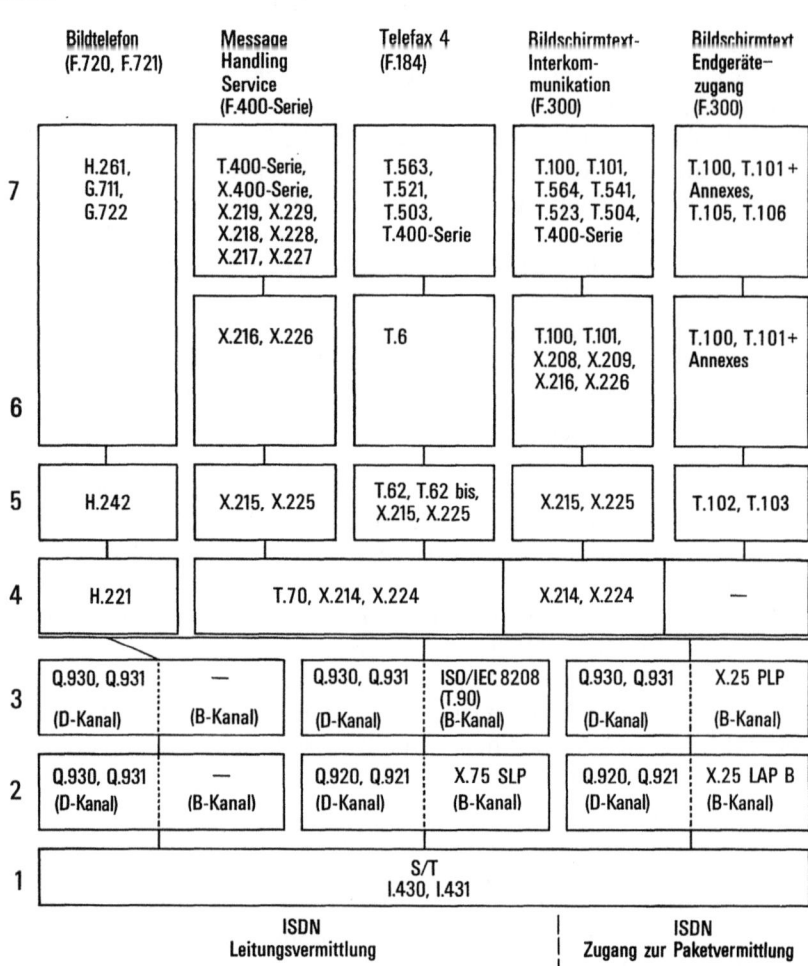

Bild 2.2. Beispiele von ITU-T-Empfehlungen und ISO/IEC-Standards für 64-kbit/s-ISDN-Signalisierungsprotokolle und Kommunikationsprotokolle für die Text-, Grafik- und Bildübermittlung im ISDN. (Alle Bezeichnungen – außer ISO/IEC Standards – beziehen sich auf ITU-T-Empfehlungen).
LAP B Line Access Procedure B; SLP Single Link Procedure; PLP Packet Layer Protocol

den Netzzugang (Control plane) gleich. Die Funktionen der anwendungsorientierten Protokolle in der ATM-Adaptionsschicht (ATM adaptation layer, AAL) und in den höheren Schichten werden durch die Signalisierungsanforderungen und durch die Kommunikationsanforderungen der jeweiligen Anwendung(en) geprägt. Diese Funktionen können für Netzzugang und Anwendungen und auch von Anwendung zu Anwendung unterschiedlich sein.

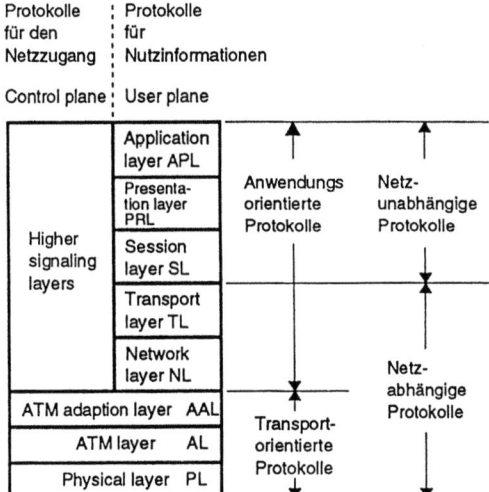

Bild 2.3. Gliederung der Kommunikationsprotokolle nach dem B-ISDN-Protokoll-Referenzmodell.
ATM Asynchronous Transfer Mode

Im folgenden wird die Funktionalität der einzelnen Schichten des B-ISDN-Protokoll-Referenzmodell nur soweit beschrieben, wie dies zum Verständnis der Gliederung und Beschreibung der Kommunikationsdienste im B-ISDN notwendig ist. (Die netzabhängigen Protokolle für Nutzinformationen und Protokolle für den Netzzugang werden in Abschn. 4.3, 4.5 erläutert).
Die Physikalische Schicht (PL) enthält die vom physikalischen Medium (Übertragungswege wie z.B. Kupferadernpaare, Koaxialkabel, Glasfasern; s. Abschn. 7.4.4) abhängigen Übertragungsfunktionen (einschl. Fehlererkennung/-korrektur) und ggf. elektrisch/optischen Umwandlungsfunktionen für den Zellentransport.
Die Generierung der ATM-Zellen mit Einpacken der Nutzinformationen und Zellenkopfbildung sowie Steuerung der ATM-Zellen (Flußsteuerung, Multiplexen von Zellströmen, u.a.) erfolgt in der ATM-Schicht (AL).
Die ATM-Anpassungsschicht (AAL) übernimmt die Anpassung der transportorientierten Protokolle an die höheren anwendungsorientierten Protokolle (higher signalling layers; Network layer bis Application layer für Nutzinformationen). Dazu zählen die Zerlegung der Nutzinformationen in für die Zellen geeignete „Pakete" und die Zusammensetzung empfangener „Pakete" zu vollständigen Nutzinformationen sowie dienste- und anwendungsspezifische Fehlererkennungs- und -korrekturmechanismen (z. B. nach Zellenfehlleitung).
Die Protokollfunktionen der Netzschicht (Network layer, NL) und der Transportschicht (Transport layer, TL) für den Transport von Nutzinformationen gleichen weitgehend denen der Schichten 3 und 4 des OSI-Referenzmodells; sie sind

jedoch an die besonderen Eigenschaften des ATM-Transportmechanismus des B-ISDN angepaßt.

Die Funktionen der Protokollschichten Session layer (SL), Presentation layer (PRL) und Application layer (APL) sind vom Transportnetz unabhängig und werden nur durch die je Anwendung darzustellenden Informationsformen (Text, Grafik, Bild, Daten usw.) bestimmt (s. Schichten 5–7 des OSI-Referenzmodells).

2.1.2 Dienstegruppen

Je nach Umfang der Standardisierung der Kommunikationsfunktionen und -protokolle werden die Dienste bei ITU-T in zwei Gruppen unterteilt: Übermittlungsdienste (Bearer Services) und Teledienste (Teleservices) [143, 145–152].

Übermittlungsdienste dienen der code- und anwendungsunabhängigen Übertragung von Nutzinformationen, wie sie über das 64-kbit/s-ISDN und bisher auch schon über das analoge Fernsprechnetz (z.B. Datenübertragung mit Modems) oder in den Übermittlungsdiensten Datex-L und Datex-P über das Integrierte Text- und Datennetz IDN der Deutschen Telekom realisiert sind. Die technischen Festlegungen dieser Dienste umfassen – außer den Signalisierungsfunktionen – die für den Nachrichtentransport erforderlichen übermittlungstechnischen Funktionen der Schichten 1–3 des OSI-Referenzmodells oder (je nach Dienstekategorie) die der Schichten PL bis AL, AAL oder NL des B-ISDN-Protokoll-Referenzmodell (Bild 2.3). Ein Übermittlungsdienst stellt nur den Informationstransport zwischen den unteren Protokollschichten 1–3 (OSI-RM) bzw. PL, AL, ggf. AAL, NL sicher. D.h., die Kompatibilität der Kommunikationsfunktionen der höheren, anwendungsorientierten Protokollschichten in den Endeinrichtungen liegt – im Unterschied zu den Telediensten – in der Verantwortung der Betreiber dieser Endeinrichtungen (Bild 2.4 a).

Unter den *Telediensten* werden Dienste für die Benutzer-Benutzer- und Benutzer-Rechner (Datenbank)-Kommunikation mit Festlegung der Kommunikationsfunktionen sämtlicher Protokollschichten in den Endeinrichtungen verstanden (Bild 2.4b); zu diesen Diensten gehören z.B. Fernsprechen, Bildfernsprechen, Videokonferenz, Telefax und Bildschirmtext (T-Online). Die Kommunikationsfunktionen umfassen zum einen – wie bei den Übermittlungsdiensten – sämtliche übermittlungstechnischen Funktionen und Kommunikationsprotokolle in den Schichten 1–3 bzw. PL bis AAL (ggf. NL). Zum anderen gehören dazu die Funktionen und Protokolle zur Steuerung der Kommunikationsprozesse ggf. auch für unterschiedliche Informationsarten (z.B. zur Übermittlung von alphanumerischen Schriftzeichen oder Bildpunkten eines Video- oder Faksimilebildes oder von Sprache), zur kommunikationsbedingten Be- und Verarbeitung der Informationen beim Sender und zur Darstellung der übermittelten Informationen bei der Reproduktion (Ausgabe) auf der Empfangsseite (Schichten 4–7 bzw. TL bis APL). Teledienste stellen durch ihre Festlegungen die Kompatibilität der für den jeweiligen Dienst zugelassenen Endeinrichtungen sicher, also u.a. hinsicht-

2.1 Definition der Dienste 19

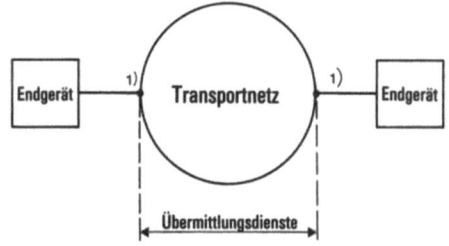

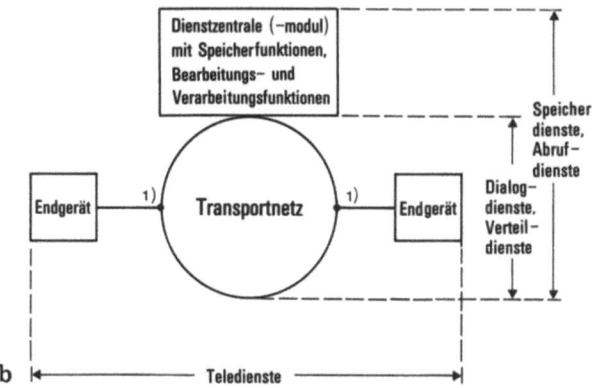

Bild 2.4. a Definitionsbereich der Übermittlungsdienste, b Definitionsbereiche der Teledienste. 1) Benutzer-Netz-Schnittstelle

lich der Codierung (Zeichensätze, Bildelemente) und Strukturierung (Format) der zu übermittelnden Nutzinformationen.

Zusätzlich zu der auf das OSI-Referenzmodell ausgerichteten Dienstklassifizierung wurde bei ITU-T ein weiteres Verfahren zur Strukturierung der Dienste mit Bitraten bis 64 kbit/s, n x 64 kbit/s und der Breitbanddienste definiert. Dabei wird, abhängig von den einzelnen Anwendungen und Kommunikationsformen der Dienste und von den für die Dienste im Netz erforderlichen Funktionen und Einrichtungen, zwischen zwei Dienstekategorien unterschieden: den *Interaktiven Diensten* und den *Verteildiensten* (Bild 2.5).

Die Interaktiven Dienste sind in die Dienstklassen *Dialogdienste*, *Speicherdienste* und *Abrufdienste* gegliedert. Die Verteildienste umfassen Dienste mit oder ohne Möglichkeit für den Benutzer, die Informationsdarstellung individuell steuern zu können. Die Dienste beider Dienstekategorien können *Monomedium-* oder *Multimedia-Dienste* (s. Abschn. 2.2) sein. Die Interaktiven Dienste und die Verteildienste können je nach Kompatibilitätsanforderungen als Teledienste oder als Übermittlungsdienste durch ITU-T standardisiert und von den Betriebsgesellschaften angeboten werden.

2 Kommunikationsdienste

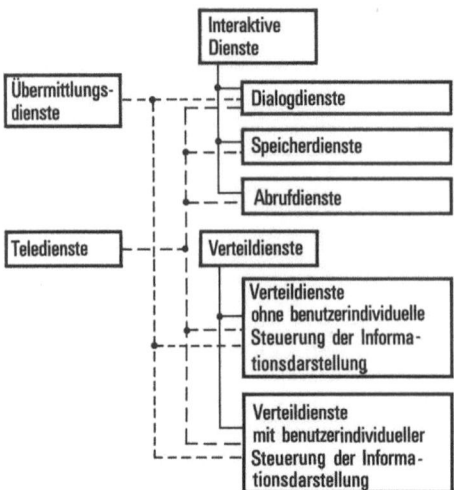

Bild 2.5. Klassifizierung der Dienste

Dialogdienste bieten in der Regel die Mittel zur bidirektionalen Dialogkommunikation mit direkter, zeitgetreuer Informationsübermittlung (ohne Zwischenspeicherung im Netz) zwischen Benutzern oder Benutzer und Rechner (z.B. zur Datenverarbeitung). Hierbei kann der Informationsfluß beidseitig gerichtet, symmetrisch oder asymmetrisch sein. In Ausnahmefällen kann bei speziellen Diensten, z.B. Überwachungsdiensten, der Informationsfluß auch auf eine Richtung begrenzt sein. Die zu übermittelnden Nachrichten werden vom Absender erstellt (oder zusammengestellt) und sind für von ihm festgelegte Adressaten bestimmt. Als Beispiel für Dialogdienste seien hier Fernsprechen, Bildfernsprechen, Fernsprech-/Videokonferenz, Telefax und Datenübertragungsdienste genannt. Für diese Klasse von Diensten müssen im ISDN bidirektionale, transparente oder zumindest für den Transport der jeweiligen Informationsform geeignete Übertragungskanäle bereitgestellt werden. Konferenzdienste können darüber hinaus noch spezielle Konferenzeinrichtungen im Netz erfordern.

Speicherdienste dienen der indirekten Kommunikation von Benutzer zu Benutzer mit Zwischenspeicherung der jeweiligen Nachrichten. Die Zwischenspeicherung kann in zentralen Einrichtungen erfolgen, die die Nachrichten nach vom Benutzer vorgegebenen Bedingungen (z.B. zur gebührengünstigen Zeit) automatisch an den Empfänger weiterleiten. Aber auch in elektronischen Briefkästen, aus denen sie von den Adressaten abgerufen werden, oder in „Message Handling"-Systemen unter Nutzung spezieller Editier-, Be- und Verarbeitungsfunktionen können die Nachrichten zwischengespeichert werden. Derartige Speichereinrichtungen lassen sich im ISDN als öffentlichem Netz oder in daran angeschlossenen privaten Netzen realisieren. Auch die mit diesen Speicherdiensten übermittelten Nachrichten sind nur für den oder die jeweiligen Adressaten bestimmt und erstellt. Beispiele sind Speicherdienste mit „Message Handling"-Funktionen oder elektronischen Briefkästen (Mail services) für Sprache, Text, Daten, Grafik, Fest- und Bewegtbilder.

Abrufdienste ermöglichen dem Benutzer, Informationen aus Datenbanken abzurufen. Diese Informationen sind im allgemeinen für die öffentliche, uneingeschränkte Nutzung gedacht. Ausnahmen können allerdings bestimmte, nur für geschlossene Benutzergruppen zugängliche Informationen bilden. Die Informationen dieser Dienste werden dem Nutzer nur auf dessen Anforderung und zu einem durch ihn bestimmten Zeitpunkt übermittelt. Beispiele sind Abrufdienste für Text, Grafik und Fest-/Bewegtbilder wie Bildschirmtext, Video-on-Demand und deren Weiterentwicklungen. Derartige Abrufdienste benötigen für die Informationsübertragung von der Informationsbank (Datenbank) zum Benutzer und für dessen Informationsauswahl und -abruf in entgegengesetzter Richtung einheitliche oder unterschiedliche, für die jeweilige Informationsform geeignete Übertragungswege. Die Informationsbanken können entweder vom Netzbetreiber im ISDN (z.B. Bildschirmtextzentralen) oder als „Externe Rechner" (Server) vom Informationsersteller oder -anbieter bereitgestellt werden.

Verteildienste ohne oder *mit benutzerindividueller Steuerung der Informationsdarstellung* können Nachrichten von einer zentralen Nachrichtenquelle zu einer unbegrenzten Anzahl zum Empfang berechtigter Teilnehmer verteilen.

Verteildienste *ohne* benutzerindividuelle Steuerung der Informationsdarstellung verteilen einen kontinuierlichen Nachrichtenstrom. Der Benutzer dieser Nachrichten kann diesen Nachrichtenstrom jederzeit empfangen, jedoch dessen zeitlichen und inhaltlichen Ablauf nicht beeinflussen. So wird der Benutzer bei einem von der Nachrichtenfolge zeitlich entkoppelten Zu- oder Einschalten des Empfängers die Nachrichten im allgemeinen nicht von ihrem Beginn an vollständig empfangen. Beispiele für derartige Dienste sind Sprach- und Datenverteildienste und im B-ISDN Verteildienste für Fernseh- und Ton-Rundfunkprogramme. Diese Dienste benötigen im Netz Verteilvermittlungen, unidirektionale Übertragungskanäle von den Nachrichtenquellen zu den Verteilvermittlungen und uni- oder bidirektionale Kanäle zwischen Verteilvermittlungen und Benutzern für die Verteilung und die Auswahl der Nachrichten (Programme).

Verteildienste *mit* benutzerindividueller Steuerung der Informationsdarstellung, auch Zugriffsdienste genannt, verteilen die Nachrichten als eine Folge mit zyklischer Wiederholung von in sich abgeschlossenen Informationseinheiten. Durch einen besonderen Auswahl- und Zugriffsmechanismus kann der Benutzer den Empfang dieser Nachrichten derart steuern, daß er diese immer vollständig erhält. Ein Beispiel für derartige Verteildienste ist Videotext (Fernsehtext). Da die Auswahl der Nachrichten und die Zugriffe zu diesen in der Regel im Endgerät des Teilnehmers erfolgen, wird das ISDN damit nicht belastet.

Funktionen der Schichten 4 bis 7 bzw. TL bis APL der Abruf- und Speicherdienste, z.B. für Eingabe, Speicherung in und Abruf von Informationen aus Text/Datenbanken, von Informationszentralen der Abrufdienste, und die Briefkastenfunktionen der Speicherdienste, aber auch Konvertierungsfunktionen zur Schnittstellen-, Protokoll- und Bitratenanpassung werden oft als „Mehrwertdienste" [316] oder „Value Added Services" bezeichnet. Diese Bezeichnungen sind allerdings mißverständlich, da die sog. Mehrwertdienste den Nutzern nur als Kommunikationsfunktionen im Rahmen bestimmter Tele- und Übermittlungsdienste und nicht als eigenständige Dienste angeboten werden. Derartige Funktionen können innerhalb eines Netzes in mit besonderen Dienstmodulen ausgestatteten Netzknoten oder außerhalb des Netzes in externen Dienstzentren realisiert werden.

2.2 Multimediadienste

Die Mehrzahl der heute für den Anwender zur Verfügung stehenden standardisierten Dienste sind *Monomedium-Dienste*, d.h. sie dienen zur Übermittlung jeweils einer Informationsart wie z.B. Sprache oder Text/Grafik oder Bild. In Zukunft sind jedoch daneben auch zunehmend *Multimedia-Dienste* zu erwarten. Multimedia (MM)-Dienste bieten die gleichzeitige Übermittlung mehrerer Informationsarten. Hierzu gehören z.B. die audiovisuellen Dienste Bildfernsprechen und Videokonferenz (Übermittlung vorwiegend von Bewegtbildern und Sprache, zum Teil auch Daten (Steuerdaten für Kamera, Cursor) und Text, Grafik (Nutzer-Nutzer-Nachrichten, Dokumentenseiten)); außerdem sind hier zu nennen die Multimedia-Dokumentenübermittlungs- und -abrufdienste (Übermittlung von Text, Daten, Grafik und Festbilder, zukünftig auch von Sprache und Bewegtbilder enthaltenden „gemischten" Dokumenten).

Die Ursache für den steigenden Bedarf an MM-Diensten ist, daß viele zukünftige Anwendungen die kombinierte Nutzung unterschiedlicher Informationsarten verlangen [4]. Diese Multimediakommunikation hat mit Videokonferenzen sowie bei Grafiksystemen in Personal Computern und Arbeitsplatzstationen (Workstations) begonnen, mit denen sich simultan Text, Vektorgrafiken und punktstrukturierte Bilder erzeugen und bearbeiten lassen. Übermittlung und Abruf von Multimediadokumenten mit Text, Grafiken, Daten, Sprache, hochaufgelösten Festbildern und in Zukunft auch mit Bewegtbildszenen und Filmen werden zu einem wichtigen Anwendungsgebiet. Liegt die Nutzung der Multimediakommunikation am Anfang wahrscheinlich vorwiegend bei den Geschäftsteilnehmern, so erfaßt sie doch im Laufe der Zeit alle Teilnehmer; dann stellt sie die Regel und die Monomediumkommunikation die Ausnahme dar.

Ein mit Zugang über das Fernsprechnetz und das ISDN bereits eingeführter MM-Abrufdienst ist Bildschirmtext (s. Abschn. 2.4.1.4). Beispiele für audiovisuelle Dienste werden in Abschn. 2.4, 2.5.3, 2.5.4, weitere Multimediadienste zur Übermittlung von MM-Dokumenten mit und ohne Bewegtbilder werden in Abschn. 2.5.2 bzw. 2.5.3 beschrieben. Die Netzanforderungen von MM-Diensten an 64-kbit/s-ISDN und B-ISDN sind in den ITU-T-Empfehlungen I.374 und I.375 [179, 180] zusammengefaßt.

Besondere Probleme treten auf, wenn ein Multimediadienst gleichzeitig mehrere Netze benutzt. Dies betrifft die unterschiedlichen Rufnummern für densel-

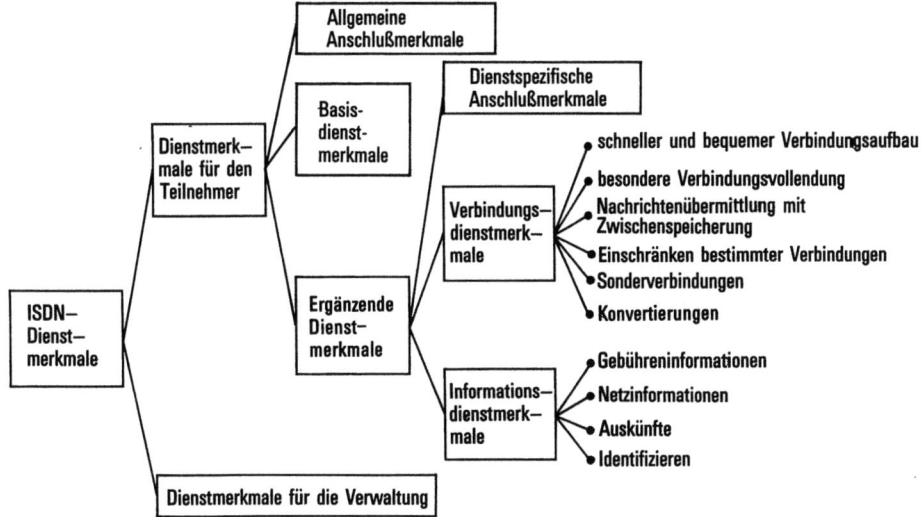

Bild 2.6. Strukturierung von Dienstmerkmalen

ben Teilnehmer, die Signalisierung und die Abwicklung über mehrere Verbindungen (einschließlich der jeweiligen Blockier- und Fehlerwahrscheinlichkeiten). Deshalb sollten sich Multimediadienste, die die Synchronisierung von verschiedenen Informationsarten verlangen (wie z.B. Sprache und Bild bei Videokonferenzen oder Video-on-Demand), auf nur ein Netz abstützen, um das komplexe Koordinieren voneinander abweichender Verbindungsaufbau- und Signallaufzeiten zu vermeiden. Ein ATM-Netz mit der Fähigkeit, Übermittlungsbitraten und virtuelle Verbindungen flexibel zuzuordnen, bietet günstige Voraussetzungen für Multimediadienste.

2.3 Definition der Dienstmerkmale

Die einen Kommunikationsdienst beschreibenden Dienstmerkmale lassen sich nach Bild 2.6 und nach [252, 270] gliedern in
- teilnehmerbezogene, technische Dienstmerkmale,
- verwaltungsbezogene Dienstmerkmale betrieblicher und kommerzieller Art.

Die Dienstmerkmale für den Teilnehmer können weiterhin in *allgemeine Anschlußmerkmale*, *Basisdienstmerkmale* und *ergänzende Dienstmerkmale* unterteilt werden. Dabei beschreiben die *allgemeinen Anschlußmerkmale* die auf den Teilnehmeranschluß bezogenen und für sämtliche Dienste nutzbaren ISDN-Merkmale wie z.B. die Eigenschaften der Teilnehmeranschlußeinrichtung (z.B.

Bitraten, Kanalanzahl), die Verbindungsart (*Wähl-* oder *Festverbindung*) und Betriebsweisen des ISDN-Anschlusses (*Mehrdienstbetrieb, Dienstwechsel*).

Die *Basisdienstmerkmale* beschreiben einen Dienst in seiner Grundausstattung (Mindestausstattung [93, 94, 96-98], Service attributes [143, 145-152]). Das sind die Merkmale der Informationsübermittlung – Vermittlungsart, Bitrate, Symmetrie des Informationsflusses, Auf/Abbau und Konfiguration der Kommunikation (Verbindung) –, die Merkmale des Netzzugangs – genutzte Übertragungskanäle und Übertragungsprotokolle (in Schichten 1-3 bzw. PL bis NL) –, die Funktionen und Protokolle der Schichten 4-7 bzw. TL bis APL – vom Dienst unterstützte Informationsarten, Zeichensätze, Darstellungen von Grafik, Bild und Sprache etc. –, sowie Merkmale der Dienstgüte und der Interkommunikation.

Die *ergänzenden Dienstmerkmale* (ITU-T: *Supplementary Services*) modifizieren oder ergänzen die Grundcharakteristika eines Dienstes z.B. hinsichtlich höherer Kommunikationsqualität und höheren Kommunikationskomforts. Sie werden einem Teilnehmer nicht gesondert als eigenständige Dienste, sondern nur in Verbindung mit den Basismerkmalen eines Kommunikationsdienstes zur Auswahl angeboten. Das gleiche ergänzende Dienstmerkmal kann bei mehreren Diensten eingesetzt werden. Beispiele dafür sind *Kurzwahl, Anklopfen, Geschlossene Benutzergruppe*. Auf die wichtigsten Dienstmerkmale der Dienste im ISDN wird in Abschn. 2.6 näher eingegangen.

Die Basisdienstmerkmale und ergänzenden Dienstmerkmale werden in den Kommunikationsnetzen und/oder -endgeräten mit Hilfe entsprechender Funktionselemente realisiert. Auch hier gilt: Das gleiche Funktionselement, wie z.B. Senden der *Teilnehmeranschlußkennung, Kompatibilitätsprüfung der Endgeräte* oder *Prüfung der Zugangsberechtigung*, kann für mehrere Basisdienstmerkmale und ergänzende Dienstmerkmale angewendet werden.

2.4 Dienste im 64-kbit/s-ISDN

In Tabelle 2.1 sind bestehende und weitere mögliche Dienste im 64-kbit/s-ISDN zusammengestellt, wobei jeweils die Dienstgruppen, nämlich Dienste über B-Kanäle oder über den D-Kanal, bestehende Dienste aus dem Fernsprechnetz und Dienste für den Anschluß vorhandener Endgeräte aus Text- und Datennetzen, nach dem in Abschn. 2.1 angegebenen Klassifizierungsschema gegliedert sind. Im folgenden sind die wichtigsten Dienste im einzelnen beschrieben. Stand der und weitere Pläne zur Einführung von ISDN-Diensten in der Bundesrepublik Deutschland, in der Europäischen Gemeinschaft und in anderen Ländern werden in [34, 41, 43, 61, 305, 317] angegeben.

2.4 Dienste im 64-kbit/s-ISDN

Tabelle 2.1. Bestehende und mögliche Dienste im ISDN mit Bitraten bis zu 64 kbit/s (n × 64 kbit/s)

Dienstklassen	64-kbit/s-ISDN-Dienste über B-Kanäle (64-kbit/s)	64-kbit/s-ISDN-Dienste über den D-Kanal	Bestehende Dienste aus dem Fernsprechnetz	Dienste für Endgeräte des Integrierten Text- und Datennetzes (IDN)
Dialogdienste	Übermittlungsdienste: Leitungsvermittelte Übermittlungsdienste • 64 kbit/s trans • 3,1 kHz Audio • Sprache • 7 kHz Audio Paketvermittelte Übermittlungsdienste Frame Relay-Übermittlungsdienste Teledienste: ISDN-Fernsprechen, -Fernsprechkonferenz • Telefonie 3,1 kHz • Telefonie 7 kHz ISDN-Teletex ISDN-Telefax (Gruppe 4) ISDN-Fernskizzieren (Telewriting) ISDN-Festbildübermittlung ISDN-Bildtelefon, -konferenz [1] ISDN-Sicherheitsdienste ISDN-Fernwirkdienste	ISDN-Datenübermittlung (paketvermittelt) ISDN-Sicherheitsdienste ISDN-Fernwirkdienste	Fernsprechen Telefax (Gruppe 2/3) Datenübertragung mit V.-Schnittstellen (parallel, seriell) Sicherheitsdienste Fernwirkdienste	Für Datenübertragungsgeräte mit Schnittstellen X.21 und X.25
Speicherdienste	Voice Mail Text Mail z.B. Telebox-400-IPM Fax Mail			
Abrufdienste	ISDN-Bildschirmtext		Bildschirmtext	
Verteildienste	Datenverteilung Sprachverteilung Festbildverteilung			

[1] Mit niedrigerer Bildauflösung im Vergleich zum bestehenden Fernsehen

2.4.1 ISDN-Dienste mit 64 kbit/s und n x 64 kbit/s über B-Kanäle

Die ISDN-Verbindungen mit 64-kbit/s-Kanälen zwischen beliebigen Teilnehmern ermöglichen die Einführung von ISDN-Diensten, die für diese Übertragungsgeschwindigkeit optimiert sind. Die einheitliche Signalisierung (D-Kanal-Protokoll) und die einheitliche Übertragungsbitrate des Nutzkanals (B-Kanal) sind die Voraussetzung für eine schnelle und kostengünstige Implementierung neuer Dienste und Endgeräte.

2.4.1.1 Dialogdienste als Übermittlungsdienste

Die leistungsfähigen Übertragungskanäle des 64-kbit/s-ISDN bieten mit 64 kbit/s ausreichende Übertragungskapazität für die meisten heutigen Datenübertragungsanwendungen im Büro und im Heim. Auf diesen Übertragungswegen aufbauende Übermittlungsdienste mit Wähl- und Festverbindungen eröffnen über die Übermittlungsdienste des analogen Fernsprechnetzes und des IDN (Datex-L, Datex-P) hinaus neue Anwendungsmöglichkeiten im geschäftlichen und privaten Bereich.

Leitungsvermittelte 64-kbit/s- und n × 64-kbit/s-Übermittlungsdienste mit Bitfolgeunabhängigkeit für die Text-, Daten- und Bildübertragung sind von ITU-T in der Empfehlung I.231 [146] (mit Festlegungen in den Protokollschichten 1-3 für Signalisierung und Schicht 1 für Nutzinformationstransport) standardisiert. Die Deutsche Telekom bietet in ihrem ISDN schon seit 1988 einen leitungsvermittelten *64-kbit/s-Übermittlungsdienst für Datenübertragung* an. Weitere leitungsvermittelte Übermittlungsdienste *3,1 kHz Audio, Sprache* und *7 kHz Audio* für 3,1-kHz-und 7-kHz-Sprachband-Datensignale, Telefax-Gruppe-1-3-Signale oder 3,1-kHz/7-kHz-Sprachinformationen werden von der Deutschen Telekom und anderen europäischen Fernmeldeverwaltungen im Rahmen von Euro-ISDN (ab 1995) eingeführt [34, 41, 43, 317].

Paketvermittelte Übermittlungsdienste sind von ITU-T in der Empfehlung I.232 [147] (mit Festlegungen in den Schichten 1-3 für Signalisierung und Nutzinformationstransport, X.25-Protokolle) standardisiert. Mit der Einführung des Euro-ISDN wird die Deutsche Telekom als paketorientierten Übermittlungsdienst mit Geschwindigkeiten bis zu 64 kbit/s den Zugang zu Datex-P über den B-Kanal anbieten. (Zugang zu Datex-P über den D-Kanal siehe Abschn. 2.4.2). Vom 64-kbit/s-ISDN selbst werden dabei keine Paketvermittlungsfunktionen ausgeführt.

Frame Relay-Übermittlungsdienste verwenden eine (gegenüber der herkömmlichen Paketübermittlung mit X.25-Protokollen weiterentwickelte) paketorientierte Übermittlungstechnik (s. Abschn. 4.7) für eine schnellere und effizientere Übermittlung von Datenpaketen. Die in Netz und Endgeräten zu bearbeitenden Funktionen wurden dabei auf die wesentlichen Protokollfunktionen der Schichten 1 und 2 (und zukünftig im B-ISDN der Schichten PL-AAL) reduziert. Festlegungen von ITU-T für ISDN-Frame-Relay-Dienste sind in der Empf. I.233 [149, 150] beschrieben.

2.4.1.2 Dialogdienste als Teledienste

ISDN-Fernsprechen bedeutet sowohl für den Geschäftsteilnehmer als auch für den privaten Benutzer einen beachtlichen Fortschritt in der Sprachkommunikation. Basierend auf den technischen Leistungsmerkmalen des 64-kbit/s-ISDN zeichnet sich dieser neue Fernsprechdienst durch verbesserte Sprachqualität und höheren Sprachkomfort aus: besseres Signal-Geräusch-Verhältnis, entfernungsunabhängige Dämpfung, verbessertes Freisprechen. ISDN-Fernsprechen ist mit der bisherigen Fernsprechbandbreite von 4 kHz seit Beginn des Serienbetriebs des 64-kbit/s-ISDN der Deutschen Telekom (1988) verfügbar. In einer weiteren Entwicklungsstufe wird ISDN-Fernsprechen eine Sprachbandbreite von 7 kHz und Stereoton bieten (Euro-ISDN, ab 1995) – ein wichtiges Dienstmerkmal für Audiokonferenzen. Außerdem werden im Rahmen dieses Dienstes eine große Anzahl neuer, ergänzender Dienstmerkmale dem Teilnehmer angeboten (Abschn. 2.6).

Der Faksimiledienst *ISDN-Telefax* dient der Übermittlung und Darstellung von Bildern, Zeichnungen, Handschriften mit hoher Qualität. Dieser Dienst basiert hinsichtlich der Protokolle (Schichten 4–7), Codierung und Auflösung auf den ITU-T-Empfehlungen für Faksimile Gruppe 4 [93, 237, 239, 240, 249, 250, 252, 255, 275, 276, 282, 283]. In diesen Empfehlungen sind Auflösungen mit bis zu 12 Punkten/mm, wahlweise 16 bis 48 Punkte/mm, vorgesehen, wobei eine Auflösung von 16 Punkten/mm der Qualität heutiger Bürokopiergeräte entspricht. Die bei dieser Auflösung und Schwarz/Weiß-Darstellung auf einer DIN-A4-Seite im Durchschnitt enthaltenen bildpunktcodierten Informationen können mit ISDN-Telefax (64 kbit/s) in etwa 15 s übermittelt werden. ISDN-Telefax bietet damit erstmals eine praktikable, gesprächsbegleitende Faksimileübermittlung mit hoher Qualität. Dieser Dienst wird bereits im 64-kbit/s-ISDN der Deutschen Telekom angeboten. Unter der Voraussetzung kostengünstiger Endgeräte wird dieser Dienst auch für die private Kommunikation große Bedeutung erlangen.

Ein weiterer, in erster Linie für die private Anwendung gedachter Kommunikationsdienst ist das *ISDN-Fernskizzieren* (Telewriting). Dabei werden kurze Nachrichten mit einem „elektronischen Griffel" auf ein Schreibtablau geschrieben und dem Empfänger direkt oder mit Zwischenspeicherung in dessen elektronischen Briefkasten (Mailbox) übermittelt. Die Wiedergabe dieser Nachricht kann mittels Vektorgrafik oder in bildpunktorientierter Darstellung über eine Zusatzeinrichtung auf dem Bildschirm des Heimfernsehgerätes oder auf dem Bildschirm eines modifizierten Telefons (Bildschirmtelefon mit Schreibtablau) erfolgen. Für die Anwendung des Fernskizzierens als Ergänzung zum Fernsprechen wurden bei ITU-T erste Festlegungen getroffen [104, 248]; im 64-kbit/s-ISDN-Pilotprojekt der Deutschen Telekom wurden Endgeräteprototypen erprobt.

ISDN-Festbildübermittlung dient der Übertragung einzelner Fernsehstandbilder. Ebenfalls ist die Übermittlung von Festbildsequenzen mit speziellen Kompressionsverfahren derart möglich, daß je nach Bildinhalt alle 1 bis 10s ein neues Bild wiedergegeben wird. Dadurch kann in eingeschränkter Weise der Eindruck von bewegten Bildern erzeugt werden ("slow motion").

ISDN-Bildtelefon, -konferenz (64 oder 2 x 64 kbit/s): Mit 64 kbit/s können im ISDN auch bewegte Farb- oder Schwarz/Weiß-Bilder übertragen werden. Mit Bewegtbildern lassen sich im Rahmen eines Bildtelefongesprächs oder einer Bildtelefonkonferenz die Gesprächspartner einzeln oder in Gruppen darstellen, die Funktion von Gegenständen demonstrieren oder Dokumente (Text, Zeichnungen) präsentieren. Aber infolge der für die Bewegtbildübermittlung sehr geringen Bitraten von 64 kbit/s müssen die zu übertragenden Bildinformationen stark komprimiert werden. Das bedeutet, daß derartige Dienste mit den heute bekannten Videocodierverfahren Bewegtbilder nur mit im Vergleich zum Farbfernsehen reduzierter Bildqualität (u.a. mit geringerer Bewegungs- und räumlicher Auflösung) liefern können. Deshalb enthalten Bildtelefone und darauf aufbauende Konferenzeinrichtungen spezielle Betriebsweisen mit höherer Auflösung zur Übermittlung von Dokumenten als Festbilder. Die Anwendungsmöglichkeiten der 64- und 2x64-kbit/s-Bildtelefon- und -konferenzdienste müssen – auch im Hinblick auf die geplanten, zukünftigen Breitbandbewegtbilddienste (s. Abschn. 2.5) – noch weiter untersucht werden. Bei der Entwicklung der Videocodieralgorithmen ist zu berücksichtigen, daß zwischen unterschiedlichen Bildfernsprechdiensten Interkommunikation möglich sein muß. Diese sollte, soweit die Codierverfahren nicht kompatibel sind, vorzugsweise durch Umschalten der Codierung in den Endgeräten (multimode Codecs) und erforderlichenfalls Bitratenadaption in den Einrichtungen für Netz/Dienstübergänge erfolgen.

Erste internationale Standards für Bildtelefonie und Bildtelefonkonferenz (Dienst, Übermittlungs- und Verbindungssteuerungsprotokolle, Codierung, Endgeräteigenschaften) wurden von ITU-T verabschiedet und 1992 veröffentlicht [97, 98, 100, 138–140]. Die Deutsche Telekom bietet seit Februar 1992 im Rahmen eines Pilotversuchs einen Bildtelefondienst (2 x 64 kbit/s) über das 64-kbit/s-ISDN an. Dabei werden auf den ITU-T-Empfehlungen basierende und in ihren Leistungsmerkmalen untereinander abgestimmte Endgeräte eingesetzt. Auf europäischer Ebene wurde im Oktober 1992 ein "European Videotelephony"(EV)-Projekt in Zusammenarbeit von 6 europäischen Telekom-Betreibern (F, GB, I, NL, N, D) gestartet. Die reguläre europaweite Einführung eines Bildtelefondienstes ist ab 1995 geplant [34, 91]. Weitere audiovisuelle Dialogdienste werden bei ITU-T diskutiert. Eine Rahmenempfehlung für derartige Dienste wurde bei ITU-T 1993 verabschiedet [103].

Zu den *Sicherheitsdiensten* zählen Alarm- und Notrufdienste für Feuer, Überfall, Unfall usw. *Fernwirkdienste* dienen zum Fernmessen (Zählerablesen), Fernüberwachen und -steuern betriebs- und haustechnischer Anlagen (Heizung, Strom, Gas, Wasser) sowie zum Steuern von Straßenverkehrsanlagen. Diese Dienste erfordern in der Regel Übertragungswege mit hoher Verfügbarkeit, geringer

Bitfehlerquote, besondere Maßnahmen für Sicherheit und Datenschutz und geringe Übermittlungszeiten.

Fernwirk- und Alarmsignale mit höherem Datenvolumen und höherer Priorität können im 64-kbit/s-ISDN über leitungsvermittelte und über permanente B-Kanäle übermittelt werden. Bei Anwendungen mit sehr kleinen Datenströmen ist die Übertragung im D-Kanal vorzuziehen (s. Abschn. 2.4.2.2). Langfristig werden ISDN-Sicherheits- und Fernwirkdienste die im analogen Fernsprechnetz bestehenden Dienste (z.B. TEMEX) ablösen.

2.4.1.3 Speicherdienste (Teledienste)

Voice Mail, Text Mail, Fax Mail und der Bildschirmtext-Mitteilungsdienst sind Speicherdienste mit Briefkastenfunktionen für Sprache, Text, Faksimile oder Daten. Mit derartigen Kommunikationsdiensten kann man auch Kommunikationspartnern über unbediente Endeinrichtungen Nachrichten übermitteln, indem man Sprach-, Text- oder Bildinformationen in deren persönliche elektronische Briefkästen (Mailbox) eingibt. Als ergänzendes Dienstmerkmal kann dem Benutzer durch das Mailboxsystem der Eingang einer Nachricht in seinem Briefkasten automatisch mitgeteilt werden (optische oder akustische Anzeige am Endgerät). Diese Mitteilung kann dem Teilnehmer über den D-Kanal – unabhängig vom Betriebszustand seines Endgerätes und von der Nutzung des 64-kbit/s-ISDN-Anschlusses – oder auch über einen freien B-Kanal zugestellt werden. Der Benutzer kann die in seinem elektronischen Briefkasten eingegangenen Nachrichten individuell abrufen. Die einzelnen oder auch mehreren Benutzern zugeordneten Briefkästen können in Speichereinrichtungen, die an zentralen Stellen an das ISDN angeschlossen sind, realisiert werden (s. Abschn. 6.1).

Die Speicherdienste können bei entsprechender Ausstattung auch für die Nachrichtenübermittlung in Zeiten mit niedriger Gebühr, zum Rundsenden und zur Kommunikation zwischen nichtkompatiblen Endgeräten (Dienstübergang mit Verarbeitungsfunktionen) eingesetzt werden. Bei ITU-T werden derartige Speichersysteme „Message Handling"-Systeme (MHS) genannt, und es wurden dafür bereits Standards (Empfehlungen) vereinbart [96, 240, 249, 276, 288].

Die Deutsche Telekom bietet mit Telebox-400-IPM (Interpersonal Message) einen auf den ITU-T-Empfehlungen aufbauenden Text-Mail-Dienst für die Übermittlung von Texten, Grafiken, Programmen, WORD-Textfiles von Benutzer zu Benutzer über elektronische Briefkästen an. Zu diesem Dienst hat der Benutzer Zugang über das 64-kbit/s-ISDN, aber auch über das bestehende Fernsprechnetz (über Modems) und über Datex-P des IDN der DBP Telekom [35].

2.4.1.4 Abrufdienste (Teledienste)

ISDN-Bildschirmtext ist eine Weiterentwicklung des im analogen Fernsprechnetz eingeführten Multimedia-Abrufdienstes Bildschirmtext [94, 242–247, 249, 251, 253, 254, 256, 274–278, 282–284]. Er ist für eine kombinierte Anwendung der Alpha-, Geometrik-, Fotografik-, Transparent- und Telesoftware-Betriebsweisen zur effizienten Übermittlung gemischter Text- und Grafikinformationen, von Dateien oder Softwareprogrammen ausgelegt. Die Übertragungsgeschwindigkeit von 64 kbit/s, die daran angepaßte Verarbeitungsgeschwindigkeit und optimierte Codierverfahren (Redundanzreduktion) ermöglichen einen schnellen Bildaufbau beim Informationsabruf (je nach Bildinhalt, Betriebsweise und Codierverfahren innerhalb von 1 bis 20 s) und eine schnelle Bildeingabe in die Bildschirmtextzentralen durch die Informationsanbieter. Erst mit 64 kbit/s wird die Übertragungszeit von (bildpunkt-codierten) Bildern und Grafiken in der Betriebsweise Fotografik für den Benutzer akzeptabel.

Die Deutsche Telekom bietet den Bildschirmtextdienst mit den oben genannten Betriebsweisen außer über das Fernsprechnetz auch über das 64-kbit/s-ISDN an.

Die Auflösung der mit Bildschirmtext mit derzeitigen Heimfernsehgeräten darstellbaren Informationen ist heute durch die Bildwiedergabetechnik auf eine Bildschirmauflösung (Bildformat 4 : 3) von 480 Bildpunkten horizontal und 240 Bildpunkten vertikal begrenzt. Nach allgemeiner Einführung der digitalen Fernsehtechnik und dem Einsatz höher auflösender Bildröhren, z.B. für ein zukünftiges hochauflösendes Fernsehen (HDTV), wird die Darstellung von Bildschirmtextbildern mit höherer Auflösung wie schon heute auf Personal-Computer-Bildschirmen auch auf Fernsehbildschirmen möglich sein.

2.4.1.5 Verteildienste

Verteildienste mit 64 kbit/s werden nicht die gleiche Bedeutung haben wie zukünftige Breitbandverteildienste (z.B. für Fernsehprogramme). Sie sind nur für spezielle Anwendungen der Sprach-, Daten-, Festbildverteilung geeignet. Wegen der unidirektionalen Übertragungswege können keine Übertragungsfehlerkorrekturverfahren mit Blockwiederholung (ARQ) und mit Fehleranzeige in Rückrichtung verwendet werden. Der Einsatz derartiger Verteildienste ist nur sinnvoll in Verbindung mit Fehlerkorrekturverfahren in der Verteilrichtung (FEC) oder falls die Nachrichten zyklisch wiederholt übertragen und im Endgerät des Empfängers in kurzen Zeitabständen überschrieben werden. Die Anwendung derartiger Dienste ist noch offen.

2.4.2 ISDN-Dienste über den D-Kanal

Der D-Kanal des 64-kbit/s-ISDN dient vorrangig der Signalisierung zwischen Benutzer und Netz. Daneben kann der D-Kanal – immer unter Beachtung der Priorität der Signalisierung – für die Übertragung paketierter Daten von Datenübermittlungsdiensten und der Telemetriesignale von Sicherheits- und Fernwirkdiensten verwendet werden. Die Durchsatzraten derartiger zusätzlicher Dienste über den D-Kanal variieren in Abhängigkeit von der Auslastung des D-Kanals durch die Signalisierung. Über einen D-Kanal mit der Übertragungskapazität von 16 kbit/s sind durchschnittlich Durchsatzraten von bis zu 10 kbit/s denkbar. Der

Signalisierungskanal des ISDN mit seiner paketorientierten Übermittlungsstruktur, aber auch mit seinen zuvor genannten Einschränkungen für Durchsatz und Priorität, sollte vorzugsweise für Anwendungen mit sehr kleinen Datenströmen genutzt werden.

2.4.2.1 Dialogdienste als Übermittlungsdienste mit niedrigem Durchsatz

Als Ergänzung zu den paketorientierten Übermittlungsdiensten über B-Kanäle (s. Abschn. 2.4.1) sind bei ITU-T paketorientierte Übermittlungsdienste mit virtuellen Wählverbindungen (virtual call) und virtuellen Festverbindungen (permanent virtual circuit) über den D-Kanal standardisiert [147]. Diese können – entsprechend den jeweiligen nationalen Festlegungen – der transparenten Übertragung von Text- und Dateninformationen mit niedrigem Durchsatz dienen. Auch hier gelten die zuvor genannten Einschränkungen hinsichtlich Durchsatzrate und Priorität. Mit Einführung des Euro-ISDN (ab 1995) beabsichtigt die Deutsche Telekom, einen paketorientierten Übermittlungsdienst über den D-Kanal des 64-kbit/s-ISDN in der Form des Zugangs zu Datex-P anzubieten. Dabei werden sämtliche Paketvermittlungsfunktionen durch Datex-P gesteuert.

2.4.2.2 Dialogdienste als Teledienste

Mögliche Teledienste über den D-Kanal sind *Sicherheitsdienste*, wie Alarm- und Notrufdienste und *Fernwirkdienste* zum Fernmessen (Zählerablesen), Fernüberwachen und -steuern (s. Abschn. 2.4.1.2).

2.4.3 Bestehende Dienste aus dem Fernsprechnetz im ISDN

Im ISDN, d. h. vorerst im 64-kbit/s-ISDN, können neben neu eingeführten Diensten die Dienste des Fernsprechnetzes – zumindest für eine Übergangszeit – erhalten bleiben, damit für bestehende Dienste des analogen Fernsprechnetzes vorhandene Endeinrichtungen weiterverwendet werden können.

So kann der heutige Fernsprechdienst mit Analog-Fernsprechern vorerst auch im ISDN geboten werden. Der Teilnehmer an diesem Dienst erhält an der für ihn zuständigen ISDN-Teilnehmervermittlungsstelle einen analogen Anschluß (Bild 2.7, s. a. Abschn. 4.6). Über diesen Anschluß können auch alle Text- und Datendienste des bestehenden Fernsprechnetzes unverändert in Anspruch genommen werden. Dies gilt für die Dienste der Datenübertragung mit Modems (nach ITU-T-Empfehlungen der V.-Serie) in den heute für das Fernsprechnetz definierten Geschwindigkeiten und für die Dienste Telefax (Gruppe 2/3) und Bildschirmtext.

Man kann diese Dienste aber auch am 64-kbit/s-ISDN-Anschluß über eine spezielle Anpassungseinheit TA mit a/b-Schnittstelle anbieten (Bild 2.8). In diesen Fällen werden die analogen Modemsignale in der Anpassungseinheit digitalisiert und als Digitalsignale vermittelt und übertragen. Dienst und Endein-

32   2 Kommunikationsdienste

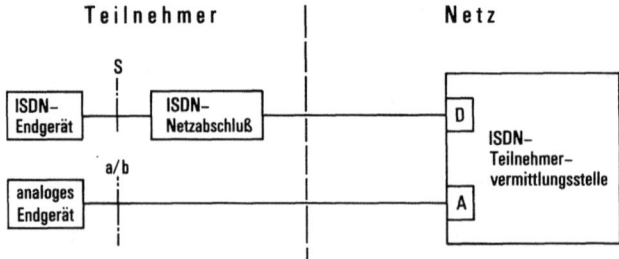

Bild 2.7. Digitale und analoge Anschlußleitungen an einer ISDN-Teilnehmervermittlungsstelle.
A analoger Anschluß; D digitaler Anschluß; a/b analoge Benutzer-Netz-Schnittstelle;
S 64-kbit/s-ISDN-Benutzer-Netz-Schnittstelle.

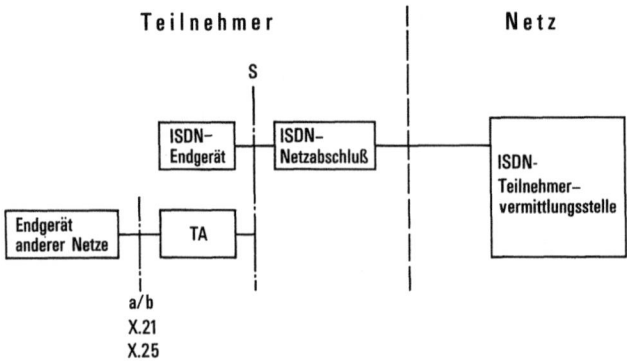

Bild 2.8. Beispiele für die Adaption von Endeinrichtungen anderer Netze an den 64-kbit/s-ISDN-Anschluß.
S 64-kbit/s-ISDN-Benutzer-Netz-Schnittstelle; a/b analoge Benutzer-Netz-Schnittstelle;
X Benutzer-Netz-Schnittstelle bei Datennetzen; TA Anpassungseinheit

richtungen bleiben zwar unverändert; jedoch hat die Nutzung des Dienstes über den ISDN-Anschluß den Vorteil, daß sich Leistungsmerkmale des ISDN für den bestehenden Dienst mitbenutzen lassen, z.B. der integrierte Mehrkanalanschluß oder die komfortable Verbindungsherstellung über das ISDN-Endgerät innerhalb der Benutzerstation. So wird z.B. bei Bildschirmtext wegen der Mehrkanaligkeit des 64-kbit/s-ISDN-Anschlusses der Fernsprechanschluß während der Nutzung von Bildschirmtext nicht blockiert.

2.4.4 Dienste im Zusammenhang mit Endeinrichtungen aus eigenständigen Text- und Datennetzen

Das ISDN wird (schon in der ersten Einführungsphase) fallweise auch Anschlußmöglichkeiten über Anpassungseinheiten für bestehende Endeinrichtungen bieten, die für den Betrieb in den speziellen Text- und Datenwählnetzen vorgesehen sind (Bild 2.8). Damit kommen dem Teilnehmer, der wegen der Nutzung neuer ISDN-Dienste einen ISDN-Anschluß braucht, auch hier die Vorteile des integrierten ISDN-Teilnehmeranschlusses zugute, selbst wenn er noch einige herkömmliche Endeinrichtungen beibehält. Für den Anschluß an das 64-kbit/s-ISDN kommen hauptsächlich in Frage:

- Datenendeinrichtungen mit der Schnittstelle nach ITU-T-Empf. X.21 für leitungsvermittelten Verkehr, entsprechend Datex-L in Deutschland (vgl. Tabelle 2.2),
- Datenendeinrichtungen mit Schnittstelle nach ITU-T-Empf. X.25 für Paketbetrieb, entsprechend Datex-P in Deutschland (vgl. Tabelle 2.2).

Der Teilnehmer, der diese Endeinrichtungen an das ISDN anschließt, erhält – obwohl keine Veränderungen an der Endeinrichtung vorgenommen werden – jedoch einen anderen Dienst als im Text- und Datennetz. Dies resultiert aus den unterschiedlichen Leistungsmerkmalen der Netze. So können sich z.B. die Zeiten für den Verbindungsaufbau unterscheiden.

Tabelle 2.2. Benutzerklassen auf Wählverbindungen im Text- und Datennetz der Deutschen Telekom

Endgeräte mit Schnittstelle nach ITUT-T-Empf. X.21		Endgeräte mit Schnittstelle nach ITUT-T-Empf. X.25	
Benutzerklasse[a]	Geschwindigkeit in bit/s	Benutzerklasse[a]	Geschwindigkeit in bit/s
4	2400	8	2400
5	4800	9	4800
6	9600	10	9600
7	48000	11	48000
19	64000	30	64000

[a]Numerierung nach ITU-T-Empfehlung X.1

2.5 Dienste im Breitband-ISDN

Der Wunsch nach schnellerer Datenübermittlung, nach einem stärkeren Einbeziehen von hochaufgelösten Fest- und Bewegtbildern in die Telekommunikation und nach komfortabler Multimediakommunikation erfordert neue Dienste mit höheren Bitraten („Breitbanddienste") und die Weiterentwicklung des 64-kbit/s-ISDN zum Breitband-ISDN (B-ISDN). In diesem B-ISDN werden bestehende

Dienste des 64-kbit/s-ISDN weiterhin unterstützt. Nachstehend werden jedoch nur Breitbandanwendungen und -dienste behandelt.

Grundlage dieser Breitbanddienste müssen realistische Nutzungsszenarien bilden. Ziel ist es, möglichst viele Kommunikationsanwendungen mit einer begrenzten Anzahl von Diensten (bei entsprechend großen Teilnehmerpotentialen) abwickeln zu können. Um eine problemlose, weltweite Nutzung dieser Breitbanddienste zu ermöglichen, müssen internationale Standards für geeignete Übermittlungsdienste und Teledienste vereinbart werden. ITU-T hat bereits in ITU-T Rec. I.231 [146] ISDN-Übermittlungsdienste mit Bitraten von 384 kbit/s sowie n x 64 kbit/s bis 1920 kbit/s definiert. Aus heutiger Sicht zeichnet sich eine Reihe weiterer möglicher Breitbanddienste über virtuelle Kanäle des zukünftigen B-ISDN mit ATM (Asynchronous Transfer Mode, Abschn. 4.3) ab mit Bitraten bis etwa 130 Mbit/s (über eine 155-Mbit/s-Benutzer-Netz-Schnittstelle) und mit noch höheren Bitraten (über eine 622-Mbit/s-Benutzer-Netz-Schnittstelle) [142, 144]. Tabelle 2.3 gibt einen Überblick über mögliche Breitbanddienste und ihre Anwendungen.

Erste Standards (Empfehlungen) über verbindungsorientierte (connection-oriented) und verbindungslose (connectionless) Breitbandübermittlungsdienste im B-ISDN (F.811, F.812) wurden von ITU-T (CCITT) 1992 fertiggestellt [105, 106]. Vorläufige Festlegungen für B-ISDN-Frame-Relay-Übermittlungsdienste sind in [177, 193] beschrieben. Weitere Standards über audiovisuelle und Multimedia-Breitbandteledienste wie z. B. Breitband-Bildfernsprechen (F.722) [99], Breitband-Videokonferenz (F.732) [101], TV-Verteildienste (F.821) [107], HDTV-Verteildienste (F.822) [108], Broadband Videotex Service (F.310) [95], Broadband Multimedia Delivery Services (F.MDV) und Broadband Multimedia Distribution Services (F.MDS) [84, 85] werden bei ITU-T diskutiert.

Bereits heute werden in Pilotprojekten – in der Bundesrepublik Deutschland z.B. BERKOM [313], TUBKOM [337], Vermittelndes Breitband-Netz (VBN) [36] – Breitbandanwendungen wie schnelle Datenübertragung, Multimedia-Dokumentenabruf und Videokonferenz mit Bitraten bis zu 140 Mbit/s erprobt. Die Deutsche Telekom hat 1995 ein ATM-Pilotnetz, anfänglich mit Breitband-Festverbindungen über Cross-Connectoren (s. Abschn. 3.2.3) und ab 1996 mit Breitband-Wählverbindungen, in Betrieb genommen [59]. In diesem ATM-Pilotprojekt werden neben Breitbandanwendungen über ATM auch die Zusammenarbeit des B-ISDN mit dem analogen Telefonnetz, dem 64-kbit/s-ISDN und dem paketvermittelnden Datennetz (IDN) untersucht.

Die für die Einführung des Breitband-ISDN aus heutiger Nutzersicht wichtigsten Breitbanddienste und -anwendungen sind für die Geschäftskommunikation:
- Verbindungsorientierte Übermittlungsdienste für die schnelle Datenkommunikation einschließlich der Kopplung von Local Area Networks (LAN) und Metropolitan Area Networks (MAN),
- Verbindungslose Übermittlungsdienste (mit Vermittlung einzelner Datenpakete) für die Kopplung und den Aufbau von MANs mit Übertragungs- und Vermittlungseinrichtungen des öffentlichen Netzes,

2.5 Dienste im Breitband-ISDN

Tabelle 2.3. Mögliche Breitbanddienste und ihre Anwendungen

Dienst	Art		Anwendung	Verbreitung[a]	
	Übermittlungsdienst	Teledienst		Büro	Heim
Verbindungsorientierte B-Datenübermittlungssysteme	X		CAD/CAM, Dateitransfer, Ferndrucken von Zeitungen, Kopplung von LAN und NStA, Zugang zu vorhandenen Netzen und Diensten	50 %	25 %
„Verbindungslose" B-Datenübermittlungsdienste („Connectionless")	X		Realisierung von MAN (d.h. von virtuellen privaten Netzen)	50 %	–
M- und MM-Dokumentenübermittlung, -abruf ohne Bewegtbilder, B-Telefax		X	Übermittlung von Dokumenten, Abruf von Dokumenten mit schnellem Blättern in Dokumentenarchiven, Fernkopieren in Farbe	50 %	25 %
B-Videokonferenz		X	Bewegtbildkommunikation zwischen Gruppen, zwischen Personen und Gruppe sowie zwischen Personen (Punkt-zu-Punkt- oder Mehrpunkt-Verbindungen). Fernunterricht	30 %	20 %
B-Bildfernsprecher (Fernsehtelefon)		X	Bewegtbildkommunikation zwischen Personen, Übermittlung oder „Mail" individueller Videoszenen, Videoüberwachung, Fernunterricht	50 %	80 %
MM-Dokumentenübermittlung, -abruf mit Bewegtbildern, B-Bildschirmtext, Video-on-Demand		X	Beratung, Ferneinkauf, Spiele, Filmabruf, „Copying-on Demand", Fernunterricht	30 %	40 %
TV-Zuspielung	X		Programmübermittlung zu Studios oder KTV-Kopfstellen, elektronische Berichterstattung	gering	–
TV-Verteildienste		X	Fernsehen mit heutiger oder verbesserter Qualität (PAL, Secam, NTSC oder D2-MAC)	5 %	100 %
HDTV-Verteildienste		X	Fernsehen mit hochauflösender Qualität	5 %	100 %

[a] in % der Telefon-Fenutzer (langfristig); **M** Monomedium; **MM** Multimedia; **B** Breitband

36   2 Kommunikationsdienste

- Multimedia-Dokumentenübermittlungs- und -abrufdienste (mit oder ohne Bewegtbilder),
- Breitband-Videokonferenz (Studio- und Arbeitsplatzkonferenzen),
- Breitband-Bildfernsprechen (Fernsehtelefon).

Für den Heimbereich sind folgende Breitbanddienste am bedeutsamsten:
- Breitband-Bildfernsprechen (Fernsehtelefon) mit einer mit dem heutigen Fernsehen vergleichbaren oder besseren Bildqualität,
- Breitband-Bildschirmtext zum Abruf von Multimedia-Informationen, die neben Text, Daten, Grafik auch Festbilder mit hoher Auflösung, Sprache und Bewegtbilder (Filmszenen) enthalten,
- Video-on-Demand (Videoabruf) zum Abruf von Schulungskursen oder Spielfilmen,
- Verteildienste für Hochauflösendes Fernsehen (HDTV) und ggfs. Fernsehverteildienste (in Ergänzung bestehender Kabelfernsehnetze).

Im folgenden werden Breitbandanwendungen, für diese Anwendungen geeignete Breitbanddienste und allgemein deren Netzanforderungen beschrieben [6, 320].

2.5.1 Interaktive Breitband-Datenkommunikationsanwendungen und -dienste

Im Vergleich zur punktstrukturierten Bildkommunikation bietet die Datenkommunikation den grundlegenden Vorteil, daß übermittelte Zeichen, Vektoren und grafische Symbole beim Empfänger direkt weiterverarbeitet werden können. Der Schwerpunkt ihrer Anwendungen liegt vor allem im Unterstützen professioneller Bürotätigkeiten. In zukünftigen Breitbandnetzen kann die *Datenkommunikation* entweder *verbindungsorientierte Übermittlungsdienste* [105] oder *„verbindungslose" (connectionless) Übermittlungsdienste* nutzen (zum Beispiel den von Bellcore vorgeschlagenen Switched Multi-Megabit Data Service, SMDS, [13] oder den von ITU-T standardisierten Connectionless Broadband Data Service [106, 176]). Hochgeschwindigkeitsverbindungen benötigt man heute schon zum Anschluß von Arbeitsplatzstationen (Workstations) an Rechenanlagen (Hosts), z.B. für rechnerunterstütztes Entwickeln (Computer-Aided Design, CAD) oder rechnerunterstütztes Fertigen (Computer-Aided Manufacturing, CAM), zur Zusammenarbeit von Rechnern (beispielsweise für das Sichern von Rechnerdateien oder eines kompletten Rechnersystems) und zum Übertragen der Informationen für das Ferndrucken von Zeitungen und Zeitschriften. Ein weiteres Beispiel ist das Übertragen von Röntgen- oder Computertomografie-Aufnahmen u.ä. in der Medizin.

Bei privaten Netzen müssen Local Area Networks (LAN; s. Abschn. 5.2.2) und Nebenstellenanlagen (NStA; s. Abschn. 5.2.1) gekoppelt werden. Einzelne oder wenige LAN bzw. NStA lassen sich mit permanenten und semipermanenten Verbindungen miteinander vernetzen. Die Kopplung einer größeren Anzahl von LAN oder NStA erfordert auch verbindungsorientierte oder „verbindungslose" Übermittlungsdienste über Wählverbindungen. Damit kann die Übermittlungskapazität dem wechselnden Bedarf angepaßt und mehr Flexibilität für Ersatzschaltungen erreicht werden. Von besonderem Interesse sind Metropolitan Area Networks (MAN) als Dienstleistung des öffentlichen Netzes unter Verwendung der „verbindungslosen" Datenübermittlung. Diese ermöglichen den Aufbau virtueller privater Netze und müssen Leistungsmerkmale, Netzmanagement und Sicherheitsvoraussetzungen bieten, die zumindest denen eines echten privaten Netzes ebenbürtig sind.

Die Echtzeitanforderungen der Anwendungen (z.B. in Bezug auf Antwortzeiten) sowie die zu übermittelnden Informationsmengen bestimmen die benötigten Übertragungsbitraten. Typische CAD-Dateien im Maschinen- und Automobilbau enthalten technische Zeichnungen mit Datenvolumina von 1 bis 5 MByte, in der Chip-Entwicklung sogar bis zu 10 MByte. Eine Zeitungsseite umfaßt, abhängig von der Druckqualität und dem Bildanteil, ein Datenvolumen von 20 MByte bis 80 MByte (ohne Datenkompression). Für die Mehrzahl von Anwendungen der Datenübermittlung zwischen Arbeitsplatzstationen und Rechnern reichen zwar zunächst noch Bitraten von maximal 10 bis 45 Mbit/s aus; sie zeigen jedoch bereits eine Tendenz zu höheren Bitraten. Langfristig sind für eine Vielzahl fortschrittlicher Rechneranwendungen (wie beispielsweise Simulationsaufgaben) und für die Übertragung hochaufgelöster Bilder im medizinischen Bereich sogar Übermittlungsraten von mehr als 100 Mbit/s zu erwarten. Eine typische Übertragungskapazität heutiger LAN ist 10 Mbit/s. Bis 1996 werden mehr und mehr LAN (oder ähnliche Netze) mit einer Übertragungskapazität von bis zu 100 Mbit/s in Betrieb gehen. Für den Externverkehr zwischen derartigen Netzen eignen sich im allgemeinen Verbindungsleitungen mit Bitraten von 1,5 Mbit/s bzw. 2 bis 10 Mbit/s. „Super-LAN" mit Bitraten von n x 100 Mbit/s werden erst später in größerem Umfang eingesetzt. Öffentliche MAN vom Typ SMDS stützen sich vor allem auf 45-Mbit/s-Kanäle und später 130-Mbit/s-Kanäle ab.

2.5.2 Interaktive Breitband-Dokumentenkommunikationsanwendungen und -dienste

Breitband-Dokumentenübermittlung und *-abruf* auf elektronischem Weg, anfänglich mit Übermittlungsdiensten und später mit geeigneten Telediensten, nehmen an Bedeutung zu. Sie umfassen die Echtzeitübermittlung, die Übermittlung mit Zwischenspeicherung in einer Mailbox und den Abruf von Dokumenten für die Arbeit im Büro. In der ersten Entwicklungsstufe der schnellen Dokumentenkommunikation über Breitbandnetze enthalten diese Dokumente (als Monomedium- oder Multimediadokumente [179, 180]) eine oder mehrere Informationsarten wie Text, Grafiken, Festbilder und ggf. Sprache, jedoch in der Regel noch keine Bewegtbilder. Breitband-Telefax (Farb-Telefax) ist hier als ein erster Monomedium-Dokumentenübermittlungsdienst (Teledienst) vorstellbar. Der Anteil der Multimedia-Dokumente mit Bewegtbildinformationen an der gesamten Dokumentenkommunikation wird anfänglich nur gering sein, langfristig aber an Bedeutung gewinnen (s. Abschn. 2.5.3).

Die Fortschritte beim rechnergestützten Erstellen, Speichern und Weiterverarbeiten von Dokumenten führen zum Aufbau von Informationsbanken, die für einen weiten Nutzerkreis zugänglich sind. Um die Nachfrage nach Leistungen, wie schnelles Blättern und Übermitteln von Auszügen aus der Fachliteratur in verteilten Informationsbanken, erfüllen zu können, sind Breitbanddienste mit flexiblen, an den Bedarf anpaßbaren Übertragungsraten und Verkehrsbeziehungen notwendig. Die Netzanforderungen für Übermitteln, Speichern und Abruf von Dokumenten (ohne Bewegtbilder) ergeben sich aus der Auflösung der Festbilder und Grafiken und der Zugriffsgeschwindigkeit auf die gespeicherten Informationen. Das erfordert Datenraten von 10 Mbit/s und höher (s. Abschn. 5.1.5.2).

2.5.3 Interaktive Breitband-Bewegtbildkommunikationsanwendungen und -dienste

Bewegtbild ist eine einfach zu handhabende und wirkungsvolle Möglichkeit, Kommunikations-und Informationsvorgänge z.B. durch Mimik, Gesten, Skizzen, Erklären von Fotos oder Zeigen von Gegenständen zu verbessern. Die hauptsächlichen Anwendungen liegen in der Behandlung komplexer Themen im Büro und zu Hause, bei der Teamarbeit (Cooperative Working), in der Pflege persönlicher Kontakte und in Schulung und Unterhaltung.

Der zu Beginn wichtigste interaktive Bewegtbilddienst wird die *Breitband-Videokonferenz* zwischen Studios sein (Studiokonferenz) [101]. Die Akzeptanz des Dienstes hängt sowohl von einer guten Bild-und Tonqualität, mindestens der Qualität des heutigen Fernsehens, als auch vom Einbeziehen der Dokumentenübermittlung ab. Während anfangs die Verwendung von Punkt-zu-Punkt-Verbindungen für Studiokonferenzen ausreicht, können langfristig nur Mehrpunkt-Verbindungen die Nutzeranforderungen tatsächlich erfüllen: Arbeitsplatzkonferenzen. Bildfernsprecher (Fernsehtelefone) am Arbeitsplatz werden (neben Konferenzstudios) zu wichtigen Einrichtungen, die das spontane Einberufen von Arbeitsplatzkonferenzen ermöglichen.

Dies wird auch die allgemeine Nutzung des *Breitband-Bildfernsprechens* [99] als Ergänzung zum Fernsprechen im geschäftlichen Bereich fördern. Breitband-Bildfernsprechen wird aber ebenso für Teilnehmer daheim attraktiv sein, doch dürften hohe Kosten zu Beginn der B-ISDN-Einführung den Anreiz noch mindern. Benutzer in Büro oder Heim können auch individuelle Videoszenen zwischen Videokameras, Videorekordern und Fernsehbildschirmen entweder direkt oder als „Video Mail" mit Hilfe zwischenspeichernder Systeme (Mailbox) übermitteln. Eine technisch ähnliche Anwendung ist die Videoüberwachung zur Sicherung öffentlicher und privater Einrichtungen. Weitere Anwendungen der Breitband-Videokonferenz und des Breitband-Bildfernsprechens sind Fernunterricht, Fernberatung, Reklame, Vorstellung neuer Produkte. In vielen Fällen ist der Bewegungsinhalt bei Videokonferenzen oder Bildfernsprechen begrenzt (Kopf-Schulter-Abbildung von Personen). Für diese Anwendung erlauben zwar digital-codierte interaktive Bewegtbildsignale eine deutlich niedrigere Übertragungskapazität als Fernsehsignale. Dennoch wird längerfristig ein breitbandi-

2.5 Dienste im Breitband-ISDN

ger *Fernsehtelefondienst* im Vergleich zum schmalbandigen Bildtelefondienst im 64-kbit/s-ISDN (mit 64 kbit/s oder einigen Vielfachen davon und mit reduzierter räumlicher und zeitlicher Auflösung) attraktiver werden mit seiner höheren Qualität – nämlich der des heutigen Farbfernsehens, die die Teilnehmer seit Jahren gewohnt sind, oder der des zukünftigen Fernsehens mit höherer Bildauflösung (HDTV, High Definition Television).

Der Bedarf an der Übermittlung und dem Abruf von Multimedia (MM)-Dokumenten mit Bewegtbild wird stetig zunehmen. Ein erster Dienst für diese Kommunikation ist *Video-on-Demand*. Video-on Demand ermöglicht das Abrufen von Schulungskursen oder Spielfilmen zum direkten Betrachten durch den Nutzer oder unter Verwendung von „Copying-on-Demand" zum Speichern auf einem Videorecorder und könnte für geschäftliche und private Benutzer ein attraktiver Kommunikationsdienst werden – trotz Preiskonkurrenz mit Pay-TV oder Videokassettenverleih. *Breitband-Bildschirmtext* [95] stellt eine Erweiterung des heutigen Bildschirmtext-Dienstes dar. Er kann für Mitteilungen von Nutzer zu Nutzer, für den Informationsabruf oder für den Zugang zur Informationsverarbeitung (zum Beispiel Ferneinkaufen) genutzt werden. Die gezielt auswählbaren Informationen umfassen Sprache, Musik, Festbilder und kurze Filmszenen als Ergänzung zu den Text- und Grafikinformationen des heutigen Bildschirmtexts. Auch die Bildqualität von Video-on-Demand und Breitband-Bildschirmtext sollten der des heutigen Farbfernsehens und in Zukunft auch des HDTV entsprechen.

Weitere audiovisuelle und Multimedia-Breitbanddienste sind bei ITU-T in Diskussion, wie z.B. *audiovisuelle Dialogdienste* (eine Rahmenempfehlung [103] wurde von ITU-T bereits verabschiedet), *Multimedia Distribution Services* und *Multimedia Delivery Services* [84, 85].

Für die Interkommunikation zwischen den zuvor beschriebenen Bewegtbilddiensten und um Dokumente mit Bewegtbildern oder Videoclips/filme für die Übertragung über diese Dienste einschließlich Fernsehverteildienste einheitlich erstellen zu können, wäre es von Vorteil, für diese Bewegtbildanwendungen und -dienste möglichst gleiche Codierverfahren einzusetzen. Bei der Verwendung neuester Standards für die Videocodierung, z.B. der der Motion Picture Experts Group (MPEG 1 [82, 296] und MPEG 2 [73]), ist die Übertragung digitaler Videosignale mit Fernsehqualität mit Bitraten von oder unter 10 Mbit/s und zukünftig auch digitaler Videosignale mit HDTV-Qualität mit Bitraten von oder unter 50 Mbit/s zu erwarten. Langfristig werden Codierverfahren für TV-Signale mit einer Bitrate von 5 Mbit/s und für HDTV-Signale mit einer Bitrate um 10 Mbit/s angestrebt.

Eine spezielle Breitbandanwendung ist die *TV-Zuspielung*, der Programmaustausch zwischen Fernsehstudios mit Hilfe von „Contribution Services". Falls das Fernsehsignal im Rahmen der Fernsehprogramm-Erstellung weiter bearbeitet werden muß („Chromakey", mehrfaches Kopieren u.a.), soll dabei kein merkbarer Qualitätsverlust durch den Codier- und Decodiervorgang auftreten. Für die Übertragung derartiger hochqualitativer Fernsehsignale zwischen Studios werden aus heutiger Sicht Bitraten zwischen 33 und 50 Mbit/s, für HDTV-Signale in höchster Qualität 50 bis 100 Mbit/s benötigt. Niedrigere Bitraten sind für die Fernsehprogramm-Zuspielung ohne weitere Bearbeitung des Videosignals vorstellbar, beispielsweise für die Übertragung zu Kopfstationen von Kabelfernsehnetzen. Aber auch für weiterzuverarbeitende TV- und HDTV-Signale werden langfristig Codierverfahren mit noch niedrigeren Bitraten angestrebt.

2.5.4 Breitband-Verteilkommunikation

TV-Verteildienste [107] für die Verteilung von Fernsehprogrammen sind sehr interessant für den Heimbereich. Verbesserungen unter Beibehalten der Zeilenanzahl des heutigen Fernsehens sind möglich, zum Beispiel durch Komponentenübertragung zum Vermeiden von Cross-Color- und Cross-Luminanz-Effekten. Über Glasfaser-Teilnehmeranschlußnetze werden heute Fernsehsignale noch überwiegend analog übertragen. Ziel ist jedoch die digitale Verteilung der Fernsehprogramme. Mit reiner Intraframe-Codierung zusammengesetzte PAL-, Secam- bzw. NTSC-Signale benötigen derzeit Übertragungsraten von etwa 33 Mbit/s. Mit zukünftigen Codierverfahren, z.B. mit denen der Motion Pictures Experts Group (MPEG 2, s. Abschn. 2.5.3), wird sich der Bitratenbedarf für die Fernsehverteilung auf 5 bis 10 Mbit/s verringern.

Der hohe Bitratenbedarf der *HDTV-Verteildienste* [108] für die Verteilung von HDTV-Programmen macht die optische Übertragung über Glasfasern attraktiv. Auch HDTV-Signale werden in der Einführungsphase wahrscheinlich in analoger Form, später aber digital übertragen. Die Datenrate eines unkomprimiert codierten HDTV-Quellensignals kann sehr hoch sein (größer 1 Gbit/s). Ziel ist es, Codierverfahren zu entwickeln, mit denen die Verteilung von HDTV-Programmen mit Bitraten bis zu 50 Mbit/s, langfristig um 10 Mbit/s, durchgeführt werden kann. Für die Übertragung von HDTV-Signalen mit höchster Qualität zwischen Fernsehstudios wird langfristig eine Reduzierung der Übertragungsbitraten auf 50 Mbit/s angestrebt (vgl. Abschn. 2.5.3).

2.6 Dienstmerkmale

Die *allgemeinen Anschlußmerkmale* beschreiben die für sämtliche an einem Teilnehmeranschluß zugänglichen Dienste nutzbaren ISDN-Merkmale, und die *Basisdienstmerkmale* beschreiben die Grundausstattung eines Dienstes (vgl. Abschn. 2.3). Durch Nutzung der einem Dienst zugeordneten *ergänzenden Dienstmerkmale* kann ein Teilnehmer diesen Dienst in seinen Basismerkmalen wahlweise ändern oder verbessern.

Nachfolgend werden einige allgemeine Anschlußmerkmale des 64-kbit/s-ISDN und von diesem unterstützte ergänzende Dienstmerkmale anhand einiger Beispiele veranschaulicht. Die ergänzenden Dienstmerkmale wurden nach Bild 2.6 (s. auch [290, 317]) in folgende Gruppen unterteilt:

- dienstspezifische Anschlußmerkmale,
- Verbindungsdienstmerkmale,
- Informationsdienstmerkmale.

Obwohl diese Anschluß- und Dienstmerkmale für das 64-kbit/s-ISDN definiert und standardisiert wurden oder, soweit sie schon im Fernsprechnetz zur Verfügung standen, an das 64-kbit/s-ISDN angepaßt wurden, kann man davon ausgehen, daß entsprechende Dienstmerkmale auch im Dienstangebot des zukünftigen B-ISDN enthalten sind. Neue, B-ISDN-spezifische ergänzende Dienstmerkmale wurden bisher noch nicht standardisiert.

2.6.1 Allgemeine Anschlußmerkmale des ISDN

- Wählverbindung
- Festverbindung
- Semipermanente Verbindung
- Mehrdienstbetrieb (Mehrfachkommunikation): Simultane Nutzung mehrerer Dienste. Dabei werden gleichzeitig mehrere Verbindungen mit gleichen oder unterschiedlichen Diensten zu einem oder mehreren Teilnehmern unterhalten.
- Dienstwechsel während der Verbindung, z. B. Wechsel von Sprachkommunikation auf Faksimileübertragung (Mischkommunikation).

2.6.2 Ergänzende Dienstmerkmale

Die nachfolgend aufgeführten ergänzenden Dienstmerkmale sind die aus heutiger Sicht für den Anwender wichtigsten; diese Liste erhebt nicht den Anspruch auf Vollständigkeit. Die Deutsche Telekom hat einige davon bereits in ihrem 64-kbit/s-ISDN eingeführt [317] oder beabsichtigt, diese Dienstmerkmale zusammen mit anderen europäischen Netzbetreibern/Diensteanbietern im Euro-ISDN anzubieten [34]. Weitere ergänzende Dienstmerkmale sind in den Standardisierungsgremien sowie bei Diensteanbietern und Herstellern in Diskussion.

2.6.2.1 Dienstspezifische Anschlußmerkmale

Im Gegensatz zu den allgemeinen Anschlußmerkmalen des ISDN kommen die dienstspezifischen Anschlußmerkmale nur bei den Diensten zur Anwendung, für die sie zugelassen und vom Teilnehmer aktiviert wurden.
- *Geschlossene Benutzergruppe*: Die Benutzer bilden Gruppen mit bestimmten, vereinbarten Einschränkungen für den Zugang zu und von Teilnehmern des öffentlichen Netzes (Nebenstellenanlagenfunktionen) [165].
- *Durchwahl* zu Nebenstellen an Nebenstellenanlagen [153].

- *Mehrfachrufnummer*: Mit der Mehrfachrufnummer können ISDN-Endgeräte innerhalb eines Dienstes oder diensteunabhängig an einem passiven Bus gezielt angewählt werden (vgl. Abschn. 4.4.3.1).

2.6.2.2 Verbindungsdienstmerkmale

Dies sind ergänzende ISDN-Dienstmerkmale für den *schnellen und bequemen Verbindungsaufbau*, die *besondere Verbindungsvollendung* und das *Einschränken bestimmter Verbindungen*, außerdem für *Sonderverbindungen*.

- Schneller und bequemer Verbindungsaufbau und bequeme Kommunikation (Realisierung im Endgerät)
  - *Kurzwahl*: Der Benutzer kann für häufig benutzte Rufnummern zweistellige Kurzrufnummern zum Verbindungsaufbau verwenden.
  - *Wahlwiederholung*: Die zuletzt gewählte Rufnummer wird gespeichert. Die Wiederholung der Wahl erfolgt durch Drücken einer bestimmten Taste oder nach vorgegebener Zeit automatisch.
  - *Direktruf*: Nach Betätigen einer beliebigen Taste oder nur durch Abheben des Handapparates wird eine Verbindung zu einem Anschluß mit einer bestimmten Rufnummer automatisch aufgebaut.
  - *Wahl bei aufgelegtem Handapparat*.
  - *Freisprechen* über gesondertes Mikrofon.
  - *Zusätzlicher* Lautsprecher zum *Mithören*.

- Besondere Verbindungsvollendung
  - *Automatischer Rückruf bei Besetzt*: Der anrufende Benutzer kann dieses Leistungsmerkmal aktivieren, wenn der gerufene Anschluß besetzt ist. Nach Freiwerden des gerufenen Anschlusses wird (bei freiem Anschluß des zuvor Rufenden) die Verbindung automatisch aufgebaut. Ein entsprechendes Dienstmerkmal bei Nichtmelden des gerufenen Teilnehmers ist in Diskussion.
  - *Anklopfen mit Anzeige*: Der gerufene Benutzer wird während einer bestehenden Verbindung akustisch und/oder optisch vom Vorliegen eines weiteren Verbindungswunsches mit Anzeige der Rufnummer des rufenden Benutzers unterrichtet. Innerhalb einer Karenzzeit kann er die zweite Verbindung übernehmen [162].
  - *Ständige Anrufweiterschaltung*: Der Benutzer kann alle ankommenden Anrufe zu einem beliebigen anderen Anschluß durch Eingabe von dessen Rufnummer umleiten [161].
  - *Anrufweiterschaltung bei Nichtmelden*: Der Benutzer kann eine beliebige andere Rufnummer eingeben, zu der ein ankommender Anruf weitergeschaltet wird, wenn er diesen Ruf nicht innerhalb einer bestimmten Zeit (z.B. dreimaliges Läuten) angenommen hat [160].
  - *Anrufweiterschaltung bei Besetzt*: Ankommende Rufe werden zu der eingegebenen Rufnummer weitergeschaltet, falls der gerufene Teilnehmer besetzt ist [159].

- Einschränken bestimmter Verbindungen
  • *Vollsperre*: Sperrung des Anschlusses für alle abgehenden und ankommenden Verbindungen auf Antrag des Teilnehmers.
  • *Sperre für abgehende Verbindungen*: Auf Antrag des Teilnehmers Sperrung des Anschlusses für z.B. Interkontinentalverbindungen, Auslandsverbindungen oder Fernverbindungen.

- Sonderverbindungen
  • *Ständige Gebührenübernahme*: Der gerufene Teilnehmer übernimmt die vollen Verbindungsgebühren ankommender Rufe. Dafür werden bestimmte Rufnummern bereitgestellt, wie z.B. beim *Dienst 130*.
  • *Fallweise Gebührennahme*: Der angerufene Teilnehmer kann die Verbindungsgebühren fallweise während der Verbindung oder vor der Verbindungsannahme übernehmen (nicht ISDN-spezifisch; R-Gespräch, nur in Verbindung mit bedientem Vermittlungsplatz).
  • *Rundruf, Rundsenden*: Für das Übermitteln einseitig gerichteter Nachrichten (Informationsverteilung) werden mehrere Teilnehmer gleichzeitig oder nacheinander angerufen (Realisierung im Endgerät).
  • *Rückfrage, Makeln*: Der Benutzer kann die zu einem zweiten Benutzer bestehende Verbindung in Wartestellung schalten, um zu einem dritten Benutzer eine zusätzliche Verbindung zwecks Rückfrage aufzubauen oder eine wartende Verbindung zu übernehmen [164].
  • *Konferenzverbindungen*: Verbindungen mit gleichzeitig mindestens drei Benutzern, wobei jeder mit jedem kommunizieren kann [163].

2.6.2.3 Informationsdienstmerkmale

Darunter sind mögliche ergänzende Dienstmerkmale wie *Gebühreninformationen*, *Netzinformationen*, *Auskünfte* und *Identifizieren* zu verstehen.
- Gebühreninformationen
  • Anzeige der auflaufenden oder aufgelaufenen Gebühreneinheiten oder DM-Beträge für den rufenden Benutzer während bzw. nach der Verbindung [166].
  • *Einzelgebührennachweis*: Gebührenrechnung mit Auflisten der Gebühren je Verbindung und Dienst (Datum, Uhrzeit, Rufnummer des gerufenen Teilnehmers).
- Netzinformationen
  • *Hinweisgabe*: Anzeige oder Aussage z.B. der geänderten Rufnummer.
  • *Dienstsignale* für die Benutzerführung beim Verbindungsaufbau.
  • *Angabe von Datum und Uhrzeit* beim Verbindungsaufbau (Realisierung im Endgerät).
- Auskünfte
  • *Fernsprechansagen* wie z.B. Wetter, Sport, Nachrichten.
  • *Fernsprechauskunft*.
  • *Auskünfte für andere Dienste*.

- Identifizieren
  - *Registrieren* der Rufnummer *böswilliger Anrufer* [158]
  - *Anzeige der Rufnummer* des rufenden Teilnehmers beim gerufenen Teilnehmer [154]
  - *Unterdrücken der Rufnummernanzeige* [155]
  - *Anschlußkennung des gerufenen Teilnehmers* für den rufenden Teilnehmer [156].
  - *Unterdrückung der Anschlußkennung* [157].

Mit der Einführung von *Intelligent Network (IN)-Funktionen* (s. Abschn. 8.4) im ISDN wird die flexible Einführung und Anpassung erleichtert sowie der Betrieb neuer Dienste und ergänzender Dienstmerkmale, die im Netz zunehmend komplexere und aufwendigere Unterstützungsroutinen erfordern. Im Rahmen des IN-Diensteangebotes der Deutschen Telekom werden folgende Netzmerkmale / ergänzende Dienstmerkmale angeboten oder sind geplant:
- *Account Card Calling*: Gebührenverrechnung auf Fernsprechkonto
- *Credit Card Calling*: Gebührenverrechnung auf Kreditkartenkonto
- *Area Wide Centrex*: Nebenstellenanlagen-Leistungsmerkmale realisiert im öffentlichen Netz
- *Virtual Private Network*: Realisierung eines privaten Netzes mit Elementen des öffentlichen Netzes
- *Freephon* (Dienst 130, s. ergänzendes Dienstmerkmal *Ständige Gebührenübernahme*)
- *Persönliche Rufnummer*: Dem Teilnehmer zugeordnete Rufnummer
- *Universelle Rufnummer*: Dienst 180, Persönliche Rufnummer + Follow-Me (s.u.)
- *Tele-Info-Service*: Dienst 190, Informationsdienste
- *Televotum*: Zählen von zielspezifischem Verkehr/Anrufen
- *Automatische Anrufverteilung*
- *Anruf-Rerouting*: von verschiedenen Bedingungen abhängige Anrufweiterleitung
- *Selektive Anrufumleitung*: Anrufweiterleitung abhängig vom anrufenden Teilnehmer
- *Follow-Me*: Netzweite Anrufweiterleitung
- Ursprungsabhängige Zugangssteuerung (Prioritäten)
- Verkehrsführung zu Zielen (Dienstzentren, Teilnehmergruppen, usw.).

2.7 Dienstübergänge

Mit der Festlegung von Diensten soll erreicht werden, daß möglichst viele Benutzer eines Nachrichtennetzes miteinander kommunizieren können. Mit derselben Zielsetzung wird auch eine Kommunikation zwischen Endgeräten unterschiedli-

2.7 Dienstübergänge   45

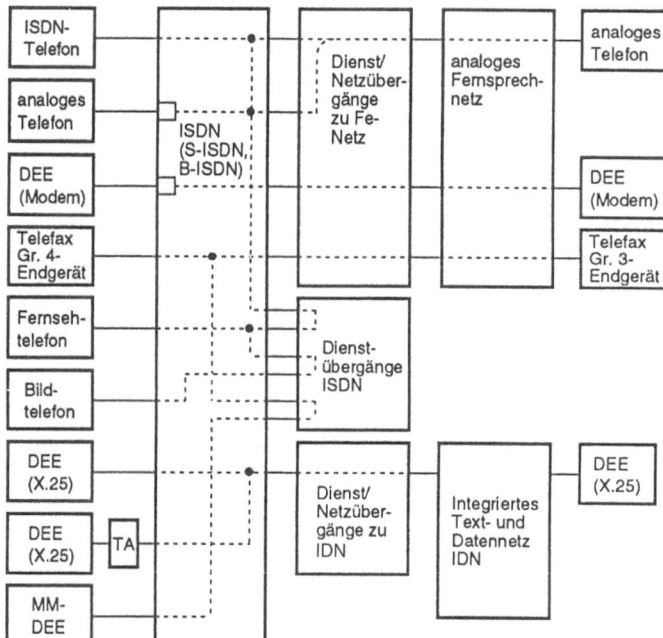

Bild 2.9. Dienst- und Netzübergänge (Beispiele).
TA Endgeräteanpassungseinheit; DEE Datenendeinrichtung

cher Dienste und von Endgeräten desselben Dienstes an unterschiedlichen Netzen fallweise durch Dienst- und Netzübergänge möglich gemacht (Bild 2.9).

So soll Fernsprechen zwischen den analogen Telefonen des heutigen Fernsprechdienstes und ISDN-Telefonen selbstverständlich möglich sein, solange analoge Telefone eingesetzt werden. Im Verkehr mit Teilnehmern des heutigen öffentlichen Fernsprechdienstes kann der ISDN-Teilnehmer jedoch die Zusatzdienstmerkmale des ISDN-Fernsprechdienstes nicht voll nutzen. Er kann z.B. kein *Anklopfen mit Anzeige* entgegennehmen und keinen *automatischen Rückruf* einleiten (s. Abschn. 2.6).

Außerdem sind für die Interkommunikation zwischen folgenden Diensten oder Dienstegruppen Dienst/Netzübergänge erforderlich, um die Zugangsmöglichkeiten und Erreichbarkeit der Teilnehmer zu verbessern
- zwischen Diensten für unterschiedliche Gruppen von Faksimilegeräten, insgesondere Faksimilegeräten der Gruppen 3 und 4,
- zwischen Videokonferenz und Bildfernsprechen mit unterschiedlichen Bitraten,
- zwischen Videokonferenz oder Bildfernsprechen und 3,1-kHz- oder 7-kHz-Fernsprechdiensten,

- zwischen Multimediadiensten (mit Daten, Text und Bildkomponenten) und schon bestehenden oder künftigen Monomediumdiensten, wie beispielsweise Telefax,
- zwischen Dialog-, Speicher-, Abruf- oder Verteildiensten mit gleichen Informationsarten (z. B. Breitband-Bildfernsprechen und Video-on-Demand) oder sogar mit unterschiedlichen Informationsarten.

Hierfür müssen im Netz Dienstübergangseinrichtungen, die unter anderem die jeweiligen Nutzinformationen – soweit erforderlich – umcodieren (transformieren), und zusätzlich oder auch nur Mehrdiensteendgeräte bereitgestellt werden. Falls Dienste unterschiedlicher Dienstgüte zusammenarbeiten (z.B. mit unterschiedlicher Bildauflösung), bestimmt die niedrigste Dienstgüte die Kommunikationsqualität. Hier ist noch zu untersuchen, wieweit durch Angleichen der Codierverfahren für miteinander korrespondierende Informationsarten Aufwärts- und Abwärtskompatibilität zwischen definierten Qualitätsstufen erreicht werden kann.

3 Aufbau der Kommunikationsnetze

3.1 Netzgliederung

Kommunikationsnetze bestehen im wesentlichen aus drei Komponenten (Bild 3.1): dem Anschlußleitungsnetz, den Vermittlungsstellen und den Verbindungsleitungen zwischen den Netzknoten.
- Das *Anschlußleitungsnetz*, das auch häufig als Zugangsnetz bezeichnet wird, verbindet die Benutzerstationen mit den ihnen zugeordneten Netzknoten. Bei den Anschlußleitungen kann es sich um individuell pro Teilnehmer vorhandene Anschlußleitungen handeln, wie es zum überwiegenden Teil beim Telefonnetz der Fall ist, oder um – mittels Multiplexverfahren – von mehreren Teilnehmern gemeinsam genutzte Anschlußleitungen. Diese Anschlußtechnik wird häufig im Teilnehmeranschlußbereich der Text- und Datennetze angewendet, da wegen der geringeren Dichte der Netze größere Entfernungen zwischen Teilnehmer und Netzknoten zu überbrücken sind; in Zukunft wird sie jedoch auch in den universellen Kommunikationsnetzen eine zunehmende Rolle spielen, um – aus wirtschaftlichen Gründen – die Anzahl der Teilnehmervermittlungsstellen (s.u.) zu verringern (vgl. Abschn. 3.3.2 und 7.4.5).
- Die *Vermittlungsstellen* stellen die Verknüpfung zwischen dem Anschlußleitungsnetz und dem Verbindungsleitungsnetz her (*Teilnehmervermittlungsstelle*). Innerhalb des Verbindungsleitungsnetzes verbinden sie die Leitun-

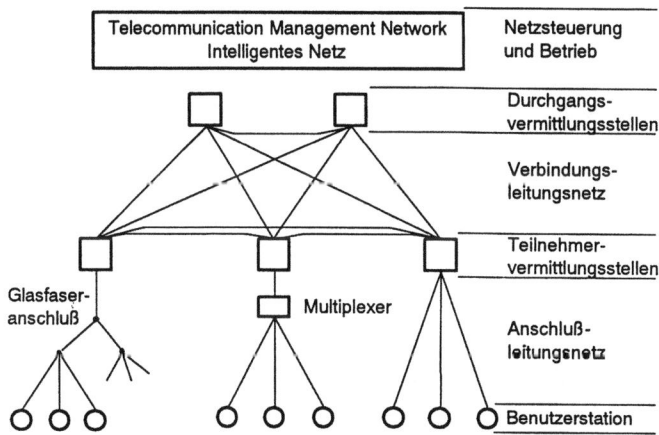

Bild 3.1. Wesentliche Komponenten eines Kommunikationsnetzes

gen oder Kanäle der zu unterschiedlichen Zielen führenden Leitungsbündel (*Durchgangs- oder Transitvermittlungsstelle*). Die zu einem Ortsnetz gehörenden Vermittlungsstellen werden als Ortsvermittlungsstellen bezeichnet, die Durchgangsvermittlungsstellen des Fernnetzes als *Fernvermittlungsstellen*. Bei hierarchischen Netzen werden sie entsprechend der Hierarchieebene, auf der sie sich befinden, unterschiedlich benannt, z.B. *Zentral-, Haupt- und Knotenvermittlungsstelle* oder *Tertiär-, Sekundär- und Primärvermittlungsstelle*.
- Das *Verbindungsleitungsnetz* verbindet die Vermittlungsstellen untereinander. *Ortsverbindungsleitungen* verbinden die Vermittlungsstellen innerhalb eines Ortsnetzes, *Fernverbindungsleitungen* die Vermittlungsstellen des Fernnetzes.

Darüber hinaus werden zum Betreiben eines Netzes Funktionen und Einrichtungen für das Bedienen und Instandhalten benötigt. Hierzu zählen u.a. das Erfassen der Tarifdaten, das Verwalten der Teilnehmer-, Verbindungsleitungs- und Vermittlungsstellendaten, das Messen der Betriebs- und Verkehrsgüte, sowie das Instandhalten der Netzeinrichtungen. Zur Unterstützung dieser beim Betreiben eines Kommunikationsnetzes auftretenden Aufgaben wurden von ITU-T Empfehlungen für ein Telekommunication Management Network (TMN) erarbeitet [196]. Das TMN ist vom Konzept her ein eigenständiges System, über das Informationen von den verschiedenen Netzkomponenten gesammelt und verarbeitet werden und über das vom Betreiber und auch vom Anwender die Komponenten konfiguriert und gesteuert werden können (s. Kap. 8).

Mit dem Ziel, die Neueinführung und Modifikation von Diensten flexibler zu gestalten, wurde das Konzept des „Intelligenten Netzes" entwickelt [3]. Hierbei erhält das Netz die Fähigkeit, Nachrichten zwischenzuspeichern und zu verarbeiten. Die für die Steuerung eines Dienstes notwendigen Funktionen – wie z.B. die Analyse einer Dienstanforderung, die Auswahl der notwendigen Netzkomponenten und die Steuerung der logischen Verknüpfung dieser Komponenten – sind hierbei nicht in den einzelnen Vermittlungsstellen des Netzes enthalten, sondern in gesonderten Dienststeuerungszentralen (Service Control Point, vgl. Abschn. 8.4). Diese Zentren, zu denen auch die Anwender Zugang haben, sind über das Signalisierungssystem Nr. 7 (s. Abschn. 6.3) mit den Vermittlungsstellen verbunden. Die Logik zur Steuerung eines Dienstes soll in Form fest definierter, funktionaler Komponenten, die vermittlungstechnische Teilabläufe beschreiben, realisiert werden. Dadurch können dann die Benutzer eines Netzes auch eigenständig Modifikationen eines Dienstes vornehmen.

3.2 Netzkomponenten

3.2.1 Anschlußleitungen für das 64-kbit/s-ISDN und das B-ISDN

Beim ISDN werden auch auf der Anschlußleitung alle Nachrichten digital übertragen (Bild 3.2a). Hier besteht ein wesentlicher Unterschied zum digitalen Te-

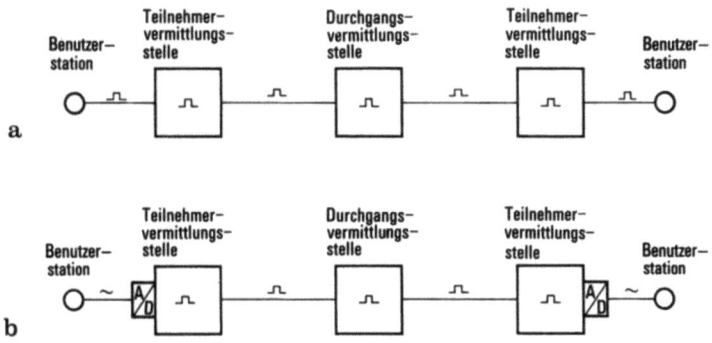

Bild 3.2. Netzkonzepte. a ISDN; b digitales Telefonnetz
~ Analogsignal
⊓ Digitalsignal
A/D Analog/Digital-Umsetzer

lefonnetz, bei dem die Nachrichten bis zum Eingang der Teilnehmervermittlungsstelle analog übertragen werden (Bild 3.2b). Als Übertragungswege werden die vorhandenen Kupferanschlußleitungen verwendet. Mit geeigneten Übertragungsverfahren (s. Abschn. 7.4.4) kann über die zweiadrige Kupferleitung des Teilnehmeranschlusses die für den Basisanschluß des 64-kbit/s-ISDN erforderliche Nettobitrate von 144 kbit/s übertragen werden. Im Anschlußleitungsnetz sind hierbei im Normalfall keine zusätzlichen Aufwendungen, z.B. für Zwischengeneratoren, erforderlich.

Der Anschluß von B-ISDN-Teilnehmern kann auf verschiedene Weise vorgenommen werden, wobei die Auswahl der geeigneten Lösung von dem gewünschten Bitratenbedarf des Benutzers beeinflußt wird. Teilnehmer, die die volle Übertragungskapazität an der Benutzer-Netz-Schnittstelle des B-ISDN (155,52 oder 622,08 Mbit/s; s. Abschn. 4.3) nutzen wollen, werden über im Sternnetz verlegte, teilnehmerindividuelle Glasfaseranschlußleitungen mit der Teilnehmervermittlungsstelle verbunden (Bild 3.3a). Für die beiden Übertragungsrichtungen können zwei getrennte Glasfasern verwendet werden oder eine Glasfaser, die im Wellenlängenmultiplex gemeinsam für beide Übertragungsrichtungen benutzt wird. Der an beiden Seiten erforderliche Aufwand für die optoelektrische Wandlung und die optischen Sende- und Empfangseinrichtungen (Laser, Empfangsdiode) sind bei diesem Anschlußkonzept teilnehmerindividuell vorhanden, was bei einer wirtschaftlichen Bewertung zu berücksichtigen ist. Der teilnehmerindividuelle Anschluß ist eine für zukünftige Anwendungen aufwärtskompatible Lösung und kommt in erster Linie für Geschäftsteilnehmer mit einem hohen Bitratenbedarf in Betracht.

Das passive optische Netz (PON) (Bild 3.3b), bei dem Teile des Glasfaseranschlusses und der optische Leitungsanschluß an der Teilnehmervermittlungsstelle von einer Gruppe von Teilnehmern (z.B. 32) gemeinsam benutzt

50   3 Aufbau der Kommunikationsnetze

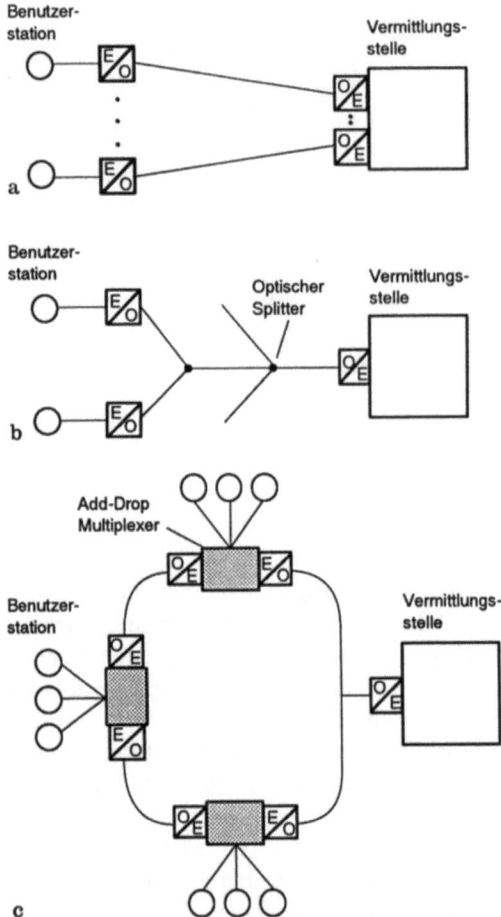

Bild 3.3. Anschlußkonfiguration im B-ISDN. a teilnehmerindividueller Anschluß, b passives optisches Netz, c Ringstruktur, O/E optoelektrischer Umsetzer

wird, ist eine wirtschaftliche Alternative zur teilnehmerindividuellen Glasfaseranschlußleitung [303]. Die von der Teilnehmervermittlungsstelle wegführende Glasfaser wird an geeigneten Verzweigungspunkten mittels optischer Splitter weiter verzweigt. Bei passiven optischen Netzen wird meist das Zeitmultiplex-Zugriffsverfahren (TDMA: Time Division Multiplex Access; s. Abschn. 7.4.5) angewendet. Das von der Vermittlungsstelle zu den Teilnehmern gerichtete Zeitmultiplexsignal wird im Rundsendeverfahren ausgesendet und somit allen am PON angeschlossenen Endeinrichtungen angeboten. Diese benutzen darin nur die für sie bestimmten Kanäle. Die mit diesem Verfahren verbundenen Gefahren für die Datensicherheit können durch Verschlüsselungstechniken vermieden werden. Die in der Gegenrichtung zur Vermittlungsstelle gesendeten Nachrichten werden innerhalb des Zeitmultiplexsignals in fest zugeordneten Zeitschlitzen übertragen.

Das passive optische Netz kann auch unter Einbeziehung vorhandener Kupferader- oder Koaxialkabelnetze betrieben werden. Je nachdem wie weit die Glasfaser bis zur eigentlichen Benutzerstation geführt wird, werden diese Lösungen als Fibre to the Home (Glasfaser bis zum Heim) oder Fibre to the Curb (Glasfaser bis zur Straße) bezeichnet. Die gemeinsame Nutzung der Glasfaser durch mehrere Teilnehmer führt zu Einschränkungen der verfügbaren Bitrate. Da jedoch in vielen Anwendungsfällen nur eine beschränkte Teilnehmerzahl gleichzeitig die Glasfaser beanspruchen, ist ein passives optisches Netz für kleinere und mittlere Geschäftsanschlüsse sowie private Nutzer eine wirtschaftliche Alternative zum teilnehmerindividuellen Glasfaseranschluß. In Hinblick auf einen wachsenden Bitratenbedarf werden im Zusammenhang mit der Installation passiver optischer Netze auch unbenutzte Fasern (Dark Fibre) verlegt. Es besteht ferner die Möglichkeit, die Übertragungskapazität der verlegten Glasfasern zu einem späteren Zeitpunkt mittels Wellenlängenmultiplexverfahren auszuweiten.

Das Anschlußnetz des B-ISDN kann auch unter Verwendung von in Ringstruktur (s. Abschn. 3.3.1) betriebenen Netzen realisiert werden (Bild 3.3c), bei denen Add-Drop-Multiplexer den Zugriff auf das gemeinsame Übertragungsmedium steuern sowie die Zuordnung zu logischen Pfaden innerhalb des Ringes vornehmen und auf diese Weise das niederbitratige Teilnehmersignal in den höherbitratigen Nachrichtenfluß des Glasfaserringes einfügen bzw. daraus entnehmen. Im Rahmen des Projektes OPAL (Optische Anschlußleitung) werden in Deutschland auf der Basis unterschiedlicher Glasfasernetz-Architekturen Teilnehmeranschlüsse unter Einbeziehung von Glasfasern realisiert, die vom Telefonnetz und dem Breitbandkabelnetz für die TV-Verteilung gemeinsam genutzt werden [336].

3.2.2 Vermittlungsstellen

Die Vermittlungsstellen stellen aufgrund von Adressierungsinformationen logische oder physikalische Verbindungen zwischen den an sie angeschlossenen Verbindungs- oder Teilnehmeranschlußleitungen her. Neben diesen vermittlungstechnischen Funktionen müssen in bestimmten Vermittlungsstellen in Hinblick auf die Tarifermittlung Kommunikationsdaten erfaßt und vorübergehend gespeichert werden. Im Telefonnetz und ISDN sind dies im wesentlichen die Rufnummern des rufenden und des gerufenen Teilnehmers (hieraus kann die Entfernung der aufgebauten Verbindung ermittelt werden), der Wochentag und die Tageszeit (zur Tag- und Nachttarifzuordnung) sowie Angaben über die Zeitdauer einer genutzten Verbindung, die als zeitdiskrete Werte oder in Form von Tarifimpulsen registriert werden können. Bei paketvermittelten Netzen, bei denen der vermittlungstechnische Aufwand vor allem durch das zu übertragene Paketvolumen bestimmt ist, werden zusätzlich Angaben über die Menge des übertragenen Paketvolumens benötigt. Beim B-ISDN hängt die Höhe des Tarifs neben der Dauer und der Entfernung einer Verbindung auch von der bereitgestellten Bitrate ab.

3.2.2.1 Vermittlungsstellen mit Leitungsvermittlung

Vermittlungsstellen mit Leitungsvermittlung („Durchschaltevermittlungen") stellen für die Dauer einer Verbindung zwischen den Endeinrichtungen einen Übertragungsweg zur Verfügung unabhängig davon, ob Nachrichten übertragen werden oder nicht. Vermittlungsstellen mit Leitungsvermittlung sind deshalb insbesondere für Dienste geeignet, bei denen Realzeitanforderungen bestehen und eine konstante Bitrate zu übertragen ist, wie z.B. dem Telefondienst. Sie sind jedoch zu inflexibel, wenn während der Dauer einer Verbindung die Bitrate im Übertragungskanal schwankt, wie z.B. bei Multimedia-Anwendungen. Das Prinzip der Leitungsvermittlung wird im analogen und digitalen Telefonnetz, dem 64-kbit/s-ISDN und teilweise in Text-und Datennetzen (Datex-L) angewendet. Im Hinblick auf die erweiterten Kommunikationsmöglichkeiten des 64-kbit/s-ISDN wurden insbesondere die Teilnehmervermittlungsstellen des digitalen Telefonnetzes in ihrem Funktionsumfang erweitert (vgl. Abschn. 4.4.5). Diese Funktionserweiterungen betreffen die Trennung des 144-kbit/s-Nachrichtenstroms in die beiden 64-kbit/s-Kanäle und den 16-kbit/s-Datenkanal sowie die getrennte Bearbeitung der beiden 64-kbit/s-Kanäle, da diese zu unterschiedlichen Zielen durchgeschaltet werden können und für unterschiedliche Dienste nutzbar sind. Während einer bestehenden Verbindung muß der zweite 64-kbit/s-Kanal zugeschaltet und innerhalb eines Kanals der Dienst gewechselt werden können. Dies bedeutet, daß auch während des Bestehens einer Verbindung die Teilnehmersignalisierung möglich sein muß.

3.2.2.2 Vermittlungsstellen mit Paketvermittlung

Bei dem Paketvermittlungsverfahren werden die Nachrichten in Pakete zerlegt – anhand einer im Nachrichtenkopf (Header) angegebenen Zielinformation – abschnittsweise von Vermittlungsstelle zu Vermittlungsstelle durch das Netz geschleust. Die Pakete werden dabei in jeder Vermittlungsstelle zwischengespeichert, z.B. bis ein Weg in die weiterführende Richtung frei wird. Ein Durchschalten von Verbindungen findet nicht statt. Ein wesentlicher Vorteil des Paketvermittlungsverfahren ist die Fähigkeit, durch Anpassungsfunktionen freizügigen Verkehr zwischen verschiedenartigen Endgeräten zu ermöglichen. Während bei der Leitungsvermittlung Quelle und Senke nur Nutzdaten austauschen, erfordert die Paketvermittlungstechnik die Übertragung zusätzlicher Nachrichten für die Paketadressierung und die Flußsteuerung. Ferner ist bei der Paketvermittlung die Nachrichtentransferzeit von der Netzbelastung abhängig. Das Zugangsprotokoll für paketvermittelte Netze ist in ITU-T-Empf. X.25 [263] international festgelegt.

Intelligente Endgeräte, die Übertragungsfehler selbst erkennen oder gar korrigieren oder aber die erneute Übertragung anfordern, und die geringere Fehlerhäufigkeit der digitalen Übertragungstechnik haben im Vergleich zur traditionellen X.25-Paketvermittlungstechnik den Bedarf nach Fehlerkorrekturmöglichkeiten durch das Netz reduziert. Dies hat zur Definition eines neuen Zugangsprotokolls für Hochgeschwindigkeitsnetze geführt, der Frame Relay Technik [148], die gegenüber der herkömmlichen Paketvermittlungstechnik durch eine vereinfachte Protokollbearbeitung eine effizientere Paketierung der Nachrichten ermöglicht. Mittels dieses Protokolls werden Rahmen variabler Länge erzeugt, die bei Datenraten von derzeit 2 Mbit/s übertragen werden. Die Möglichkeit einer Übertragung mit bis zu 45 Mbit/s ist in Diskussion (vgl. Abschn. 4.7.1).

3.2.2.3 ATM-Vermittlungsstellen

Die Vermittlungsstellen des B-ISDN arbeiten auf der Basis des „Asynchronous Transfer Mode" (ATM), bei dem Pakete (ATM-Zellen) mit einer konstanten Länge von 53 Bytes vermittelt werden [55]. Das ATM-Übermittlungsverfahren stellt eine Kombination aus Leitungs- und Paketübermittlung dar und verbindet die Vorteile dieser beiden Verfahren miteinander. Der Zellkopf (Header) besteht aus 5 Bytes und enthält u.a. den Virtual Path Identifier (VPI) und den Virtual Channel Identifier (VCI), die jede Nutzzelle einem bestimmten virtuellen Übertragungsweg (virtueller Pfad, VP) und einem darin geführten virtuellen Kanal (VC) zuordnet (s. Abschn. 3.3). Die Zellen werden über diese virtuellen Pfade und Kanäle vermittelt, wobei zuvor für die Dauer einer Verbindung eine logische Verbindung aufgebaut wird. Für die Nutzinformation stehen in jeder Zelle 48 Bytes zur Verfügung. Werden keine Nutzinformationen gesendet, so werden besonders gekennzeichnete Leerzellen eingefügt. Aus der Anzahl der je Zeiteinheit gesendeten Nutzzellen resultiert die Nettobitrate, die im Bereich zwischen 0 und etwa 130 Mbit/s schwanken kann.

Im Gegensatz zur traditionellen X.25-Paketvermittlungstechnik werden in den ATM-Vermittlungseinrichtungen wegen der hohen Datenübertragungsrate – bei 155,52 Mbit/s ist alle 2,74 µs eine Zelle zu übertragen, bei 620 Mbit/s alle 0,68 µs – die Zellen nicht software- sondern hardwaregesteuert vermittelt (s. Abschn. 6.2.6).

3.2.3 Crossconnectoren

Nicht bei allen an einer Vermittlungsstelle ankommenden und abgehenden Verbindungsleitungen oder Kanälen ist eine Vermittlung auf Basis individueller Rufe erforderlich. Viele für Festverbindungen, virtuelle private Netze und Querverbindungen zwischen den Vermittlungsstellen benötigte Kopplungen zwischen den Verbindungsleitungen bzw. Kanälen bleiben auf Dauer oder länger befristete Zeiträume bestehen. Anstelle von festverdrahteten unflexiblen Kopplungen werden für diese Kopplungen Crossconnectoren verwendet (Bild 3.4).

Im Gegensatz zu den Vermittlungsstellen, die unter Realzeitbedingungen stündlich mehrere Millionen von Verbindungen herstellen müssen, können bei Crossconnectoren die Verbindungen unter weniger strengen Realzeitbe-

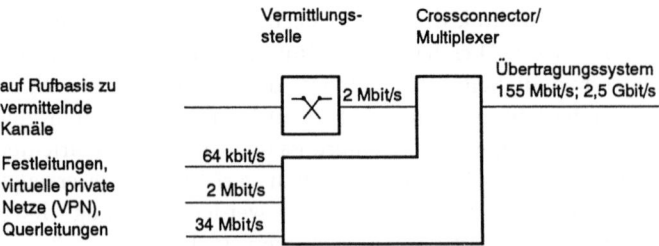

Bild 3.4. Verbindung von Crossconnector und Vermittlungsstelle

dingungen aufgebaut werden, und es können bestimmte Funktionen (z.B. die Wegsuche) durch ein Netzkontrollzentrum ferngesteuert werden. Dadurch wird für die Crossconnectoren eine geringere Rechnerleistung in der Steuerung benötigt. Durch eine Integration der Multiplexfunktionen und der Leitungsabschlußeinrichtungen der Übertragungssysteme mit den Crossconnectoren wird eine Reduzierung der Schnittstellen zwischen den Geräten und eine vereinfachte Zusammenarbeit zwischen den verschiedenen übertragungstechnischen Funktionen erzielt. Das Management der verfügbaren Netzressourcen wird verbessert.

3.2.4 Signalisierung zwischen ISDN-Vermittlungsstellen

Im 64-kbit/s-ISDN erfolgt der Austausch von Signalisierungsnachrichten zwischen den Vermittlungsstellen über einen zentralen Zeichenkanal, der in einem vom Transportnetz getrennten Signalisierungsnetz geführt wird. Dieses Netz ist wie das Transportnetz aus Netzknoten und Verbindungsleitungen aufgebaut. Die Netzknoten des Signalisierungsnetzes bilden die Signalisierungspunkte (Signalling Points), die Verbindungsleitungen werden als Signalisierungsstrecken (Signalling Links) bezeichnet. Es wird das Signalisierungssystem Nr. 7 [218] verwendet, das durch zusätzliche Funktionen für das 64-kbit/s-ISDN ergänzt wurde (s. Abschn. 6.3). So wurden für die Kennzeichnung der Dienste die Formate erweitert und für die Steuerung neuer Dienstmerkmale Änderungen und Erweiterungen an den Signalisierungsprotokollen vorgenommen. Ein Teil der zwischen den Vermittlungsstellen auszutauschenden Signalisierungsinformationen, wie z.B. die zur Steuerung von Dienstmerkmalen (s. Abschn. 2.3) erforderlichen Informationen, betrifft nur die Ursprungs- und die Zielvermittlungsstelle. Für diese Nachrichten wurde als neue Funktion die End-to-End-Signalisierung eingeführt. End-to-End-Meldungen sind durch einen speziellen Code gekennzeichnet und werden von den dazwischen liegenden Durchgangsvermittlungsstellen nur weitergereicht.

Im B-ISDN werden für den Austausch von Signalisierungsnachrichten zwischen den Endeinrichtungen und dem Netz sowie zwischen den Netzknoten getrennte virtuelle Kanäle innerhalb des ATM-Transportnetzes benutzt (s. Abschn. 4.3.3). Die Signalisierung zwischen den ATM-Netzknoten kann auch unter Verwendung des Signalisierungsnetzes für das 64-kbit/s-ISDN realisiert werden, sofern entsprechende Ergänzungen für die besonderen Anforderungen des B-ISDN an die Signalisierung vorgenommen werden. Diese Anforderungen betreffen z.b. die Unterstützung von Multimediadiensten, den Aufbau von Punkt-zu-Mehrpunkt-Verbindungen und die Veränderung von Verbindungsparametern und Konfigurationen während einer bestehenden Verbindung (s. Abschn. 2.5).

3.2.5 Verbindungsleitungen

Die Verbindungen zwischen den Vermittlungsstellen und anderen Netzknoteneinrichtungen (z.B. Crossconnectoren und Konzentratoren) werden mittels des Transportnetzes hergestellt, für das unterschiedliche Betriebsweisen und Multiplexhierarchien standardisiert sind. Für die digitalen Kanäle des 64-kbit/s-ISDN werden im Synchronen Transfer Modus (STM) jeder Verbindung zwei 64-kbit/s-Kanäle zur Verfügung gestellt. Die Kanäle werden in Digitalsignal-Übertragungsnetzen geführt, die heute zum überwiegenden Teil in der Betriebsweise der „Plesiochronen Digitalhierarchie" (PDH) arbeiten, bei der weltweit zwei unterschiedliche Hierarchiestufensysteme standardisiert sind (s. Abschn. 7.2).

Die Forderungen der Netzbetreiber nach einem einheitlichen Transportnetz für alle Signalquellen und nach verbesserten Funktionen für die Netzüberwachung und Steuerung führten, zusammen mit den neuen Möglichkeiten der Glasfasertechnik, zur Standardisierung einer weltweit einheitlichen neuen Multiplexhierarchie, der „Synchronen Digitalhierarchie" (SDH). Hierfür wurden die Synchronen Transport Module (STM) mit den Bitraten 155,52 Mbit/s (STM 1), 622,08 Mbit/s (STM 4) und 2,488 Gbit/s (STM 16) standardisiert, in den USA zusätzlich ein Standard für 51,84 Mbit/s, um das 45-Mbit/s-Signal (DS 3) übertragen zu können (s. Abschn. 7.2). Im Gegensatz zur plesiochronen Technik, bei der der Zugriff auf ein niederbitratiges Digitalsignal ein aufwendiges, meist mehrfaches Demultiplexen erfordert, kann bei der neuen synchronen Technik direkt auf den gewünschten Übertragungskanal zugegriffen werden.

Da das Netz für die Struktur der Nutzlasten transparent ist, ist das SDH-Netz auch für den Transport von ATM-Zellen gut geeignet. Die Bitrate des Anschlußsystems des B-ISDN ist zudem formal identisch mit dem STM 1-Signal der SDH (in beiden Fällen 155,52 Mbit/s). Die plesiochrone digitale Hierarchie (PDH) ermöglicht grundsätzlich ebenfalls den Transport von ATM-Zellen, ist jedoch unter anderem wegen der unterschiedlichen Bitraten (140 Mbit/s bei PDH gegenüber 155,52 Mbit/s bei SDH) weniger gut geeignet als SDH. In reinen ATM-Netzen werden die herkömmlichen Rahmenstrukturen vermieden und die für die übertragungstechnischen Funktionen benötigten Signale in den ATM-Zellstrom eingefügt.

3.3 Netzaufbau

3.3.1 Netztopologien

Kommunikationsnetze können auf der Basis unterschiedlicher Netztopologien aufgebaut werden (Bild 3.5): Stern, Masche, Ring, Bus und Baum. Diese Grundstrukturen können untereinander kombiniert oder unter Verwendung der gleichen Grundstruktur zu Mehrfachanordnungen verkettet werden (z.B. Mehrfachstern, Doppelring). Darüberhinaus kann es insbesondere bei großen Teilnehmerzahlen und großer räumlicher Ausdehnung sinnvoll sein, das Netz in mehrere logisch voneinander getrennte Hierarchieebenen zu unterteilen.

Die Auswahl einer geeigneten Netzstruktur ist von einer Vielzahl von Einflußgrößen abhängig, wie
- den örtlichen Gegebenheiten,
- den Anforderungen an die räumliche Ausdehnung,
- den Eigenschaften des Übertragungsmediums (Kupferdoppelader, Koaxialleiter, Glasfaser),
- der Anzahl der anzuschließenden Endgeräte,
- den Anforderungen an die Ausfallsicherheit,
- den zu unterstützenden Diensten,
- den gewünschten Kommunikationsbeziehungen (z.B. Punkt-zu-Punkt und Punkt-zu-Mehrpunkt-Verbindungen),

und wird letztendlich unter Berücksichtigung wirtschaftlicher Gesichtspunkte zu einem Kompromiß zwischen den gestellten Anforderungen führen.

Das Telefonnetz, das 64-kbit/s-ISDN und die Telekommunikationsanlagen in privaten Netzen sind meist in Form von kombinierten Stern-Maschennetzen auf-

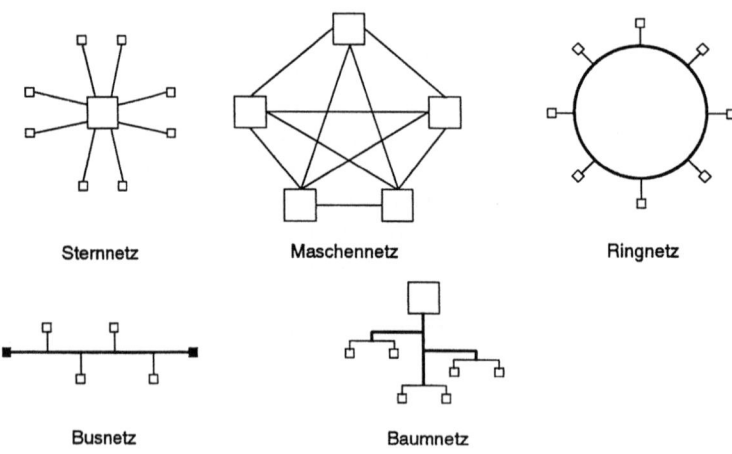

Bild 3.5. Grundstrukturen von Netztopologien

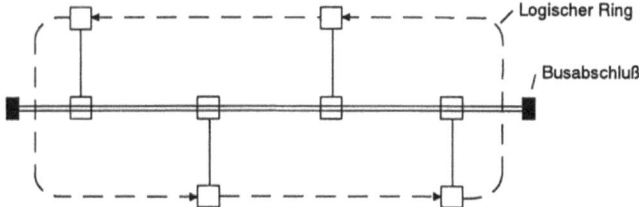

Bild 3.6. Local Area Network nach dem Token Bus Prinzip

gebaut, wobei das Telefonnetz und das 64-kbit/s-ISDN in Deutschland derzeit in mehrere Hierarchiestufen unterteilt ist (s. Abschn. 3.3.2). In Local Area Networks (LAN), bei denen ein Übertragungsmedium von mehreren Stationen gemeinsam genutzt wird (vgl. Abschn. 5.2.2), überwiegen Ring- und Busstrukturen, wobei zwischen der physikalischen und der logischen Netztopologie zu unterscheiden ist. So werden z.B. beim Token Bus IEEE 802.4 die an das Bussystem angekoppelten Stationen mittels physikalischer Adressen zu einem logischen Ring zusammengefügt, in dem ein den Zugriff steuernder Token zirkuliert (Bild 3.6). Netze für die Verteilkommunikation, wie das Breitbandkabelnetz für die TV-Verteilung haben eine Baumstruktur, die für die in diesen Netzen erforderlichen Punkt-zu-Mehrpunktverbindungen besonders wirtschaftlich ist.

3.3.2 Netzaufbau des 64-kbit/s-ISDN

Das 64-kbit/s-ISDN basiert auf dem digitalen Telefonnetz, das durch die Digitalisierung der Teilnehmeranschlußleitung und die Einführung eines leistungsfähigen Signalisierungsverfahrens auf der Teilnehmeranschlußleitung (D-Kanal Protokoll) und zwischen den Vermittlungsstellen (Signalisierungssystem Nr. 7 mit ISDN User Part) ergänzt wurde. Sein Netzaufbau hat sich aus der kombinierten Stern-Maschennetz-Struktur des analogen Telefonnetzes entwickelt, die durch eine starre dekadische Gliederung (pro gewählter Ziffer eine Wahlstufe), durch die eingeschränkten kapazitiven und vermittlungstechnischen Möglichkeiten der analogen Vermittlungsstellen sowie durch die starr festgelegten Übertragungsressourcen gekennzeichnet ist. Im Zuge der Digitalisierung des Telefonnetzes und der Einführung des 64-kbit/s-ISDN wurde diese Struktur laufend an den erweiterten Leistungsumfang der digitalen, rechnergesteuerten Vermittlungsstellen und die flexibleren und leistungsfähigeren Übertragungssysteme angepaßt. Dadurch wurde eine verbesserte und rationellere Verkehrsabwicklung erzielt und der Betrieb und der Unterhalt des Netzes vereinfacht. Dieser evolutionäre Anpassungsprozess wird sich auch in der Zukunft fortsetzen.

Zu der veränderten Netzgestaltung haben die Integration der Funktion des Ortsgruppenwählers in die Knotenvermittlungsstelle geführt sowie die Verbindung der Hauptvermittlungsstelle mit allen Zentralvermittlungsstellen. Durch den Wegfall der Endvermittlungsstelle besteht das Fernnetz derzeit nur noch

58   3 Aufbau der Kommunikationsnetze

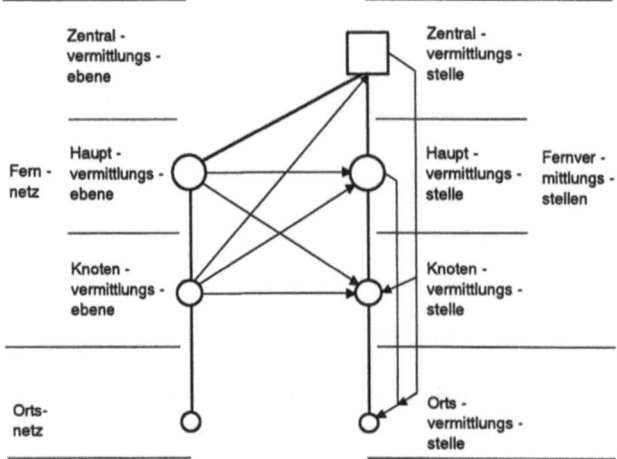

Bild 3.7. Struktur des Telefonnetzes/64-kbit/s-ISDN der Deutschen Telekom
— Letztweg (Kennzahlenweg), — Querweg

aus drei Hierarchiestufen (Bild 3.7); im aufsteigenden Kennzahlweg hat die Zentralvermittlungsstelle keine Funktion mehr und wurde die Fernleitungskette verkürzt [345].

Im Laufe der 90er Jahre ist beabsichtigt, im Telefonnetz/64-kbit/s-ISDN die Zahl der Hierarchiestufen weiter zu reduzieren und in das Netz ein nichthierarchisch gesteuertes Verkehrslenkungsverfahren einzuführen. Im Rahmen der Digitalisierung und Umstellung auf das 64-kbit/s-ISDN werden die kleinen Ortsvermittlungsstellen durch Konzentratoren ersetzt, die von einem zentralen Knoten (Muttervermittlungsstelle) gesteuert werden. Dies führt zu Rationalisierungsvorteilen beim Betrieb und Unterhalt des Netzes sowie durch die Verringerung der Vermittlungsstellen zu einer geringeren Komplexität des Signalisierungsnetzes Nr. 7. Durch den Einsatz großer kombinierter Orts-/Fernvermittlungsstellen entsteht eine weniger stark ausgeprägte Abgrenzung zwischen dem Orts- und Fernnetz.

In der Übergangsphase bis zu einer vollständigen Umstellung des Telefonnetzes auf das 64-kbit/s-ISDN können ohne zusätzliche technische Maßnahmen nur solche Teilnehmer in das ISDN überführt werden, die sich im Anschlußbereich einer ISDN-Vermittlungsstelle befinden. Für Teilnehmer aus dem Bereich analoger Teilnehmervermittlungsstellen bietet sich als ISDN-Zugang die Möglichkeit der Fremdanschaltung an. Diese Teilnehmer werden mit Hilfe eines Konzentrators oder Basisanschlußmultiplexers an eine ISDN-Vermittlungsstelle eines fremden Anschlußbereiches oder auch eines fremden Ortsnetzes innerhalb des gleichen Knotenvermittlungsbereiches angeschlossen. Wegen der unterschiedlichen Wegeführung zu den Teilnehmeranschlüssen an Konzentratoren und noch vorhandenen analogen Vermittlungsstellen muß in den übergeordneten Fernvermittlungsstellen eine besondere Verkehrslenkung berücksichtigt werden.

Eine vollständige Umstellung auf das 64-kbit/s-ISDN wird nicht dazu führen, daß nur noch ISDN-Endgeräte genutzt werden können. ISDN-Vermittlungsstellen bieten auch Anschlußmöglichkeiten für analoge Teilnehmeranschlußleitungen.

3.3.3 Netzaufbau des B-ISDN auf ATM-Basis

Aufgrund des paketorientierten Übertragungsmodus ist das B-ISDN insbesondere für den Transport von Nutzinformationen mit wechselndem Bitratenbedarf und stoßartiger Informationsübertragung (Burst-Verkehr) geeignet. Darüber hinaus kann es mittels der verschiedenen Typen der ATM-Anpassungsschicht (s. Abschn. 4.3.4), die die in den höheren Schichten produzierten Nutzinformationen an die Erfordernisse der ATM-Schicht anpaßt, Dienstarten mit unterschiedlichen Anforderungen an die Transport- und Vermittlungsfunktionen des Netzes unterstützen. Die Informationen der Anpassungsschicht sind nicht Bestandteil des Kopfes (Header) der ATM-Zelle, sondern werden innerhalb des 48 Byte umfassenden Nutzinformationsteils der ATM-Zelle übertragen. Obwohl das ATM-Prinzip ein verbindungsorientiertes Verfahren ist, kann es von Dienstarten mit sowohl verbindungsorientierter als auch verbindungsloser Kommunikationsbeziehung, konstanter oder variabler Bitrate, und mit oder ohne Synchronität zwischen Quelle und Senke genutzt werden. Sein Steuerungssystem erlaubt vermittelte, reservierte, permanente und semipermanente Punkt-zu-Punkt- und Punkt-zu-Mehrpunktverbindungen. Durch die Gesamtheit dieser Eigenschaften bietet es die notwendigen Voraussetzungen für
- die Realisierung von Mono- und Multimediadiensten,
- die Realisierung von verbindungslosen Datendiensten wie z.B. Connectionless Broadband Data Services (CBDS) [176] zur Verbindung von Local Area Networks (s. Abschn. 3.4.3), wobei ein Server für den verbindungslosen Datenverkehr die Sicherungs- und Netzprotokolle der verbindungslosen Dienste bearbeitet,
- die Zusammenarbeit mit Endgeräten für den ISDN-Frame Relaying Bearer Service (FRBS), die das Frame Relay Zugangsprotokoll verwenden.

Eine weitere wesentliche Eigenschaft des ATM-Netzkonzeptes sind die – durch die Verknüpfung von virtuellen Kanal- oder Pfadabschnitten gebildeten – virtuellen Kanal- oder Pfadverbindungen. Sie stellen zwischen zwei oder mehreren Punkten des Netzes eine logische Verbindung her und schaffen für die Nutzung und die Gestaltung des Netzes verbesserte Möglichkeiten:
- Mittels virtueller Pfade im Netz der öffentlichen Netzbetreiber verbinden größere Firmen und Organisationen ihre an verschiedenen Orten befindlichen Kommunikationssysteme zu einem Gesamtsystem, dem virtuellen Privatnetz (VPN).
- Die Netzknoten (Vermittlungsstellen, Crossconnectoren, Konzentratoren) können ohne Einschränkungen durch die festen Hierarchiestufen der digitalen PDH- und SDH-Systeme (s. Abschn. 3.2.5) mittels virtueller Pfade direkt,

bis zu einer Vollvermaschung hin, miteinander verbunden werden. Die Kapazität kann, von einem Netzkontrollzentrum gesteuert, bedarfsorientiert an das jeweilige Verkehrsaufkommen angepaßt werden. Dies gilt in gleicher Weise für die aus semipermanenten oder permanenten Verbindungen aufgebauten Festnetze.

Das Prinzip der virtuellen Kanal- und Pfadverbindungen und die Verfügbarkeit neuer Netzbausteine wie passiver optischer Netze (s. Abschn. 3.2.1), Add-Drop-Multiplexer und Crossconnectoren werden beim B-ISDN zu einem gegenüber

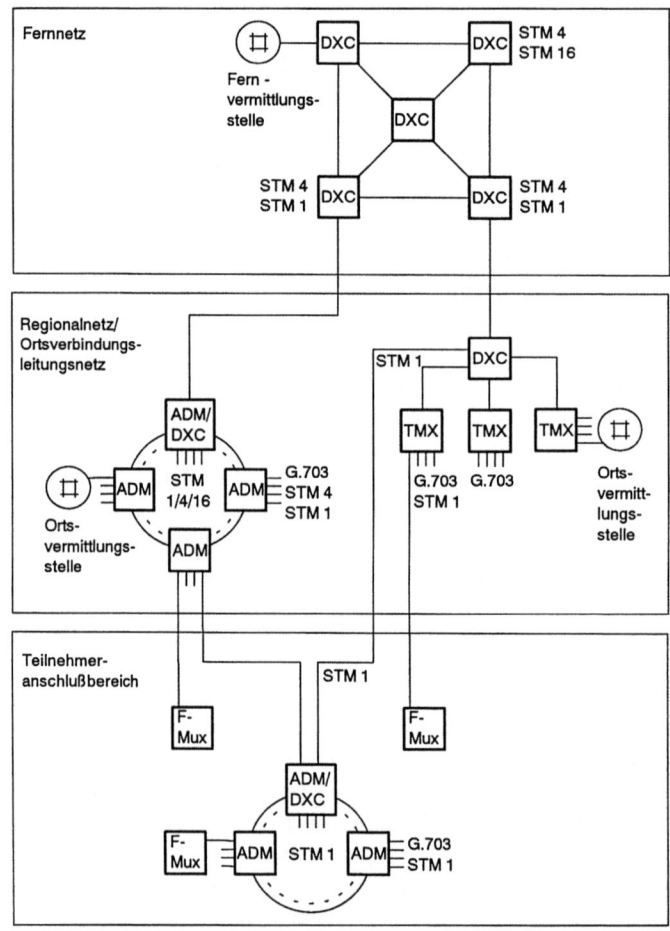

Bild 3.8. Mögliche Grundstruktur des B-ISDN
ADM Add/Drop-Multiplexer
DXC digitaler Crossconnector
F-Mux flexibler Teilnehmermultiplexer
G.703 Schnittstelle nach ITU-T-Empf. G.703
STM Synchronous Transport Module (vgl. Bild 7.3)
TMX Terminal Multiplexer

dem 64-kbit/s-ISDN modifizierten Netzaufbau führen (Bild 3.8). Während im Fernnetz ein unter Verwendung von digitalen Crossconnect-Systemen vermaschtes Netz vorteilhaft ist, werden im Ortsverbindungsleitungsnetz und im Teilnehmeranschlußbereich zunehmend Ringstrukturen eingeführt, da diese verkehrskonzentrierend wirken und aufgrund der ringspezifischen Ersatzschaltemechanismen eine hohe Verfügbarkeit garantieren.

Das B-ISDN wird über einen längeren Zeitraum hinweg ein Overlaynetz (s. Abschn. 3.7.1) für Teilnehmer mit einem hohen Bitratenbedarf (Geschäftsteilnehmer) bilden. Eine Integration der Dienste des digitalen Telefonnetzes und des 64-kbit/s-ISDN ist aus wirtschaftlichen Gründen erst später zu erwarten.

3.4 Netzübergänge

Neben dem Telefonnetz gibt es in vielen Ländern öffentliche und private Netze für unterschiedliche Kommunikationsdienste mit speziellen Zugangsprotokollen und Durchschalteverfahren (s. Abschn 3.2.2). Auch bei einer wachsenden Verbreitung des ISDN werden diese Netze sowie große Teile des analogen und digitalen Telefonnetzes noch weiter bestehen.

Um die allgemeine Erreichbarkeit der Kommunikationspartner zu ermöglichen, ist es daher wünschenswert, daß Teilnehmer am ISDN mit Teilnehmern, die entsprechende Dienste in vorhandenen Netzen nützen, zusammenarbeiten können. Dies setzt Netzübergänge zwischen den bestehenden Netzen und dem ISDN voraus (s. Abschn. 4.6). Für die Zusammenarbeit zwischen den Netzen, die Anforderungen an die Funktionen der Netzübergänge und die Verknüpfung der Protokolle wurden von ITU-T bereits zahlreiche Empfehlungen erarbeitet (Tabelle 3.1).

3.4.1 64-kbit/s-ISDN und das Telefonnetz

Aufgrund der Anzahl der vorhandenen Teilnehmer und damit auch der Häufigkeit der Verkehrsbeziehungen ist der Übergang vom ISDN zum Telefonnetz besonders wichtig. Das ISDN hat das digitale Telefonnetz als Grundlage, es ist eingebettet in dieses Netz und benutzt seine Netzkomponenten. Die Übergänge zwischen digitalem und analogem Telefonnetz stehen auch als Übergänge zwischen ISDN und analogem Telefonnetz zur Verfügung. Da ferner für das ISDN das Numerierungsschema des Telefonnetzes übernommen wurde, ergeben sich keine grundsätzlichen Numerierungsprobleme, und es sind beim Übergang vom ISDN zum analogen Telefonnetz keine Zugangskennzahlen erforderlich. Lediglich ist beim Verbindungsaufbau darauf zu achten, daß zwischen zwei ISDN-Teilnehmern keine analogen Netzeinrichtungen benützt werden. Um dies sicherzustellen, werden beim Verbindungsaufbau die in der Initial Address Message (s. Abschn. 6.3.3) enthaltenen Angaben über den genutzten Dienst ausgewertet

Tabelle 3.1. ITU-T-Empfehlungen für die Zusammenarbeit von Netzen [212]

Netze	Empfehlung
ISDN–ISDN	I.520, Q.700, X.75
ISDN–PSTN	I.530, I.332, Q.700, Q.120-Q.180, Q.251-Q.300, Q.310-Q.490
ISDN–CSPDN	I.540/X.321, X.81, I.332, Q.700, X.71, X.75
ISDN–PSPDN	I.550/X.325, I.462/X.31, X.75, X.332, Q.700, I.451, X.75, X.25
ISDN–Telex	I.560/U.202, I.332, Q.700, U.12
ISDN–Private Netze	I.570
ISDN–B-ISDN	I.580
ISDN–Netze mit < 64 kbit/s (z.B. Mobilfunknetze)	I.525
ISDN–FMBS	I.555

PSTN	Öffentliches Telefonnetz (Public switched telephone network)
CSPDN	Leitungsvermitteltes öffentliches Datennetz (Circuit switched public data network)
PSPDN	Paketvermitteltes öffentliches Datennetz (Packet switched public data network)
FMBS	Frame mode bearer service

und mittels des Transmission Media Request (TMR) festgelegt, welche Übertragungsstrecke eine Verbindung nutzen darf [90].

3.4.2 64-kbit/s-ISDN und öffentliche Datennetze

Anders als beim Netzübergang zum analogen Telefonnetz handelt es sich bei den Übergängen zu den öffentlichen Datennetzen mit Leitungs- oder Paketvermittlung (s. Abschn. 3.2.2) um Übergänge zu Netzen mit eigener Numerierung, eigenen Signalisierungsverfahren und -protokollen sowie vom ISDN abweichenden Übertragungsgeschwindigkeiten.

Der Übergang zwischen dem ISDN und diesen Netzen erfordert deshalb eine Anpassung der Signalisierungsprotokolle und der Übertragungsgeschwindigkeiten (z.B. Umsetzung von 64-kbit/s- auf 2,4-kbit/s-Textübertragung). Die Art des Netzüberganges wird u.a. dadurch beeinflußt, wieweit bereits vorhandene öffentliche Datennetze und ihre Dienste in das ISDN integriert werden.

Für den Zugang von Datenterminals am ISDN zu X.25-Paketvermittlungsnetzen wurden von ITU-T entsprechende Empfehlungen erarbeitet. Das Grundkonzept ist in der ITU-T-Empf. X.31 [265] festgelegt, die zwischen einer Minimumintegration und einer Maximumintegration unterscheidet. Bei der Minimumintegration wird für die Verbindung zum Paketvermittlungsnetz im ISDN ein B-Kanal verwendet, der festgeschaltet oder als Wählverbindung betrieben werden kann, wobei dieser B-Kanal für X.25-Daten transparent ist. Bei der Maximumintegration übernimmt das ISDN Paketvermittlungsfunktionen, und das ISDN und das Paketvermittlungsnetz arbeiten auf der Basis der X.75-Schnittstelle [271] zusammen, die die Zusammenschaltung von Paketvermittlungsnetzen regelt.

3.4.3 Anschluß von privaten Netzen

Dem öffentlichen Netz entsprechend bieten die Hersteller von Telekommunikationsanlagen private ISDNs für den Bereich privater Nutzung durch Unternehmungen und Verwaltungen. Bedingt durch die vielfältigen Kommunikationsanforderungen an private ISDNs gibt es für ihren Aufbau unterschiedliche Netzkomponenten. ISDN-Telekommunikationsanlagen [19], die über Basis- oder Primärraten-Anschlüsse mit dem öffentlichen ISDN und bei Bedarf auch untereinander verbunden sind (s. Abschn. 5.2), führen das öffentliche ISDN bis zu den Nutzern einer ISDN-Telekommunikationsanlage und bieten diesen zusätzlich zum Telefondienst alle Grunddienste der Bürokommunikation wie die Text-, Daten- und Faksimile-Übertragung.

Für den schnellen Datenpaketaustausch zwischen Arbeitsplatzsystemen, Computern und zentral angeordneten Hochleistungsendgeräten, die sich innerhalb eines begrenzten, „lokalen" Bereichs befinden, werden *Local Area Networks* (LANs) eingesetzt [50]. Im Unterschied zu den nach dem Leitungsvermittlungs-Prinzip arbeitenden ISDN-Kommunikationsanlagen basieren die LANs auf dem Prinzip der Paketvermittlung und sind dezentral gesteuert. Da eine große Anzahl von Anwendern auf das gleiche Übertragungsmedium zugreifen, erfordern LANs Übertragungssysteme mit hoher Bitrate. Für die Zusammenarbeit zwischen den LANs und ISDN-Telekommunikationsanlagen gibt es Netzübergangsstellen (Gateways), die die notwendigen Anpassungsfunktionen der Signalisierung und die Geschwindigkeitswandlung ausführen. Für das ISDN stellt sich das LAN als Ganzes dann wie eine Endeinrichtung mit der S- oder der T-Schnittstelle des ISDN dar (s. Abschn. 4.2). Dies bedeutet, daß im Gateway die Funktionen einer Anpassungseinheit realisiert sind (Bild 3.9).

Die Zusammenschaltung von LANs über größere Entfernungen hinweg unter Einbeziehung von Netzkomponenten des öffentlichen Netzes sind weitere Formen der Ausgestaltung privater Netze. Bei einer sehr begrenzten Anzahl von zu vernetzenden LANs kann dies mittels eines Maschennetzes aus Festverbindungen

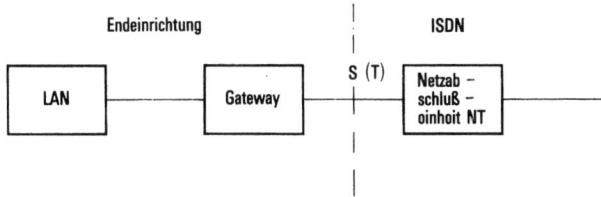

Bild 3.9. Verbindung zwischen Local Area Network und ISDN

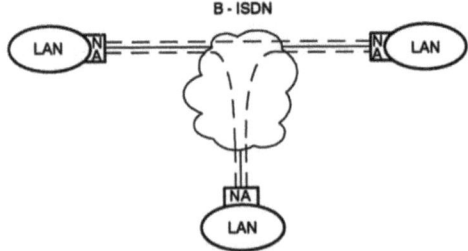

Bild 3.10. LAN-Vernetzung über virtuelle Pfade im B-ISDN
NA Netzanpassung – – virtueller Pfad

des öffentlichen Netzes mit einer Bitrate von 2 Mbit/s und darüber erfolgen. An den LANs angeschlossene „Brücken" und „Router" vermitteln die Nachrichten zwischen den LANs und führen Fehlersicherungsprozeduren aus. Die Wirtschaftlichkeit dieser Lösung hängt von den Tarifen für Festverbindungen ab, da Daten zwischen den LANs schubweise übertragen werden, die Kosten für die Festverbindungen aber für die volle Bitrate ständig zu tragen sind.

Mehr Flexibilität und höhere Datenübertragungsraten für die LAN-Vernetzung bieten Metropolitan Area Networks (MANs) auf Basis des Standards IEEE 802.6. Dieser Standard ist weitgehend kompatibel mit den entsprechenden Standards des B-ISDN. Beide Netze verwenden 53 Byte breite Zellen bzw. Slots, haben identische Benutzerschnittstellen für 155 Mbit/s und 622 Mbit/s und einen nahezu gleichen Zellen- bzw. Slot-Header, so daß die Zusammenarbeit von MAN und B-ISDN ohne Schwierigkeiten gewährleistet sein dürfte. Für die LAN- und MAN-Vernetzung bietet das B-ISDN virtuelle Pfade (s. Abschn. 3.3.3), die als Wähl- oder Festverbindungen realisiert sein können (Bild 3.10). Eine Netzanpassung führt die Wegeauswahl durch und ordnet die Pakete dem jeweils richtigen virtuellen Pfad zu. Da jedoch, ähnlich wie bei einer LAN-Vernetzung mittels

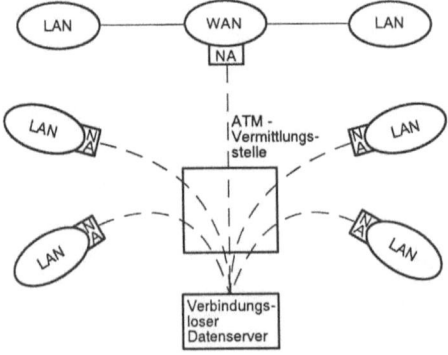

Bild 3.11. Vernetzung von LANs und MANs durch einen verbindungslosen Datenserver
NA Netzanpassung – – virtueller Pfad

Festverbindungen, für jede LAN-zu-LAN-Beziehung ein individueller virtueller Pfad eingerichtet werden muß, ist die Anzahl der direkt erreichbaren LANs und MANs meist begrenzt und das Konzept vor allem für einen schnellen und umfangreichen Datenaustausch zwischen den LANs und MANs geeignet.

Eine flexiblere Lösung ist der Einsatz eines Datenservers für den verbindungslosen Datenverkehr in Verbindung mit einer ATM-Vermittlungsstelle (Bild 3.11). Der gesamte verbindungslose Datenverkehr eines LAN oder MAN wird über nur *eine* virtuelle Verbindung zu diesem Server geleitet. Er bearbeitet die Sicherungs- und Netzprotokolle der verbindungslosen Dienste und vermittelt die Nachrichten zwischen den angeschlossenen LANs und MANs [45].

3.4.4 Anschluß von Mobilfunknetzen

Bei Mobilfunknetzen (s. Kap. 9) werden gegenüber den Festnetzen zusätzliche Funktionen benötigt (Bild 3.12).

Die vermittlungstechnischen Einrichtungen des Mobilfunknetzes – die Mobilfunkvermittlungsstellen (Mobile Services Switching Centre, MSC) – verbinden mobile Teilnehmer untereinander oder mit Teilnehmern anderer Netze (Telefonnetz, ISDN, dienstspezifische Datennetze). Das Basisstationssystem, das in die Sende- und Empfangsstation (Base Transceiver Station, BTS) und die Basisstationssteuerung (Base Station Controller, BSC) unterteilt ist, stellt die Verbin-

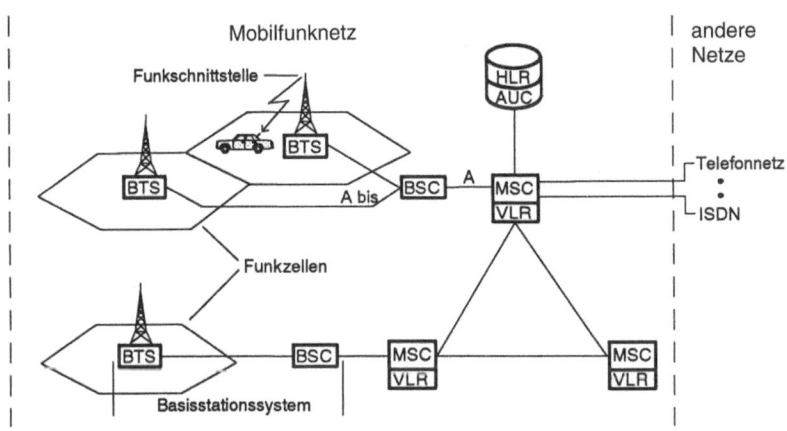

Bild 3.12. Systemarchitektur des Mobilfunknetzes
BSC   Basisstationssteuerung (Base Station Controller)
BTS   Basisende und -empfangsstation (Base Transceiver Station)
MSC   Mobilfunkvermittlungsstelle (Mobile Services Switching Centre)
HLR   Heimdatei (Home Location Register)
VLR   Besucherdatei (Visitors Location Register)
AUC   Berechtigungszentrum (Authentication Centre)
A, A bis Schnittstellen

dung zwischen der Mobilfunkvermittlungsstelle und der Funkschnittstelle her. Es führt die für die Funkstrecke notwendigen Sprach- und Datenratenanpassungen und die Kanalcodierung aus. Die Übergabeschnittstelle zu anderen Netzen ist grundsätzlich eine 2-Mbit/s-Schnittstelle nach ITU-T-Empfehlung G.703.

Die Lokalisierung des mobilen Teilnehmers geschieht im Zusammenwirken zwischen der Heimatdatei (Home Location Register, HLR) und der Besucherdatei (Visitors Location Register, VLR). Die Heimatdatei enthält alle statischen und dynamischen Daten der Mobilteilnehmer, wie z.B. Zugriffsberechtigungen und Angaben über den Aufenthaltsbereich des Teilnehmers. In der Besucherdatei sind die Informationen über die in ihrem Bereich befindlichen Teilnehmer abgespeichert. Diese Daten stammen ursprünglich aus der Heimatdatei, werden jedoch bei einem Bereichswechsel an die neue Besucherdatei weitergegeben.

Um betrügerische Verbindungsversuche und das Abhören von Gesprächen zu verhindern, sind besondere Sicherungsmechanismen erforderlich. Hierzu dienen das Berechtigungszentrum (Authentication Centre, AUC), das die Daten der rufenden und gerufenen Mobilstation beglaubigt, sowie die kryptografische Verschlüsselung der auf der Funkstrecke übertragenen Sprache und Daten.

Im Vergleich zur Steuerung des Aufbaus von Verbindungen im Festnetz ist bei Mobilfunkverbindungen ein erheblich höherer Signalisierungsverkehr erforderlich, der zu einem überwiegenden Teil nicht zu Vermittlungsvorgängen führt, sondern eine umfangreiche Datenverarbeitung erfordert. Deshalb werden die Vermittlungsfunktionen und die datenverarbeitungsorientierten Steuerungsfunktionen voneinander getrennt. Die vermittlungstechnischen Funktionen des Mobilfunknetzes werden von den Vermittlungsstellen des Festnetzes wahrgenommen; der datenverarbeitungsorientierte Nachrichtenfluß wird von einer Dienststeuerungszentrale (Service Control Point, SCP) im Festnetz gesteuert und bearbeitet.

3.4.5 Zusammenarbeit zwischen 64-kbit/s-ISDN und B-ISDN

Die in den beiden Netzen verwendeten unterschiedlichen Übermittlungsverfahren – Synchroner Transfer Modus (STM) im 64-kbit/s-ISDN und Asynchroner Transfer Modus (ATM) im B-ISDN – erfordern am Netzübergang Einrichtungen für die Umsetzung zwischen den beiden Transfermodi. Durch die Paketierung und den Jitterausgleich bei der Depaketierung entstehen hierbei von der Übertragungsrate abhängige Verzögerungsdauern, die bei 64-kbit/s-PCM etwa 6 ms betragen. Obwohl ATM-Vermittlungsstellen oder Crossconnectoren im Vergleich zu STM-Vermittlungsstellen erheblich kürzere interne Verzögerungsdauern verursachen, können trotzdem in bestimmten Verbindungsfällen die von den Netzbetreibern zur Vermeidung der Echobildung bei Sprache festgelegten Grenzwerte für die Gesamtverzögerungsdauer überschritten werden. Betroffen sind hiervon meist nationale Fernverbindungen, die mehrere STM-Vermittlungsstellen durchlaufen haben und bei denen die STM-ATM-Umsetzung erst kurz vor der Zielvermittlungsstelle stattfindet. Mögliche Maßnahmen gegen die Echobildung, wie der Einsatz von Echokompensatoren oder das nur teilweise Füllen der ATM-Zelle zur Verringerung der Zeitdauer für die Paketierung, sind aus wirtschaftlichen Erwägungen heraus unerwünscht. Bei der Bewertung der Problematik ist zu berücksichtigen, daß im Zuge des weiteren Netzausbaus des digitalen Telefonnetzes und des 64-kbit/s-ISDN die Anzahl der Hierarchiestufen und damit die Anzahl der STM-Vermittlungsstellen reduziert wird (s. Abschn. 3.3.2) und daß ferner aufgrund der Vielzahl von Querwegen (s. Abschn. 3.5.3) nur ein geringer Prozentsatz aller Verbindungen sämtliche Vermittlungsstellen der Fernleitungskette durchlaufen. Es kann deshalb erwartet werden, daß bei einer späteren Integration der 64-kbit/s-Dienste in das B-ISDN der Einsatz zusätzlicher Echokompensatoren oder das teilweise Füllen von ATM-Zellen vermieden werden kann. Dies setzt jedoch voraus, daß durch geeignete Verkehrslenkungsmaßnahmen (s. Abschn. 3.5.3) eine mehrmalige ATM-STM-Umsetzung verhindert wird.

3.5 Netzdimensionierung

3.5.1 Grundlagen

Ziel der Netzdimensionierung ist es, die von den Teilnehmern gemeinsam genutzten Netzeinrichtungen, das sind die Vermittlungsstellen und das Verbindungsleitungsnetz, so zu bemessen, daß auch in Zeiten hohen Verkehrsaufkommens [91] die gewünschten Verbindungen ohne nennenswerte Blockierungen hergestellt werden können. Bei den Vermittlungsstellen sind Anzahl, Lage, Größe und Verkehrsverarbeitungskapazität festzulegen; bei den Verbindungsleitungen, die die Vermittlungsstellen untereinander verbinden, ist die Anzahl der zu einem Bündel zusammengefaßten Leitungen zu bestimmen.

Bei der Dimensionierung von Vermittlungssystemen unterscheidet man je nachdem, wie die Vermittlungsaufträge beim Auftreten von Blockierungen behandelt werden, zwischen Anordnungen, die im Wartebetrieb und solchen, die im Verlustbetrieb arbeiten [1].

Beim *Wartebetrieb* kann der Teilnehmer im Blockierungsfall auf das Freiwerden eines Verbindungsweges oder sonstiger Vermittlungseinrichtungen warten. Zur Beschreibung der Verkehrsgüte dienen Angaben über die mittlere Länge der Wartedauer, die Wahrscheinlichkeiten für das Auftreten von Wartefällen und das Überschreiten bestimmter Wartedauern. Die Steuerungseinrichtungen der Vermittlungsstellen arbeiten in der Regel im Wartebetrieb.

Beim *Verlustbetrieb* werden auf Blockierung treffende Belegungswünsche abgewiesen. Der Teilnehmer erhält das Besetztzeichen. Der Verlustprozentsatz – das ist der als Prozentsatz angegebene Quotient aus der Anzahl der abgewiesenen Anrufe und der Gesamtzahl der Anrufe – kennzeichnet hier die Verkehrsgüte. Vermittlungsnetze mit Leitungsvermittlung arbeiten in der Regel im Verlustbetrieb. Kann innerhalb des Vermittlungssystems kein freier Verbindungsweg gefunden werden („innere Blockierung") oder steht keine freie Abnehmerleitung

68   3 Aufbau der Kommunikationsnetze

zur Verfügung („äußere Blockierung"), so wird der Belegungswunsch abgewiesen (Bild 3.13).

Für die Netzdimensionierung ist also die Festlegung einer geeigneten Verkehrsgüte, d.h. bei Leitungsvermittlungen der in Kauf zu nehmende Verlust, von Bedeutung. ITU-T empfiehlt für die Dimensionierung von Verbindungsleitungsbündeln einen Planungsverlust von 1%, wobei der bei der Dimensionierung zugrunde gelegte Verkehrswert in Erlang aus den Hauptverkehrsstundenwerten der dreißig verkehrsreichsten Tage eines Jahres zu ermitteln ist [91, 92]. Durch diese Form der Bemessung wird sichergestellt, daß der Verlust an den meisten Tagen des Jahres unterhalb des 1%-Wertes liegt und für verkehrsreiche Tage im allgemeinen ausreichende Belastungsreserven zur Verfügung stehen. Dies ist wichtig, da Besetztfälle häufige Anrufwiederholungen verursachen, die zu einer zusätzlichen Belastung der Steuerungseinrichtungen führen und auf den vorgeordneten Verbindungsabschnitten des Netzes einen zusätzlichen Blindverkehr erzeugen [33].

Neben den bemessungstechnisch bedingten Verlusten innerhalb eines Netzes treten noch durch die Teilnehmer verursachte Verluste auf, wie z.B. durch „Teilnehmer besetzt" und „Teilnehmer meldet sich nicht" (Bild 3.13). Diese Verluste lassen sich im ISDN durch die Einführung von ergänzenden Dienstmerkmalen,

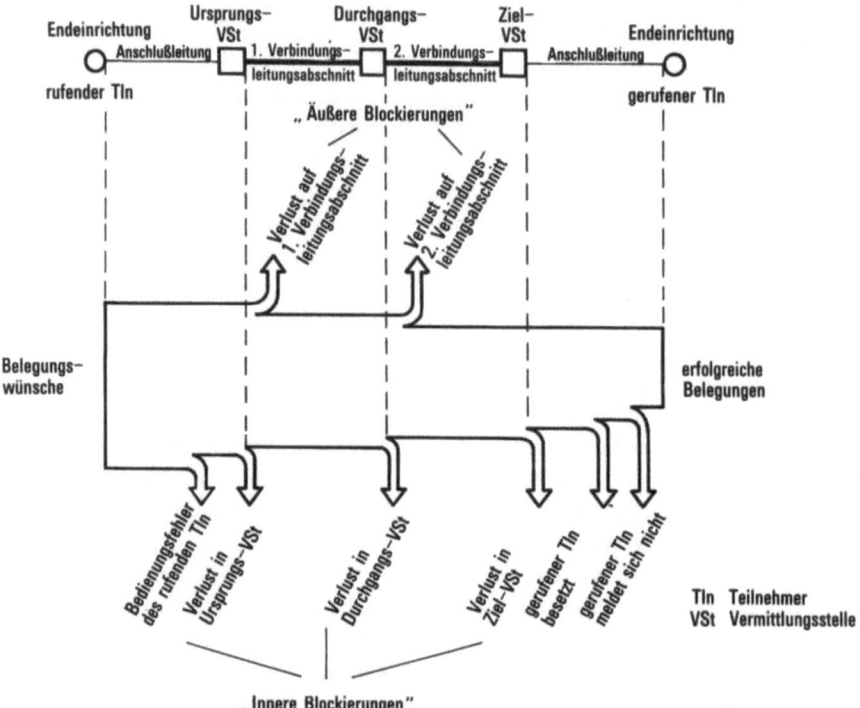

Bild 3.13. Verluste beim Aufbau einer Verbindung

wie z.B. „automatischer Rückruf im Besetztfall", und von Voice Mail Systemen für die Sprachspeicherung reduzieren.

Bei der Dimensionierung des B-ISDN sind die gegenüber einem leitungsvermittelten Netz mit Kanälen fester Bitrate veränderten Gegebenheiten zu berücksichtigen. Der asynchrone Transfermodus des B-ISDN bietet eine hohe Flexibilität für Verkehre mit unterschiedlicher oder wechselnder Verkehrscharakteristik, wie z.b. fester oder variabler Bitrate, sowie kontinuierlicher oder diskontinuierlicher Informationsübertragung. Bis zu welchem Umfang ein statistisches Multiplexen unterschiedlich gearteter Verkehre bei Einhaltung einer für alle Dienste einheitlichen Verkehrsgüte möglich sein wird und welche Verkehrsparameter und Verfahren bei der Dimensionierung eines ATM-Netzes zugrundezulegen sind, ist derzeit eine der zentralen Fragen der „ATM-Verkehrstheorie" [296].

3.5.2 Einflüsse der Diensteintegration

Im 64-kbit/s-ISDN werden die Sprachverbindungen dominieren. Die mittlere Belegungsdauer[1] dieser Verbindungen wird im wesentlichen durch das Teilnehmerverhalten bestimmt, unterschiedliche Bitraten für die Sprachcodierung (s. Abschn. 7.2.1) verändern die mittlere Belegungsdauer nicht. Lediglich die kürzeren Verbindungsaufbauzeiten im 64-kbit/s-ISDN (1 bis 2 s gegenüber bis zu etwa 15 s im analogen Telefonnetz) bewirken eine Reduzierung der Belegungsdauer. Der für die mittlere Belegungsdauer bei Sprachverbindungen typische Wert von etwa 100 s (Erfahrungswert aus dem Netz der Deutschen Telekom) wird somit auch beim ISDN im wesentlichen erhalten bleiben. Bei Verbindungen, die nicht von Teilnehmerreaktionsdauern abhängen, beeinflussen allein die Informationsmenge und die Übertragungsgeschwindigkeit die mittlere Belegungsdauer. Dies gilt z.B. für Verbindungen zur Text-, Daten- und Faksimileübertragung; bei diesen ist die mittlere Belegungsdauer wesentlich kürzer ist als beim Telefondienst (Tabelle 3.2).

Beim B-ISDN ist als zusätzlicher Verkehrsparameter die von einer Verbindung beanspruchte Bitrate zu berücksichtigen. Sie kann insbesondere bei Multimediadiensten schwanken, da diese während des Bestehens einer logischen Beziehung zwischen den Kommunikationspartnern mehrere Dienstekomponenten nutzen. Das Netz muß deshalb in der Lage sein, die beim Verbindungsaufbau zwischen Anwender und Netz vereinbarte Bitrate verändern zu können. Dies kann z.B. durch den Aufbau oder Abbau einer zusätzlichen virtuellen Kanalverbindung erfolgen. Dadurch erhöht sich die Steuerungsbelastung des Netzes, da bei einer bestehenden Kommunikationsbeziehung mehrere Verbindungsauf- und -abbauvorgänge gesteuert werden müssen.

Insgesamt betrachtet werden sich im ISDN gegenüber dem Telefonnetz die Verkehrsanforderungen wie folgt verändern [60]:

---
[1]Eine Belegung ist jede Inanspruchnahme einer Vermittlungseinrichtung oder Verbindungsleitung ohne Rücksicht auf den Erfolg dieses Belegungsversuchs.

Tabelle 3.2. Abschätzung der Verkehrsgrößen in der Hauptverkehrsstunde für verschiedene Kommunikationsdienste bei der Übertragungsgeschwindigkeit 64 kbit/s [60]

Dienst	Mittlere Belegungsdauer	Mittlere Belegungsbelastung (BHCA) pro Anschluß, gehend und kommend	Mittlerer Verkehrswert pro Anschluß, gehend und kommend
	s	Bel./h	Erl
Bildschirmtext	300	0,36	0,03
Telefon	100	3,6	0,1
Datenübertragung	15	24	0,1
Faksimile	10	7,2	0,02

BHCA Busy hour call attempts
Bel./h Belegung in der Hauptverkehrsstunde

- Das zu verarbeitende Verkehrsvolumen je Anschluß steigt durch die hinzukommenden Kommunikationsdienste an.
- Die mittlere Belegungsdauer der Verbindungen verkürzt sich.
- Im Netz steigt die Belegungsbelastung erheblich stärker als die Verkehrsbelastung an. Die Vermittlungseinrichtungen im Netz müssen je Anschluß eine erhöhte Steuerleistung erbringen.

3.5.3 Verkehrslenkung

Zwischen dem Ursprung und dem Ziel einer Verbindung bestehen im Netz meist mehrere Wegemöglichkeiten. So werden zur Einsparung von Netzkosten bei ausreichend hohem Verkehrsaufkommen zwischen den Vermittlungsstellen hoch ausgelastete Querwege eingerichtet, über die 80 bis 90% des angebotenen Verkehrs abgewickelt werden. Für die restlichen 10 bis 20% des Verkehrs stehen Folgequerwege und Letztwege zur Verfügung, die über eine oder mehrere Durchgangsvermittlungsstellen führen (Bild 3.14).

Ziel der Verkehrslenkung ist es, bei effizienter Nutzung der Netzressourcen eine möglichst hohe Anzahl an Verbindungen aufzubauen. Während beim Telefonnetz für die Wegeauswahl nur die Zieladresse (Rufnummer des B-Teilnehmers) ausgewertet wird, ist dies beim ISDN nicht mehr ausreichend, da die vielfältigen Dienste im ISDN unterschiedliche Anforderungen an die Übermittlungseigenschaften des Netzes stellen. So sind z.B. bei Sprachverbindungen A-law/μ-law-Umwandlungen (s. Abschn. 7.2.1) zulässig, beim Telefax Gr.4-Dienst aber nicht möglich, da dieser Dienst durchgehende 64-kbit/s-Verbindungen ohne Codeumwandlung erfordert. Beim ISDN werden deshalb neben der Zieladresse zusätzliche Informationsfelder der Verbindungsaufbaunachricht (Initial Address Message) ausgewertet und bei den Verkehrslenkungsentscheidungen mit berück-

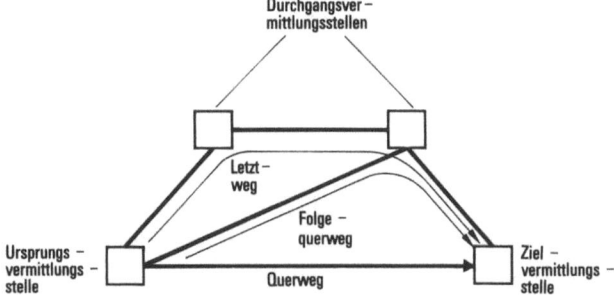

Bild 3.14. Schema der Verkehrslenkung

sichtigt [90]. Sowohl für hierarchisch als auch nichthierarchisch aufgebaute Netze wurde eine Vielfalt verschiedenartiger Verkehrslenkungsverfahren entwickelt [89]. Eine hohe Flexibilität bieten Verfahren mit von der Tageszeit oder der Belastungssituation des Netzes abhängigen Verkehrslenkungsvorschriften (dynamische und adaptive Verkehrslenkung). Beide Verfahren können auch miteinander kombiniert werden. Gegenüber einer starren Verkehrslenkung führen die dynamischen und adaptiven Verfahren bei sich verändernden Belastungssituationen zu einer besseren Nutzung der Netzressourcen und damit zu Einsparungen im Netz.

3.5.4 Verbindungsannahme und Parameterüberwachung im B-ISDN

Die Flexibilität des B-ISDN gegenüber Verkehren mit unterschiedlichen Bitratenanforderungen birgt das Risiko in sich, daß ein unvorhergesehenes Anwachsen des Zellstroms zu einer Beeinträchtigung der Gütemerkmale bestehender Verbindungen führt. Um dies zu verhindern, sind die Funktionen der *Verbindungsannahmesteuerung* (Call Admission Control) und die *Überwachung der Verbindungsparameter* (Usage Parameter Control) vorgesehen [178].

Die *Verbindungsannahmesteuerung* stellt sicher, daß neue Verbindungen oder Modifikationen bestehender Verbindungen nur akzeptiert werden, wenn hierfür ausreichende Netzressourcen zur Verfügung stehen. Die Verbindungsannahmesteuerung benötigt dazu Angaben zu den Verbindungsparametern über die beabsichtigte Art der Nutzung des Netzes durch neue oder modifizierte Verbindungen. Verbindungsparameter können sein: Mittlere Bitrate, Spitzenbitrate, Burstiness (Verhältnis von Spitzenbitrate zur mittleren Bitrate), die Dauer des Bursts, die Art der Verkehrsquelle und andere. In welcher Weise diese Parameter vom Netz abgefordert und bestätigt werden, ist derzeit noch offen. Wahrscheinlich ist, daß bestimmte Dienste oder Anwendungen mit fest definierten, dem Netz bereits bekannten Verbindungsparametern verknüpft werden. Hinsichtlich der Bitrate, die einer neuen Verbindung zuzuteilen ist, gibt es noch keine allgemein akzeptierte

Strategie. Ein einfaches Verfahren ist die Reservierung der Spitzenbitrate, das dann jedoch die Flexibilität eines ATM-Netzes nur beschränkt nutzen läßt.

Die *Überwachung der Verbindungsparameter* stellt sicher, daß das Netz vor böswilligen oder unbeabsichtigten Überschreitungen vereinbarter Parameter geschützt wird. Bei einer Überschreitung des Zellstroms können unterschiedliche Maßnahmen ergriffen werden: Die überschießenden Zellen werden verworfen oder gekennzeichnet, verknüpft mit der Option, diese Zellen nur dann weiterzuleiten, wenn das Netz ohne Beeinträchtigung bestehender Verbindungen dazu in der Lage ist; gegebenenfalls kann hierfür eine höhere Gebühr verlangt werden. Schließlich ist ein Verbindungsabbruch möglich, eine bei unbeabsichtigtem Überschreiten recht rigorose Maßnahme.

3.6 Numerierung

Die Basis für die Numerierung im ISDN bildete der Numerierungsplan des Telefonnetzes. Ein wesentlicher Unterschied gegenüber diesem Plan ist beim ISDN-Numerierungsplan die Erhöhung der maximalen Stellenzahl der Rufnummern von 12 auf 15 Ziffern (s. Abschn. 4.4.3.1, [86]). Hiervon sind maximal die ersten drei Ziffern den unverändert 1- bis 3-stelligen Länderkennzahlen vorbehalten, die restlichen Ziffern bilden die nationale Rufnummer und stehen für die Netzkennung, die Ortsnetzkennzahl und die Teilnehmernummer zur Verfügung. Die für die Verkehrsausscheidung benötigten Ziffern wie in Deutschland der 0 für nationalen Fernverkehr oder 00 für internationalen Fernverkehr sind nicht Bestandteil der ISDN-Rufnummer. Mit den Ziffern der Netzkennung lassen sich Übergänge zu dienstspezifischen Netzen oder innerhalb eines Landes unterschiedliche diensteintegrierende Netze adressieren [88].

Der ISDN-Numerierungsplan sieht vor, daß im Ursprungsland eine größere Anzahl von Ziffern der nationalen Rufnummer des Ziellandes auszuwerten ist. Hierfür sind zum Teil Änderungen an den Vermittlungseinrichtungen des bestehenden weltweiten Telefonnetzes vorzunehmen. Mit Rücksicht darauf ist der Zeitpunkt für den Übergang auf die vollen Möglichkeiten des ISDN-Numerierungsplans auf den Zeitpunkt T, den 31. Dezember 1996 festgelegt worden [87]. Vor diesem Zeitpunkt ist die ISDN-Rufnummer auf maximal 12 Ziffern beschränkt, und bezüglich der Auswertung der Ziffern der nationalen Rufnummer gelten die Empfehlungen des alten Telefon-Numerierungsplans.

Zusätzlich zur ISDN-Rufnummer bietet das ISDN die ISDN-Subadresse. Sie besteht aus maximal 40 Ziffern und wird beim Verbindungsaufbau transparent vom rufenden zum gerufenen Teilnehmer übermittelt. ISDN-Subadresse und ISDN-Rufnummer sind durch eine Kennung voneinander getrennt. Die Subadresse ermöglicht eine über den Rahmen der ISDN-Rufnummer hinausgehende genauere Adressierung der Subkomponenten des unter der ISDN-Rufnummer gerufenen Teilnehmers (s. Abschn. 4.4.3.1).

Die Festlegungen des ISDN-Numerierungsplans gelten auch für das B-ISDN. Da eine gewisse zeitliche Übereinstimmung zwischen der Einführung des B-ISDN und dem Zeitpunkt T (31. Dezember 1996) für den Übergang auf die erweiterten Möglichkeiten des ISDN-Numerierungsplans besteht, bilden diese die Grundlage für die Realisierung neuer Anforderungen an die Numerierung des B-ISDN. Die Zusammenarbeit zwischen dem B-ISDN und anderen Netzen wird sich vereinfachen, da zukünftig innerhalb der Verbindungsaufbaunachricht die Kennung des Numerierungsplans (Numbering Plan Identifier) und die Rufnummernkennung (Type of Number), wie z.B. lokale, nationale oder internationale Rufnummer, übertragen wird.

3.7 Einführungsstrategien

Weltweit werden derzeit die Telefonnetze von analoger auf digitale Übertragungs- und Vermittlungstechnik – *Integrated Digital Network* – umgestellt, weil die digitale Technik wirtschaftliche Vorteile bietet. Da man aus einer Reihe von Gründen (Übertragungsqualität, Wirtschaftlichkeit, Leistungsmerkmalangebot) mehrere Analog/Digital- Umsetzungen innerhalb einer Verbindung vermeiden will, wird meist die Netzdigitalisierung in der Weise angestrebt, daß frühzeitig durchgehende 64-kbit/s-Verbindungen zwischen Ursprungs- und Zielvermittlungsstelle möglich sind. Außerdem werden innerhalb des Verbindungsleitungsnetzes die an den Nutzkanal gebundenen Signalisierungssysteme durch das leistungsfähigere, zentrale Signalisierungskanäle verwendende Signalisierungssystem Nr. 7 (s. Abschn. 6.3) abgelöst. Werden auch die Anschlußleitungen auf digitale Übertragungstechnik umgestellt, so sind damit alle Voraussetzungen geschaffen, das digitale Telefonnetz zum ISDN hin zu erweitern. Die zügige Digitalisierung des Telefonnetzes und der Einsatz von Dienststeuerungszentralen (Service Control Point, vgl. Abschn. 6.1) führen zu einem „Intelligenten Netz", bei dem sich neue Dienste und Leistungsmerkmale leichter einführen lassen und sich die Konfiguration unterschiedlicher Leistungsumfänge flexibler durchführen läßt.

3.7.1 Overlaynetz und Insellösung

Bei der Einführung neuer Kommunikationsnetze lassen sich zwei grundsätzliche Einführungsstrategien unterscheiden: das Overlaynetz und die Insellösung [31].

Ziel einer Einführung nach der *Overlaynetz-Strategie* ist es, mit einem begrenzten Umfang an neuen Netzeinrichtungen die neue Technik schon in der Anfangsphase flächendeckend zur Verfügung zu stellen. Hierbei werden an geeigneten Stellen des Netzes neue Vermittlungsknoten aufgebaut, für deren Verbindung eigene Übertragungswege bereitgestellt werden und die ihre Signalisierungsnachrichten über ein Signalisierungssystem austauschen, das den Anforderungen des neuen Netzes gerecht wird. Der Übergang zum bestehenden Netz wird

3 Aufbau der Kommunikationsnetze

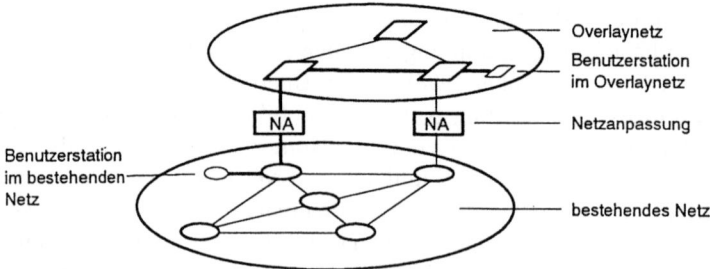

Bild 3.15. Netzeinführung mittels Overlaynetz
— Verbindung zwischen Benutzerstationen im Overlaynetz und im bestehenden Netz

über möglichst wenige Netzübergangsstellen realisiert, um den Aufwand für die Umsetzeinrichtungen gering zu halten. Verbindungen von Teilnehmern des Overlaynetzes zu Teilnehmern im bestehenden Netz werden so lange wie möglich im Overlaynetz geführt, Verbindungen in der Gegenrichtung dagegen in der jeweils nächstgelegenen Übergangsstelle in das Overlaynetz überführt (Bild 3.15). Neben dem Austausch kompletter Vermittlungsstellen kann der Einsatz neuer Vermittlungstechnik auch in Form von Systemerweiterungen vorgenommen werden. Sie dienen dann vor allem zur Bedarfsabdeckung bei den neuen Netzanschlüssen.

Nachteile des Overlaynetzes sind die anfänglich schlechte Auslastung der Verbindungswege des Overlaynetzes, die eingeschränkten Verkehrslenkungsmöglichkeiten und Probleme bei Betrieb und Wartung, da ein vergleichsweise dünnes, weit ausgedehntes Netz von den Betriebsstellen des bestehenden Netzes mitbetrieben und gewartet werden muß.

Das Merkmal der *Insellösung* besteht darin, den Einsatz der neuen Netzkomponenten auf einen bestimmten Bereich zu konzentrieren und innerhalb dieses Bereiches die Netzumstellung eventuell sogar abzuschließen, bevor noch in anderen Bereichen neue Vermittlungs- und Übertragungstechnik zum Einsatz kommt. Das Konzept der Insellösung hat mehr theoretischen als praktischen Charakter, da auch innerhalb eines begrenzten Bereiches ein annähernd gleichzeitiger und kompletter Austausch des bestehenden Netzes im allgemeinen unrealistisch ist. Außerdem werden bei dieser Einführungsstrategie die Teilnehmer einer Region gegenüber den übrigen Teilnehmern bevorzugt.

3.7.2 Pragmatische Einführungsstrategie

Das Overlaynetz und die Insellösung stellen zwei grundsätzliche Einführungsstrategien dar, die jedoch eine Reihe praktischer, zum Teil landesspezifischer Gegebenheiten zu wenig berücksichtigen oder außer Betracht lassen. Hierzu zählen z.B.:
- das Ausmaß der Umstellung von analoger auf digitale Übertragungs- und Vermittlungstechnik und die geographische Verteilung der vorhandenen digitalen Netzeinrichtungen,
- der Umfang und der Ort des Bedarfs nach neuen Diensten,
- der verfügbare Raum für die Aufstellung neuer Netzeinrichtungen in den Gebäuden,
- die vorhandene Infrastruktur für den Betrieb und die Wartung des Netzes,
- die finanziellen Ressourcen des Netzbetreibers.

Die Berücksichtigung dieser Gegebenheiten hat zur Folge, daß die Netzeinführung in der Regel einer eher pragmatischen Vorgehensweise folgt, die Prinzipien des Overlaynetzes und der Insellösung miteinander verbindet. Dies bedeutet, daß neue Netzkomponenten die vorhandenen Einrichtungen zunächst in den Bedarfsschwerpunkten unterstützen. Wachsende Marktakzeptanz neuer Kommunikationsdienste und eine damit verbundene Kostenreduktion führen erst in einer späteren Phase zu einem allmählichen Ersatz alter Einrichtungen.

Dieser dynamische Prozess hat zur Folge, daß stets mehrere Generationen von Kommunikationseinrichtungen nebeneinander betrieben werden. Unter Berücksichtigung dieser Gegebenheiten vollzieht sich derzeit die Umstellung des digitalen Telefonnetzes auf das 64-kbit/s-ISDN.

In Europa hat der Ministerrat der Europäischen Gemeinschaft Ende 1986 eine Empfehlung über die koordinierte Einführung des ISDN in der europäischen Gemeinschaft verabschiedet. Sie führte im April 1989 zum Abschluß des „Memorandum of Understanding (MOU) on the Implementation of European ISDN Service by 1992" [43]. Hierin verpflichten sich die Unterzeichnerstaaten, bis spätestens 1993 ein Minimum an Diensten im 64-kbit/s-ISDN auf der Grundlage gemeinsamer europäischer Spezifikationen anzubieten. Mittlerweile haben 26 Netzbetreiber aus 20 europäischen Staaten das MOU unterzeichnet.

Der Aufbau des B-ISDN wird in etwa ab Mitte der 90er Jahre beginnen. Es wird zunächst den wachsenden Bedarf an Datenverbindungen mit höheren und wechselnden Übertragungsgeschwindigkeiten decken und für die Vernetzung der zunehmenden Anzahl von Metropolitan Area Networks nach den IEEE-802.6 Standard dienen. ATM-Multiplexer im Teilnehmeranschlußbereich und ATM-Crossconnectoren (s. Abschn. 3.2.2) an den Knotenpunkten des Übertragungsnetzes werden hierfür permanente und semipermanente Verbindungen zur Verfügung stellen. In einer späteren Phase schaffen ATM-Vermittlungsstellen die Möglichkeit zur Realisierung breitbandiger Wählverbindungen, die zu einem erweiterten Dienstespektrum und einem Anwachsen des Verkehrs führen werden. Es entwickelt sich ein Netz, das eine hohe Transportkapazität bietet und damit schließlich auch in der Lage sein wird, den Verkehr der 64-kbit/s-Dienste aufzunehmen. Zusätzliche Anschlußeinheiten an den ATM-Teilnehmervermittlungsstellen für diese Dienste und den normalen Telefondienst schaffen hierfür die notwendigen Voraussetzungen. Auf diese Weise kann das ATM-Netz in zunehmendem Umfang Verkehr aus dem STM-Netz übernehmen und sich auf lange Sicht zu einem universellen Netz für alle Arten von Diensten entwickeln.

4 Teilnehmeranschluß

Beim Übergang vom digitalen Fernsprechnetz (mit Übertragung von Analogsignalen zu den Benutzereinrichtungen) zum ISDN war eine der wesentlichen technischen Neuerungen die Digitalisierung des Teilnehmeranschlusses. Inzwischen entsteht schon das B-ISDN, welches ebenfalls digitale Teilnehmeranschlüsse besitzt, jedoch mit Bitraten von 155 oder 622 Mbit/s. Ein großer Teil der international vereinbarten Festlegungen für ISDN und B-ISDN (s. Anhang: ITU-T-Empfehlungen der I.- und Q.-Serie), auf dem die folgenden Ausführungen basieren, beschäftigt sich mit dem Teilnehmeranschluß.

Wichtige Punkte für ISDN und B-ISDN sind dabei der Aufbau der Benutzerstation (Abschn. 4.1), die Benutzer-Netz-Schnittstellen innerhalb der Benutzerstation (Abschn. 4.2 und 4.3) sowie die Benutzersignalisierung (Abschn. 4.4 und 4.5).

4.1 Aufbau der Benutzerstation

4.1.1 Referenzkonfigurationen

Bild 4.1 zeigt die Referenzkonfiguration (generische Beschreibung) einer Benutzerstation für das ISDN gemäß ITU-T-Empf. I.411 [181] (Realisierungsmöglichkeiten für die Benutzerstation, auch für den Anschluß mehrerer Endgeräte an eine Anschlußleitung, werden in Abschn. 4.1.3 beschrieben). Die Benutzerstation besteht aus den Netzabschlußeinheiten NT1 (Network Termination 1) und NT2 (Network Termination 2), den Endeinrichtungen TE1 (Terminal Equipment 1) und TE2 (Terminal Equipment 2) sowie der Anpassungseinheit TA (Terminal Adaptor).

Die NT1 übernimmt dabei die Ankopplung an die Anschlußleitung, die NT2 ermöglicht den Anschluß mehrerer TEs an eine Anschlußleitung.

Die Funktionseinheit TE1 ist eine für das ISDN ausgelegte Endeinrichtung, die unmittelbar an der Schnittstelle am Bezugspunkt S angeschlossen wird. TE2 besitzt eine herkömmliche Schnittstelle und wird über eine Anpassungseinheit TA angeschlossen.

Zwischen den Funktionseinheiten werden Bezugspunkte definiert: Bezugspunkt T zwischen NT1 und NT2, Bezugspunkt S zwischen NT2 und TE1 oder TA. An diesen Bezugspunkten kann, muß aber nicht immer, eine physikalische, standardisierte Schnittstelle ausgebildet sein (vgl. Abschn. 4.1.3).

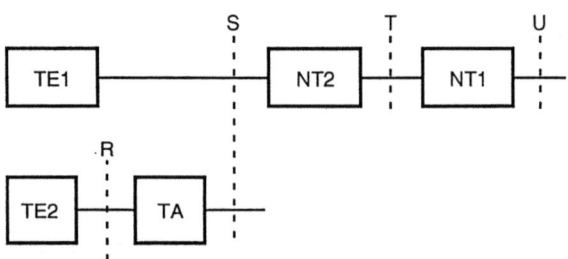

Bild 4.1. Referenzkonfiguration der ISDN-Benutzerstation

Je nach nationaler oder netzspezifischer Regelung endet die Zuständigkeit des Netzbetreibers am Bezugspunkt S, T oder U (vgl. Bild 4.1): Im Falle von S ist der Netzbetreiber für NT2 und NT1 verantwortlich, im Falle von T nur für NT1 (z.B. in der Bundesrepublik Deutschland), im Falle von U weder für NT2 noch für NT1. Der Bezugspunkt, an dem die Zuständigkeit des Netzbetreibers endet, ist zugleich der Übergabepunkt, an dem der Netzbetreiber die definierte Leistung, den Zugang zu Kommunikationsdiensten, liefert und bis zu dem er die Wartungsverantwortung übernimmt.

Um den Benutzern einen universellen Zugang zu den Kommunikationsdiensten des ISDN zu geben, ist die Schnittstelle für die Bezugspunkte S und T international standardisiert. Für den Bezugspunkt U hingegen existieren unterschiedliche nationale Festlegungen. Der Standard für die Bezugspunkte S und T umfaßt die mechanischen und die elektrischen Festlegungen (Abschn. 4.2) sowie die Festlegungen des Betriebsablaufs (Abschn. 4.2 und 4.4) mit dem Ziel, problemlos TEs und Netze verschiedener Herkunft zusammenschalten zu können.

Dazu wird der gleiche Satz von Festlegungen auf beide Bezugspunkte S und T angewendet. Falls keine besonderen NT2-Funktionen (z.B. Internverkehr) benötigt werden, kann die NT2 zu einer „Null-NT2" schrumpfen (vgl. Abschn. 4.1.3); eine für den Bezugspunkt S ausgelegte Endeinrichtung wird dann praktisch am Bezugspunkt T betrieben.

Zwischen TE2 und Terminal Adapter TA (Bild 4.1) liegt der Bezugspunkt R, an dem normalerweise eine herkömmliche Schnittstelle realisiert ist (vgl. Abschn. 4.1.4), z.B. nach den ITU-T-Empf. der V.-Serie (s. Anhang) oder nach den ITU-T-Empf. X.21 [261] oder X.25 [263]. Damit TE1 und die Kombination aus TE2 und TA vom Netz einheitlich behandelt werden können (z.B. bezüglich Adressierung), ist für jede TE2 – zumindest funktional gesehen – ein eigener TA vorhanden.

Die Referenzkonfiguration für eine B-ISDN-Benutzerstation gemäß ITU-T-Empf. I.413 [183] (s. Bild 4.2) wurde von der bestehenden ISDN-Referenzkonfiguration abgeleitet. Zur Unterscheidung wurde den Funktionseinheiten die Bezeichnung „B" für „Breitband" vorangestellt und bei den Referenzpunkten S und T der Index „B" verwendet.

Die bisher bezüglich der ISDN-Benutzerstation getroffenen Aussagen gelten mit den folgenden beiden Erweiterungen auch für B-ISDN:

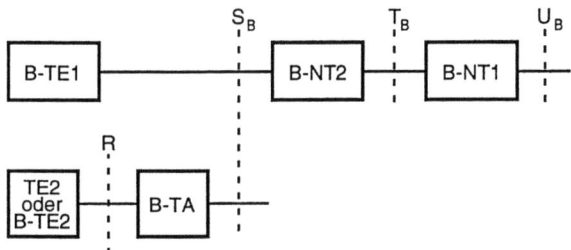

Bild 4.2. Referenzkonfiguration der B-ISDN-Benutzerstation

1. Der Standard für die Bezugspunkte S_B und T_B enthält neben mechanischen und elektrischen Festlegungen auch optische Festlegungen (vgl. Abschn. 4.3), sowie die Festlegungen für den Betriebsablauf (vgl. Abschn. 4.3 und 4.5).
2. An die Anpassungseinheit TA bzw. B-TA kann entweder eine 64-kbit/s-Endeinrichtung TE2 oder eine Breitbandendeinrichtung B-TE2 mit herkömmlicher Schnittstelle angeschlossen werden.

4.1.2 Funktionseinheiten

4.1.2.1 Netzabschlußeinheit 1 (NT1)

Die NT1 setzt die Signale am Bezugspunkt T in Signale um, die für die Übertragung auf der Anschlußleitung geeignet sind, und umgekehrt. Da die Anschlußleitungen von Land zu Land und auch innerhalb eines Landes recht unterschiedlich sein können (z.B. Längenverteilung, Kabeleigenschaften, Verzweigungen, usw), wurde das Übertragungsverfahren für die Anschlußleitung nicht international standardisiert; die Netzbetreiber treffen für ihre Bereiche ihre eigenen Festlegungen. Durch die NT1 werden die übrigen Funktionseinheiten der Benutzerstation vom Übertragungsverfahren auf der Anschlußleitung unabhängig.

Eine andere wichtige Rolle übernimmt die NT1 bei der Überwachung der Benutzer-Netz-Schnittstelle und der Fehlerlokalisierung. Bei Störungen kann im ISDN von der Vermittlungseinrichtung mit unterschiedlichen, aber nichtstandardisierten Prüfschleifen der Fehlerort lokalisiert werden. Zusätzlich zu dieser leistungsfähigen, aber den Betrieb beeinträchtigenden Prüfmethode, können bei Bedarf durch das Netz oder durch den Benutzer auch betriebsbegleitende Prüfmethoden angewendet werden (z.B. durch Zufügen geeigneter Sicherungsinformation zu der gesendeten Information, die es dem Empfänger ermöglicht, auf die Bitfehlerquote zu schließen).

Die Funktionen der NT1 wurden auch für die B-NT1 übernommen. Jedoch sind im B-ISDN keine Prüfschleifen zur Fehlerlokalisierung vorgesehen. Einzelheiten zur Überwachung der Benutzer-Netz-Schnittstelle im B-ISDN sind in Abschn. 4.3.5 dargestellt.

4.1.2.2 Netzabschlußeinheit 2 (NT2)

Eine der wichtigsten Aufgaben der NT2 und der B-NT2 ist es, mehreren TEs die gemeinsame Nutzung eines Netzanschlusses zu ermöglichen. Die TEs können entweder gleicher Art sein, z.B. mehrere Fernsprecher bzw. Bildfernsprecher, oder es können unterschiedliche TEs, z.B. Sprach- und Textendgeräte, kombiniert werden. Die Anzahl der TEs, ihre räumliche Verteilung und daher auch die Realisierung der NT2 bzw. B-NT2 können recht unterschiedlich sein (s. Abschn. 4.1.3).

Eine NT2 und auch eine B-NT2 können unterschiedliche Komplexität besitzen. In einfachen Fällen haben sie entweder eine Nullfunktion, oder es werden nur Funktionen unterstützt, die äquivalent zur Schicht 1 des Referenzmodells nach ITU-T-Empf. X.200 [273] sind. Eine sehr leistungsfähige NT2 oder B-NT2 besitzt Vermittlungsfunktionen (z.B. eine Nebenstellenanlage) für Internverkehr. In diesem Fall muß die NT2 oder B-NT2 Signalisierungsfunktionen besitzen und die Zuteilung der benötigten Kapazität durchführen. Eine NT2 und auch eine B-NT2 kann bezüglich der Signalisierung als statistischer Multiplexer arbeiten; im B-ISDN kann die B-NT2 eine solche Multiplexfunktion auch für die Nutzinformation bieten.

4.1.2.3 Endeinrichtungen (TE)

TEs bilden den Zugang zu dem jeweiligen Dienst, müssen Protokolle (z.B. Signalisierung) bearbeiten, führen Überwachungsfunktionen aus, haben physikalische Schnittstellenfunktionen und bieten eine geeignete Bedienoberfläche für den Benutzer. TE1 besitzt eine Schnittstelle, welche mit den ITU-T-Empfehlungen der ISDN- Benutzer-Netz-Schnittstelle [181, 182] übereinstimmt. Eine TE2 kann entweder andere standardisierte Schnittstellen oder nichtstandardisierte Schnittstellen aufweisen. Im B-ISDN kann zum einen die B-TE1 mit normierter Schnittstelle nach ITU-T-Empf. I.413 [183] verwendet werden und zum anderen die B-TE2 mit einer Schnittstelle, welche nicht konform zur ITU-T-Empf. I.413 ist.

TEs mit nicht-ISDN- bzw. nicht-B-ISDN-konformen Schnittstellen werden über die Anpassungseinheiten TA bzw. B-TA an die Netzabschlußeinheit NT2 bzw. B-NT2 angeschlossen. Durch die Möglichkeit des Anschlußes herkömmlicher TEs wird dem Benutzer der Übergang auf das ISDN bzw. das B-ISDN wirtschaftlich und organisatorisch erleichtert.

4.1.3 Realisierungsmöglichkeiten

Für die in Abschn. 4.1.1 dargestellten Referenzkonfigurationen gibt es unterschiedliche Realisierungsmöglichkeiten. Die in Bild 4.3 dargestellten Beispiele gelten sowohl für das ISDN als auch für das B-ISDN (aus Gründen der Übersichtlichkeit wurden im Bild nur die Bezeichnungen des ISDNs verwendet; für das B-ISDN gelten die in Abschn. 4.1.1 eingeführten Bezeichnungen).

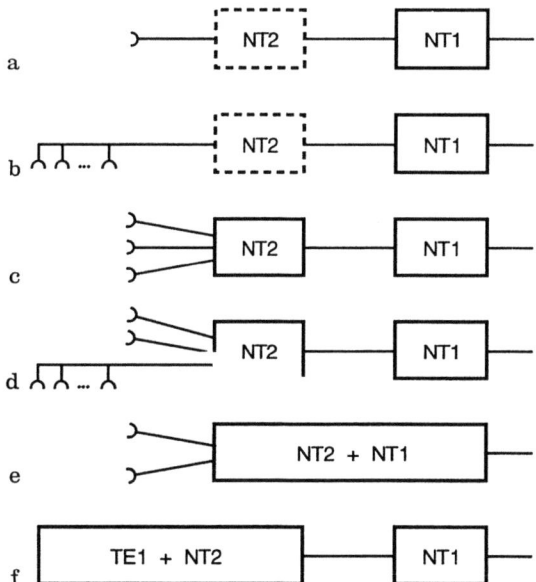

Bild 4.3. Realisierungsbeispiele für ISDN/B-ISDN-Benutzerstationen

Bild 4.3a zeigt eine Benutzerstation mit einer TE, welche direkt an die NT1 angeschlossen ist („Null-NT2"). Deshalb müssen die Schnittstellen an den Referenzpunkten S und T identisch sein. In Bild 4.3b ist eine Benutzerstation mit mehreren TEs und „Null-NT2" dargestellt. Diese Konfiguration ist beim ISDN auf den Basisanschluß beschränkt; es lassen sich bis zu 8 TEs über einen „passiven Bus" (enthält keine aktiven Elemente, z.B. Verstärker) anschließen. Im B-ISDN gibt es für eine solche Konfiguration keine Einschränkung bezüglich der Anzahl der anschließbaren TEs. Da passive Busse in der Buslänge und der Anzahl der anschließbaren TEs begrenzt sind, werden im B-ISDN nur „aktive Busse" verwendet. Im B-ISDN sind auch aktive Ringkonfigurationen möglich.

Bild 4.3c zeigt ein Beispiel (Sternkonfiguration) mit einer sehr leistungsfähigen NT2 (z.B. Nebenstellenanlage). An eine solche NT2 kann wiederum ein Bussystem angeschlossen werden (s. Bild 4.3d).

Bild 4.3e und 4.3f zeigen Beispiele, bei denen aus wirtschaftlichen Gründen verschiedene Funktionseinheiten zu einer kombinierten Einheit zusammengefaßt werden.

In Bild 4.4 sind zwei Beispiele für die Realisierung einer ISDN-Benutzerstation dargestellt. In beiden Fällen ist ein Mehrfachanschluß der NT2 vorgesehen. Diese Realisierungen werden bei erhöhten Anforderungen bezüglich Verkehrsbedarf und Verfügbarkeit eingesetzt. Die in Bild 4.4a dargestellte Benutzerstation ist nur im 64-kbit/s-ISDN möglich, da im B-ISDN am Referenzpunkt T_B die B-NT1 nur eine Schnittstelle haben kann [183]. Die andere Konfiguration nach Bild 4.4b ist im B-ISDN nicht ausgeschlossen.

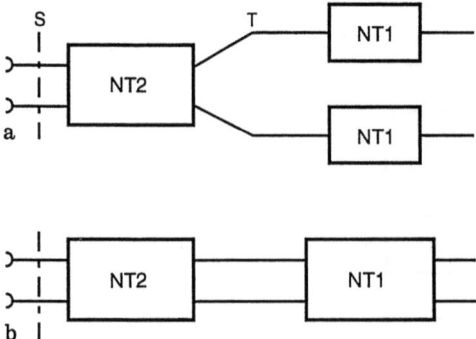

Bild 4.4. Realisierungsbeispiele für die ISDN-Benutzerstation

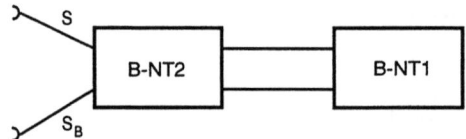

Bild 4.5. Realisierungsbeispiel für die B-ISDN-Benutzerstation

Die in Bild 4.5 dargestellte Benutzerstation ist nur im B-ISDN vorgesehen. Eine B-NT2 bietet Breitbandschnittstellen gemäß der Definiton des Referenzpunktes S_B, sowie Schmalbandschnittstellen, welche mit der Definition des Referenzpunktes S übereinstimmen.

4.1.4 Anschluß von privaten Netzen

Die Anschlußmöglichkeiten für private Netze am ISDN werden an den Möglichkeiten des Anschlusses von Nebenstellenanlagen deutlich. Hierzu gibt es drei Alternativen (Bild 4.6): den Anschluß am Bezugspunkt S, den Anschluß am Bezugspunkt T und den direkten Anschluß an der Anschlußleitung. Bei Anschluß am Bezugspunkt S (Bild 4.6a) ist die Nebenstellenanlage – aus Netzsicht – wie eine TE angeschlossen; die Einheit NT1 + NT2 braucht in diesem Fall keine NT2-Funktionen zu bieten. Bei Anschluß am Bezugspunkt T (Bild 4.6b) übernimmt die Nebenstellenanlage die Rolle einer NT2, bei direktem Anschluß an der Anschlußleitung (Bild 4.6c) die einer NT1 und NT2.

Bei direktem Anschluß an der Anschlußleitung lassen sich gegenüber den ersten beiden Alternativen Aufwandsvorteile erzielen, besonders dann, wenn darauf verzichtet wird, zwischen den Einheiten NT1 und NT2 eine standardisierte Schnittstelle auszubilden; die Nebenstellenanlage wird allerdings von den international nicht standardisierten Randbedingungen der Anschlußleitung abhängig.

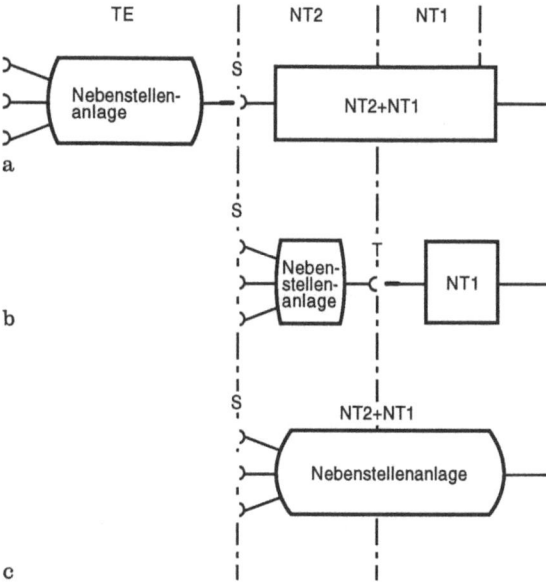

Bild 4.6. Anschluß von privaten Netzen

Ein privates Netz beim Benutzer (vgl. Abschn. 5) kann auch ein lokales Netz LAN (Local Area Network) [78] sein, welches über Anpassungseinheiten wie eine Nebenstellenanlage an das öffentliche ISDN angeschlossen wird. Ein weitaus komplexeres Privatnetz stellt die Kombination aus Nebenstellenanlagen, LANs und anderen Kommunikationskomponenten eines privaten Rechnernetzes dar. Ein solches Netz kann ISDN-Kommunikationsdienste und andere Kommunikationsdienste bieten, und es können TEs mit ISDN-Schnittstellen und TEs mit anderen Schnittstellen angeschlossen sein.

Für das B-ISDN gelten prinzipiell die gleichen Möglichkeiten für den Anschluß privater Netze. Die im öffentlichen B-ISDN verwendete ATM-Technik wird auch im privaten Bereich eingesetzt. In diesem Bereich etablieren sich ATM-LANs [298], welche im Gegensatz zu bestehenden LANs eine Sternstruktur mit zentralem Knoten besitzen.

4.2 Benutzer-Netz-Schnittstellen für das 64-kbit/s-ISDN

4.2.1 Vorbemerkungen

Die Festlegungen für die Benutzer-Netz-Schnittstellen haben bei Nachrichtennetzen eine besondere Bedeutung: Sie ermöglichen – national und international – die Entkopplung von Endeinrichtungen und Netzkomponenten.

Im ISDN hängt der Bedarf eines Benutzers an Übertragungskapazität von der Art und der Anzahl der gleichzeitig genutzten Kommunikationsdienste ab und kann sich von Benutzer zu Benutzer erheblich unterscheiden: Der eine Benutzer möchte z.B. ein Bildschirmtelefon anschließen, das gleichzeitig Komforttelefon und Bildschirmtextterminal ist, ein anderer eine Konferenzeinrichtung, ein dritter mehrere TEs, z.B. Telefone und Datenterminals, ein weiterer eine große Nebenstellenanlage mit hohem Verkehrsbedarf.

Um diese unterschiedlichen Anforderungen ohne eine zu große Vielfalt von Schnittstellenvarianten abdecken zu können, werden möglichst wenige Anschlußarten mit möglichst grob gestufter Übertragungskapazität definiert. Bei den beiden definierten Anschlußarten, dem Basisanschluß und dem Primärratenanschluß, unterscheidet sich die Netto-Übertragungskapazität um mindestens den Faktor 10.

Um die vom Netz bereitgestellte Übertragungskapazität möglichst gut dem tatsächlichen Bedarf des Benutzers anpassen zu können, können Anschlüsse der gleichen oder unterschiedlicher Art „parallelgeschaltet" werden; außerdem hat das Netz die Möglichkeit, an der Schnittstelle nicht die volle Übertragungskapazität für Verbindungen nutzbar zu machen.

Für den Basisanschluß und den Primärratenanschluß sind die Charakteristika der Benutzer-Netz-Schnittstelle im Detail definiert. Den nachfolgend beschriebenen grundsätzlichen Festlegungen für die Benutzer-Netz-Schnittstellen liegt die ITU-T-Empf. I.412 [182] zugrunde.

4.2.1.1 Kanaltypen

Die Nettoübertragungskapazität an einer Schnittstelle wird in definierter Weise – abhängig von Anschlußart und Vereinbarung – in einen oder mehrere allgemeine Kanäle und normalerweise zusätzlich in einen Hilfskanal unterteilt (s. Tabelle 4.1). In besonderen Fällen (s. Tabelle 4.2) enthält die Schnittstellenstruktur keinen Hilfskanal, oder der zugehörige Hilfskanal wird über einen anderen Anschluß geführt.

Über die allgemeinen Kanäle werden vom Netz die leitungsvermittelten und normalerweise auch die paketvermittelten Verbindungen bereitgestellt. Der Hilfskanal dient zur Signalisierung zwischen Benutzereinrichtung und Netz. Bleibt

Tabelle 4.1. Typen allgemeiner Kanäle

Kanalbezeichnung	Bitrate kbit/s
B	64
H0	384
H11	1536
H12	1920

4.2 Benutzer-Netz-Schnittstellen für das 64-kbit/s-ISDN

Tabelle 4.2. Schnittstellenstrukturen an den Bezugspunkten S und T

	Basisanschluß	Primärratenanschluß[a]	
Nettobitrate	144 kbit/s	1984 kbit/s	1536 kbit/s
B-Kanal-Strukturen	$B + B + D_{16}$	$30B + D_{64}$	$23B + D_{64}$
	–	$30B^a$	$24B^a$
H0-Kanal-Strukturen	–	$5H0 + D_{64}$	$3H0 + D_{64}$
	–	$5H0^a$	$4H0^a$
H1-Kanal-Strukturen	–	$H12 + D_{64}$	–
		$H12^a$	$H11^a$
gemischte Strukturen	–	$nB + mH0 + D_{64}$	$nB + mH0 + D_{64}$
	–	$nB + mH0^a$	$nB + mH0^a$

D_{16} D-Kanal mit 16 kbit/s; D_{64} D-Kanal mit 64 kbit/s
[a] Der zugehörige Hilfskanal wird – falls benötigt – über einen anderen Anschluß geführt

im Hilfskanal noch freie Kapazität übrig, kann diese zum Übertragen von paketierten Daten (gemäß nationaler oder netzspezifischer Festlegung) verwendet werden. Dabei werden die Signalisierung und die paketierten Daten blockweise verschachtelt übertragen; die Signalisierung hat Priorität.

Typen allgemeiner Kanäle: Als allgemeine Kanäle sind derzeit drei Typen mit unterschiedlicher Übertragungskapazität standardisiert (s. Tabelle 4.1). Wichtigster Kanaltyp ist der B-Kanal mit 64 kbit/s, auch Basis-Kanal genannt. Seine Bitrate beruht auf der 8-bit-PCM-Kodierung (Oktettstruktur) für das Fernsprechsignal. Als leistungsfähigere Typen allgemeiner Kanäle sind der H0-Kanal mit 384 kbit/s und zwei Varianten des H1-Kanals mit 1536 kbit/s (H11) und 1920 kbit/s (H12) definiert.

Typen der Hilfskanäle: Der Hilfskanal wird als D-Kanal bezeichnet und hat – je nach Anschlußart – eine Bitrate von 16 oder 64 kbit/s (s. Tabelle 4.1). Als Sicherungsprotokoll (Schicht-2-Protokoll) wird das standardisierte „D-Kanal-Protokoll" LAPD [230] verwendet; als Vermittlungsprotokoll (Schicht-3-Protokoll) wird ein ebenfalls standardisiertes Protokoll [233] benutzt (vgl. Abschn. 4.4).

4.2.1.2 Anschlußarten

Für die Bezugspunkte S und T sind derzeit zwei Anschlußarten definiert: der Basisanschluß und der Primärratenanschluß. Beim Basisanschluß wird in beiden Richtungen ein Signal mit der Gesamtbitrate 192 kbit/s verwendet; die Nettobitrate, die für die allgemeinen Kanäle und den Hilfskanal zur Verfügung steht, beträgt 144 kbit/s.

Beim Primärratenanschluß wird in beiden Richtungen ein Signal mit der Gesamtbitrate 1544 oder 2048 kbit/s verwendet; die Nettobitrate beträgt 1536 kbit/s bzw. 1984 kbit/s.

4.2.1.3 Schnittstellenstrukturen

Durch die Unterteilung der Nettobitrate in Kanäle entstehen an der Schnittstelle definierte Schnittstellenstrukturen. Tabelle 4.2 zeigt für die beiden genannten Anschlußarten die festgelegten Schnittstellenstrukturen; sie sind für beide Übertragungseinrichtungen identisch. Alle Kanäle können folglich in beiden Richtungen gleichzeitig genutzt werden.

Für den Basisanschluß gibt es nur eine einzige Schnittstellenstruktur mit zwei B-Kanälen (je 64 kbit/s) und einem D-Kanal (16 kbit/s) als Hilfskanal.

Für den Primärratenanschluß sind mehrere Strukturen definiert: die B-Kanal-, H0-Kanal- und H1-Kanal-Schnittstellenstruktur, außerdem die „gemischte" Schnittstellenstruktur, bei der die Nettobitrate beliebig in B- und H0-Kanäle unterteilt sein kann. Die Bitrate des Hilfskanals beträgt beim Primärratenanschluß immer 64 kbit/s.

Bei entsprechender nationaler oder netzspezifischer Festlegung kann die Signalisierung für einen Primärratenanschluß auch über den 64-kbit/s-Hilfskanal eines anderen Primärratenanschlusses geführt werden. Die Zuordnung erfolgt beim Einrichten der Anschlüsse und kann erforderlichenfalls geändert werden. Die frei werdende Hilfskanal-Kapazität steht bei der 1544-kbit/s-Variante für allgemeine Kanäle zur Verfügung; bei der 2048-kbit/s-Variante bleibt sie normalerweise ungenutzt.

4.2.1.4 Betrieb allgemeiner Kanäle

Bei bestimmten Anschlüssen oder generell bei einer bestimmten Anschlußart kann das Netz einige allgemeine Kanäle überhaupt nicht oder nur mit eingeschränkter Übertragungskapazität betreiben. In der Schnittstellenstruktur an der Benutzer-Netz-Schnittstelle sind diese Kanäle trotzdem mit ihrer vollen Bitrate enthalten.

Falls wirtschaftlich zweckmäßig, kann der Netzbetreiber auf diese Weise dem Benutzer die nutzbare Übertragungskapazität feiner gestuft anbieten und die Einrichtungen im Anschlußbereich für den tatsächlichen Bedarf des Benutzers optimieren (z.B. Teilbetrieb der B-Kanäle beim Primärratenanschluß mit B-Kanal-Schnittstellenstruktur).

4.2.2 Benutzer-Netz-Schnittstelle beim Basisanschluß

Über die Benutzer-Netz-Schnittstelle erhält die Benutzereinrichtung Zugang zu den Kanälen. Den Takt für den Austausch der Informationen liefert das Netz. Die

4.2 Benutzer-Netz-Schnittstellen für das 64-kbit/s-ISDN   87

elektrischen und die prozeduralen Charakteristika sind für bestimmte, definierte Modellkonfigurationen ausgelegt. Andere, bisher nicht standardisierte Konfigurationen werden dadurch nicht ausgeschlossen. Die standardisierten Festlegungen für die Schicht 1 der Benutzer-Netz-Schnittstelle beim Basisanschluß sind in der ITU-T-Empf. I.430 [184] enthalten.

4.2.2.1 Modellkonfigurationen

Der Definition der elektrischen und prozeduralen Charakteristika der Benutzer-Netz-Schnittstelle werden drei Modellkonfigurationen zugrunde gelegt (Bild 4.7): die Punkt-zu-Punkt-Konfiguration, der passive Bus und der verlängerte passive Bus. Alle diese Konfigurationen erfordern keinerlei NT2-Funktionen. Die beiden

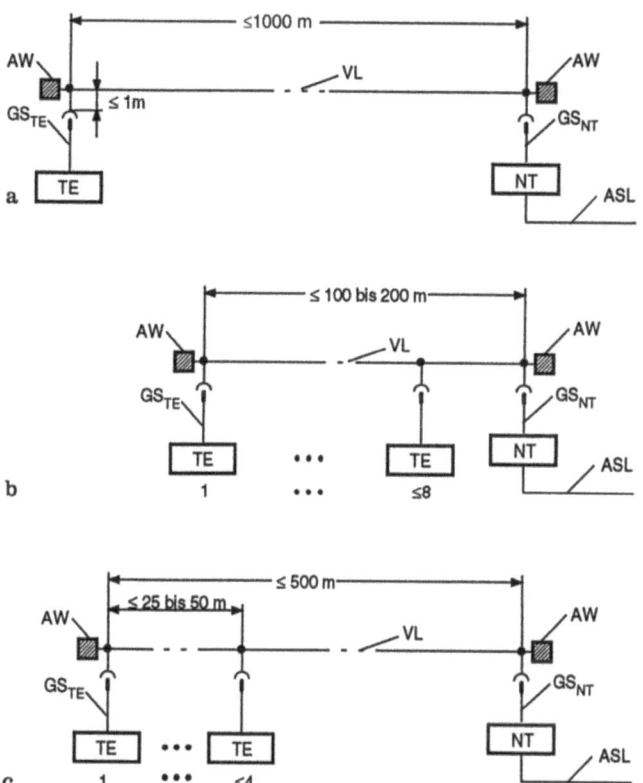

Bild 4.7. Modellkonfigurationen für die Festlegung der Charakteristika beim Basisanschluß.
a Punkt-zu-Punkt-Konfiguration; b (kurzer) passiver Bus; c verlängerter passiver Bus.
ASL Anschlußleitung, AW Abschlußwiderstand, GS_{NT} Geräteschnur für die Netzabschlußeinheit ($\leq$ 3m), GS_{TE} Geräteschnur für Endeinrichtungen ($\leq$ 10m), NT Netzabschlußeinheit, TE Endeinrichtung, VL Verbindungsleitung

Konfigurationen mit passivem Bus setzen allerdings voraus, daß das Netz in der Lage ist, bis zu acht TEs an einem Anschluß gleichzeitig zu steuern.

Jede TE (d.h. TE1 oder TE2 + TA) ist über eine bis zu 10m lange Geräteschnur und einen international einheitlichen Stecker mit acht Kontaktstiften [70] an einer Anschlußdose der Verbindungsleitung angesteckt. Eine eventuelle Stichleitung zwischen Anschlußdose und Verbindungsleitung darf maximal 1 m lang sein. Die NT wird mit der Verbindungsleitung entweder fest verbunden oder über den gleichen Stecker wie die TEs an der Verbindungsleitung angesteckt. Da die elektrischen Merkmale der Geräteschnur das Übertragungsverhalten vor allem beim passiven Bus erheblich mitbestimmen, wurden diese Merkmale bei ITU-T standardisiert. Bei der Punkt-zu-Punkt-Konfiguration ist für die Geräteschnur eine bis zu 25 m lange Verlängerungsschnur zugelassen, sofern dadurch die Gesamtdämpfung nicht über 6 dB ansteigt.

An der Schnittstelle werden zwei Adernpaare zur Informationsübertragung verwendet (ein Paar je Übertragungsrichtung). Für die Wahl von zwei Adernpaaren sprechen Aufwand, Betriebssicherheit, Reichweite des passiven Busses und einfache Realisierbarkeit. Im Normalfall erfolgt hierüber auch die Speisung der TEs. In Sonderfällen kann die NT die TEs auch über ein drittes Adernpaar speisen.

An die Verbindungsleitung werden keine besonderen Anforderungen gestellt: Sie besteht im Normalfall aus zwei ungeschirmten, symmetrischen, verdrillten Adernpaaren. Die beiden Adernpaare können mit anderen Adernpaaren in einem Kabel zusammengefaßt sein. Die gesamte Verbindungsleitung – inklusive Anschlußdosen – ist bei allen drei Konfigurationen rein „passiv", d.h. sie enthält keinerlei verstärkende, speichernde oder gar verarbeitende Funktionen. Zum Vermeiden von Reflexionen ist an jedem Ende der Verbindungsleitung ein Abschlußwiderstand erforderlich (Bild 4.7); der NT-seitige Abschlußwiderstand kann in der NT integriert sein.

Die Reichweite wird bei allen Konfigurationen von der Signallaufzeit und der Dämpfung begrenzt. Beide Größen hängen von der verwendeten Verbindungsleitung ab; mögliche Reichweiten bei typischen Leitungen sind in Bild 4.7 genannt.

Damit die NT den von den TEs gesendeten D-Kanal-Inhalt im Echo-D-Kanal (s. Abschn. 4.2.2.3; [184]) rechtzeitig zurückschleifen kann, muß die Schleifenlaufzeit NT – TE – NT unter 42 µs (8fache Bitdauer) liegen. Dabei wird vorausgesetzt, daß die NT zu diesem Zurückschleifen maximal 10,4 µs (zweifache Bitdauer) benötigt. Diese Bedingung ist normalerweise bei allen Konfigurationen unkritisch.

Beim passiven Bus (Bild 4.7b) können die TEs an beliebigen Stellen angeschlossen sein und gleichzeitig senden. Entfernungsbedingt ist die Laufzeit der Signale der einzelnen TEs unterschiedlich. Damit die Signale, die von mehreren TEs im gleichen Rahmen gesendet werden, trotzdem für die NT interpretierbar bleiben, muß u.a. die zugelassene Schleifenlaufzeit und damit auch die Reichweite des passiven Busses beschränkt werden. Die Schleifenlaufzeit NT – TE – NT muß daher – ohne Berücksichtigung des Rahmenversatzes zwischen TE-Eingang und TE-Ausgang – bei allen TEs unter 3,6 µs (etwa 70% einer Bitdauer) liegen.

4.2 Benutzer-Netz-Schnittstellen für das 64-kbit/s-ISDN

Wird die für die anderen beiden Konfigurationen erforderliche Phasennachregelung in der NT beim passiven Bus nicht ausgeschaltet, so schrumpft dieser Wert auf 2,6 μs (etwa 50% einer Bitdauer).

Beim verlängerten passiven Bus (Bild 4.7c) sind die Empfangsverhältnisse für die NT noch ungünstiger als beim passiven Bus. Daher dürfen sich hier die Schleifenlaufzeiten NT – TE – NT für alle TEs nur um höchstens 2,0 μs (etwa 38% der Bitdauer) voneinander unterscheiden; außerdem ist hier die Zahl der anschließbaren TEs auf vier beschränkt.

4.2.2.2 Elektrische Charakteristika für die Informationsübertragung

Die Signale des D-Kanals, der B-Kanäle, die Steuersignale usw. sind im Zeitmultiplex zusammengefaßt. Die Ankopplung an die Verbindungsleitung erfolgt über Übertrager oder Übertragern gleichwertige Einrichtungen.

Beim passiven Bus kann es vorkommen, daß mehrere oder alle TEs (auf dem gleichen Adernpaar) gleichzeitig senden. Im Normalfall geschieht dies nur bei den Signalen für die Rahmensynchronisierung und den D-Kanal-Signalen. Die Zugangsprozedur der TEs zum D-Kanal ist derart gestaltet, daß die NT immer dann ein Null-Bit empfängt, wenn wenigstens eine TE im D-Kanal ein Null-Bit sendet und daß die NT nur dann ein Eins-Bit empfängt, wenn alle TEs ein Eins-Bit oder nichts senden.

Diese Anforderung wird durch die folgenden Festlegungen erfüllt:
- Die TEs einer Buskonfiguration senden bitsynchron, da alle TEs ihren Sendetakt vom gleichen, von der NT gesendeten Signal ableiten; die NT ihrerseits bezieht den Takt vom Netz.
- Als Übertragungscode wird der AMI-Code [20] mit 100% Impulsbreite verwendet. Im Gegensatz zum herkömmlichen AMI-Code wird hier ein Null-Bit als Impuls gesendet und ein Eins-Bit als Lücke (Bild 4.8). Diese abweichende Festlegung wurde im Hinblick auf den Zugang der TEs zum D-Kanal und das Sicherungsprotokoll getroffen (Füllzeichen zwischen Informationsblöcken sind aufeinanderfolgende Eins-Bits).
- Durch geeignete Festlegungen für den Rahmenaufbau wird sichergestellt, daß alle TEs ein Null-Bit im D-Kanal immer mit gleicher Polarität senden, so daß sich die den Null-Bits entsprechenden Impulse nicht gegenseitig aufheben können.

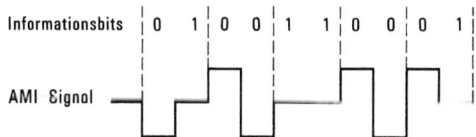

Bild 4.8. AMI-Code mit 100% Impulsbreite als Übertragungscode beim Basisanschluß Eins-Bit: kein Impuls (Lücke), Null-Bit: Impuls (benachbarte Impulse mit entgegengesetzter Polarität)

– Die TEs können wahlweise mit Strom- oder Spannungseinspeisung senden. Auch wenn mehrere oder alle TEs gleichzeitig einen Impuls senden, muß die Spannung an jedem Senderausgang innerhalb gewisser Toleranzgrenzen bleiben; dies wird dadurch erreicht, daß jeder Sender den von ihm eingespeisten Strom bzw. die von ihm eingespeiste Spannung in Abhängigkeit von seiner Ausgangsspannung regelt (spannungsbegrenzte Strom- bzw. Spannungseinspeisung). Alle Senderausgänge und Empfängereingänge sind immer – auch im ausgeschalteten Zustand – hochohmig; gewisse Einschränkungen bestehen lediglich während des Sendens eines Impulses.

Tabelle 4.3 zeigt eine Übersicht über die wichtigsten, in der ITU-T-Empf. I.430 [184] festgelegten elektrischen Charakteristika beim Basisanschluß.

4.2.2.3 Zugang der Endeinrichtungen zum D-Kanal

In B-Kanälen sendet normalerweise nur eine TE zu einer Zeit. Für das Einhalten dieser Bedingung sorgt die Vermittlungseinrichtung, indem sie mit Hilfe der Signalisierung jeden der beiden B-Kanäle zu einer Zeit nur jeweils einer TE zuteilt.

Maßnahmen vor dem Senden: Mit dem Senden im D-Kanal beginnt eine TE nur dann, wenn sie vorher durch Mithören festgestellt hat, daß der D-Kanal in Richtung NT frei ist. Das Kriterium dafür sind mindestens acht aufeinanderfolgende Eins-Bits. Das Sicherungsprotokoll garantiert, daß dieses „Pausensignal" niemals innerhalb eines gesendeten Blocks, aber grundsätzlich zwischen zwei gesendeten Informationsblöcken erscheint und daß jeder Informationsblock mit einem Null-Bit beginnt.

Maßnahmen beim Senden: Während des Sendens überprüft die TE durch Mithören im Echo-D-Kanal und durch Vergleichen, ob die gesendete Information von anderen, gleichzeitig sendenden TEs verfälscht wird. Dazu schleift die NT den von den TEs stammenden D-Kanal Inhalt im Echo-D-Kanal zurück (somit benötigt jede TE nur einen Empfänger). Aufgrund der elektrischen Festlegungen setzen sich TEs, die ein Null-Bit senden, gegenüber solchen TEs durch, die ein Eins-Bit senden. TEs, die sich durchsetzen, dürfen weitersenden, die unterlegenen TEs müssen noch vor dem nächsten Bit mit dem Senden aufhören. Das Sicherungsprotokoll garantiert, daß die Blöcke unterschiedlicher TEs alle einen anderen Inhalt haben. Nach kurzer Zeit wird auf diese Weise nur noch eine TE Null-Bits senden, die dann ihren Block erfolgreich zu Ende senden kann. Sobald der D-Kanal wieder frei ist, wiederholen die unterlegenen TEs ihren Sendevorgang.

Priorität: Die höhere Priorität der Signalisierung gegenüber paketierten Daten (vgl. Abschn. 4.2.1.1) wird über die Anzahl der aufeinanderfolgenden Eins-Bits gesteuert, die eine TE abwarten muß, bevor sie mit dem Senden beginnen darf.

TEs, die erfolgreich gesendet haben, stufen vorübergehend ihre eigene Priorität zurück, um den noch wartenden TEs der gleichen Prioritätsklasse den Vortritt zu lassen.

Tabelle 4.3. Elektrische Charakteristika für die Informationsübertragung beim Basisanschluß

Charakteristika	Werte
Verbindungscharakteristika	
– Abschlußwiderstand	100 Ω ± 5%
– maximale Dämpfung (bei 96 kHz) bei der Punkt-zu-Punkt-Konfiguration	6 dB
– Mindest-Unsymmetriedämpfung gegen Erde	43 dB
– oberer Grenzwert für die Schleifenlaufzeit NT–TE–NT[a]	42,0 µs
– maximale Schleifenlaufzeit NT–TE–NT für alle Endeinrichtungen beim passiven Bus:	
NT ohne Phasennachregelung[b]	3,6 µs
NT mit Phasennachregelung[b]	2,6 µs
– maximaler Unterschied der Schleifenlaufzeit NT–TE–NT für alle Endeinrichtungen beim verlängerten passiven Bus	2,0 µs
Sendercharakteristika	
– spannungsbegrenzte Strom- oder Spannungseinspeisung	
– Impulsamplitude bei 50 Ω	70 mV ±10% = U_{nenn}
bei 400 Ω	90[c] ... 160% U_{nenn}
bei 5,6 Ω	≤ 20% U_{nenn}
– Ausgangsimpedanz	
beim Senden eines Impulses	≥ 20 Ω
in der Sendepause (Lücke)	frequenzabhängig vorgegeben[d]
– Mindest-Unsymmetriedämpfung gegen Erde	54 dB
– Jitter im NT-Ausgangssignal (Spitze-Spitze)	≤ 0,26 µs
– Jitter im TE-Ausgangssignal	≤ ±0,36 µs
– Phasenverschiebung in der TE zwischen Eingang und Ausgang[b]	−0,36 µs ... + 0,78 µs
– Rahmenversatz zwischen TE-Eingang und TE-Ausgang	10,4 µs
Empfängercharakteristika	
Eingangsimpedanz	frequenzabhängig vorgegeben[d]
Mindest-Unsymmetriedämpfung gegen Erde	54 dB
Erzeugung von Störstrahlung	noch nicht definiert
Isolationsanforderungen	noch nicht definiert

[a] wegen der D-Kanal Zugangsprozedur (s. Abschn. 4.2.2.3)
[b] ohne Berücksichtigung des Rahmenversatzes von 10,4 µs zwischen TE-Eingang und -Ausgang
[c] siehe Toleranzmaske (in ITU-T-Empf. I.430 [184])
[d] siehe ITU-T-Empf. I.430 [184]

4.2.2.4 Rahmenstruktur

In beiden Übertragungsrichtungen werden alle Steuersignale und Nutzsignale im Zeitmultiplex (Bild 4.9) zu einem 48 bit langen Rahmen zusammengefaßt, der 4000mal je Sekunde übertragen wird (192 kbit/s).

Die Rahmensychronisierung ist rasch und eindeutig möglich, da hierfür eine zweifache Verletzung der AMI-Regeln (s. Beispiel in Bild 4.9) verwendet wird. In Richtung NT senden alle TEs gleichzeitig die für die Rahmensynchronisierung erforderlichen Signale (F, FA und die zugehörigen L-Signale). Auch bei Vertauschung der Adern eines Adernpaares ist die Rahmensynchronisierung sichergestellt. Bei Buskonfigurationen dürfen allerdings die Adern für die Übertragung in Richtung NT nicht vertauscht sein, da sich sonst die Impulse gleichzeitig sendender TEs auslöschen würden.

Gleichstromanteile würden bei der Übertragerkopplung stören; daher wird jeder in Bild 4.9 durch Punkte begrenzte „Rahmenabschnitt" für sich durch einen L-Impuls geeigneter Polarität vom Sender gleichstromfrei gemacht.

Der erste Impuls jedes Rahmenabschnittes wird von den TEs mit einer Polarität gesendet, die entgegengesetzt zu der des Rahmensynchronisierbits ist. Auf diese Weise ist zugleich sichergestellt, daß die Impulse für das D-Kanal-Signal von allen TEs mit gleicher Polarität gesendet werden und sich somit nicht

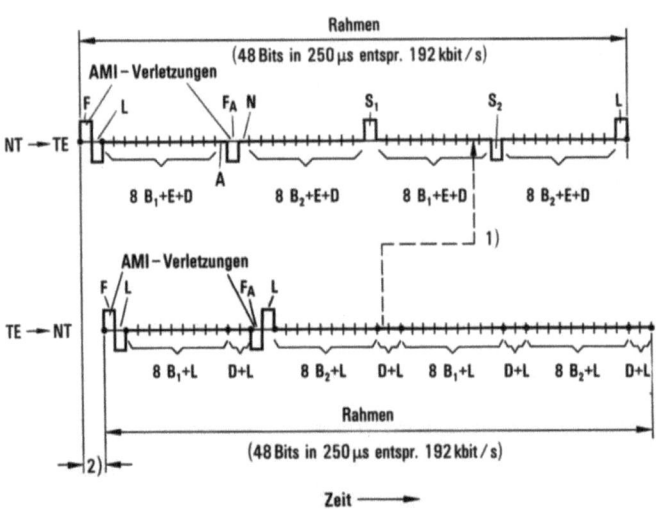

Bild 4.9. Rahmenstruktur beim Basisanschluß
•———• gleichstromfreier Rahmenabschnitt, A verwendet beim Aktivierungsprotokoll, B_1 Bit des ersten B-Kanals, B_2 Bit des zweiten B-Kanals, D Bit des D-Kanals, E Bit des Echo-D-Kanals, F Rahmensynchronisierungssignal, F_A Hilfsbit für die Rahmensynchronisierung ($F_A = 0$), L Impuls zum Ausgleich des Gleichstromanteils in einem Rahmenabschnitt, N invertierter Wert von F_A (also N = 1), NT Netzabschlußeinheit, S_1, S_2 reserviert für zukünftige Erweiterungen (z.Zt. gleich 0) [1] Zurückschleifen eines D-Kanal-Bits im Echo-D-Kanal, [2] die Endeinrichtungen senden mit 2 bit Rahmenversatz

gegenseitig auslöschen können und daß die für die Rahmensynchronisierung erforderlichen Verletzungen der AMI-Regeln auftreten.

Um die für PCM-codierte Sprache wesentliche Oktettstruktur beibehalten zu können, werden die Signale für die beiden B-Kanäle (B1 und B2) oktettweise je acht aufeinanderfolgenden Bits im Rahmen zugeordnet, während die Signale für den D-Kanal und den Echo-D-Kanal wegen des D-Kanal-Zugangsprotokolls im Rahmen getrennt liegende Bits belegen (Details s. ITU-T-Empf. I.430 [184]).

4.2.2.5 Aktivierung und Deaktivierung

Das Aktivierungs- und das Deaktivierungsprotokoll ermöglichen dem Netz, die NT und die vom Netz gespeisten TEs in Phasen ohne Aktivität in einen energiesparenden Zustand zu überführen, wobei diese Einheiten aber jederzeit in der Lage sein müssen, z.B. bei einem ankommenden Ruf, in den aktiven Zustand zurückzukehren.

Aktivieren: Der Anstoß für das Aktivieren (Bild 4.10) kann von der Vermittlungseinrichtung (Signal *aktivieren*) oder von irgendeiner TE (Signal *Aktivierung veranlassen*) ausgehen. Alle Geräte, die mit ankommenden Rufen rechnen, müssen daher auch in der Ruhephase das Signal *aktivieren* verstehen.

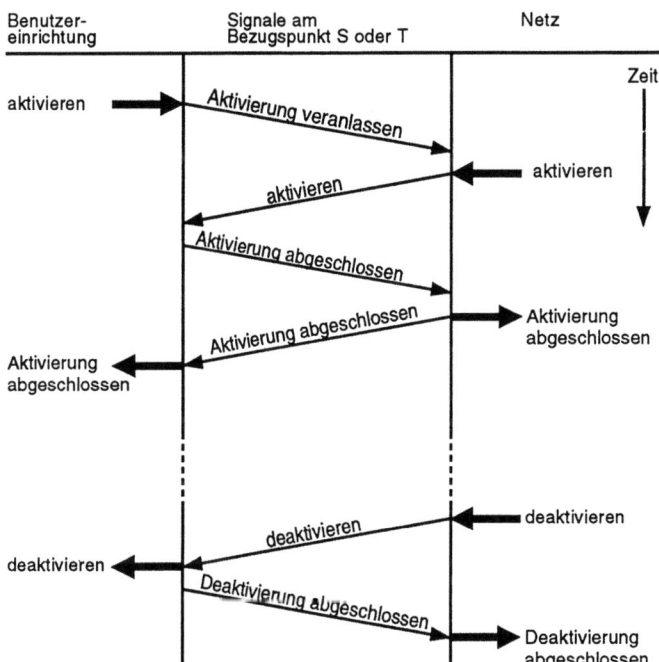

Bild 4.10. Aktivierungs- und Deaktivierungsprotokoll

Den Abschluß ihrer Aktivierung teilen die TEs dem Netz mit dem Signal *Aktivierung abgeschlossen* mit, das von den TEs spätestens 100 ms nach Empfang des Signals *aktivieren* gesendet werden muß. Das Netz quittiert anschließend ebenfalls mit einem Signal *Aktivierung abgeschlossen*.

Deaktivieren: Die Deaktivierung (Bild 4.10) wird nur von der Vermittlungseinrichtung eingeleitet (Signal *deaktivieren*). Alle TEs nehmen daraufhin den deaktivierten Zustand ein und bestätigen dies mit dem Signal *Deaktivierung abgeschlossen*. Die Signale *deaktivieren* und *Deaktivierung abgeschlossen* sind so codiert, daß keine Impulse – nicht einmal die Rahmensynchronisierungsimpulse – gesendet werden. Bei Buskonfigurationen empfängt die NT somit erst dann das Signal *Deaktivierung abgeschlossen*, wenn alle TEs deaktiviert sind.

Es bleibt dem Netz überlassen, ob und wann es deaktiviert: Ein Netz kann z.B. alle oder bestimmte Teilnehmeranschlüsse immer aktiv halten oder diese deaktivieren, sobald auf dem Anschluß alle Verbindungen ausgelöst und alle Signalisierungsaktivitäten abgeschlossen sind.

4.2.2.6 Elektrische Charakteristika für die Speisung

TEs können von der NT mit Energie gespeist werden. Dazu stehen zwei Methoden zur Verfügung (Bild 4.11): Die normalerweise verwendete Speisung in Phantomschaltung über die gleichen vier Adern, über die auch die Information übertragen wird (Bild 4.11: Quelle 1/Senke 1), und die Speisung über zwei spezielle Zusatzadern (Bild 4.11: Quelle 2/Senke 2). Der Netzbetreiber legt fest, ob die NT überhaupt Speiseenergie liefert, und falls ja, ob Methode 1 oder 2 verwendet wird. (Im Netz der Deutschen Telekom wird nur Methode 1 verwendet).

Bei der Phantomspeisung teilt die NT den TEs über die Polarität der Speisespannung mit, ob sie nur die festgelegte Notspeiseleistung (Notbetrieb) oder eine höhere, vom Netzbetreiber definierte Normalspeiseleistung (Normalbetrieb) be-

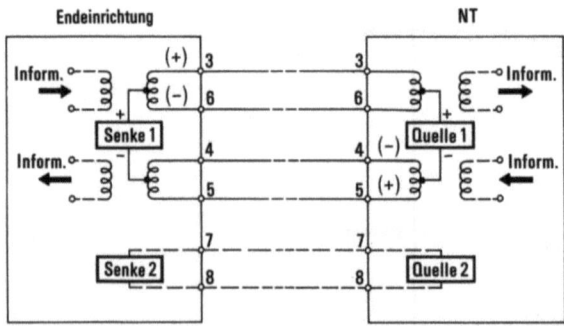

Bild 4.11. Energiespeisung von TEs durch die NT. +− Speisespannung im Normalbetrieb (im Notbetrieb umgekehrt); (+)(−) Spannung beim Senden eines positiven Informationsimpulses; *1 ... 8* laufende Adernnummern

reitstellt. Zweck des Notbetriebes ist es, dem Benutzer auch bei Ausfall der öffentlichen Energieversorgung u.a. das Telefonieren zu ermöglichen. Eine NT, welche die Speiseenergie im Normalbetrieb aus dem Energieversorgungsnetz entnimmt, kann im Notbetrieb von der Vermittlungseinrichtung ferngespeist werden und versorgt dann nur ausgewählte, zur Notspeisung berechtigte TEs.

Tabelle 4.4 zeigt als Übersicht die für die Speisung festgelegten elektrischen Charakteristika.

Tabelle 4.4. Elektrische Charakteristika für die Speisung von Endeinrichtungen beim Basisanschluß

Charakteristika	Speisearten (vgl. Bild 4.11)		
	Quelle 1/ Senke 1		Quelle 2/ Senke 2
	Notbetrieb	Normalbetrieb	
Speiseleistung: NT-Ausgang TE-Eingang	$\geq$ 420 mW $\geq$ 380 mW	$\geq$ 4,0 W[a] $\geq$ 3,6 W[a] (max. 0,9 W je TE)[a]	von der Deutschen Telekom nicht geboten[a]
Speisespannung: NT-Ausgang TE-Eingang	−40 V (+5%... − 15%) −40 V (+5%... − 20%)	+40 V (+5%... − 15%) +40 V (+5%... − 40%)	
max. Speiseleistung je TE im deaktivierten Zustand	25 mW[b]	100 mW	
Stromänderungsgeschwindigkeit	$\leq$ 5 mA/μs		

[a] Wird vom Netzbetreiber festgelegt; der angegebene Wert wurde von der Deutschen Telekom gewählt
[b] Für eine Übergangszeit können vom Netzbetreiber bis zu 100 mW zugelassen werden

4.2.3 Benutzer-Netz-Schnittstelle beim Primärratenanschluß

Mit dieser Schnittstelle erhält die Benutzereinrichtung – an den Bezugspunkten S und T – Zugang zum ISDN auf der Basis der für den Primärratenanschluß festgelegten Schnittstellenstrukturen (s. Tabelle 4.2). Die zugehörigen Festlegungen sind in der ITU-T-Empf. I.431 [185] enthalten.

Für den Primärratenanschluß sind zwei Schnittstellenvarianten definiert, eine mit einer Gesamtbitrate von 2048 kbit/s (z.B. Europa), die andere mit 1544 kbit/s (z.B. Japan, Kanada, USA). Die beiden unterschiedlichen Bruttobitraten entsprechen den in den genannten Regionen netzintern schon seit längerer Zeit eingesetzten unterschiedlichen digitalen Übertragungssystemen (s. Abschn. 7.2).

Beim Primärratenanschluß gibt es nur die Punkt-zu-Punkt-Konfiguration und keinen passiven Bus, der sich wegen der gegenüber dem Basisanschluß auf weniger als ein Zehntel verkürzten Bitdauer auch schwieriger realisieren ließe.

Die maximale Länge der Verbindungsleitung zwischen NT und TE wird durch die maximal zulässige Dämpfung begrenzt; bei typischen Leitungen ergibt sich eine Reichweite von etwa 150 m.

Der Benutzereinrichtung wird von der NT keine Speisung geboten; auch auf das Deaktivieren der Benutzerstation wird verzichtet. Daher entfallen die entsprechenden Festlegungen.

Wie beim Basisanschluß werden die Nutz- und Steuersignale im Zeitmultiplex in einem Rahmen zusammengefaßt; somit wird in jeder Übertragungsrichtung nur ein einziges Signal übertragen.

Elektrische Charakteristika: Die Festlegungen für die elektrischen Charakteristika (Bitrate, Impulsform, Impedanz, Übertragungscode) sind bei den beiden Schnittstellenvarianten unterschiedlich; sie werden unverändert von der ITU-T-Empf. G.703 [111] übernommen.

Um über den Primarratenanschluß wie über den Basisanschluß auch Kommunikationsdienste abwickeln zu können, die eine bitfolgeunabhängige Übertragung voraussetzen, lassen die Standards beim 1544 kbit/s-Teilnehmeranschluß nur den B8ZS-Code zu (ITU-T-Empf. I.431 [185]). Verbindungen, die netzintern über herkömmliche 1554-kbit/s-Übertragungssysteme mit AMI-Code geführt werden, können dann wegen der hier netzintern fehlenden Bitfolgeunabhängigkeit nur eingeschränkt betrieben werden, z.B. nur mit 56 kbit/s statt mit 64 kbit/s.

Rahmenmerkmale: Bei beiden Varianten wird der definierte Rahmen (vgl. Abschn. 7.2.3) 8000 mal in der Sekunde übertragen; die Rahmenlänge ist unterschiedlich (256 bit bei der 2048-kbit/s-Variante, 193 bit bei der 1544-kbit/s-Variante). Der Rahmen ist in 31 bzw. 24 8-bit-Zeitschlitze (Zeitkanäle) unterteilt, denen ein 8- bzw. 1-bit-Zeitschlitz für Steuerzwecke vorangeht. Daraus ergeben sich 1984 bzw. 1536 kbit/s als Nettokapazität, die für die allgemeinen Kanäle und den Hilfskanal zur Verfügung steht.

Ein Teil der Übertragungskapazität des oben genannten Zeitschlitzes für Steuerzwecke wird vom Signal für die Rahmensynchronisierung belegt. Dieses Signal wiederholt sich nach 2 bzw. 24 Rahmen periodisch. Da in den allgemeinen Kanälen beliebige Nutzinformation übertragen werden kann, muß Vorsorge getroffen werden, daß die Rahmensynchronisierung nicht irrtümlich an einer falschen Stelle einrastet; dazu wird aus der Nutzinformation eine zyklische Prüfinformation abgeleitet und ebenfalls in den obengenannten Zeitschlitzen für Steuerzwecke übertragen (vgl. ITU-T-Empf. G.704 [112]). Als nützlicher Nebeneffekt kann eine solche Prüfinformation dem Empfänger auch Rückschlüsse auf die Bitfehlerquote der Anschlußleitung ermöglichen.

Zuordnung zwischen 8-bit-Zeitschlitzen und Kanälen: Bei Schnittstellenstrukturen mit Hilfskanal (s. Tabelle 4.2) belegt der Hilfskanal bei beiden Varianten immer den gleichen, festgelegten 8-bit-Zeitschlitz: bei der 2048 kbit/s Variante den Zeitschlitz 16, bei der 1544 kbit/s Variante den Zeitschlitz 24. Wird eine Schnittstellenstruktur ohne Hilfskanal verwendet, so bleibt der „Hilfskanal-Zeitschlitz" bei der 2048 kbit/s Variante normalerweise ungenutzt, während er bei der 1544 kbit/s Variante als Übertragungskapazität für allgemeine Kanäle genutzt wird.

Bei den B-Kanal-Schnittstellenstrukturen (s. Tabelle 4.2) belegt jeder B-Kanal einen 8-bit-Zeitschlitz; bei den H1-Schnittstellenstrukturen belegt der eine H1-Kanal alle für allgemeine Kanäle verfügbaren 8-bit-Zeitschlitze.

Im Hinblick auf maximale Blockierungsfreiheit erlauben die Standards bei den gemischten Schnittstellenstrukturen (s. Tabelle 4.2) eine völlig flexible Zuordnung zwischen den 8-bit-Zeitschlitzen und den allgemeinen Kanälen.

Auch bei den H0-Schnittstellenstrukturen legen die Standards keine bestimmte Zuordnung fest; eine mögliche Zuordnung ist im Anhang der ITU-T-Empf. I.431 [185] beschrieben (vgl. auch ITU-T-Empf. G.735 [122] und G.737 [123] für Tonstudio-Anwendungen).

4.3 Benutzer-Netz-Schnittstellen für B-ISDN

Die Benutzer-Netz-Schnittstelle für B-ISDN unterscheidet sich von der Benutzer-Netz-Schnittstelle des ISDNs nicht nur in der Bitrate, sondern auch in dem verwendeten Transfer Mode und in weiteren Merkmalen (z.B. Protokollreferenzmodell).

4.3.1 Allgemeine Aspekte

4.3.1.1 Transfer Mode

Am Beginn der Diskussionen über die Festlegungen des Transfer Modes an der Benutzer-Netz-Schnittstelle – so bei dem 64-kbit/s-ISDN – wurde der *Synchrone Transfer Mode* (STM, syncronous transfer mode, s. Abschn. 6.2.6) favorisiert. STM würde jedoch eine relativ starre Kanalstruktur mit sich bringen, was der insbesonders bei Breitbandanwendungen vorteilhaften flexiblen Bitratenzuteilung entgegensteht.

Daher wird im B-ISDN der *Asynchrone Transfer Mode* (ATM, asynchronous transfer mode) verwendet. In einem ATM-Netz wird alle Information in Blöcken gleicher Länge, den sogenannten *Zellen* übermittelt (vgl. Abschn. 4.3.3). Eine Zelle besteht aus dem Zellkopf (5 Oktetts) und dem Informationsfeld (48 Oktetts). Mittels des Zellkopfes wird eine Zelle einer bestimmten Verbindung zugeordnet (s. Bild 4.12). Das Informationsfeld steht dem Benutzer zur exklusiven Nutzung zur Verfügung.

98 4 Teilnehmeranschluß

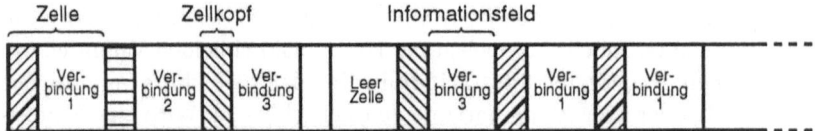

Bild 4.12. Prinzip des Asynchronen Transfer Modes

In einem ATM-Netz werden für alle Zellen dieselben Multiplex- und Vermittlungseinheiten benutzt. ATM-Einrichtungen können gleichzeitig Verbindungen mit hoher und niederer Bitrate bearbeiten; der Informationsfluß innerhalb einer Verbindung kann gleichförmig oder burstartig sein. Die Bandbreite kann dynamisch (mit feiner Granularität) einer Verbindung zugeteilt und geändert werden. Daher spielt die Definition der Bitraten der einzelnen Verbindungen nur noch eine untergeordnete Rolle.

ATM ist der einzige Transfer Mode an der Benutzer-Netz-Schnittstelle für B-ISDN. Alle Informationen, welche diese Schnittstelle passieren, werden in Zellen transportiert. Neben den eigentlichen Teilnehmernachrichten sind dies Nachrichten für die Signalisierung (s. Abschn. 4.5) und Nachrichten für Überwachungszwecke (s. Abschn. 4.3.5).

4.3.1.2 Protokollreferenzmodell

Wie im ISDN wird auch im B-ISDN eine geschichtete Architektur für die Organisation aller Kommunikationsfunktionen verwendet. Das in der ITU-T-Empf. I.320 [168] beschriebene Protokollreferenzmodell für ISDN ist die Basis für das B-ISDN-Protokollreferenzmodell (s. ITU-T-Empf. I.321 [169]).

Das Protokollreferenzmodell für B-ISDN besteht aus den folgenden drei Ebenen (s. auch Bild 4.13):
- Benutzerebene (user plane)
- Steuerebene (control plane)

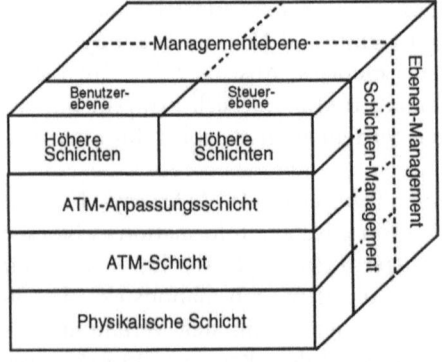

Bild 4.13. Protokollreferenzmodell für B-ISDN

– Managementebene (management plane)

Die Managementebene ist unterteilt in *Schichtenmanagement (layer management)* und *Ebenenmanagement (plane management)*. Das Ebenenmanagement besitzt keine geschichtete Architektur; es führt Funktionen aus, welche für das Gesamtsystem notwendig sind (z.B. Koordination zwischen den Ebenen).
Das Schichtenmanagement hat eine geschichtete Struktur. Es führt die Managementfunktionen durch, welche sich auf Parameter einer Schicht beziehen (z.B. Metasignalisierung, s. Abschn. 4.5.2). Für jede Schicht bearbeitet das Schichtenmanagement die Funktionen für Betrieb und Wartung.

Die Benutzerebene enthält alle Funktionen für den Austausch von Nachrichten zwischen unterschiedlichen Partnern (z.B. Informationstransfer, Flußkontrolle oder Fehlerkorrektur). Wie bei der Steuerebene wird auch hier eine geschichtete Architektur verwendet.

Die Steuerebene enthält die Funktionen für Ruf- und Verbindungssteuerung; dies sind alle Signalisierungsfunktionen, welche für den Auf- und Abbau sowie die Überwachung eines Rufes oder einer Verbindung benötigt werden.

Die Funktionen der physikalischen Schicht und der ATM-Schicht sind für die Benutzerebenen und die Steuerebenen identisch. Oberhalb der ATM-Schicht können sich die beiden Ebenen unterscheiden. Es wird jedoch versucht, in der ATM-Anpassungsschicht (ATM Adaptation Layer, AAL) möglichst viele Gemeinsamkeiten zwischen Benutzerebene und Steuerebene zu erzielen (vgl. Abschn. 4.3.4 und 4.5.3).

4.3.1.3 Schnittstellenarten

Bei den ersten Festlegungen der Benutzer-Netz-Schnittstelle für B-ISDN wurde versucht, die Anzahl der unterschiedlichen Schnittstellen so gering wie möglich zu halten (vgl. ITU-T-Empf. I.413 [183] und I.432 [186]). Inzwischen sind jedoch weitere Schnittstellen in Diskussion (s.u.).

Bitraten: Derzeit sind für B-ISDN die folgenden beiden Bitraten an der Benutzer-Netz-Schnittstelle vorgesehen:
- 155,520 Mbit/s
- 622,080 Mbit/s

Diese beiden Werte sind identisch mit den beiden kleinsten Werten der *Synchronen Digitalen Hierarchie* (SDH, Synchronous Digital Hierarchy) nach ITU-T-Empf. G.707 [113] (vgl. Abschn. 7.2.3).

Hinsichtlich der Bitraten gibt es *symmetrische* und *asymmetrische* Schnittstellen. Bei der symmetrischen Schnittstelle ist die Bitrate vom Benutzer zum Netz identisch der Bitrate in der Gegenrichtung. Die symmetrische Schnittstelle mit 155,520 Mbit/s wird von Teilnehmern mit vorwiegend interaktivem Verkehr verwendet. Bei Benutzern mit sehr hohem Verkehrsaufkommen wird die Schnittstelle mit 622,080 Mbit/s eingesetzt. Die asymmetrische Schnittstelle stellt für den Transfer vom Benutzer zum Netz 155,520 Mbit/s bereit; in Gegenrichtung werden 622,080 Mbit/s angeboten. Diese asymmetrische Schnittstelle eignet sich beson-

100   4 Teilnehmeranschluß

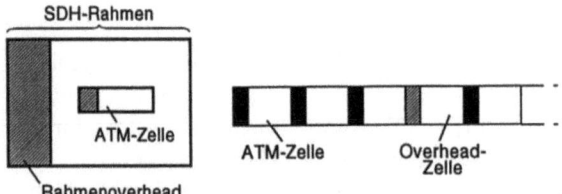

Bild 4.14. Strukturen der Benutzer-Netz-Schnittstelle für B-ISDN

ders gut für Teilnehmer, welche neben der interaktiven Kommunikation auch die Verteilkommunikation (z.B. Empfang von TV-Programmen) benötigen.

Inzwischen sind die Arbeiten an zwei *niederratigen Schnittstellen* für 1544 kbit/s (SONET-bezogen) und 2048 kbit/s (SDH-bezogen) an S_B und T_B abgeschlossen (ITU-T-Empf. I.432.3 [189]). Hierdurch können die ATM-Anwendungsbereiche kurzfristig auf vorhandene preiswerte Endeinrichtungen ausgedehnt werden unter Ausnutzung der vorhandenen Infrastruktur am Teilnehmeranschluß (2-Draht-Kupfer-Anschlußleitung).

Darüber hinaus wird bei ITU-T für S_B auch eine *mittlere Bitrate* diskutiert: gute Chancen werden der bereits beim ATM-Forum als „Desk-top Interface" für UTP-3 (unshielded twisted pair) festgelegten Bitrate von 51,84 Mbit/s eingeräumt.

Schnittstellenstrukturen: Wie bereits erwähnt, wurden die Bitraten für die Benutzer-Netz-Schnittstelle von den SDH-Definitionen abgeleitet. Die Verwendung eines SDH-Systems für den Transport von ATM-Zellen erleichtert die Einführung von B-ISDN, da SDH bereits definiert und mancherorts installiert ist. Außerdem bietet SDH bereits eine Vielzahl an Überwachungsfunktionen. Für die Verwendung von SDH in B-ISDN waren nur noch die Definition der Mechanismen zum Auffüllen der SDH-Rahmen mit Zellen notwendig (s. Abschn. 4.3.2.1).

Eine Benutzer-Netz-Schnittstelle basierend auf SDH hat jedoch auch einige Nachteile:
1. Der gesamte Overhead, den SDH mit sich bringt, ist an der Benutzer-Netz-Schnittstelle nicht notwendig. Ein Teil der Übertragungskapazität wird verschwendet (wenn auch der Overhead gegenüber der Kapazität für den Informationstransport gering ist).
2. An der Benutzer-Netz-Schnittstelle müssen zusätzliche Funktionalitäten für die Bearbeitung des SDH-Rahmens implementiert werden.

Aus diesen Gründen wurde noch eine zweite Schnittstelle definiert, die aus einem kontinuierlichem Zellenstrom besteht. Beide Schnittstellenstrukturen sind schematisch in Bild 4.14 dargestellt und werden in Abschn. 4.3.2.1 detaillierter beschrieben.

Physikalisches Medium: Für die Schnittstelle mit 155,520 Mbit/s kann als Übertragungsmedium Koaxialkabel oder Glasfaser verwendet werden. An der 622,080-

Mbit/s-Schnittstelle ist zur Zeit nur die Glasfaser vorgesehen. Einzelheiten der beiden Übertragungsmedien sind in Abschn. 4.3.2.2 dargestellt.

4.3.2 Physikalische Schicht

Die physikalische Schicht ist in zwei Subschichten unterteilt. Die untere Subschicht beschreibt die möglichen Übertragungsmedien (s. Abschn. 4.3.2.2) und die obere Subschicht definiert die Funktionen für die Übertragung von ATM-Zellen (s. Abschn. 4.3.2.1).

4.3.2.1 Anpassung der Zellen an die Übertragung

Diese Subschicht (*transmission convergence sublayer*) enthält die folgenden fünf Funktionen (s. auch ITU-T-Empf. I.432 [186]):
1. Erzeugen und Empfangen eines Übertragungsrahmens,
2. Auffüllen des Rahmens mit Zellen,
3. Erkennen der Zellgrenzen,
4. Fehlersicherung des Zellkopfes,
5. Anpassung der Zellrate an die Übertragungsrate.

Die ersten beiden Funktionen sind bei den beiden Schnittstellenarten identisch, die restlichen drei Funktionen hingegen unterschiedlich.
   Die in Abschn. 4.3.1.3 angegebenen Werte der Bitraten enthalten auch Übertragungskapazität für Überwachungszwecke. Für den Transport von ATM-Zellen bleiben bei der 155,520-Mbit/s-Schnittstelle 149,760 Mbit/s und bei der 622,080-Mbit/s-Schnittstelle 599,040 Mbit/s übrig. Diese Werte sind bei der SDH-Schnittstelle und der mit kontinuierlichem Bitstrom identisch und rühren vom Overhead des SDH-Systems her.

SDH-Übertragung: Jeder SDH-Rahmen hat eine Oktett-Struktur und eine Wiederholfrequenz von 8 kHz. Der Rahmen mit 155,520 Mbit/s (622,080 Mbit/s) besteht aus 9 (9) Reihen und 270 (1080) Spalten; die ersten 9 (36) Spalten enthalten den *Section Overhead* SOH und den *AU-4-Zeiger*. Daneben gibt es noch den *Path Overhead* der 1 (4) Spalten belegt. Bild 4.15 zeigt den Übertragungsrahmen für 155,520 Mbit/s.
   Der ATM-Zellstrom wird in den Container C4 gepackt, wobei die ATM-Zellgrenzen mit der Oktett-Struktur übereinstimmen. Da die Containergröße kein Vielfaches der Zellgröße ist, kommt es vor, daß eine Zelle in den nachfolgenden Container reicht. Der Container C4 wird in den virtuellen Container VC-4 gepackt, der dann wiederum in das Informationsfeld AU-4 des SDH-Rahmens gepackt wird.
   Mit dem AU-4-Zeiger wird auf den Beginn des VC-4 gezeigt, der an beliebiger Stelle im Informationsfeld des SDH-Rahmens liegen kann. Das H4-Feld im Path Overhead enthält einen Zeiger, der auf den Beginn der nächsten Zelle in dieser Zeile zeigt. Dieser Mechanismus zur Zellgrenzenerkennung ist optional. Der all-

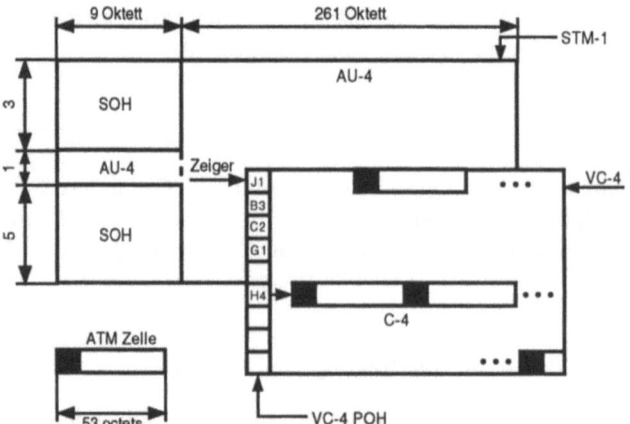

Bild 4.15. SDH-Übertragungsrahmen mit 155,520 Mbit/s

gemeine Mechanismus zur Erkennung der Zellgrenzen wird in diesem Abschnitt noch beschrieben.

Bei der 622,080-Mbit/s-Schnittstelle ist das Füllen der Übertragungsrahmen nahezu identisch. Bei dieser Bitrate entfällt jedoch die Option der Zellgrenzenerkennung mittels des H4-Zeigers. Sowohl bei der Schnittstelle mit 155,520 Mbit/s als auch bei der 622,080-Mbit/s-Schnittstelle werden vom Path Overhead nur die 4 ersten Oktetts in der ersten Spalte für Überwachungszwecke verwendet (s. Abschn. 4.3.5).

Kontinuierliche Zellenübertragung: Bei dieser Schnittstellenart wird kein Übertragungsrahmen verwendet; es wird einfach Zelle an Zelle übertragen. Die im SDH-System vom Section Overhead und Path Overhead wahrgenommenen Überwachungsfunktionen werden bei dieser Schnittstelle mittels spezieller Zellen (standardisierte Formate des Zellkopfes) implementiert (vgl. Abschn. 4.3.5).

Um die Übertragungsrate von 155,520 (622,080) Mbit/s der reduzierten Übertragungskapazität von 149,760 (599,040) Mbit/s anzupassen, muß nach 16 aufeinanderfolgenden ATM-Zellen eine der oben genannten Überwachungszellen oder eine Leerzelle (Zelle ohne Information) eingefügt werden.

Anpassung der Zellrate an die Übertragungsrate: Die der ATM-Schicht zur Verfügung stehende Transportkapazität wird nicht immer von Zellen dieser Schicht vollständig ausgenutzt. Die verbleibende Kapazität wird dann in der physikalischen Schicht mit *Leerzellen* belegt. Leerzellen werden beim Sender eingefügt und beim Empfänger herausgefiltert und verworfen.

Die Leerzelle ist durch einen standardisierten Wert des Zellkopfes gekennzeichnet. Das letzte Bit im vierten Oktett ist 1; alle anderen Bits sind 0. Im fünften Oktetts steht die zu den ersten vier Oktett zugehörige Prüfsumme. Alle 48 Oktetts des Informationsfeldes werden mit dem Bitmuster ‚01101010' belegt.

4.3 Benutzer-Netz-Schnittstellen für B-ISDN

Fehlersicherung des Zellkopfes: Wie bereits erwähnt, steht im fünften Oktett des Zellkopfes, dem Header-Error-Control-Feld (s. Abschn. 4.3.3.2), die Prüfsumme über die ersten vier Oktetts. Die sendende Einheit bestimmt die Prüfsumme des Zellkopfes wie folgt:
1. Berechnung des CRC(cyclic redundancy check)-Wertes über den Inhalt der ersten vier Oktetts des Zellkopfes mit dem Generatorpolynom $x^8 + x^2 + x + 1$.
2. Die Prüfsumme (Inhalt des fünften Oktetts) ergibt sich aus der Addition mod 2 des CRC-Wertes mit dem Bitmuster ‚01010101'.

Dieser Code ermöglicht die Korrektur eines Bitfehlers und erlaubt die Erkennung unterschiedlicher Mehrfach-Bitfehler. Um beide Möglichkeiten auszunutzen, arbeitet der Empfänger entweder im *Korrektur-* oder im *Erkennungsmode*. Nach der Initialisierung geht der Empfänger in den Zustand „Fehlerkorrektur" über. Er verbleibt solange dort, bis er mindestens einen Fehler bemerkt. Bei einem Fehler im Zellkopf wird der Fehler korrigiert und die Zelle akzeptiert; bei mehreren Fehlern wird die Zelle verworfen. Danach wechselt der Empfänger in den Zustand „Fehlererkennung". In diesem Zustand werden alle Zellen verworfen, bei denen im Zellkopf mindestens ein Fehler erkannt wurde. Wird der Zellkopf fehlerfrei empfangen, so wird die Zelle akzeptiert und der Empfänger wechselt in den Zustand „Fehlerkorrektur".

Dieser Mechanismus ermöglicht die Korrektur von einzelnen Bitfehlern, und er verhindert das falsche Zuordnen einer Zelle zu einer Verbindung bei büschelförmigen Fehlern.

Mechanismus zur Erkennung der Zellen: Bei dem nachfolgend beschriebenen und allgemein verwendeten Verfahren zur Erkennung der Zellgrenzen wird die Korrelation zwischen den ersten vier Oktetts und dem fünften Oktett des Zellkopfes ausgenutzt. Bild 4.16 zeigt das Zustandsübergangsdiagramm für den Mechanismus zur Erkennung der Zellgrenzen.

Im Zustand „HUNT" erfolgt ein bitweises Abprüfen des angenommenen Zellkopfes. Wird eine passende Prüfsumme gefunden, so erfolgt der Übergang in den Zustand „PRESYNCH". Der Empfänger prüft nun zellenweise; paßt das fünfte Oktett nicht als Prüfsumme zu den vorausgehenden vier Oktetts, so geht er in den Zustand „HUNT" zurück. Sind im Zustand „PRESYNCH" in δ aufeinanderfolgenden Zellen die Prüfsummen passend, so geht der Empfänger in den Zustand „SYNCH" über. Nur in diesem Zustand werden Zellen akzeptiert und weiterverarbeitet. Erkennt der Empfänger im Zustand „SYNCH" in α aufeinanderfolgenden Zellen keine passenden Prüfsummen, so geht er in den Ausgangszustand „HUNT" zurück. Bei der SDH-Schnittstelle werden $\alpha = 7$ und $\delta = 6$, für die Schnittstelle mit kontinuierlichem Zellenstrom werden $\alpha = 7$ und $\delta = 8$ vorgeschlagen.

Dieses Verfahren ermöglicht ein sehr stabil arbeitendes System. Selbst bei relativ hohen Bitfehlerwahrscheinlichkeiten verläßt der Empfänger sehr selten den Zustand „SYNCH". Um zu verhindern, daß im Informationsfeld zufällig oder absichtlich in fünf aufeinanderfolgenden Oktetts ein gültiges Zellkopfmuster vorkommt, wird das Informationsfeld mit einem Scrambler verwürfelt.

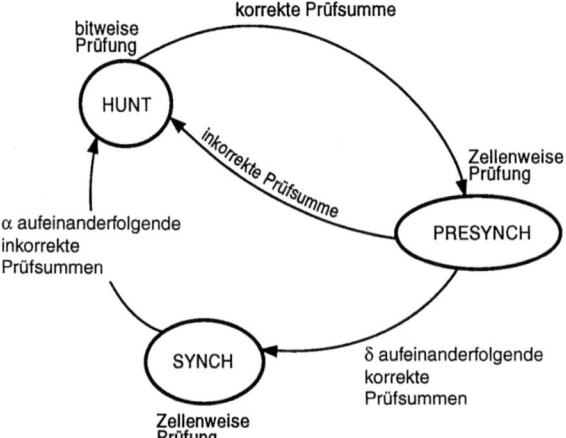

Bild 4.16. Erkennung der Zellgrenzen

4.3.2.2 Übertragungsmedien

Die elektrische Übertragung ist bisher nur für die Schnittstelle mit 155,520 Mbit/s definiert worden. Die wichtigsten Parameter hierzu sind in Tabelle 4.5 zusammengestellt. Die optische Übertragung wird sowohl bei der Schnittstelle mit 155,520 Mbit/s als auch bei 622,080 Mbit/s verwendet. Tabelle 4.6 enthält die wesentlichen Parameter der Schnittstelle mit optischer Übertragung. Einzelheiten zu beiden Übertragungsmedien sind in der ITU-T-Empf. I.432 [186] beschrieben.

Tabelle 4.5. Elektrische Charakteristika der 155,520-Mbit/s-Schnittstelle

Parameter	Spezifizierte Lösung
Dämpfungsbereich	0 bis 7 dB
Übertragungsmedium	zwei Koaxial-Kabel, eines pro Richtung
Konfiguration	Punkt-zu-Punkt
Impedanz	75 Ω mit Toleranz von 5% im Frequenzbereich 50 bis 200 MHz
Dämpfung des elektrischen Pfades	ungefähr $\sqrt{f}$ mit max. Dämpfung von 20 dB bei einer Frequenz von 155,520 MHz
Elektrische Parameter	gemäß ITU-T-Empf. G.703

Tabelle 4.6. Optische Charakteristika der 155,520-Mbit/s- und 622,080-Mbit/s-Schnittstelle

Parameter	Spezifizierte Lösung
Dämpfungsbereich	0 bis 7 dB
Übertragungsmedium	zwei Mono-Mode-Lichtwellenleiter gemäß ITU-T-Empf. G.652, eine pro Richtung
Wellenlänge	1310 nm
Optische Parameter	gemäß ITU-T-Empf. G.957
Sicherheitsanforderungen	Parameter für IEC 825 Klasse 1 müssen eingehalten werden (auch im Fehlerfall)

4.3.3 ATM-Schicht

4.3.3.1 Struktur einer Zelle

Eine Zelle besteht aus 53 Oktetts; 5 Oktetts bilden den *Zellkopf*, die restlichen 48 Oktetts das *Informationsfeld* (s. Bild 4.17). Die Übertragung erfolgt bitweise und beginnt mit Bit 8 des ersten Oktetts und endet mit Bit 1 des 53sten Oktetts. Innerhalb eines Feldes (z.B. Feld im Zellkopf) wird immer das höchstwertige Bit zuerst übertragen.

4.3.3.2 Zellkopf

In Bild 4.17 ist auch der detaillierte Aufbau des Zellkopfes an der Benutzer-Netz-Schnittstelle (UNI) dargestellt. Der Zellkopf besteht aus folgenden Feldern:
- Generic Flow Control (GFC)
- Payload Type (PT)
- Virtual Path Identifier (VPI)
- Cell Loss Priority (CLP)
- Virtual Channel Identifier (VCI)
- Header Error Control (HEC)

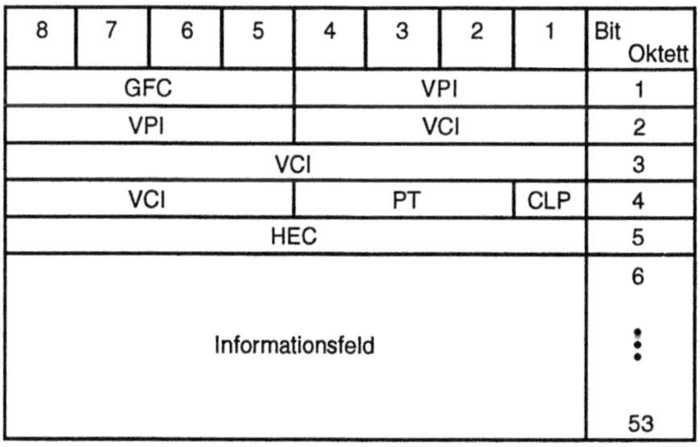

8	7	6	5	4	3	2	1	Bit / Oktett
GFC				VPI				1
VPI				VCI				2
VCI								3
VCI				PT			CLP	4
HEC								5
Informationsfeld								6 ⋮ 53

Bild 4.17. Struktur einer Zelle

Generic Flow Control-Feld: Das GFC-Feld besteht aus 4 Bits und wird bei Benutzerstationen benötigt, welche die GFC-Funktion ausführen (gesteuerte Übertragung). In Stationen, welche von der GFC-Funktion keinen Gebrauch machen, werden alle Bits des GFC-Feldes auf 0 gesetzt. Bei der gesteuerten Übertragung kann das GFC-Feld alle möglichen Werte annehmen.

Die gesteuerte Übertragung wird vor allem in Benutzerstationen mit gemeinsamem Übertragungsmedium benötigt (vgl. Abschn. 4.1.3), um den Zugang mehrerer Endeinrichtungen zum gemeinsamen Medium zu regeln. Ein Protokoll wurde hierzu von ITU-T noch nicht spezifiziert; derzeit werden 2 Protokollvarianten diskutiert [63]. Die eine Protokollvariante basiert auf dem DQDB-Protokoll [68], die andere Variante auf dem Orwell-Protokoll [47].

Um die Wechselbeziehungen zwischen der gesteuerten und der ungesteuerten Übertragung so gering wie möglich zu halten, wird ein Mechanismus verwendet, der es ermöglicht, eindeutig zu einem Zeitpunkt zu bestimmen, welches Verfahren an der Benutzer-Netz-Schnittstelle verwendet wird. Einzelheiten hierzu sind in der ITU-T-Empf. I.361 [173] enthalten.

Virtual Path Identifier-Feld und *Virtual Channel Identifier-Feld:* Das 8 bit lange VPI-Feld und das 16 bit lange VCI-Feld ermöglichen die eindeutige Zuordnung einer Zelle zu einer Verbindung. Während der Installation der Benutzer-Netz-Schnittstelle legen Teilnehmer und Netzbetreiber gemeinsam fest, wieviele Bits des VPI-Feldes und des VCI-Feldes verwendet werden. Die benutzten Bits sind immer zusammenhängend und enthalten das niederwertigste Bit. Unbenutzte Bits werden 0 gesetzt. Das VPI-Feld ermöglicht die eindeutige Identifikation eines virtuellen Pfades bzw. einer *virtuellen Pfadverbindung (Virtual Path Connection, VPC)* auf einer Übertragungsleitung; mit dem VCI-Feld wird ein virtueller Kanal bzw. eine *virtuelle Kanalverbindung (Virtual Channel Connection, VCC)* innerhalb einer VPC eindeutig bestimmt (vgl. Abschn. 6.2.6.2).

Bei der Verwendung der VPI- und VCI-Werte sind folgende Einschränkungen zu beachten:
1. VCI = 0 kann nicht für virtuelle Verbindungen des Benutzers verwendet werden.
2. Für spezielle Zwecke werden standardisierte Werte des Zellkopfes benötigt (s. Tabelle 4.7).

Payload Type-Feld: Das PT-Feld umfaßt 3 Bits. Die Kodierung und Interpretation der 8 möglichen Bitkombinationen sind in Tabelle 4.8 dargestellt.

Cell Loss Priority-Feld: Abhängig von der Lastsituation im Netz werden Zellen, bei denen das CLP-Bit gesetzt ist (Wert 1), zuerst verworfen gegenüber Zellen, bei denen diese Bit nicht gesetzt ist (Wert 0).

Für Dienste mit konstanter Bitrate wird normalerweise das CLP-Bit nicht gesetzt. Bei Verbindungen, welche Dienste mit variabler Bitrate transportieren, können beide Verlustprioritäten verwendet werden. In diesem Fall wird beim Verbindungsaufbau die Gesamtzellenrate (0 und 1) und die Zellenrate mit nicht gesetztem CLP-Bit (0) festgelegt. Der Sender teilt den abgehenden Zellen die

Tabelle 4.7. Standardisierte Werte des Zellkopfes

	GFC	VPI	VCI	PT	CLP
Leerzelle	0000	00000000	00000000 00000000	000	1
OAM-Zelle der physikalischen Schicht	0000	00000000	00000000 00000000	100	1
zukünftige Nutzung der physikalischen Schicht	PPPP	00000000	00000000 00000000	PPP	1
Metasignalisierung	GGGG	XXXXXXXX	00000000 00000001	0A0	C
allgemeiner Rundsendekanal	GGGG	XXXXXXXX	00000000 00000010	0AA	C
Punkt-zu-Punkt-Signalisierungskanal	GGGG	XXXXXXXX	00000000 00000101	0AA	C
abgschnittsweiser OAM-Fluß F4	GGGG	XXXXXXXX	00000000 00000011	0A0	A
End-zu-End-OAM-Fluß F4	GGGG	XXXXXXXX	00000000 00000100	0A0	A
abschnittsweiser OAM-Fluß F5	GGGG	XXXXXXXX	ZZZZZZZZ ZZZZZZZZ	100	A
End-zu-End-OAM-Fluß F5	GGGG	XXXXXXXX	ZZZZZZZZ ZZZZZZZZ	101	A
Managementzelle für Systemresourcen	GGGG	XXXXXXXX	ZZZZZZZZ ZZZZZZZZ	110	A
unassigned cell	GGGG	00000000	00000000 00000000	BBB	0

A	0 oder 1; entsprechend der Funktion der ATM-Schicht
B	beliebiger Wert
C	wird von der Quelle 0 gesetzt, kann im Netz geändert werden
G	0 oder 1 entsprechend der GFC-Funktion
P	steht der physikalischen Schicht zur Verfügung
X ... X	beliebiger VPI-Wert
Z ... Z	beliebiger VCI-Wert, außer 0

zugehörige Verlustpriorität zu. Stellt der Netzbetreiber fest, daß die vereinbarte Rate der Zellen mit CLP = 0 überschritten wurde, so kann er (optional) das CLP-Bit ändern (s. ITU-T-Empf. I.371 [178]).

Header Error Control-Feld: Das letzte Feld im Zellkopf ist das HEC-Feld. Diese Feld wird nicht von der ATM-Schicht verwendet. Seine Benutzung wurde bereits in Abschn. 4.3.2.1 beschrieben.

Tabelle 4.8. Kodierung des Payload Type-Feldes

Kodierung	Bedeutung
000	Zelle des Benutzers der ATM-Schicht keine Überlast Indikator zum Informationsaustausch zwischen den Benutzern der ATM-Schicht = 0
001	Zelle des Benutzers der ATM-Schicht keine Überlast Indikator zum Informationsaustausch zwischen den Benutzern der ATM-Schicht = 1
010	Zelle des Benutzers der ATM-Schicht Überlast Indikator zum Informationsaustausch zwischen den Benutzern der ATM-Schicht = 0
011	Zelle des Benutzers der ATM-Schicht Überlast Indikator zum Informationsaustausch zwischen den Benutzern der ATM-Schicht = 1
100	abschnittsweiser OAM-Fluß F5
101	End-zu-End-OAM-Fluß F5
110	Managementzelle für Systemresourcen
111	Reserviert für zukünftige Funktionen

4.3.3.3 Verbindungsarten

In einem ATM-Netz werden zwei Arten von virtuellen Verbindungen unterschieden (vgl. Abschn. 6.2.6.2):
1. virtuelle Verbindungen auf der Pfadebene (virtual path connection, VPC) und
2. virtuelle Verbindungen auf der Kanalebene (virtual channel connection, VCC).

Die Anzahl der verwendeten Bits des VPI- und VCI-Feldes bestimmt die Anzahl der möglichen virtuellen Verbindungen an der Benutzer-Netz-Schnittstelle (vgl. Abschn. 4.3.3.2).

Eine VCC erstreckt sich zwischen zwei Punkten, an denen die Information von der ATM-Anpassungsschicht an die ATM-Schicht übergeben wird bzw. umgekehrt. Die VCC kann (semi)permanenter Natur sein oder mittels Signalisierungsprozeduren (Benutzer – Netz oder Benutzer – Benutzer) eingerichtet werden (vgl. Abschn. 4.5.4). Signalisierungs-VCCs können an der Benutzer-Netz-Schnittstelle semipermanent sein oder mittels Metasignalisierung auf- und abgebaut werden (vgl. Abschn. 4.5.2). Die Integrität der Zellsequenz innerhalb einer VCC ist in einem ATM-Netz gewährleistet.

Eine VPC erstreckt sich zwischen zwei Punkten, an denen der VCI einer Zelle zugewiesen/ersetzt und ersetzt/entfernt wird. Die VPC ist im allgemeinen semipermanent; d.h. sie wird bei der Installation eingerichtet. Zukünftig soll es auch noch möglich sein, VPCs bei Bedarf auf- und abzubauen (z.B. mittels spezieller Managementprozeduren oder Signalisierung).

Eine VCC liegt normalerweise in mehreren aufeinanderfolgenden VPCs. Bei Aufbau einer VCC oder einer VPC werden *Verkehrsparameter* und *Qualität (quality of service, QOS)* zwischen Netz und Benutzer festgelegt. Nachträglich können die Verkehrsparameter einer VCC oder VPC geändert werden, nicht jedoch die QOS.

4.3.4 ATM-Anpassungsschicht

Die ATM-Anpassungsschicht (ATM Adaptation Layer, AAL) ist das Bindeglied zwischen der ATM-Schicht und der höheren Schicht. Die Hauptaufgabe dabei ist die Anpassung der Anforderungen der höheren Schicht an die ATM-Schicht.

4.3.4.1 Funktionale Beschreibung

Um die Anzahl der AAL-Protokolle so gering wie möglich zu halten, wurde eine Diensteklassifizierung erstellt, welche folgende Parameter berücksichtigt (vgl. ITU-T-Empf. I.362 [174]):
- Zeitbezug zwischen Sender und Empfänger,
- Bitrate,
- Verbindungsart.

In Bild 4.18 sind die vier definierten AAL-Klassen dargestellt. Die anderen möglichen Kombinationen aus den drei Parametern wurden als nicht sinnvoll erachtet. Für jede der Dienstklassen wird mindestens ein Protokoll spezifiziert (s. Abschn. 4.3.4.2).

Die AAL-Funktionen sind in zwei Subschichten gegliedert. Die untere Subschicht, *Segmentation and Reassembly (SAR) Sublayer* genannt, hat im wesentlichen die Aufgabe, die langen Protokolldateneinheiten beim Senden in eine für die ATM-Übertragung passende Größe (48 Oktetts) zu teilen und beim Empfänger

	Klasse A	Klasse B	Klasse C	Klasse D
Zeitbezug zwischen Quelle und Senke	erforderlich		nicht erforderlich	
Bitrate	konstant	variabel		
Verbindungsart	verbindungsorientiert			verbindungslos

Bild 4.18. AAL-Diensteklassifizierung

aus den 48 Oktetts langen Einzelsegmenten die lange Nachricht wieder zusammenzusetzen. Die obere Subschicht heißt *Convergence Sublayer (CS)* und ist dienstespezifisch. Sie bietet den AAL-Dienst der höheren Schicht.

4.3.4.2 Protokolle

Die Protokollspezifikationen, passend zu der AAL-Diensteklassifizierung (vgl. Abschn. 4.3.4.1) sind in der ITU-T-Empf. I.363 [175] beschrieben. Derzeit umfaßt I.363 fünf AAL-Typen:

AAL Typ 1: Der AAL Typ 1 wird normalerweise für Klasse-A-Dienste verwendet und bietet den höheren Schichten folgende Dienste:
1. Datentransfer mit konstanter Bitrate an der Quelle,
2. Transfer eines Zeitnormals zwischen Sender und Empfänger,
3. Informationsaustausch zwischen Sender und Empfänger über die verwendete Datenstruktur,
4. Anzeige des Datenverlusts oder der Datenverfälschung, falls die AAL-Schicht keine Korrektur vornehmen konnte.

Innerhalb des AAL Typ 1 werden folgende Funktionen ausgeführt:
1. Segmentieren und Zusammenfügen der Nachrichten des AAL-Benutzers,
2. Ausgleich der unterschiedlichen Zellverzögerungszeiten,
3. Verzögertes Auffüllen des Informationsfeldes einer Zelle,
4. Bearbeiten des Zellverlustes und des irrtümlichen Einfügens von Zellen,
5. Rückgewinnen der Taktfrequenz der Quelle am Empfänger,
6. Erkennen der vom Sender verwendeten Datenstruktur am Empfänger,
7. Erkennen von Bitfehlern in der Protokollkontrollinformation (protocol control information, PCI) und deren Behandlung,
8. Erkennen von Bitfehlern in der Nutzinformation und Durchführung möglicher Korrekturen.

Um all diese Funktionen durchzuführen, werden die PCI-Felder der SAR-Dateneinheit und der CS-Dateneinheit verwendet; d.h. die Funktionen werden auf die SAR-Subschicht und die CS-Subschicht aufgeteilt. Die in der CS-Subschicht durchgeführten Funktionen sind dienstespezifisch. Sie unterscheiden sich bei den unterschiedlichen Anwendungen wie Kanalemulation (circuit emulation), Transport von Sprachsignalen, Transport von Videosignalen oder Transport von hochqualitativen Audiosignalen.

Die für AAL Typ 1 notwendigen Protokollspezifikationen sind nahezu vollständig (s. ITU-T-Empf. I.363 [175]) definiert.

AAL Typ 2: AAL Typ 2 wird normalerweise für Klasse-B-Dienste verwendet. Dieser AAL-Typ bietet dem Anwender folgende Dienste:
- Datentransfer mit variabler Bitrate an der Quelle,
- Transfer eines Zeitnormals zwischen Sender und Empfänger,

- Anzeige des Datenverlustes oder der Datenverfälschung, falls die AAL-Schicht keine Korrektur durchführen konnte.

Die Funktionen innerhalb von AAL Typ 2 sind nahezu identisch mit den Funktionen von AAL Typ 1. Einzige Ausnahme ist die dritte Funktion von AAL Typ 1, welche bei AAL Typ 2 nicht vorgesehen ist.

Mit der Aufteilung der Funktionen auf die SAR-Subschicht und die CS-Subschicht sowie der detaillierten Protokollspezifikation für AAL Typ 2 wurde bei ITU-T noch nicht begonnen.

AAL Typ 3/4: Ursprünglich sollte für AAL Typ 3 und 4 eine getrennte Spezifikation erstellt werden. AAL Typ 3 unterstützt Klasse-C-Dienste und AAL Typ 4 Klasse-D-Dienste. Im Lauf der Zeit haben sich jedoch sehr viele Gemeinsamkeiten ergeben, so daß ITU-T nur noch eine gemeinsame Spezifikation für AAL Typ 3 und 4 erstellt (vgl. ITU-T-Empf. I.363 [175]).

Bei AAL Typ 3/4 wird die CS-Subschicht nochmals in zwei Teile unterteilt (s. Bild 4.19):
1. Common Part Convergence Sublayer (CPCS)
2. Service Specific Convergence Sublayer (SSCS)

Die Protokolle der SSCS-Subschicht passen die Anforderungen des AAL-Benutzers an die darunterliegende Schicht an. In einigen Fällen kann diese Subschicht auch leer sein (z.B. bei Klasse-D-Diensten; vgl. ITU-T-Empf. I.364 [176]).

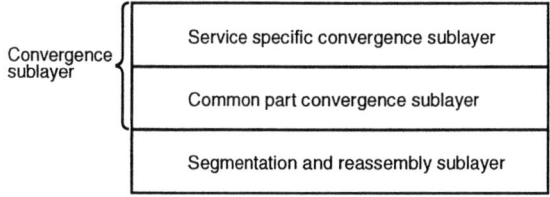

Bild 4.19. Protokollstruktur AAL Typ 3/4

AAL Typ 3/4 bietet dem Anwender den *Message Mode*-Dienst und den *Streaming Mode*-Dienst. Im Message Mode-Dienst wird die von der höheren Schicht an die AAL-Schicht übergebene Dateneinheit als eine Dateneinheit aufgefaßt und weiterverarbeitet. Im Streaming Mode-Dienst wird die von der höheren Schicht kommende Dateneinheit in mehrere kleine Dateneinheiten aufgeteilt, welche dann in der AAL-Schicht weiterverarbeitet werden (Einzelheiten für beide Arten sind in der ITU-T-Empf. I.363 [175] enthalten).

In beiden Anwendungsmodi wird die gesicherte und die ungesicherte Datenübertragung unterstützt. Bei der gesicherten Datenübertragung wird jede beim Sender von der höheren Schicht an die AAL-Schicht übergebene Dateneinheit am Empfänger inhaltsgleich von der AAL-Schicht an die höhere Schicht übergeben. Um dies zu gewährleisten, müssen verfälschte oder nicht angekommene Nachrichten vom Sender wiederholt werden. Bei der ungesicherten Übertragung gibt es diesen Mechanismus nicht.

Um all diese Dienste dem Anwender zu bieten, müssen unterschiedliche Funktionen (z.B. Fehlererkennung/-bearbeitung, Beibehaltung der Nachrichtenreihenfolge, Abbruch der Nachrichtenübertragung) in den einzelnen Subschichten implementiert werden. Für die Implementierung dieser Funktionen werden die einzelnen Felder der Protokollkontrollinformation in den Protokolldateneinheiten der individuellen Subschichten verwendet. Der Aufwand hierzu ist relativ groß.

AAL Typ 3/4 bietet Funktionen, die von Klasse-C- und -D-Diensten benötigt werden, aber auch Funktionen, welche entweder nur von Klasse-C- oder nur von Klasse-D-Diensten benutzt werden. Bei Klasse-D-(C-)Diensten werden Felder in den Protokolldateneinheiten, welche für die Implementierung von Funktionen verwendet werden, die nur von Klasse C-(D-)Diensten benutzt werden, mit standardisierten Werten vorbelegt.

AAL Typ 5: AAL Typ 5 ist ein zweiter Protokolltyp, der für Klasse-C-Dienste verwendet werden kann. Für diesen Protokolltyp gilt die gleiche Protokollstruktur wie für AAL Typ 3/4 (vgl. Bild 4.19), und er bietet auch die gleichen Dienste wie AAL Typ 3/4.

Der wesentliche Unterschied zu AAL Typ 3/4 liegt in den verwendeten Funktionen der einzelnen Subschichten sowie in der Struktur und Kodierung der Protokolldateneinheiten der einzelnen Subschichten. Bei der Struktur und Kodierung wurden wesentliche Vereinfachungen gegenüber AAL Typ 3/4 vorgenommen.

Die Protokolldateneinheit der SAR-Subschicht besitzt kein explizites Protokollkontrollinformationsfeld mehr; für die Segmentierung und das Zusammensetzen der Nachricht wird das Payload Type-Feld des Zellkopfes mitverwendet (s. Abschn. 4.3.3.2). Die an die SAR-Subschicht übergebene Nachricht hat immer eine vielfache Länge von 48 Oktetts.

Für die notwendige Längenanpassung wird in der CPCS-Subschicht die *Padding*-Funktion verwendet. Die CPCS-Subschicht bietet daneben noch Funktionen zur Einhaltung der Nachrichtenreihenfolge, der Fehlererkennung/-bearbeitung und zum Abbruch der Nachrichtenübertragung. Die Implementierung dieser Funktionen ist einfach gegenüber AAL Typ 3/4 (nur 4 Felder für Protokollkontrollinformation in der CPCS Protokolldateneinheit). Einzelheiten zu AAL Typ 5 sind in der ITU-T-Empf. I.363 [175] enthalten.

AAL Typ 5 wird u.a. für Signalisierung (s. Abschn. 4.5.3) und für Frame Relaying über ATM eingesetzt.

4.3.5 Betrieb und Wartung

4.3.5.1 Allgemeines

Die für den *Betrieb, Wartung* und *Überwachung (operation and maintenance, OAM)* des Teilnehmerzuganges im B-ISDN für die physikalische Schicht und die ATM-Schicht notwendigen Funktionen sind in der ITU-T-Empf. I.610 [195] festgelegt worden. Die folgenden fünf Prinzipien werden dabei verwendet:
1. Überwachung des Normalbetriebes durch kontinuierliches oder periodisches Prüfen der Funktionen,
2. Erkennung von Fehlern,
3. Systemschutz durch Umschalten von einer defekten auf eine betriebsfähige Systemeinheit,
4. Aussenden von Informationen zu anderen Systemeinheiten über aufgetretene Fehler,
5. Lokalisierung eines Fehlers.

Die OAM-Funktionen werden auf fünf unterschiedlichen Levels ausgeführt, welche der physikalischen Schicht und der ATM-Schicht zugeordnet werden. OAM-Funktionen höherer Schichten werden an dieser Stelle nicht beschrieben.
1. Regenerator-Abschnitt (regenerator section): Level F1
2. Digitaler Abschnitt (digital section): Level F2
3. Übertragungspfad (transmission path): Level F3
4. Virtueller Pfad (virtual path, VP): Level F4
5. Virtueller Kanal (virtual channel, VC): Level F5

Alle OAM-Funktionen sind Teil des Schichtenmanagements im B-ISDN-Protokollreferenzmodell (vgl. Abschn. 4.3.1.2). Die Funktionen der einzelnen Schichten sind unabhängig voneinander.

Die den Funktionen zugeordneten bidirektionalen Informationsflüsse werden F1, F2, F3, F4 und F5 genannt. Der Zusammenhang zwischen OAM-Level, Informationsfluß und Zuordnung zum Protokollreferenzmodell ist in Bild 4.20 verdeutlicht.

In einem System müssen nicht alle OAM-Level vorhanden sein (s. Abschn. 4.3.5.2). Die Funktionen des nicht implementierten OAM-Levels werden vom nächsthöheren Level übernommen.

4.3.5.2 OAM für die physikalische Schicht

Die physikalische Schicht umfaßt die Flüsse F1 bis F3. Wird an der Benutzer-Netz-Schnittstelle ein SDH-Übertragungssystem (vgl. Abschn. 4.3.2.1) verwendet, so werden die Flüsse F1 und F2 im Section Overhead und der Fluß F3 im Path Overhead des SDH-Rahmens transportiert.

An der Benutzer-Netz-Schnittstelle mit kontinuierlichem Zellstrom (vgl. Abschn. 4.3.2.1) werden nur die Flüsse F1 und F3 ausgeführt. Die dem Fluß F2 zugehörigen Funktionen werden vom Fluß F3 übernommen. Bei dieser Schnitt-

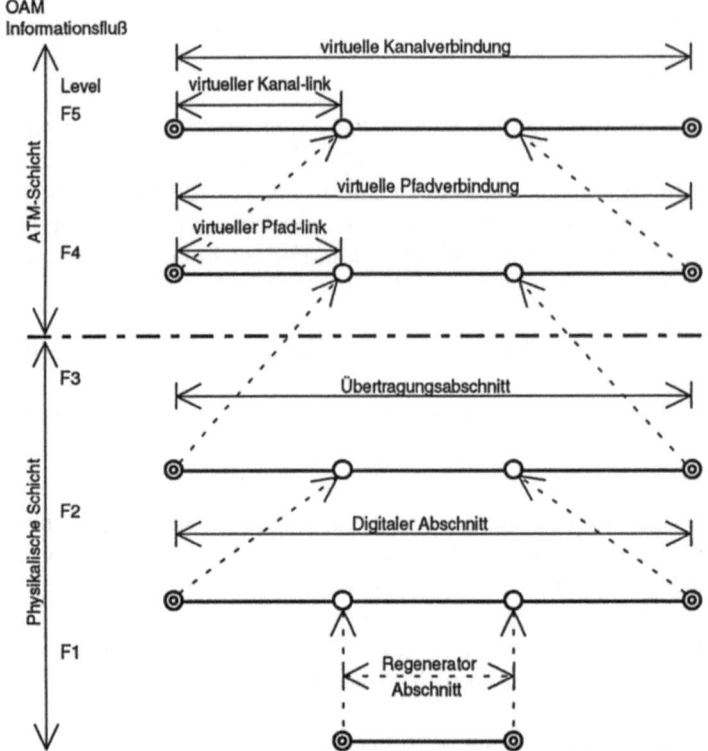

Bild 4.20. OAM-Levels an der Benutzer-Netz-Schnittstelle

stellenart werden zum Transport der Flüsse F1 und F3 Zellen mit standardisiertem Zellkopf (vgl. Abschn. 4.3.3.2) verwendet. Diese Zellen werden in der physikalischen Schicht bearbeitet und nicht an die ATM-Schicht weitergereicht. Um einen funktionsfähigen OAM-Betrieb zu gewährleisten, darf ein maximaler Abstand zwischen zwei aufeinanderfolgenden F1- bzw. F3-Zellen nicht überschritten werden.

Eine detaillierte Beschreibung der OAM-Funktionen sowie deren Kodierung für beide Schnittstellenarten ist in den ITU-T-Empf. I.432 [186] und I.610 [195] enthalten.

4.3.5.3 OAM für die ATM-Schicht

Für die Überwachung der ATM-Schicht werden die Flüsse F4 und F5 verwendet. Die OAM-Information beider Flüsse wird in speziell gekennzeichneten Zellen transportiert.

Die Zellen für den Fluß F4 haben den gleichen VPI-Wert wie die Zellen von normalen Verbindungen innerhalb der betroffenen VPC und haben einen standardisierten VCI-Wert (vgl. Abschn. 4.3.3.2). Der VCI-Wert ist in beiden

Übertragungsrichtungen identisch, aber abhängig von der Art des Flusses F4. Innerhalb einer VPC können zwei unterschiedliche Flüsse F4 verwendet werden.
1. End-zu-End-Fluß F4: Dieser Fluß erstreckt sich zwischen den Endpunkten einer VPC.
2. Abschnittsweiser Fluß F4: Dieser Fluß ist auf ein VPC-Segment (VP-Link oder mehrere zusammenhängende VP-Links) beschränkt.

Die Zellen des Flusses F5 werden durch unterschiedliche Kodierung des PT-Feldes im Kopf der Zelle (vgl. Abschn. 4.3.3.2) von den Nutzzellen einer VCC getrennt. Die Werte des PT-Feldes sind für beide Richtungen gleich, aber abhängig von der Art des Flusses F5. Analog zum Fluß F4 sind beim Fluß F5 die beiden Arten End-zu-End-Fluß F5 und abschnittsweiser Fluß F5 möglich.

Die detaillierte Beschreibung der Funktionen der Flüsse F4 und F5 sowie die Kodierung im Informationsfeld einer Zelle sind in der ITU-T-Empf. I.610 [195] enthalten.

4.4 Benutzersignalisierung im ISDN

Primärer Zweck der Benutzersignalisierung ist die Verständigung zwischen Benutzereinrichtung und Netz, wenn Dienste in Verbindung mit den verfügbaren ergänzenden Dienstmerkmalen in Anspruch genommen werden (Benutzer-Netz-Signalisierung). Außerdem ermöglicht die Benutzersignalisierung im ISDN – im Gegensatz zu herkömmlichen Netzen – in begrenztem Umfang den transparenten Austausch von Informationen zwischen zwei Benutzereinrichtungen über den D-Kanal und über das Netz (Benutzer-Benutzer-Signalisierung).

In Abschn. 4.6 wird die Benutzersignalisierung für leitungsvermittelte Verbindungen beschrieben. Die Benutzersignalisierung für paketvermittelte Verbindungen und auch die für Anpassungseinheiten bei leitungsvermittelten und paketvermittelten Verbindungen wird in Verbindung mit der Anpassung bestehender Schnittstellen an das ISDN in Abschn. 4.6 dargestellt.

Die Benutzersignalisierung ist bezüglich der Abläufe für alle Dienste, für alle Anschlußtypen und für alle Schnittstellenstrukturen sowie für die Bezugspunkte S und T weitestgehend einheitlich definiert. Wo keine feinere Differenzierung erforderlich ist, wird daher im folgenden vereinfachend von Benutzereinrichtung (TE1, TA oder auch NT2 aus Netzsicht) und Netz (NT1, Vermittlungseinrichtung oder auch NT2 aus der Sicht der Endeinrichtungen) gesprochen.

4.4.1 Protokollarchitektur

Die Protokolle für die Benutzersignalisierung können entsprechend dem OSI-Referenzmodell (OSI = Open Systems Interconnection) strukturiert werden (s. ITU-T-Empf. I.320 [168] und X.200 [273]). Beim OSI-Referenzmodell werden aus den Kommunikationsvorgängen Funktionen abstrahiert, die dann sieben aufeinander aufbauenden „Schichten" zugeordnet werden.

Die Benutzer-Netz-Signalisierung findet in den unteren drei Protokollschichten statt, die – grob gesehen – folgende Leistungen erbringen (vgl. Bild 4.21):

Die Bitübertragungsschicht (Physical Layer; Schicht 1) besorgt das mit dem Netz synchronisierte Übertragen der Informationen in den Kanälen gleichzeitig in beiden Richtungen. Beim Basisanschluß ermöglicht die Bitübertragungsschicht zusätzlich ein geordnetes Aktivieren und Deaktivieren und regelt den gleichzeitigen Zugang mehrerer Endeinrichtungen zum gemeinsamen D-Kanal.

Die Sicherungsschicht (Data Link Layer; Schicht 2) des D-Kanals übernimmt für die Vermittlungsschicht das gesicherte Übermitteln der Signalisierungsinformationen und der eventuell im D-Kanal übertragenen paketierten Daten in beiden Richtungen zwischen Netz- und Benutzereinrichtung. Außerdem ermöglicht die Sicherungsschicht das gezielte Addressieren einzelner Endeinrichtungen sowie von Gruppen von Endeinrichtungen.

In der Vermittlungsschicht (Network Layer; Schicht 3) des D-Kanals wird die Benutzer-Netz-Signalisierung im engeren Sinne abgewickelt. Bei paketvermittelten Verbindungen über den D-Kanal ist die Vermittlungsschicht zusammen mit den tieferen Schichten auch am Transfer der Informationspakete beteiligt.

Die Protokolle der „höheren" Schichten (Schichten 4 bis 7) werden vom Netz normalerweise unbesehen durchgereicht. Nur wenn das Netz selbst Speicher- oder Verarbeitungsdienste (Mehrwertdienste) erbringt, werden diese Protokollschichten – soweit erforderlich – im Netz interpretiert.

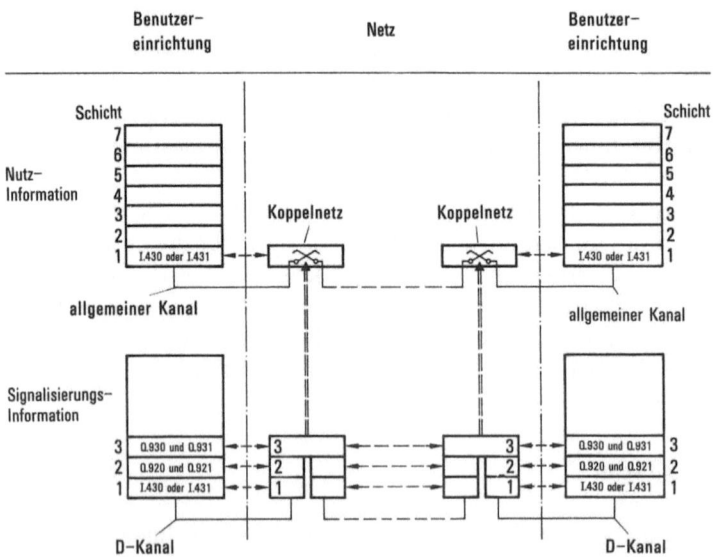

Bild 4.21. Protokollarchitektur für leitungsvermittelte Verbindungen

4.4.2 Verbindungsarten

Zentrale Aufgabe der Benutzer-Netz-Signalisierung ist die Steuerung des Verbindungsaufbaus und -abbaus. Drei Verbindungsarten werden unterschieden: Leitungsvermittelte Verbindungen über allgemeine Kanäle, paketvermittelte Verbindungen über allgemeine Kanäle und paketvermittelte Verbindungen über den D-Kanal.

Leitungsvermittelte Verbindungen: Die Benutzer-Netz-Signalisierung für die leitungsvermittelten Verbindungen erfolgt beim ISDN nur über den eigenständigen D-Kanal (outslot). Das entsprechend modifizierte OSI-Referenzmodell zeigt Bild 4.21 (vgl. ITU-T-Empf. I.320 [168]): Die Festlegungen für die Bitübertragungsschicht sind in den ITU-T-Empf. I.430 [184] und I.431 [185] enthalten; das Sicherungsprotokoll ist in den ITU-T-Empf. Q.920 [229] und Q.921 [230] definiert, das Vermittlungsprotokoll in den ITU-T-Empf. Q.930 [232] und Q.931 [233] festgelegt.

Eine leitungsvermittelte Verbindung wird im Netz nur in der Bitübertragungsschicht durchgeschaltet und behandelt.

Die Outslot-Signalisierung hat den Vorteil, daß auch bei bestehenden Verbindungen ohne Einschränkungen signalisiert werden kann (z.B. um einen wartenden Verbindungswunsch anzuzeigen) und daß das Netz die Zuordnung von Kanälen und Anschlüssen zu Verbindungen und falls erforderlich auch die Zuordnung von Übertragungskapazität zu Kanälen auf einfache Weise treffen kann.

Mit Hilfe der Benutzer-Benutzer-Signalisierung können sich Benutzereinrichtungen, wie auf der virtuellen Verbindung, über den D-Kanal in begrenztem Umfang paketierte Informationen zusenden (Bild 4.22). Diese Informationen werden vom Netz nicht interpretiert und unter Beibehaltung der Paketreihenfolge übermittelt.

Paketvermittelte Verbindungen: Der Aufbau einer paketvermittelten Verbindung über einen allgemeinen Kanal erfolgt zweistufig: Zuerst wird eine leitungsver-

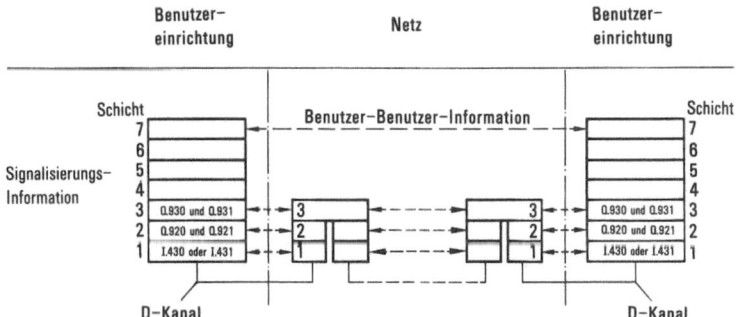

Bild 4.22. Protokollarchitektur für Benutzer-Benutzer-Signalisierung über den D-Kanal

118   4 Teilnehmeranschluß

mittelte Verbindung zwischen der Benutzereinrichtung und der Paketvermittlungseinheit aufgebaut (Bild 4.23); auf dieser leitungsvermittelten Verbindung werden anschließend in der Sicherungs- und Vermittlungsschicht die herkömmlichen Paketvermittlungsprotokolle (nach ITU-T-Empf. X.25 [263]) abgewickelt und auf diese Weise die virtuellen Verbindungen auf- und abgebaut sowie die Pakete übermittelt.

Bei paketvermittelten Verbindungen über den D-Kanal hingegen erfolgt die gesamte Verbindungssteuerung und der Informationstransfer im D-Kanal (Bild 4.24).

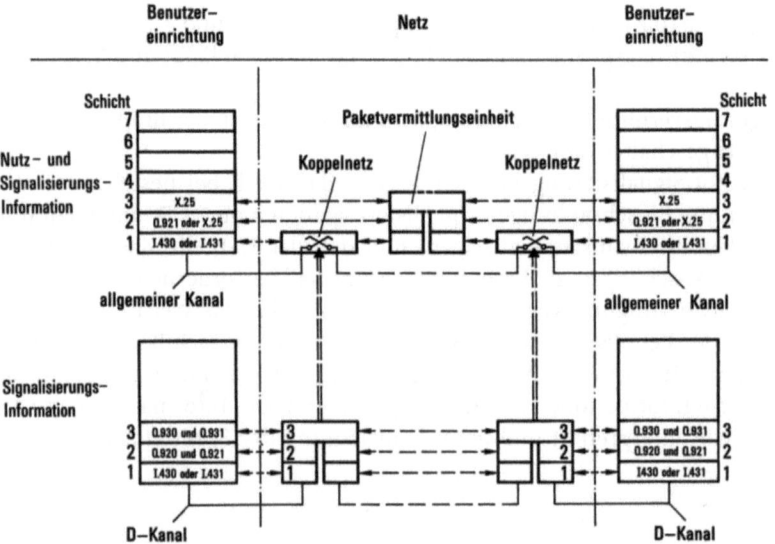

Bild 4.23. Protokollarchitektur für paketvermittelte Verbindungen

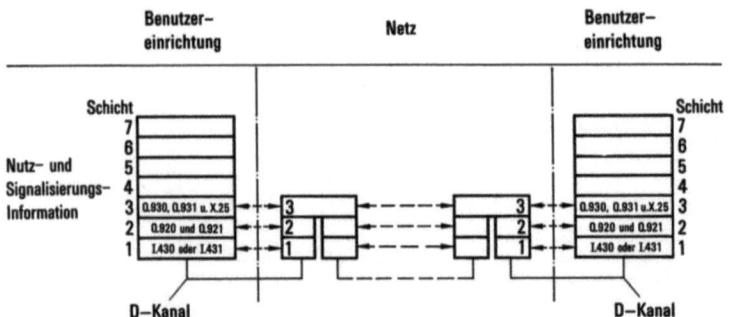

Bild 4.24. Protokollarchitektur für paketvermittelte Verbindungen über den D-Kanal

4.4.3 Besonderheiten bei der ISDN-Signalisierung

4.4.3.1 Angaben für den Verbindungsaufbau

Beim ISDN sind an einem Anschluß unterschiedliche Übermittlungsdienste (bearer services) und Teledienste (teleservices) zugänglich. Auf der gerufenen Seite wählt das ISDN nicht nur den richtigen Teilnehmeranschluß aus, sondern auch eine für den gewünschten Dienst geeignete Endeinrichtung. Die rufende Benutzereinrichtung übergibt dazu dem Netz beim Verbindungsaufbau – zusätzlich zur Adreßinformation – die Information über die gewünschten Übermittlungseigenschaften der Netzverbindung und die an die gerufene Benutzereinrichtung gestellten Kompatibilitätsanforderungen.

Dazu sind in der Verbindungswunsch-Nachricht geeignete Informationsfelder variabler Länge vorgesehen (Tabelle 4.9), welche die Übermittlungsdienstkennung, ISDN-Adresse, Kompatibilitätsinformation sowie fallweise Benutzer-Benutzer-Information enthalten.

Übermittlungsdienst-Kennung: Die Übermittlungsdienst-Kennung (bearer capability; Details s. ITU-T-Empf. Q.931 [233] und Q.939) enthält die gewünschten Übermittlungseigenschaften der Netzverbindung. Die wichtigsten Parameter sind in Tabelle 4.10 dargestellt.

Auf Grund der übergebenen Übermittlungsdienst-Kennung prüft das Netz, ob es in der Lage ist, den gewünschten Dienst zu bieten. Bei negativem Prüfergebnis wird der Verbindungswunsch abgewiesen, bei positivem Ergebnis wird der Verbindungsaufbau zur gerufenen Benutzereinrichtung fortgesetzt, die dann ihrerseits prüft, ob sie zum Verbindungswunsch kompatibel ist.

Adressierung: Das Adressierungskonzept für das ISDN geht über die „Rufnummer" des analogen Fernsprechnetzes hinaus. Die ISDN-Adresse besteht aus der ISDN-Nummer und wahlweise aus der ISDN-Subadresse (Tabelle 4.11; vgl. ITU-T-Empf. I.330 [171] und E.164 [86]).

Mit der ISDN-Nummer ermittelt das Netz das jeweilige Land und den gewünschten Anschluß oder eine Anschlußgruppe. Bei entsprechenden Festlegungen zwischen Teilnehmer und Netz kann die ISDN-Nummer darüber hinaus auf der gerufenen Seite für die Durchwahl (z.B. bei Nebenstellenanlagen) oder auch für die gezieltere Auswahl von Endeinrichtungen bei Buskonfigurationen verwendet werden.

Tabelle 4.9. Informationsfelder in der Verbindungswunsch-Nachricht

Übermittlungs-dienstkennung	ISDN-Adresse		Kompatibilitäts-Information		Benutzer-Benutzer-Information
	ISDN-Nummer	ISDN-Subadresse	für Schichten 1 bis 3	für Schichten 4 bis 7	

Tabelle 4.10. Parameter der Übermittlungsdienst-Kennung

Parameter	Beispiele möglicher Werte
Informationsart	– beliebig (bittransparente Übermittlung (64 oder 56 kbit/s)) – Sprache, Ton (3, 1 oder 7 kHz Bandbreite) – Bewegtbild – Pakete
Vermittlungsart	– leitungsvermittelt – paketvermittelt
Übertragungskapazität der Netzverbindung	– 64, 2×64, 384, 1536 oder 1920 kbit/s
Konfiguration	– Punkt-zu Punkt-Verbindung
Bereitstellung	– Wählverbindung
Symmetrie der Übertragungskapazität	– in beiden Richtungen gleich (symmetrisch)
Vom Benutzer verwendete Protokolle für die Übermittlung der Nutzinformation in Schicht 1	– standardisiertes Sprachcodierungsverfahren (ITU-T-Empf. G.711, G.721, G.722) – Bitratenadaption entspr. ITU-T-Empfehlungen (vgl. Abschn. 4.2.1.3) – Bitratenadaption für HDLC-Blöcke durch Füllzeichen (flags) – Bitratenadaption abweichend von ITU-T-Empfehlungen
in Schicht 2	– entspr. ITU-T-Empf. Q.921 [230] – entspr. ITU-T-Empf. X.25 [263] (Schicht 2)
	– entspr. ITU-T-Empf. Q.931 [233] – entspr. ITU-T-Empf. X.25 [263] (Schicht 3)

Die ISDN-Nummer ist maximal 15 Dezimalziffern lang, inklusive Länderkennzahl, Netzkennung und Ortsnetzkennzahl. Die Länderkennzahlen sind wie im analogen Fernsprechnetz codiert (s. ITU-T-Empf. E.164 [86]).

Mit der Netzkennung (Tabelle 4.11) können Übergänge zu dienstspezifischen Netzen oder gegebenenfalls (z.B. in den USA) unterschiedliche diensteintegrierende Netze adressiert werden.

Die ISDN-Subadresse dient der genaueren Adressierung von Subkomponenten innerhalb der mit der ISDN-Nummer ausgewählten Benutzereinrichtung. Die ISDN-Subadresse wird beim Verbindungsaufbau in einem eigenen Informationsfeld transparent von der rufenden zur gerufenen Benutzereinrichtung übermittelt. Ihre Länge ist auf 20 Oktetts (40 Dezimalziffern) begrenzt.

Von einem privaten Netz kann die ISDN-Subadresse auch benutzt werden, um beim Verbindungsaufbau im ISDN dem nächsten (privaten) Knoten für die weitere Netz- und Wegewahl eine vollständige private Adresse zu übermitteln.

Tabelle 4.11. Struktur der ISDN-Adresse

ISDN-Adresse			
ISDN-Nummer (max. 15 Ziffern)			ISDN-Subadresse
Länderkennzahl	Netzkennung/ Ortsnetzkennzahl	Teilnehmernummer	(max. 20 Oktetts, entspr. 40 Dezimalziffern)

Kompatibilitätsinformation: Die Kompatibilitätsinformation (s. Tabelle 4.9) enthält Näheres über die geplante Nutzung einer Netzverbindung durch die Benutzereinrichtungen. Auf diese Weise kann z.B. eine Anpassungseinheit auf der anderen Seite des Netzes mitteilen, daß eine transparente Netzverbindung nur mit einer effektiven Bitrate von 2,4 kbit/s genutzt werden soll. Falls vorhanden, wird die Kompatibilitätsinformation für die Schichten 1 bis 3 und für die Schichten 4 bis 7 in getrennten Feldern angegeben.

Die adressierte Benutzereinrichtung nimmt den Verbindungswunsch nur an, wenn sie die Angaben in der Übermittlungsdienst-Kennung und in der Kompatibilitätsinformation akzeptieren kann.

Die Kompatibilitätsinformation bezieht sich auf standardisierte Dienstmerkmale. Zusätzlich können sich die Benutzereinrichtungen auch nichtstandardisierte Informationen zusenden (s. Feld Benutzer-Benutzer-Information in Tabelle 4.9), die vom Netz transparent übermittelt werden und von den Endeinrichtungen z.B. zur zusätzlichen Adressierung oder zur Kompatibilitätsprüfung verwendet werden.

4.4.3.2 Buskonfigurationen

Die Buskonfigurationen beim Basisanschluß stellen an die Signalisierung spezielle, neue Anforderungen. Die Punkt-zu-Punkt-Konfiguration wird vom Netz als Sonderfall der Buskonfigurationen behandelt.

Eindeutige Endeinrichtungs-Identität: Jede an einer Buskonfiguration betriebene Endeinrichtung muß eine unterschiedliche Endeinrichtungs-Identität TEI (Terminal Endpoint Identifier) haben, damit das Netz bei Empfang eines Blocks erkennen kann, welche Endeinrichtung der Absender war und einen Informationsblock gezielt an eine bestimmte Endeinrichtung schicken kann. Die TEI ist in den übermittelten Informationsblöcken als Teil der Sicherungsschicht-Adresse enthalten.

Keine Notwendigkeit für Konfigurationskenntnis im Netz: Solange kein Verbindungswunsch vorliegt, braucht das Netz die aktuelle Konfiguration beim Benutzer nicht zu kennen. Beim abgehenden Ruf erfährt das Netz die TEI der rufenden Endeinrichtung mit der Übermittlung des Verbindungswunsches. Beim ankommenden Ruf sendet das Netz den Verbindungswunsch zunächst an alle Endeinrichtungen. Die Endeinrichtungen analysieren den Verbindungswunsch. Alle Endeinrichtungen, bei denen diese Prüfung positiv ausgeht, teilen dies dem Netz mit. Aus ihrer Antwort erfährt das Netz die TEIs der für die Verbindung in Frage kommenden Endeinrichtungen und ist nun in der Lage, diese Endeinrichtungen zumindest für die Dauer dieser Signalisierungsaktivität gezielt anzusprechen.

Je nach Art der zusätzlichen Adreßinformation können auf einen ankommenden Verbindungswunsch für den gewünschten Dienst eine, mehrere oder gar keine Endeinrichtungen antworten. Ist im Verbindungswunsch keine zusätzliche Adreßinformation enthalten, so antworten alle Endeinrichtungen, bei denen die Kompatibilitätsprüfung positiv ausgeht. Antwortet mehr als eine Endeinrichtung, so teilt das Netz die Verbindung der Endeinrichtung zu, die sich als erste meldet, und weist die anderen Endeinrichtungen ab.

Konfigurationsflexibilität: Da das Netz in Phasen ohne Aktivität normalerweise den aktuellen Stand der angeschlossenen Endeinrichtungen nicht kennt, kann der Benutzer die Konfiguration ändern, z.B. Endgeräte abstecken, umstecken, zustecken, abschalten oder einschalten, ohne davon das Netz zu informieren. Soll allerdings eine Verbindung beim Umstecken einer Endeinrichtug erhalten bleiben, so muß der Benutzer die Verbindung zuvor im Netz explizit hinterlegen („parken").

4.4.3.3 Simultane Signalisierungsaktivitäten

Über einen Anschluß können gleichzeitig mehrere leitungsvermittelte Verbindungen bestehen. Daher müssen über den D-Kanal gleichzeitig mehrere Signalisierungsaktivitäten (pro Verbindung eine) abgewickelt werden können. Weitere Signalisierungsaktivitäten werden zum Steuern paketvermittelter Verbindungen sowie zum Buchen, Steuern oder Löschen von ergänzenden Dienstmerkmalen erforderlich.

Damit die übermittelten Signalisierungsnachrichten der richtigen Signalisierungsaktivität zugeordnet werden können, enthält jede Signalisierungsnachricht eine – zusammen mit der Adresse der Sicherungsschicht – eindeutige Kennung (call reference), die vom Initiator der Signalisierungsaktivität vergeben wird.

4.4.4 Sicherungsprotokoll im D-Kanal

LAPD (Link Access Procedure on the D-channel), das Sicherungsprotokoll im D-Kanal, übernimmt die Aufgabe, alle im D-Kanal übertragenen Informationen gegen Übertragungs- und Reihenfolgefehler zu sichern, und für die Vergabe eindeutiger TEIs zu sorgen. Die detaillierten Festlegungen für LAPD sind in den ITU-T-Empf. Q.920 [229] und Q.921 [230] enthalten.

4.4.4.1 Leistungsmerkmale der Sicherungsschicht

Die Leistungsmerkmale der Sicherungsschicht orientieren sich an den Buskonfigurationen. Die wichtigsten Leistungsmerkmale, welche die Sicherungsschicht der Vermittlungsschicht bietet, sind (Bild 4.25):
- unquittiertes Übermitteln von Signalisierungsinformationen (s) und paketierten Daten (p) vom Netz an alle Endeinrichtungen, die s- bzw. p-Informationen bearbeiten,
- quittiertes und unquittiertes Übermitteln von s- und p-Informationen vom Netz an gezielt adressierte Endeinrichtungen und umgekehrt.

Beim quittierten Übermitteln sorgt die Sicherungsschicht für die Erkennung von Übertragungsfehlern, für deren Korrektur und für die Kontrolle der Blockreihenfolge, beim unquittierten Übermitteln lediglich für Fehlererkennung (fehlerhaft empfangene Informationsblöcke werden vom Empfänger ignoriert).

4.4.4.2 Übermittlungsverfahren

Die Struktur und Kodierung aller Protokollelemente entspricht den vor dem ISDN entstandenen HDLC-Standards (HDLC: High Level Data Link Control [74–76]). Um mehrere Endeinrichtungen simultan betreiben zu können, auch Endeinrichtungen, die sowohl s- als auch p-Information behandeln, wird normalerweise ein zwei Oktett langes Adreßfeld verwendet: Im zuerst übertragenen Oktett

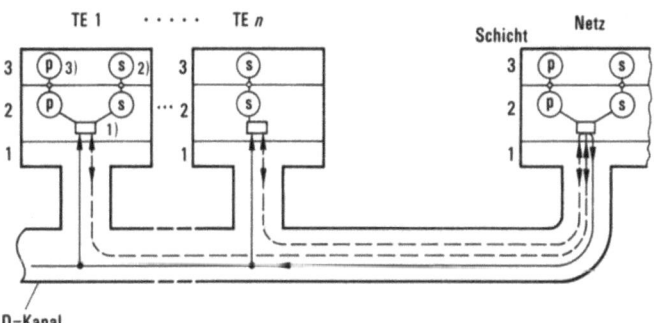

Bild 4.25. Leistungsmerkmale der Sicherungsschicht
———— Rundsenden von s- oder p-Informationen
– – – – Übermitteln von s- oder p-Informationen vom Netz an gezielt adressierte Endeinrichtungen und umgekehrt
p paketierte Daten, s Signalisierungsinformation, TE Endeinrichtung
[1] Multiplex-Demultiplex-Einrichtung für s- und p-Informationsblöcke
[2] Bearbeitung von Signalisierungsinformationen
[3] Bearbeitung von paketierten Daten

werden s- und p-Informationen sowie Managementinformationen unterschieden; das zweite Oktett enthält die eindeutige TEI der beteiligten Endeinrichtung oder eine Rundsende-Kennung. Als Füllzeichen zwischen Informationsblöcken werden im Hinblick auf den Zugang zum D-Kanal beim Basisanschluß aufeinanderfolgende Eins-Bits, beim Primärratenanschluß aufeinanderfolgende „flags" oder Eins-Bits verwendet [185] (Tabelle 4.12).

Zum unquittierten Übermitteln werden Informationsblöcke ohne Folgenummer (unnumbered information frames; UI-frames) verwendet. Zum quittierten Übermitteln wird das Multiblockverfahren mit Modulus 128 verwendet [230].

Wesentliche Merkmale des quittierten Übermittlungsverfahrens sind, daß das Netz und die Benutzereinrichtung gleichberechtigt sind (balanced procedure) und daß mehrere Endeinrichtungen – bei Bedarf auch mit unterschiedlichen Parametern – simultan betrieben werden können. Es basiert auf dem folgenden Prinzip: Der Empfänger quittiert dem Sender den fehlerfreien Empfang von Informationsblöcken und erlaubt ihm dadurch implizit, weitere Blöcke zu senden. Bleibt eine erwartete Quittung länger als eine festgelegte Zeit aus, so wird der Übermittlungsfehler durch Blockwiederholung korrigiert. Reihenfolgefehler (z.B. Verlust oder Verdopplung eines Blocks) werden anhand einer fortlaufenden Numerierung der Informationsblöcke (Folgenummer) erkannt und korrigiert; auf den maximalen Wert der Folgenummer folgt jeweils wieder der kleinste Wert.

Die Fenstergröße (Tabelle 4.12) bestimmt, wieviele Blöcke der Sender aussenden darf, ohne die zugehörigen Quittungen erhalten zu haben. Damit die Folgenummer eindeutig ist, muß die Fenstergröße immer kleiner als der Modulus sein. Beim Basisanschluß ist die Fenstergröße für Signalisierungsinformationen mit 1 und für paketierte Daten mit 3 festgelegt, beim Primärratenanschluß ist sie generell 7. Die Informationsfeldlänge ist einheitlich auf 260 Oktetts begrenzt.

Tabelle 4.12. Wesentliche Parameter für die quittierte Informationsübermittlung im D-Kanal

Parameter	Wert	
	Basisanschluß	Primärratenanschluß
Füllzeichen	mind. 8 aufeinanderfolgende Eins-Bits	„flags" (1000 0001) oder mind. 8 aufeinanderfolgende Eins-Bits
Modulus	128	128
max. Fenstergröße für s	1	7
max. Fenstergröße für p	3	7
Informationsfeldlänge	1 bis 260 Oktetts	1 bis 260 Oktetts
Quittungsüberwachungszeit	1 s	1 s
Blockwiederholung im Fehlerfall	max. dreimal	max. dreimal

4.4.4.3 Vergabe eindeutiger Endeinrichtungs-Identitäten

Gemäß Abschn. 4.4.3.2 muß jede Endeinrichtung einer Buskonfiguration eine unterschiedliche TEI haben, damit die Endeinrichtungen in Schicht 2 eindeutig adressierbar sind. Eine der Sicherungsschicht zugeordnete Managementinstanz sorgt netzseitig automatisch für die Vergabe der TEI: Sobald eine Endeinrichtung einen neuen TEI-Wert benötigt (z.B. nach Wiederkehr der Versorgungsspannung), stellt sie beim Netz eine entsprechende Anforderung (Bild 4.26a) und erhält dann vom Netz einen freien TEI-Wert zugeteilt. Zum Ermitteln freier TEI-Werte prüft das Netz durch Befragen der Endeinrichtungen (Bild 4.26b), ob ein bestimmter TEI-Wert bereits verwendet wird: Antwortet auf zweimaliges Befragen keine Endeinrichtung, so gilt der betreffende TEI-Wert als frei. Das Netz kann individuell einzelne TEI-Werte oder zugleich alle TEI-Werte (per Rundsenden) prüfen.

Das Netz hat auch die Möglichkeit, einen oder alle TEI-Werte in den Endeinrichtungen für ungültig zu erklären; es wird davon z.B. Gebrauch machen, wenn es aus bestimmten Protokollabweichungen schließt, daß der gleiche TEI-Wert von mehr als einer Endeinrichtung benutzt wird.

Der TEI-Wert kann in Endeinrichtungen auch voreingestellt sein. In diesem Fall muß die Endeinrichtung den von ihr gewünschten TEI-Wert vom Netz auf Eindeutigkeit überprüfen lassen. Der zu überprüfende TEI-Wert wird dabei in der TEI-Anforderung (Bild 4.26a) übergeben.

Die TEI-Vergabe-Protokollelemente (Bild 4.26) werden von den Signalisierungsinformationen und paketierten Daten durch eine spezielle Managementkennung im ersten Adreßoktett unterschieden. Während der TEI-Vergabe steht noch kein TEI-Wert zur Adressierung der beteiligten Endeinrichtung zu

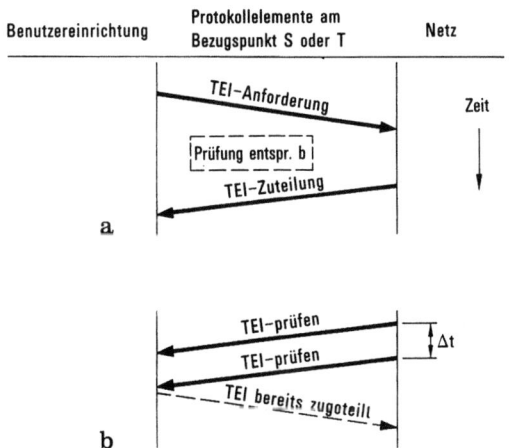

Bild 4.26. TEI-Vergabeprotokoll
TEI Endeinrichtungs-Identität (Terminal Endpoint Identifier)

Verfügung; zur Adressierung der Endeinrichtung wird daher in dieser Phase eine 16 bit lange Zufallszahl verwendet, die von der Endeinrichtung erzeugt wird.

4.4.5 Signalisierung für leitungsvermittelte Verbindungen

Die mit Hilfe des Vermittlungsprotokolls gesteuerte Signalisierung ermöglicht dem rufenden Benutzer die Wahl des gewünschten Benutzers und des Kommunikationsdienstes. Der zugehörige Standard ist in den ITU-T-Empf. Q.930 [232] und Q.931 [233] enthalten.

4.4.5.1   Einfacher Verbindungsaufbau

Bild 4.27 zeigt ein einfaches Beispiel für den Aufbau einer leitungsvermittelten Verbindung am Beispiel des Fernsprechens. Auf der gerufenen Seite seien zwei Fernsprecher (x und y in Bild 4.27) in einer Buskonfiguration angeschlossen. Die ISDN-Adresse des gewünschten Benutzers werde von der rufenden Benutzereinrichtung vollständig als Block übergeben, z.B. Namentastenwahl. Die ziffernweise Wahl ist im ISDN auch möglich. Die in Bild 4.27 dargestellten Vorgänge zwischen Benutzern und Endgeräten haben nur Beispielcharakter.

Nach dem Drücken der Namentaste übergibt der rufende Fernsprecher dem Netz in der Nachricht SETUP die Übermittlungsdienst-Kennung, die ISDN-Adresse der gewünschten Einrichtung und die Kompatibilitätsinformation für den Dienst „Fernsprechen". Das Netz bestätigt mit CALL PROCEEDING, daß der Verbindungsaufbau läuft und weist der rufenden Benutzereinrichtung zugleich einen freien B-Kanal zu, auf den sich die rufende Benutzereinrichtung normalerweise umgehend (spätestens bei Empfang der CONNECT-Nachricht) aufschaltet (z.B. für den Empfang von Hörtönen).

Sobald der Verbindungswunsch der Zielvermittlung bekannt wird, wählt sie den adressierten Anschluß aus, prüft – soweit erforderlich – zunächst netzintern die Kompatibilität und übergibt den Verbindungswunsch (SETUP) mit Rundsenden an alle Endeinrichtungen des betreffenden Anschlusses. In dieser SETUP-Nachricht ist die Übermittlungsdienst-Kennung und gegebenenfalls zusätzliche Adreßinformation und Kompatibilitätsinformation enthalten; außerdem wird mit dieser Nachricht ein freier B-Kanal zugewiesen, auf den sich später die Endeinrichtung aufschaltet, der die Verbindung zugeteilt wird. Alle Endeinrichtungen, die Signalisierungsinformationen bearbeiten und die zum gewünschten Dienst kompatibel sind (im Bild 4.27 die Endgeräte x und y), teilen dies dem Netz mit ALERTING mit (die Fernsprecher „klingeln") und senden erst dann CONNECT, wenn sie in der Lage sind, die Verbindung zu übernehmen (bei Fernsprechern „Hörer wird abgenommen"). Die Verbindung wird nun vom Netz durchgeschaltet und mit CONNECT ACK der Endeinrichtung zugeteilt, die als erste CONNECT gesendet hat. Die übrigen Endeinrichtungen werden mit RELEASE abgewiesen und bestätigen dies mit RELEASE COMPLETE.

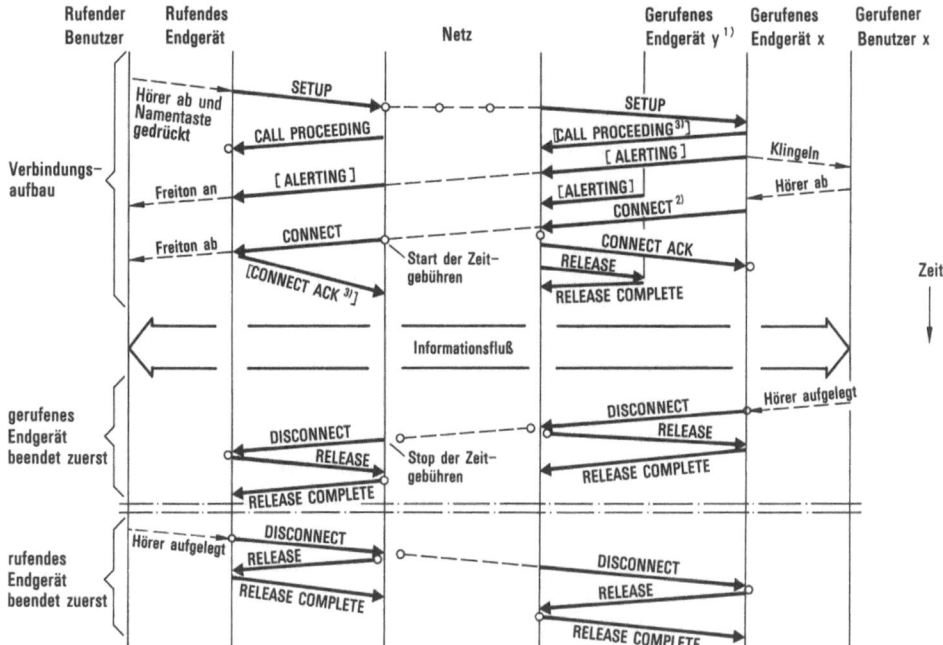

Bild 4.27. Auf- und Abbau einer leitungsvermittelten Verbindung
[...] Das Übermitteln dieser Nachricht kann entfallen. ○ typische Durchschalte-Reihenfolge (beim Verbindungsabbau) für die Verbindung, ACK Acknowledge
[1] Die Abläufe für den Benutzer des Endgerätes y werden nicht gezeigt
[2] das gerufene Endgerät x antwortet vor dem Endgerät y
[3] aus Symmetriegründen zugelassen (wird vom Empfänger normalerweise ignoriert)

Die rufende Benutzereinrichtung wird mit den beiden Nachrichten ALERTING und CONNECT vom Fortgang des Verbindungsaufbaus unterrichtet: ALERTING entspricht dem Freiton, CONNECT bedeutet, daß die Verbindung im Netz durchgeschaltet ist.

Um die direkte Kopplung von Nebenstellenanlagen (ohne öffentliches Netz) zu erleichtern, wurde das Vermittlungsprotokoll so weit wie möglich symmetrisch definiert; aus diesem Grund ist z.B. das Senden der Nachrichten CALL PROCEEDING und CONNECT ACK (Bild 4.27) auch für Benutzereinrichtungen zugelassen.

Kann die gewünschte Verbindung nicht aufgebaut werden, so wird die Benutzereinrichtung davon mit Angabe der Ursache unterrichtet.

4.4.5.2 Einfacher Verbindungsabbau

Jederzeit und unabhängig voneinander können die rufende Benutzereinrichtung, die gerufene Benutzereinrichtung und das Netz durch Senden der Nachricht

DISCONNECT den Verbindungsabbau einleiten (untere Hälfte des Bildes 4.27). Der Verbindungsabbau wird im einzelnen wie folgt abgewickelt:

Geht die Initiative für den Verbindungsabbau von einer Benutzereinrichtung aus, so schaltet sich die Benutzereinrichtung frühestens mit dem Senden der Nachricht DISCONNECT vom allgemeinen Kanal ab und gibt diesen auf. Nach Empfang der DISCONNECT-Nachricht trennt das Netz den allgemeinen Kanal von der netzinternen Verbindung ab, leitet netzintern den Verbindungsabbau ein und quittiert mit RELEASE. Die Benutzereinrichtung beendet schließlich die Signalisierungsaktivität mit dem Senden von RELEASE COMPLETE, worauf das Netz seinerseits die Signalisierungsaktivität beendet.

Auf der anderen Seite des Netzes fordert das Netz die Benutzereinrichtung mit der Nachricht DISCONNECT auf, sich vom allgemeinen Kanal abzuschalten. Mit RELEASE bestätigt dies die Benutzereinrichtung; das Netz gibt den allgemeinen Kanal frei und beendet die Signalisierungsaktivität mit dem Senden der Nachricht RELEASE COMPLETE, nach deren Empfang die Signalisierungsaktivität auch für die Benutzereinrichtung abgeschlossen ist.

Geht die Initiative für den Verbindungsabbruch vom Netz aus, so werden beide Benutzereinrichtungen vom Netz mit der Nachricht DISCONNECT verständigt. Die Benutzereinrichtungen antworten mit RELEASE und erhalten daraufhin RELEASE COMPLETE.

4.4.5.3 Verfeinerter Verbindungsaufbau und Verbindungsabbau

Durchwahl bei Punkt-zu-Punkt-Konfigurationen: Ein Teil der ISDN-Nummer kann für die Durchwahl in Nebenstellenanlagen oder in vergleichbare Einrichtungen verwendet werden. Das Netz übergibt dann den Teil der ISDN-Nummer, der nicht zur Auswahl des Anschlusses benötigt wird, als Block oder ziffernweise der gerufenen Benutzereinrichtung; die ziffernweise Übergabe ist nur bei der Punkt-zu-Punkt-Konfiguration möglich, da sich sonst auch nicht addressierte, am Bus angeschlossene Endeinrichtungen vorzeitig um die Verbindung bewerben könnten.

Kanal-Vorschlagsmöglichkeit für die rufende Benutzereinrichtung: Insbesondere für Nebenstellenanlagen mit nicht blockierungsfreien Koppelnetzen kann es vorteilhaft sein, das eigene Koppelfeld beim abgehenden Ruf schon vor dem Senden von SETUP durchzuschalten („Vorwärts-Durchschaltung") und selbst einen B-Kanal für die Verbindung vorzuschlagen. Daher ermöglicht das ISDN der rufenden Benutzereinrichtung, den Kanal selbst vorzuschlagen, behält sich aber vor, den Vorschlag zurückzuweisen.

Kanal-Vorschlagsmöglichkeiten für die gerufene Benutzereinrichtung: Bei paketvermittelten Verbindungen kann die gerufene Benutzereinrichtung dem Netz mitteilen, über welchen Kanal sie die Verbindung entgegennehmen möchte: über einen neuen oder über einen bereits von ihr verwendeten allgemeinen Kanal oder über den D-Kanal. Auch bei leitungsvermittelten Verbindungen kann diese Kanal-Vorschlagsmöglichkeit von Nutzen sein: Gerufene Nebenstellenanlagen können auf diese Weise auch bei ankommenden Rufen mögliche Blockierungen ihres Koppelfeldes umgehen. Für leitungsvermittelte Verbindungen wird diese Vorschlagsmöglichkeit allerdings vom Netz nur als Option und nicht für Buskonfigurationen geboten.

4.4.5.4 Steuerung von ergänzenden Dienstmerkmalen

Viele ergänzende Dienstmerkmale müssen vorab im Netz gebucht werden, bevor sie aufgerufen oder wirksam werden können; daher werden auch für das Buchen und Abwickeln der ergänzenden Dienstmerkmale standardisierte Betriebsabläufe benötigt.

4.4.5.5 Benutzer-Benutzer-Signalisierung

Das ISDN kann als ein ergänzendes Dienstmerkmal wahlweise die Möglichkeit einer Benutzer-Benutzer-Signalisierung über den D-Kanal bieten. Mit ihrer Hilfe können sich Benutzereinrichtungen – vom Aufbau bis zum Abbau einer leitungsvermittelten Verbindung – in begrenztem Umfang wie auf einer virtuellen Verbindung Informationen zuschicken, die vom Netz nicht interpretiert werden. Mögliche Anwendungen sind z.B. der Austausch von Schlüsselworten beim Verbindungsaufbau, die nicht standardisierte Verständigung zweier Benutzereinrichtungen über die Nutzung einer bestehenden Verbindung, vor allem aber die Signalisierung für Querleitungen zwischen Nebenstellenanlagen.

Die Benutzer-Benutzer-Signalisierung ist eine Netzoption und kann bei den einzelnen nationalen Netzen bezüglich der maximal zulässigen Informationslänge je Nachrichtenpaket (z.B. 35 oder 131 Oktetts), bezüglich des Durchsatzes und bezüglich der Gebühren recht unterschiedlich geregelt sein.

Für die Übermittlung bestehen zwei Möglichkeiten: der Huckepack-Transfer als Bestandteil einer Signalisierungsnachricht, die von Benutzereinrichtung zu Benutzereinrichtung weitergereicht wird (z.B. SETUP, CONNECT usw.) und der Transfer mit einer speziellen, dafür definierten Nachricht [233].

4.4.5.6 Funktionales Protokoll (functional protocol) und Anreizprotokoll (stimulus protocol)

Funktionales Protokoll

Die Handhabung von Endgeräten, d.h. der Eingabeeinheiten, Ausgabeeinheiten und Prozeduren durch den Benutzer ist bereits bei Endgeräten für herkömmliche Netze recht unterschiedlich gelöst (vgl. Abschn. 5.1.1). Heutige Fernsprecher z.B. verwenden unterschiedlich viele und unterschiedlich belegte Tasten als Eingabeeinheiten, unterschiedlich optische Anzeigen und unterschiedliche Signalerzeuger als Ausgabeeinheiten. Ganz anders ist meist die Handhabung von Nicht-Fernsprechendgeräten. Bei Verwendung von Sprache und Text wird die Handhabung der Endgeräte auch noch von der Landessprache abhängig.

Die Handhabung der Endgeräte wird sich auch in Zukunft weiterentwickeln. Die Integration der Dienste im ISDN begünstigt den Trend in Richtung multifunktionaler Endgeräte, bei denen die gleichen Ein- und Ausgabeeinheiten für unterschiedliche Kommunikations- und Lokalfunktionen verwendet werden.

Um das öffentliche Netz nicht mit dieser wachsenden Vielfalt von möglichen Lösungen der Handhabung zu belasten und um andererseits die Entwicklung neuer Lösungen nicht durch das öffentliche Netz zu behindern, werden die wesentlichen Signalisierungsvorgänge an der ISDN-Benutzer-Netz-Schnittstelle möglichst funktional beschrieben, d.h. möglichst unabhängig von der Realisierung eines bestimmten Endgerätes.

Ein Software-Modul im Endgerät setzt die Vorgänge bei der Handhabung des Endgerätes in funktionale Signalisierungsereignisse an der Benutzer-Netz-Schnittstelle um. Rückwirkungsfrei für das Netz kann dadurch für jedes Endgerät die optimale Lösung für die Handhabung realisiert werden.

Konzept und Anwendungsbereich des Anreizprotokolls
Obwohl das oben beschriebene Konzept des funktionalen Protokolls (functional protocol) als allgemeiner Ansatz die richtige Antwort auf die oben genannten Anforderungen ist, kann es u.U. zusätzlich sinnvoll sein, bestimmte Endgerätetypen, bei denen der Mensch an den Signalisierungsvorgängen unmittelbar beteiligt ist (z.B. Fernsprecher), durch das Netz optimiert zu bedienen, besonders dann, wenn es sich um wenige, dafür weit verbreitete Endgerätetypen handelt. Für eine solche optimierte Behandlung ist das in den Grundzügen standardisierte Anreizprotokoll (stimulus protocol) gedacht (s. ITU-T-Empf. Q.931 [233] und Q.932 [234]).

Dem Anreizprotokoll liegt ein gedachtes „Anreizendgerät" zugrunde, dessen Funktionseinheiten, insbesondere die Ein- und Ausgabeeinheiten, möglichst direkt vom Netz gesteuert werden. Es ist sichergestellt, daß Anreizendgeräte gemeinsam mit „funktionalen Endgeräten" in der gleichen Buskonfiguration betrieben und auch (über das Netz) mit funktionalen Endgeräten verbunden werden können.

Das Anreizendgerät meldet Aktionen des Benutzers, z.B. Eingaben über die Tastatur, ohne sie selbst weiter zu verarbeiten, direkt als „Anreize" an das Netz. Das Netz interpretiert diese Anreize, um ihnen ihre funktionale signalisierungstechnische Bedeutung zuzuordnen. Die vom Netz übermittelten Anreize sind gezielte Steuerbefehle für Funktionseinheiten im Endgerät, z.B. Schreibbefehle für den Bildschirm.

Die derzeitigen Standards betreffen nur die Grundzüge des Anreizkonzeptes. Die erforderlichen Ergänzungen müssen daher, sofern ein Netz Anreizprotokolle unterstützt, netzspezifisch festgelegt werden.

Ein Anreizendgerät verhält sich aus Sicht des Netzes ähnlich wie eine Datensichtstation: Das Drücken alphanumerischer Tasten und von Funktionstasten durch den Menschen wird dem Netz über geeignete Informationselemente (KEYPAD bzw. FEATURE ACTIVATION) mitgeteilt; das Netz seinerseits kann den Menschen über Bildschirm (DISPLAY), über Funktionsanzeigen, z.B. Anzeigelampen (FEATURE INDICATION), und im Fall von Fernsprechern auch über Hörtöne und Ansagen erreichen. Zu Beginn des Betriebsablaufs können dem Netz geeignete Identifizierungs-Informationen mitgeteilt werden, die es dem Netz dann ermöglichen, sich an den jeweiligen Bediener oder den jeweiligen Endeinrichtungstyp anzupassen. Die Stärke des Anreizprotokolls ist seine Flexibilität bezüglich individueller Abwicklung der Betriebsabläufe und bezüglich zukünftiger Erweiterungen (ohne Änderung der Endeinrichtung), die auf der Möglichkeit des unmittelbaren Informationsaustausches zwischen Mensch und Netz beruht. Diese Stärke kommt vor allem bei der individuellen Abwicklung von Zusatzdienstmerkmalen oder bei der nachträglichen Einführung neuer ergänzender Dienstmerkmale zum Tragen.

4.5 Benutzersignalisierung im B-ISDN

Wie im 64-kbit/s-ISDN wird auch im B-ISDN eine Benutzer-Netz-Signalisierung verwendet, um die Verständigung zwischen Benutzer und Netz zu ermöglichen. Dazu sind bei ITU-T bereits erste Empfehlungen verabschiedet worden.
In Abschn. 4.5.1 wird das bei ITU-T diskutierte dreistufige Einführungskonzept für B-ISDN beschrieben und werden die unterschiedlichen Signalisierungskonfigurationen erläutert. In den nachfolgenden Abschnitten werden die für die Signalisierung an der Benutzer-Netz-Schnittstelle notwendigen Protokolle beschrieben:
- Metasignalisierung (Abschn. 4.5.2),
- ATM-Anpassungsschicht für Signalisierung (Abschn. 4.5.3),
- Schicht-3-Protokoll für B-ISDN (Abschn. 4.5.4).

4.5.1 Vorbemerkungen

4.5.1.1 Einführungskonzept

1990 verabschiedete ITU-T eine erste Serie von 13 Empfehlungen für das B-ISDN und schuf dadurch einen Rahmen für die Einführung von Breitbandnetzen und deren Teilnehmereinrichtungen. Diese Empfehlungen reglementieren aber nicht die Einführung von vermittelten Diensten für das B-ISDN.
Um nun die ATM-Technik mit vermittelten Diensten so früh wie möglich anbieten zu können, hat ITU-T einen dreistufigen Zeitplan für die Standardisierung der Netz- und Diensteaspekte aufgestellt. Die drei Stufen werden als Broadband Capability Set 1, 2 und 3 bezeichnet. Tabelle 4.13 stellt die wesentlichen Merkmale des Stufenplanes dar, welche die Signalisierung beeinflussen.
In Capability Set 1 werden die Möglichkeiten für einfache Punkt-zu-Punkt-Wählverbindungen bereitgestellt. Um die Protokolle für Capability Set 1 möglichst rasch zu definieren, wurde für das Schicht-3-Protokoll das bestehende Protokoll aus der ITU-T-Empf. Q.931 [233] als Basis verwendet und für die Anforderungen des Capability Set 1 modifiziert. In Capability Set 2 werden Punkt-

Tabelle 4.13. Drei Releases bei der B-ISDN-Zeicheneingabe

Release 1	Release 2	Release 3
konstante oder Spitzenbitrate, verbindungsorientierter Dienst	veränderliche Bitrate, verbindungsorientierter Dienst Betriebsgüteanzeige durch den Benutzer	Multimedia- und Verteil-Dienst Aushandlung der Betriebsgüte
Punkt-zu-Punkt-Verbindungen (unidirektional und bidirektional, symmetrisch und asymmetrisch) Einzelverbindung, gleichzeitiger Aufbau	Mehrpunktverbindungen Mehrfachverbindung, getrennter Aufbau Verwendung von Zellenverlustpriorität	Broadcastverbindungen
Anzeigen der Spitzenbandbreite	Aushandlung und Neuaushandlung der Bandbreite	
nur Spitzenratenzuweisung	Bandbreitenzuweisung gemäß Verkehrscharakteristik	
Zusammenarbeit mit 64-bit/s-ISDN Punkt-zu-Punkt- oder Punkt-zu-Mehrpunkt-Zeichengabezugang Metazeichengabe begrenzte Dienstmerkmale	Dienstmerkmale	

zu-Mehrpunkt-Verbindungen und Rufe mit Mehrfachverbindungen unterstützt. Ab Capability Set 3 ist dann die Multimedia-Kommunikation (vgl. Absch. 2.2) möglich.

4.5.1.2 Signalisierungskonfigurationen

An der Benutzer-Netz-Schnittstelle sind zwei unterschiedliche Signalisierungskonfigurationen möglich, welche Auswirkungen auf die Protokollarchitektur haben.

Bei einfachen Konfigurationen befindet sich auf der Teilnehmerseite genau ein Signalisierungsendpunkt; dies kann ein Endgerät oder eine komplette Nebenstellenanlage sein. In diesem Fall wird ein *Signalisierungskanal (signalling virtual channel, SVC)* bei der Installation der Teilnehmerendeinrichtung semipermanent installiert. Dieser Kanal ist durch einen standardisierten VPI/VCI-

Wert gekennzeichnet (vgl. Abschn. 4.3.3.2). Über diesen Kanal erfolgt die Zustellung eines Rufes zum Teilnehmer und der Auf- und Abbau von Nutzkanalverbindungen.

Sind auf der Teilnehmerseite mehrere Signalisierungsendpunkte vorhanden, so ist für das Management der Signalisierungskanäle zwischen Benutzer und Netz die *Metasignalisierung* (s. Abschn. 4.5.2) notwendig. Ein Ruf wird über einen (allgemeinen oder selektiven) *Rundsendekanal (Broadcast-SVC, B-SVC)* zugestellt. Der Auf- und Abbau von Nutzverbindungen erfolgt mittels Punkt-zu-Punkt-SVCs (P-SVCs).

4.5.2 Metasignalisierung

Die Metasignalisierung wird an der Benutzer-Netz-Schnittstelle für den Aufbau, die Überwachung und den Abbau von P-SVCs und den zugehörigen B-SVCs benutzt. Sie ist Teil der ATM-Schicht und dort dem Schichtenmanagement (vgl. Abschn. 4.3.1.2) zugeordnet, da sie für die ATM-Schicht Betriebsmittel verwaltet. Das Protokoll ist in der ITU-T-Empfehlung Q.2120 beschrieben.

Das Metasignalisierungsprotokoll arbeitet im Metasignalisierungskanal. Dieser Kanal ist in jedem virtuellen Pfad vorhanden und durch den VCI = 1 gekennzeichnet (vgl. Abschn. 4.3.3.2). Das Metasignalisierungsprotokoll kann nur B-SVCs und P-SVCs im eigenen Virtual Path (VP) steuern. In P-SVCs können Verbindungen im eigenen VP und in anderen VPs gesteuert werden, welche die gleichen Endpunkte wie der eigene VP haben. Daher ist es aus Aufwandsgründen sinnvoll, zwischen einem Benutzer und einer Ortsvermittlungsstelle nur ein aktives Metasignalisierungsprotokoll zu haben, auch wenn es mehrere VPs gibt.

Bei der Spezifikation der Protokollabläufe und der Nachrichtendefinition wurde Wert auf Einfachheit gelegt, damit der Implementierungsaufwand nicht zu groß wird. Die Kodierung der Nachrichten des Metasignalisierungsprotokolls basiert auf einem sehr einfachen Schema. Jede Nachricht besteht aus genau einer Zelle und enthält alle Parameter des Protokolls. Nicht benötigte Parameter werden mit einem „Null"-Wert codiert. Zur Sicherung gegen Übertragungsfehler wird ein zyklischer Redundanzprüfungscode mit 10 bit verwendet.

Beim Aufbau und der Überwachung eines P-SVC/B-SVC wird ein einfaches Handshake-Protokoll verwendet. Den Abbau eines P-SVCs teilt die abbauende Seite der Gegenseite mit. Bei allen Prozeduren wird auf aufwendige Quittierungsmechanismen verzichtet. Mittels Zeitüberwachung wird der Verlust von Aufbau- und Überwachungsnachrichten erkannt. Um Verluste von Abbaunachrichten zu kompensieren, werden immer zwei Abbaumeldungen ausgesandt.

Wie bereits erwähnt, können Rufe über den allgemeinen oder den selektiven B-SVC angeboten werden. Im Normalfall wird jedoch der allgemeine B-SVC verwendet. Nur wenn Teilnehmerseite und Netzseite das *Dienstprofilkonzept* unterstützen, kann der selektive B-SVC zugewiesen werden. Unter Dienstprofil (service profile) versteht man eine im Netz verwaltete Informationsmenge, die einen spezifischen Dienst ermöglicht. Die Metasignalisierung unterstützt dieses Konzept durch Übertragung der Dienstprofilkennung (d.h. Hinweis auf das Dienstprofil).

4.5.3 ATM-Anpassungsschicht für Signalisierung

Ziel bei ITU-T ist die Entwicklung eines weitgehend gemeinsamen AAL für Signalisierung (S-AAL) über die Benutzer-Netz-Schnittstelle und über die netzinterne Schnittstelle. An der Benutzer-Netz-Schnittstelle paßt der S-AAL das Signalisierungs-Anwendungsprotokoll (vgl. Abschn. 4.5.4) an die ATM Schicht an; an der netzinternen Schnittstelle wird Message Transfer Part Level 3 (MTP 3) an die ATM-Schicht angepaßt. Bild 4.28 zeigt den AAL für Signalisierung.

Für den gemeinsamen Protokollteil wird AAL Typ 5 (vgl. Abschn. 4.3.4.2) verwendet, welcher den Anforderungen der Signalisierung genügt. Der dienstespezifische Teil besteht aus zwei Komponenten: dem *Service Specific Connection Oriented Protocol* (SSCOP) und den *Service Specific Coordination Functions* (SSCFs).

Das Protokoll des S-AALs wird unabhängig vom Zeitplan für die Einführung von B-ISDN (vgl. Abschn. 4.5.1.1) entwickelt. Es soll in allen drei Capability Sets verwendet werden. Das ermöglicht eine vereinfachte Anpassung und reduziert die Kosten sowohl für Hersteller als auch für die Netzbetreiber. Außerdem wird der Zeitaufwand für die Protokollspezifikation reduziert, während die Flexibilität des Netzbetriebs und der Netzkonfiguration erhöht wird.

Der S-AAL arbeitet auf dem P-SVC symmetrisch und auf dem B-SVC asymmetrisch. Die maximale Nachrichtenlänge für den S-AAL wird mindestens 4096 Oktetts betragen. Die minimale Bitrate liegt bei 16 kbit/s und der Maximalwert im Mbit/s-Bereich.

SSCOP ermöglicht die Kommunikation zwischen zwei Signalisierungspunkten. Die SSCFs dienen nur zur Anpassung der Anforderungen der höheren Schicht an das SSCOP (z.B. Anpassung/Umsetzung von lokalen Parametern). Durch Definition eines neuen Sets von SSCFs kann SSCOP auch für die schnelle Datenkommunikation oder ähnliche Kommunikationsarten benutzt werden.

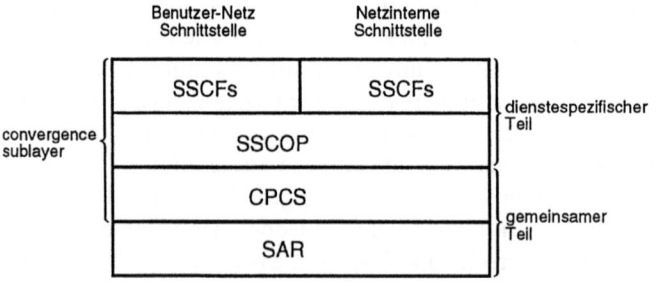

Bild 4.28. ATM-Anpassungsschicht für Signalisierung

Die ATM-Schicht stellt bereits die Multiplexfunktion für Signalisierungsnachrichten bereit. Der gemeinsame Teil des AALs bietet die Abgrenzung der einzelnen Nachrichten gegeneinander und die Erkennung von Fehlern. Fehlerkorrektur durch Wiederholung der Nachricht wird im SSCOP durchgeführt. Der SSCOP bietet auch einen Flußsteuermechanismus und führt die Steuerung der AAL-Verbindungen durch.

4.5.4 Schicht-3-Protokoll für B-ISDN

4.5.4.1 Protokoll für Capability Set 1

Für die Benutzer-Netz-Schnittstelle wurde bei ITU-T ein Protokoll für die Schicht-3-Signalisierung spezifiziert. Es wird als B-ISDN user-network interface (DSS2) layer 3 protocol bezeichnet und ist in der Hierarchie des Protokollmodells direkt über dem S-AAL angeordnet (vgl. Abschn. 4.5.3).

Das DSS2 (ITU-T-Empf. Q.2931) spezifiziert die Signalisierungsnachrichten, Nachrichtenelemente und Signalisierungsprozeduren für die grundlegende Behandlung eines Rufes/Nutzkanalverbindung an der Benutzer-Netz-Schnittstelle. Es stellt also diejenigen Funktionen für die Capability Set 1 des B-ISDN bereit, welche die ITU-T-Empf. Q.931 [233] für das 64-kbit/s-ISDN bereitstellt. Die Q.2931 ist zwar durch eine eigene Protokollkennung gekennzeichnet und damit völlig unabhängig von der Q.931; die Protokollelemente und -prozeduren wurden jedoch so weit wie möglich übernommen. Daher entspricht der Aufbau der Q.2931 direkt dem der Q.931. Die meisten Prozeduren, insbesondere die Verbindungsaufbau-und -abbauprozeduren, wurden nach rein formalen Modifikationen auf Q.2931 übertragen.

Um den Zeitplan für B-ISDN Capability Set 1 einzuhalten, wurden Modifikationen an Q.931 nur aus den beiden folgenden Gründen vorgenommen:
- Anpassungen an das ATM-Übermittlungsverfahren des B-ISDN,
- Modifikationen für die reibungslose Evolution von B-ISDN Capability Set 1 zu weiteren Capability Sets.

Die Anpassungen an das neue B-ISDN-Übermittlungsverfahren betreffen im wesentlichen die Beschreibung der *Übermittlungsdienste (Bearer Services)*. Zur Beschreibung dieser Dienste wird eine neue (Broadband) *Bearer Capability* entwickelt. Darüber hinaus wird die ATM-Zellenrate durch den wählbaren, konstanten Durchsatz einer ATM-Verbindung beschrieben.

Im Hinblick auf den AAL wurde für die Empf. Q.2931 ein neues Nachrichtenelement definiert, das die vom Benutzer wählbaren Attribute einer Nutz-AAL-Verbindung beschreibt.

Darüber hinaus wurde die Kanalkennung der Q.931 in der Q.2931 durch die Verbindungskennung ersetzt und besteht im wesentlichen aus dem VPCI (*Virtual Path Connection Identifier*) und dem VCI. Der VPCI ist nicht mit dem VPI im ATM-Zellkopf identisch, da die VPI-Werte durch einen VP-Cross-connect im Anschlußnetz modifiziert werden.

Tabelle 4.14. Übersicht über die wesentlichen Änderungen in Q.2931 gegenüber Q.931

Neue/modifizierte Nachrichtenelemente	Neue/modifizierte Codierregeln	Modifizierte Prozeduren
Breitband-Eigenschaften der Netzverbindung	Anzeige der Nachrichtenlänge	Kompatiblitätsprüfung auf gerufener Seite
ATM-Zeilenrate	gemeinsames variables Format für Nachrichtenelemente	VPCI-/VCI-Zuweisung/- Auswahl
AAL-Parameter-Nachrichtenelement	freie Anordung von Nachrichtenelementen innerhalb einer Zeichengabenachricht mit Ausnahme des Nachrichtenkopfes	
Verbindungskennung	Einfügen von Kompatibilitätsinformationen	

Aufgrund der erforderlichen Modifikationen mußten auch bestimmte Teile der Nachrichten und Prozeduren leicht abgewandelt werden, doch sind die meisten weitgehend mit jenen der Q.931 identisch (Tabelle 4.14). Neben den bestehenden Prozeduren beschreibt ein gesonderter Teil von Q.2931 die Zusammenarbeit mit dem 64-kbit/s-ISDN (d.h. zwischen Q.2931 und Q.931).

Außer den erwähnten Modifikationen stellt Q.2931 auch Mechanismen für die reibungslose Evolution von B-ISDN Capability Set 1 zu den weiteren Capabilities bereit.

4.5.4.2 Anforderungen für Capability Set 2

Parallel zur Spezifikation des Signalisierungsprotokolls für Capability Set 1 des B-ISDN (Q.2931) entwirft das ITU-T bereits die Anforderungen an Capability Set 2. Die Spezifikationen konzentrieren sich auf die Beschreibung eines Funktionsmodells für die Zeichengabe und die Beschreibung des Austauschs von Zeichengabeinformationen zwischen den Funktionselementen dieses Modells. Darüber hinaus wurde ein Architekturrahmen für die Entwicklung von OSI-basierten Signalisierungs- und OAM-Protokollen (Q.1400) geschaffen. Diese Dokumente dienen als Grundlage für die detaillierten Protokollspezifikationen.

Es wurde beschlossen, daß die Spezifikationen auf der Trennung von *Rufsteuerung (Call Control, CC)* und *Verbindungssteuerung (Bearer/Connection Control, BC)* basieren. So können Rufe mit Mehrfachverbindungen (z.B. Multimedia-Dienste) unterstützt werden (ein Konzept hierfür ist in ITU-T-Empf. Q.2000 und Q.2200 beschrieben). Auch folgende Eigenschaften werden dadurch ermöglicht:

- Auf- und Abbau eines Rufs ohne Nutzkanal; ein solcher Ruf kann z.B. zur Ermittlung durchgängiger Dienstkompatibilität vor der Betriebsmittelreservierung dienen und ist auch für bestimmte Dienstmerkmale zweckmäßig.
- Dynamische Zuweisung/Freigabe von Nutzkanälen für einen Ruf.

Durch die Trennung von BC und CC können die Zeichengabeprotokolle von B-ISDN Capability Set 1 ohne größere Änderungen als Nutzkanal-/Verbindungssteuerungsprotokolle wiederverwendet werden.

4.6 Anschluß von Endeinrichtungen mit herkömmlichen Schnittstellen an das 64-kbit/s ISDN

Im Rahmen einer flexiblen ISDN-Einführungsstrategie muß – zumindest für eine Übergangszeit – gewährleistet sein, daß neben neuen, über die ISDN-spezifische S-Schnittstelle (s. Abschn. 4.2) angeschlossenen ISDN-Endgeräten (TE1) auch vorhandene Endgeräte anderer Netze (TE2) am ISDN-Benutzeranschluß betrieben werden können (s. Abschn. 4.1.2.3). Maßgebend hierfür ist vor allem der Wunsch nach Weiterverwendung vorhandener Endgeräte sowie nach Nutzung einer höheren ISDN-Übertragungsgeschwindigkeit von 64 kbit/s ohne Zwang zur Implementierung einer neuen Schnittstelle. Die entsprechenden Anschlußmöglichkeiten sind in Bild 4.29 dargestellt.

Funktionen des 64-kbit/s ISDN für den Anschluß von Endeinrichtungen mit herkömmlichen Schnittstellen umfassen:
- Anpassung der entsprechenden Schnittstellen nach den ITU-T-Empfehlungen der V.- und X.-Serie an die S-Schnittstelle des ISDN mittels spezieller *Anpassungseinheiten TA* (Terminal Adapter, s. Abschn. 4.1.1). Tabelle 4.15 enthält eine Zusammenstellung der im ISDN vorgesehenen Möglichkeiten zur Terminalanpassung und verweist auf die relevanten ITU-T-Empfehlungen.
- *Zusammenarbeit zwischen ISDN-Endgeräten (TE1) und anderen Endgeräten (TE2) über das ISDN* – zumindest bei übereinstimmender Netto-Übertragungsgeschwindigkeit und gleichem Vermittlungsprinzip.
- *Netzübergänge* stellen sicher, daß alle Endgeräte am ISDN Kommunikationspartner sowohl am Fernsprechnetz als auch an speziellen Text-/Datennetzen erreichen können (s. Bild 4.29).

Der Anschluß von Endeinrichtungen mit herkömmlichen Schnittstellen am B-ISDN wird in Abschn. 4.7 behandelt.

138   4 Teilnehmeranschluß

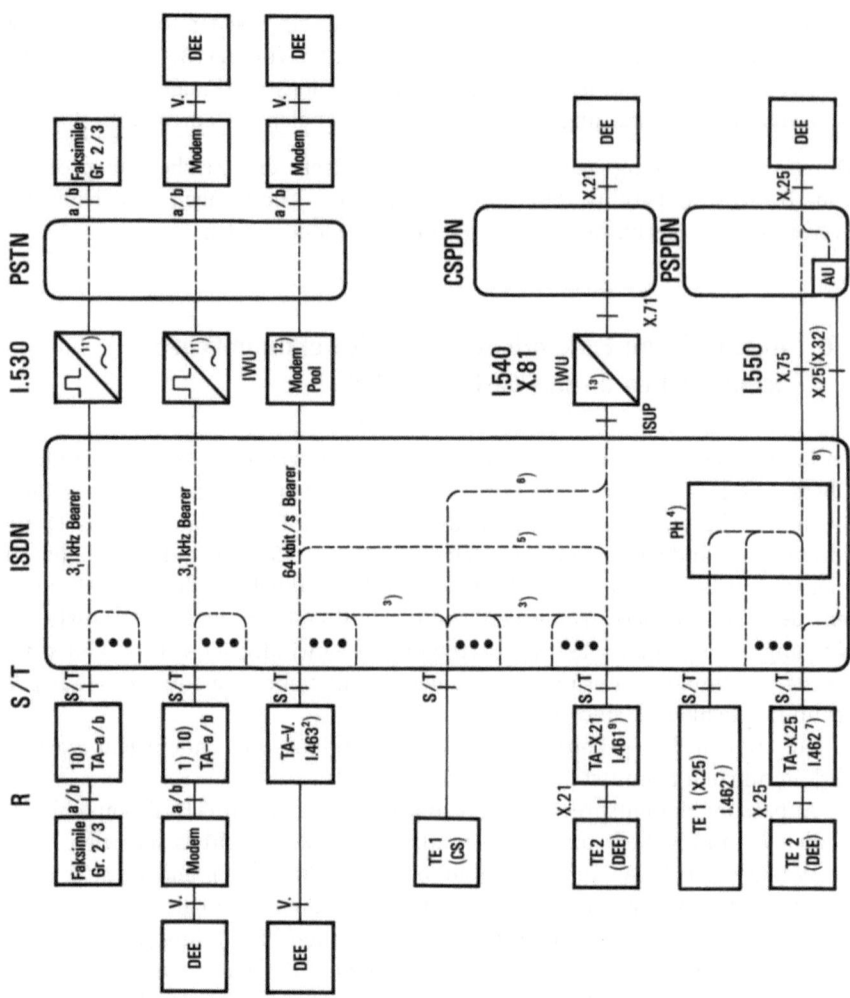

Bild 4.29. Anschluß von Endeinrichtungen mit herkömmlichen Schnittstellen an das 64-kbit/s-ISDN.
[1] Lösung im Netz der Deutschen Telekom: digitalisierte Modem-Signale (indirekte Anpassung zwischen V.-und S-Schnittstelle, dezentrale Umsetzung), [2] Lösung gemäß Empf. V.110: digitale Signale (direkte Anpassung V.- und S-Schnittstelle, zentrale Umsetzung in IWU: Modem-Pool), [3] nur für 64 kbit/s (Benutzerklasse 30 nach ITU-T-Empf. X.1) möglich, [4] integrierte Paketvermittlungslösung mit abgesetztem X.25-Vermittler PH (Packet Handler; vgl. Abschn. 4.6.4.1), [5] möglich für übereinstimmende Benutzer-Bitraten infolge einheitlicher Bitratenadaption und übereinstimmender Synchronisierprozedur im Nutzkanal (vgl. Abschn. 4.6.2), [6] Bitratenumsetzung in der IWU durch Einfügen/Entfernen von Flags (LAP B im Nutzkanal), z.B. zwischen Benutzerklassen 4 und 30 im Falle von Teletex-Endgeräten. [7] Gleiche Prozedur für die Kombination aus X.25-DEE und TA sowie für ISDN-Paketendgeräte (TEI), [8] ISDN stellt nur einen transparenten Zugang zum PSTN zur Verfügung, [9] X.30 (I.461) behandelt auch die Anpassung von X.21bis und X.20bis, [10] A/D-Wandlung gemäß G.711, [11] D/A-Wandlung gemäß G.711, [12] Bitratenumsetzung entsprechend V.110 (I.463), [13] Bitratenumsetzung entsprechend X.30 (I.461)

TE1	ISDN-Einrichtung mit S-Schnittstelle
TE2	Endeinrichtung mit anderen Schnittstellen (Anpassung an die S-Schnittstelle mittels Anpassungseinheit TA)
DEE	Datenendeinrichtung
IWU	Netzumsetzer (Interworking Unit)
CSPDN	öffentliches Datennetz mit Leitungsvermittlung (circuit switched public data network)
PSPDN	öffentliches Datennetz mit Paketvermittlung (packet switched public data network)
PSTN	öffentliches Fernsprechnetz (public switched telephone network)
PH	Packet Handler
AU	Access Unit

Tabelle 4.15. Anpassung bestehender Schnittstellen für Text- und Datenkommunikation an das 64-kbit/s-ISDN

Vermittlungs-prinzip	Netz	Schnittstelle am Bezugspunkt R	ITU-T-Empfehlung für die Anpassung	Funktion der Anpassungseinheit (TA)
Leitungs-vermittlung	Fernsprechnetz (PSTN)	a/b	nicht bei ITU-T-standardisiert	– *Signalisierungsumsetzung* a/b – S TA-a/b (Bild 4.29) mit digitalisierten Modem-Signalen für herkömml. Bildschirmtext, Faksimile Gr. 2/3 und Datenübermittlung (*indirekte Anpassung V.–S*)
		nach ITU-T-Empf. V.24, V.25, V.25bis	V.110 (I.463)	– *Signalisierungsumsetzung* V.25(bis) – S TA-V (Bild 4.29) zur *direkten*, rein digitalen Anpassung V.–S für Datenübermittlung *ohne* Modem beim ISDN-Tln – *Bitratenadaption* (zweistufig wie I.461) Bitraten nach ITU-T-Empf. V.5 – 64 kbit/s – *Synchronisierprozedur im Basiskanal* Übertragung von Statusinformationen zwischen den TAs
	Text/Datennetz (CSPDN)	nach ITU-T-Empf. X.21, X.21bis	X.30 (I.461)	– *Signalisierungsumsetzung* X.21 (X.21bis) – S im TA-X.21 – *Bitratenadaption* (zweistufig) X.1 – 64kbit/s – *Synchronisierprozedur im Basiskanal* Übertragung von Statusinformationen zwischen den TAs
Paket-vermittlung	Text/Datennetz (PSPDN)	nach ITU-T-Empf. X.25	X.31 (I.462)	– *Bitratenadaption* X.1 – 64 kbit/s Alternative 1: Flag-Einführung[a] Alternative 2: wie I.461

[a] Vgl. Datenübermittlungsprozedur HDLC [74]

4.6.1 Integrierte Lösung und Netzübergangslösung

Als grundsätzliche Möglichkeiten für den Anschluß vorhandener Text- und Datenkommunikationsendgeräte an das ISDN sollen im folgenden die *integrierte Lösung* am Beispiel der Anpassung der Schnittstelle X.21 [261] und die *Netzübergangslösung* am Beispiel der Anpassung der Schnittstelle X.25 [263] kurz erläutert werden (Bild 4.30).

Beide Lösungen, deren wesentliche Unterscheidungsmerkmale in Tabelle 4.16 zusammengefaßt sind, unterscheiden sich primär durch den Ort, an dem die Vermittlungsfunktion für die am ISDN angeschlossenen TE2-Endgeräte abgewickelt wird: entweder im ISDN (integrierte Lösung) oder weiterhin in Vermittlungsstellen eines eigenständigen Text-/Datennetzes (PDN). Der letztgenannte Fall wird als *Netzübergangslösung* bezeichnet, da der Netzübergang zum PDN hier im Gegensatz zur integrierten Lösung nicht nur der Erreichbarkeit von Datennetzbenutzern dient, sondern prinzipbedingt auch für den ISDN-Internverkehr zwischen TE2-Endgeräten erforderlich ist. Ob die integrierte oder die Netzübergangslösung gewählt wird, ist in erster Linie von nationalen Bedingungen abhängig, wie Vorhandensein spezieller Datennetze, ISDN-Einführungsstrategie, usw.

Im Falle der *integrierten Lösung* (Bild 4.30 a) können die auf dem digitalisierten Fernsprechnetz basierenden leitungsvermittelten Einrichtungen in den ISDN-Vermittlungsstellen für Schnittstellen (nach ITU-T-Empf. X.21, X.21bis, V.24/V.25/V.25bis) an *leitungsvermittelten* Netzen ohne Funktionserweiterung auch die Vermittlung der am ISDN angeschlossenen TE2-Endgeräte mit übernehmen. Der Anschluß von Endgeräten für *paketvermittelte* Netze mit X.25-Schnittstelle [263] nach dem Prinzip der integrierten Lösung erfordert dagegen weitergehende Maßnahmen im ISDN (vgl. Abschn. 4.6.4).

Zum Funktionsumfang einer Anpassungseinheit (TA) für Leitungsvermittlung gehören:

- *Umsetzung der Benutzersignalisierung* zwischen der Schnittstelle am Bezugspunkt R (z. B. nach ITU-T-Empf. X.21) und der S-Schnittstelle (ITU-T-Empf. Q.931 [233]); das TE2-Endgerät braucht nur *einen*, mit der Benutzersignalisierung im Datennetz – z. B. nach ITU-T-Empf. X.21 [261] – übereinstimmenden Verbindungsauf- und -abbauvorgang durchzuführen: *Einphasenwahl*.
- *Geschwindigkeitsanpassung* zwischen der Bitrate des Endgerätes (vgl. ITU-T-Empf. X.1 [259] bzw. V.5) und der ISDN-Basiskanalträgerrate von 64 kbit/s.
- Zeittransparenter, zwischen beiden Schnittstellen am Referenzpunkt R (z. B. nach ITU-T-Empf. X.21) *koordinierter Übergang in die Datentransferphase* – bei X.21 in den Zustand *Ready for data* – und *synchrones Auslösen* wie in Datennetzen. Dies wird über eine im Basiskanal (Nutzkanal) abgewickelte Synchronisierprozedur erreicht.

142   4 Teilnehmeranschluß

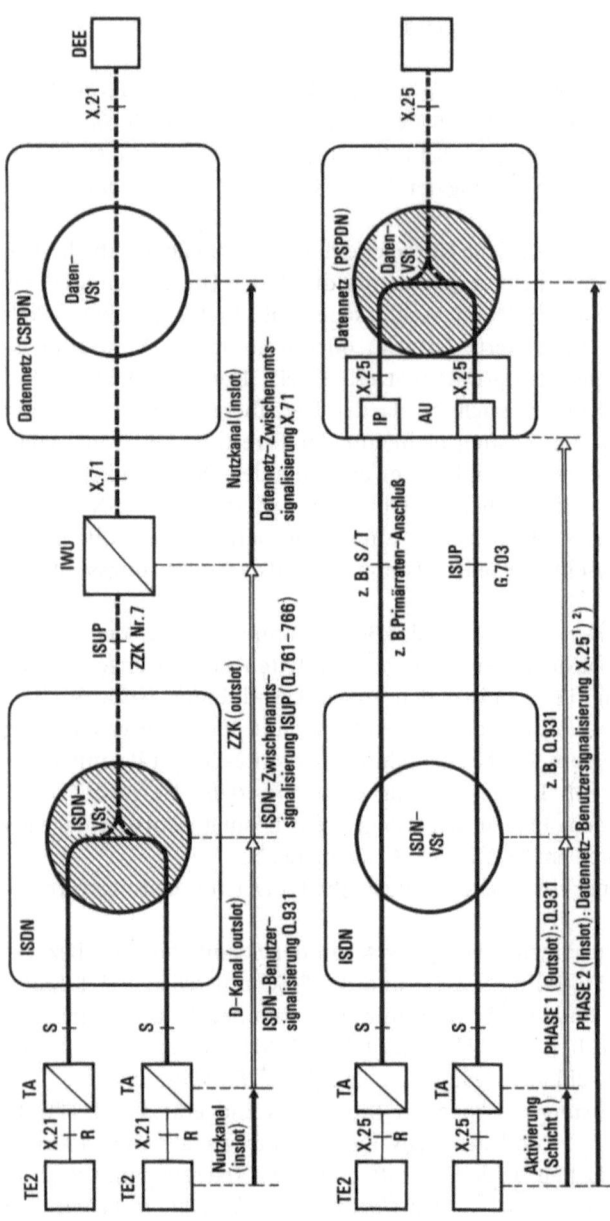

Bild 4.30. Vermittlungsfunktion für Endeinrichtungen mit herkömmlichen Schnittstellen innerhalb des 64-kbit/s-ISDN oder mit Netzübergang. **a** Integrierte Lösung mit einstufigem Verbindungsauf- und -abbau bei X.21; **b** Netzübergangslösung mit Zweiphasenwahl bei X.25.

TE2	Endeinrichtung mit herkömmlicher Schnittstelle R
TA	Anpassungseinheit
DEE	Datenendeinrichtung
IWU	Netzumsetzer (Interworking Unit)
AU	ISDN-Anschlußeinheit des Datennetzes (Access Unit)
IP	ISDN-Port des Datennetzes
CSPDN	öffentliches Datenenetz mit Leitungsvermittlung (circuit switched public data network)
PSPDN	öffentliches Datennetz mit Paketvermittlung (packet switched public data network)
VSt	Vermittlungstelle
ZZK	zentraler Signalisierungskanal (Zeichengabekanal) im ISDN
S	ISDN-Benutzerschnittstelle
X.71	Zwischenamtssignalisierung für synchrone Datennetze mit Leitungsvermittlung [270]
ISUP	ISDN-Zwischenamtssignalisierung (ISDN User Part, vgl. Abschn. 6.3): Q.761–Q.766

[1] im ISDN transparent behandelt, [2] Details der Inslot-Protokolle gemäß ITU-T-Empf. X.32
────── Verbindung zwischen zwei Datennetz-Endeinrichtungen, die beide am ISDN angeschlossen sind, − − − Verbindung zu einer am Datennetz angeschlossenen Endeinrichtung, === *Outslot*-Signalisierung: im D-Kanal (Teilnehmerseite) bzw. im zentralen Signalisierungskanal ZZK (ISDN-Zwischenamtsseite), − − − *Inslot*-Signalisierung: im Basiskanal (Nutzkanal)

Tabelle 4.16. Anschluß von Endeinrichtungen mit herkömmlichen Schnittstellen an das ISDN

Merkmal	Integrierte Lösung[a]	Netzübergangslösung[b]
• *Vermittlungsfunktion* in für TE2-Endeinrichtungen am ISDN mit R-Schnittst. X.21, X.25	ISDN-Vermittlungsstelle	Datennetzvermittlungsstelle
• *Numerierung* für TE2	E.164 (ISDN-Numerierungsplan)	X.121 (Datennetznumerierung)
• *Dienste und Dienstmerkmale*	I.211 (Bearer Services)	X.1, X.2, X.25, X.32
• *Logischer Teilnehmeranschluß* am bezüglich – Dienstmerkmalabwicklung – Vergebührung – Betrieb und Wartung (O & M)	ISDN	Datennetz mit Paketvermittlung (PSPDN)
• *Verbindungsauf-/-abbau*	*einstufig*[c] (Einphasenwahl) – durch TE2 mit herkömml. Benutzersignalisierung entsprechend den Schnittstellen X.21, X.21bis, V.24/V.25/V.25bis – im Netz mit ISDN-Signalisierung Q.931/ISUP	*Zweiphasenwahl* (Port-Methode) 1. ISDN-Signalisierung Q.931/ISUP zum Aufbau einer Nutzkanalverbindung als transparenter Datennetzzubringer 2. Datennetz-Benutzersignalisierung X.25 zwischen TE2 und Datennetz-VSt im aufgebauten ISDN-Nutzkanal zum Herstellen der Datennetz-Verbindung
• *Umsetzung der Benutzersignalisierung* in der Anpassungseinheit	X.21–Q.931 für TA-X.21[c] a/b – Q.931 für TA-a/b, V.25(bis)–Q.931 für TA-V	entfällt
• *Netzübergang zum Datennetz* – für ISDN-Internverkehr zwischen TE2-Endgeräten – Prozedur	nicht erforderlich Zwischenamtssignalisierung	prinzipbedingt notwendig Benutzersignalisierung X.21 im Rahmen der Zweiphasenwahl[d]
bei Leitungsvermittlung bei Paketvermittlung – Realisierung	– ITU-T-Empf. X.71 [270] – ITU-T-Empf. X.75 [271] *Netzumsetzer IWU* (Interworking Unit) führt bei Leitungsvermittlung eine Umsetzung der Zwischenamtssignalisierung ISUP – X.71 durch[e]	– entfällt – ITU-T-Empf. X.25 ISDN-Anschlußeinheit des Datennetzes stellt ISDN-Ports zur Verfügung

[a] einzige Lösung zur Anpassung von Endgeräten für leitungsvermittelte Netze
[b] nur für Paketvermittlung
[c] bei Paketvermittlung Zweiphasenwahl
[d] d.h. vorher Aufbau der Nutzkanalverbindung zum ISDN-Port mittels des ISUP
[e] Bei Paketvermittlung Zweiphasenwahl. d.h. keine Signalisierungsumsetzung in IWU

Bei der ausschließlich für Paketvermittlung angewandten *Netzübergangslösung* (Bild 4.30 b) beschränkt sich die Unterstützung bestehender Kommunikationsdienste im ISDN auf die Funktion eines transparenten Zubringers zum Datennetz, d.h. auf die Bereitstellung von 64-kbit/s-Basiskanalverbindungen zwischen jeweils einem TA und einem ISDN-Eingangsport (IP) des Datennetzes; dieses Verfahren wird daher auch als *Port-Methode* bezeichnet. In diesem Fall sind die TE2-Endgeräte zwar physikalisch am ISDN angeschlossen, logisch gesehen bleiben sie jedoch Datennetz-Benutzer. Dies betrifft vor allem die Teilnehmernumerierung nach ITU-T-Empf. X.121 [272] anstelle der für ISDN-Benutzer geltenden E.164 (identisch I.331), aber auch weitere Netzfunktionen wie Dienstmerkmale, Gebührenberechnung und Betriebs- und Wartungsaufgaben.

Bei der Netzübergangslösung wird die Datennetzsignalisierung nicht in die ISDN-Signalisierung umgesetzt oder umgekehrt. Stattdessen werden Verbindungsauf- und -abbau immer in zwei Schritten durchgeführt: ISDN-Benutzersignalisierung (Q.931) und ISDN-Zwischenamtssignalisierung (ISUP) dienen hier nur zum Herstellen der 64-kbit/s-Zubringerverbindung zwischen TA und Datennetz-Port IP (vgl. Bild 4.30 b). Nach Abschluß dieses Verbindungsaufbauvorgangs (outslot) ist für den Aufbau der Datennetzverbindung ein weiterer Signalisierungsvorgang (nach ITU-T-Empf. X.25) erforderlich, der wie in Datennetzen direkt zwischen TE2 und Datenvermittlungsstellen abgewickelt wird: *Zweiphasenwahl*. Die Datennetz-Benutzersignalisierung nach ITU-T-Empf. X.25 wird in diesem Fall – für ISDN transparent – über die bereits aufgebaute ISDN-Basiskanalverbindung (inslot) abgewickelt (vgl. Abschn. 4.6.4).

4.6.2 Anschluß von X.21-Endeinrichtungen mit Einphasenwahl

Eine nach dem Prinzip der Einphasenwahl konzipierte Anpassungseinheit (TA) für die X.21-Anpassung umfaßt in Übereinstimmung mit der Empf. X.30 (identisch I.461) [264] folgende Funktionen:
- Umsetzung der Benutzersignalisierung X.21 – S,
- Bitratenanpassung X.1 – 64 kbit/s

Aufgabe der von der X.21-Anpassungseinheit durchgeführten Geschwindigkeitsadaption ist es, die Netto-Bitrate der angeschlossenen X.21-Endeinrichtung (TE2) durch Hinzufügen von Zusatz- und Füllinformation an die Bitrate des Basiskanals (B-Kanals) anzupassen (Tabelle 4.17).

Mit Ausnahme von 48 kbit/s ist in ITU-T-Empf. X.30 [264] hierfür ein *zweistufiges Verfahren* festgelegt:
- In *Stufe 1 (RA1)* entsteht durch Bildung eines 40-bit Rahmens in der Anpassungseinheit (TA) zunächst eine Zwischengeschwindigkeit von 8 bzw. 16 kbit/s (Tabelle 4.17). Diese 40-bit-Rahmen werden – für das ISDN transparent – zwischen den kommunizierenden Anpassungseinheiten im ISDN-Basiskanal ausgetauscht.
- In *Stufe 2 (RA2)* wird die Zwischengeschwindigkeit gemäß ITU-T-Empf. I.460 [191] durch Auffüllen der nicht belegten Bits innerhalb eines

Tabelle 4.17. Netto-Bitraten und Zwischenbitraten nach ITU-T-Empf. X.30

X.1-Benutzerklasse	Nettobitrate in kbit/s	Zwischenbitrate in kbit/s
3	0,6	8
4	2,4	8
5	4,8	8
6	9,6	16
7	48	64

B-Kanal-Oktetts mit 1 auf 64 kbit/s angehoben; im Falle von 8 kbit/s ergibt sich somit die Bitfolge im B-Kanal 1111 111X, für 16 kbit/s die Bitfolge 1111 11XX.
- Synchronisierprozedur im Basiskanal
Mit Hilfe des oben erwähnten 40-bit-Rahmens tauschen die Anpassungseinheiten (TA) neben Nutzinformation auch die an der X.21-Schnittstelle zur Verbindungssteuerung vorgesehene Statusinformation aus. Mit Hilfe der Statusbits innerhalb des Rahmens können die X.21-Signalisierungszustände auf den Schnittstellenleitungen t, c, r, i [261] über die zwischen den Anpassungseinheiten bereits aufgebaute ISDN-Basiskanalverbindung übermittelt werden.

4.6.3 Endeinrichtungen des Fernsprechnetzes: Anpassung der analogen a/b-Schnittstelle und von Schnittstellen der V.-Serie

Text- und Datenendgeräte mit Schnittstellen nach den ITU-T-Empfehlungen der V.-Serie für den Einsatz am analogen Fernsprechnetz können über zwei grundsätzlich verschiedene Anpassungseinheiten (TA) an die S-Schnittstelle des ISDN-Benutzeranschlusses angepaßt werden (s. Tabelle 4.15 und Bild 4.29). Die Schnittstelle wird in beiden Fällen nach dem Prinzip der integrierten Lösung (s. Abschn. 4.6.1) umgesetzt auf die
- *analoge Benutzer-Schnittstelle (a/b) des Fernsprechnetzes (TA-a/b)*
Die Anpassungseinheit TA-a/b führt eine Analog/Digital-Wandlung der analogen (Modem)-Signale der a/b-Schnittstelle durch, die die inverse Umsetzung zur Digital/Analog-Wandlung des Netzübergangs vom ISDN ins analoge Fernsprechnetz darstellt.
Der Vorteil dieser Lösung besteht in erster Linie darin, daß der für Sprachkommunikation ins herkömmliche Fernsprechnetz erforderliche Netzübergang unverändert auch für den Datenverkehr eingesetzt werden kann.
- *Schnittstellen der V.-Serie für die Datenübermittlung im Fernsprechnetz (TA-V)*
Die in der ITU-T-Empf. V.110 (identisch I.463) [258] festgelegte Anpassungseinheit TA-V führt eine direkte Umsetzung der V.24-Schnittstellensignale auf die S-Schnittstelle unter Verwendung rein digitaler Signale durch.

Nach der Lösung mit TA-V ist bei ISDN-Internverkehr kein Modem erforderlich. Durch Übernahme auch für den TA-V der für die ITU-T-Empf. X.21/X.21bis definierten Verfahren zur Bitratenanpassung V.5 – 64 kbit/s und zur Synchronisierung im Basiskanal (s. Abschn. 4.6.2) sind Verkehrsbeziehungen zwischen X.21/X.21bis-Endeinrichtungen und Endgeräten der V.-Serie über das ISDN möglich (s. Bild 4.29).

4.6.4 Anschluß von Endeinrichtungen mit X.25-Schnittstelle an das ISDN

4.6.4.1 Grundlegende Merkmale

Die Integration der X.25-Paketvermittlung (vgl. Abschn. 6.1) ins 64-kbit/s-ISDN folgt den beiden in Abschn. 4.6.1 bereits vorgestellten Lösungsansätzen [293]:
- Bei der *integrierten Lösung* (ISDN virtual circuit bearer service) ist die Paketvermittlungsfunktion Bestandteil des ISDN. Virtuelle Verbindungen zwischen Paketterminals, die ans ISDN angeschlossen sind, werden daher über ISDN-interne X.25-Vermittlungseinrichtungen abgewickelt. Paketvermittlungseinrichtungen des ISDN werden als *Packet Handler* PH oder als Service Moduln für Paketvermittlung bezeichnet und können entweder in eine ISDN-Vermittlungsstelle integriert sein oder – abgesetzt von den ISDN-Vermittlungsstellen für Leitungsvermittlung – als zentralisierte Paketvermittlungseinrichtungen der oberen ISDN-Netzebene zugeordnet werden (Bild 4.31).
Die Packet Handler können über permanente 64-kbit/s-ISDN-Basiskanäle mittels der Paketvermittlungs-Zwischenamtssignalisierung nach ITU-T-Empf. X.75 [271] voll vermascht werden und bilden auf diese Weise ein Overlay-Netz für Paketvermittlung innerhalb des ISDN. Gleichzeitig übernehmen sie, falls erforderlich, die Funktion eines Gateway zu einem eigenständigen Paketnetz PSPDN auf Basis der ITU-T-Empf. X.75.
- Im Falle der *Netzübergangslösung* (Access to a PSPDN) wird die Paketvermittlungsfunktion eines eigenständigen Paketnetzes PSPDN mitbenutzt. Virtuelle Verbindungen zwischen ISDN-Benutzern werden somit stets über ein separates Paketnetz PSPDN geführt (Bild 4.30 b). Den ISDN-Teilnehmern werden bei der Netzübergangslösung Dienste und Zusatzdienstmerkmale für Paketvermittlung entsprechend den Festlegungen für eigenständige Datennetze geboten (vgl. ITU-T-Empf. X.1 [259], X.2 [260], X.25 [263] und X.32 [266]).
Die ISDN-Prozeduren für den X.25-Paketvermittlungsdienst sind in ITU-T-Empf. X.31 (identisch I.462) [265] enthalten. Diese Festlegungen gelten nicht nur für vorhandene X.25-Endeinrichtungen TE2 [263], die über eine Anpassungseinrichtung (TA) an den ISDN-Benutzeranschluß angepaßt werden, sondern sind auch für künftige, direkt angeschlossene ISDN-Paket-Endeinrichtungen TE1 mit S-Schnittstelle anwendbar.
Im Unterschied zur integrierten Lösung für den Anschluß von Endeinrichtungen für leitungsvermittelte Netze liegt der integrierten X.25-

148   4 Teilnehmeranschluß

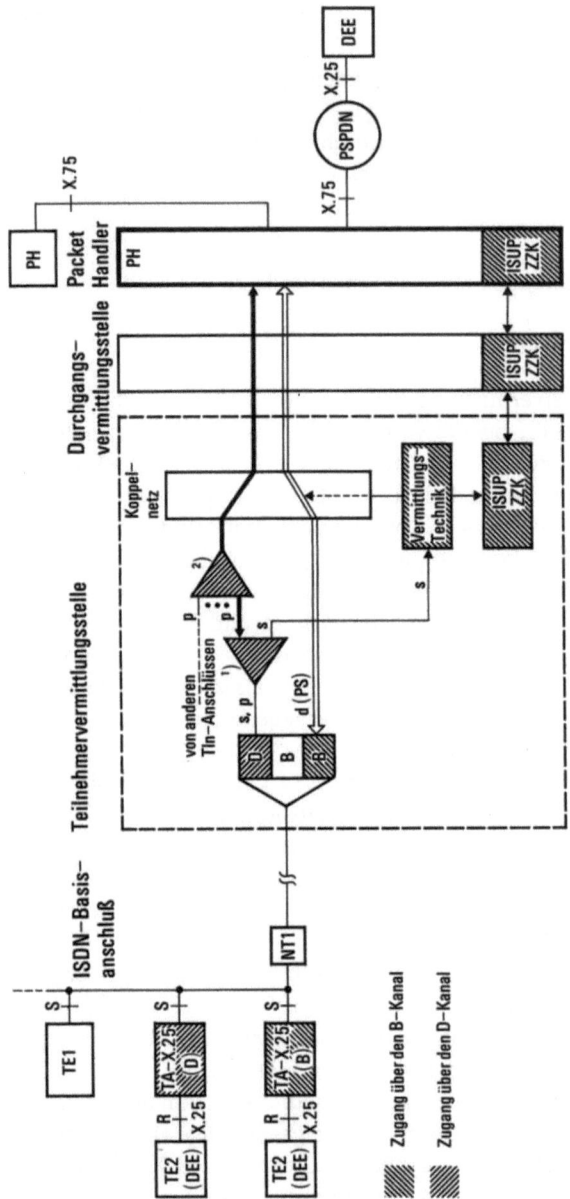

Paketvermittlungslösung das Prinzip der *Zweiphasenwahl* (s. Abschn. 4.6.1) zugrunde. Die in Bild 4.30 b wiedergegebene Zugangsprozedur zum Paketnetz nach der Port-Methode gilt daher im Prinzip auch für den Zugang über den Basiskanal (B-Kanal) zu einem Packet Handler PH *im* ISDN; vgl. die Protokollarchitektur der X.25 Paketvermittlung im ISDN in Bild 4.32. Die übrigen Merkmale wie Teilnehmernumerierung gemäß dem ISDN-Numerierungsplan (ITU-T-Empf. E.164 [86]), Paketvermittlungsdienste entsprechend ITU-T-Empf. I.232 [147], Teilnehmerverwaltung, usw. entsprechen jedoch der in Abschn. 4.6.1 vorgestellten integrierten Lösung.

Im Falle der integrierten Paketvermittlungslösung (Bild 4.31) kann ein Paketterminal am ISDN-Basisanschluß ($B_{64} + B_{64} + D_{16}$) grundsätzlich entweder einen *Basiskanal (B-Kanal)* oder den *Hilfskanal (D-Kanal)* zum End-to-End-Austausch von X.25-Steuer- und -Datenpaketen mit einem Packet Handler benutzen (s. Bild 4.32). Es bleibt allerdings dem Netzbetreiber überlassen, welche der folgenden Zugangsarten tatsächlich geboten werden:
- nur B-Kanalzugang (B),
- nur D-Kanalzugang (D),
- beide Zugangsarten (B/D).

In Netzen, die über beide Zugangsarten verfügen, kann der am Benutzeranschluß tatsächlich benutzte Kanaltyp statisch vorbestimmt sein, z. B. in Form eines im Packet Handler gespeicherten Anschlußparameters oder Benutzerprofils.

←

Bild 4.31 Integrierte X.25-Paketvermittlungslösung mit B- und D-Kanalzugang zu zentralisierten Packet Handlern

TE1	ISDN-Endeinrichtung mit ISDN-Schnittstelle S
TE2	Endeinrichtung mit herkömmlicher Schnittstelle R
DEE	Datenendeinrichtung
TA-X.25(B)	X.25-Anpassungseinheit für B-Kanalzugang zur Paketvermittlung
TA-X.25(D)	X.25-Anpassungseinheit für D-Kanalzugang zur Paketvermittlung
NT1	Netzabschlußeinheit
PH	Paketvermittlungseinrichtung *im* ISDN (Packet Handler)
PSPDN	eigenständiges öffentliches Paketnetz (Packet Switched Public Data Network)
ISUP	ISDN-Zwischenamtssignalisierung (vgl. Abschn. 6.3)
X.25	Benutzer-Netz-Schnittstelle für öffentliche Paketnetze [263]
X.75	Zwischenamts-Schnittstelle zwischen öffentlichen Paketnetzen [271]
s	Signalisierungsinformation (SAPI = 0)
p	Signalisierungsinformation (SAPI = 16)
d(PS)	Paketvermittlungsinformation im D-Kanal
SAPI	Service Access Point Identifier (vgl. Abschn. 4.4.4)

1) Trennung der Signalisierungsinformation von der Paketvermittlungsinformation,
2) Schicht-2-Adressenmultiplex der Paketvermittlungsinformation verschiedener ISDN-Teilnehmeranschlüsse

===== Zugang zum PH über den Basiskanal (B-Kanal): im Netz eine TE2-individuelle Nutzkanalstand- oder -wählverbindung, ——— Zugang zum PH über den Hilfskanal (D-Kanal): im Netz eine mit anderen TE2-Endgeräten im Adressenmultiplex-Verfahren gemeinsam genutzte, permante Nutzkanalverbindung

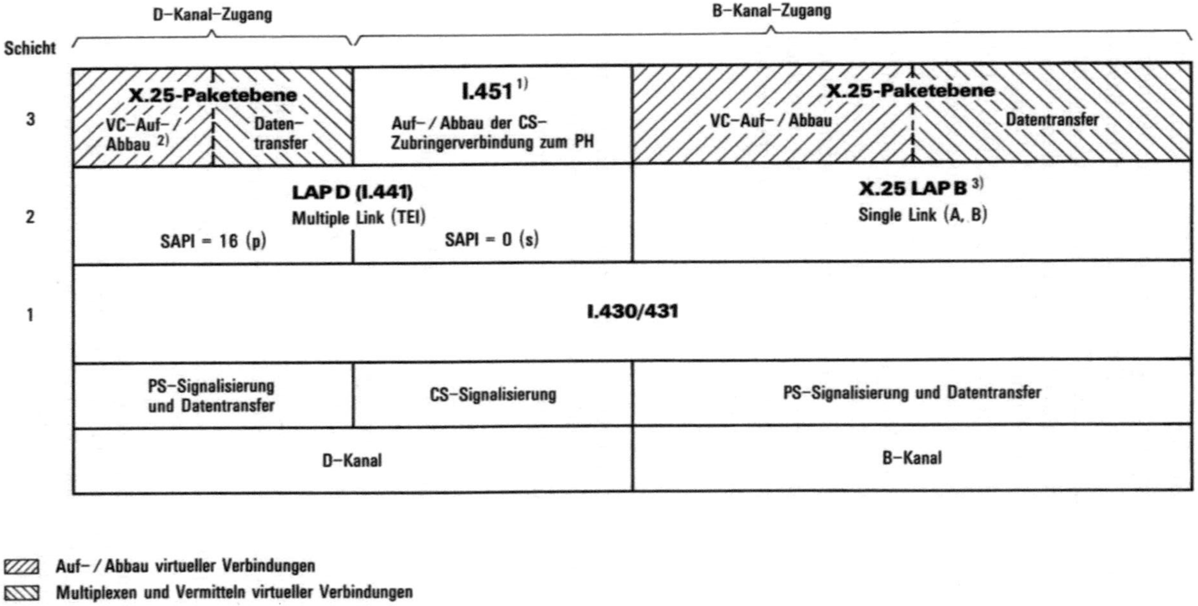

Bild 4.32 Protokoll-Architektur der X.25-Paketvermittlung im ISDN gemäß ITU-T-Empf. I.462 (X.31)

[1] Zweiphasenwahl: I.451 und X.25
[2] Auf der gerufenen Seite zusätzlich Call Offering-Prozedur auf Basis von I. 451 (vgl. Abschn. 4.4.5)
[3] I.441 (LAP D) im Falle der Erweiterung der Empf. X.31 um Frame-Multiplexen im Nutzkanal

SAPI	Service Access Point Identifier
TEI	Terminal Endpoint Identifier
PH	Packet Handler
CS	Leitungsvermittlung
PS	Paketvermittlung
VC	Virtual Call

▨ Auf-/Abbau virtueller Verbindungen
▨ Multiplexen und Vermitteln virtueller Verbindungen

Sind jedoch beide Zugangsarten an einem ISDN-Anschluß zugelassen, so muß das Netz – beispielsweise der Packet Handler – im Zuge des Verbindungsaufbauvorgangs für ankommende virtuelle Rufe rufindividuell die Zugangsart ermitteln, da das ISDN kein permanentes Wissen über die aktuelle Benutzerkonfiguration (vgl. Abschn. 4.4.3.2) besitzt, im betrachteten Fall also darüber, ob am ISDN-Bus des Zielbenutzers Anpassungseinheiten (TA) für B- und/oder D-Kanalzugang gesteckt sind; dies schließt auch kombinierte Anpassungseinheiten ein, die für beide Zugangsarten angelegt sind. Dazu bietet das Netz jeden ankommenden virtuellen Ruf mittels einer als *Call Offering-Prozedur* bezeichneten speziellen Punkt-zu-Mehrpunkt-Signalisierungsprozedure für Paketvermittlung global am gerufenen ISDN-Benutzeranschluß an (s. Abschn. 4.4.5.1).

4.6.4.2 Punkt-zu-Mehrpunkt-Signalisierung für ankommende virtuelle Rufe

Für die integrierte Paketvermittlungslösung ist eine spezielle, auf der Incoming-Call-Prozedur für leitungsvermittelte Verbindungen (vgl. Abschn. 4.4.5) basierende Punkt-zu-Mehrpunkt-Signalisierungsprozedur vorgesehen, die *Call Offering-Prozedur*. Hierbei können die rufkompatiblen Paketterminals der gerufenen Seite im Rahmen der vom Netz in der Nachricht SETUP angebotenen Zugangsmöglichkeiten zur Paketvermittlung (B oder D oder B/D) mittels der Nachricht CONNect rufindividuell den Kanaltyp anfordern, der für den jeweiligen ankommenden virtuellen Ruf (d.h. für die Übergabe des X.25-Incoming-Call-Paketes) verwendet werden soll:
- ein für die virtuelle Verbindung neu zu belegender Basiskanal (*new B*) oder
- ein bereits für andere virtuelle X.25-Verbindungen vom gleichen Paketterminal verwendeter Basiskanal (*established B*) oder
- der Hilfskanal (*D*).

Im Falle des Kanalwunsches *est B* oder *D* beendet das Netz die mit SETUP initiierte Signalisierungsaktivität (Signalisierungstransaktion) zu dem für den virtuellen Ruf ausgewählten Paketterminal mittels RELease wieder, da sie für den weiteren Ablauf der virtuellen X.25-Verbindung nicht mehr benötigt wird. Fordert das ausgewählte Paketterminal jedoch den Kanaltyp *new B*, so wird die bereits abgewickelte Call-Offering-Prozedur vom Typ s als reguläre Incoming-Call-Prozedur angesehen (wie bei Leitungsvermittlung, vgl. Abschn. 4.4.5). – Wird der Kanaltyp *D* gefordert, so baut das Netz unter Verwendung des in der Nachricht CONNect angegebenen Terminal Endpoint Identifier (TEI) einen HDLC-LAPD-Übermittlungsabschnitt mit $SAPI = \text{„}p\text{"}$ (p-Link) zu dem in der vorangegangenen Call-Offering-Phase ausgewählten Paketterminal auf, sofern dieser nicht zur Abwicklung weiterer virtueller X.25-Verbindungen mit dem gleichen Terminal bereits besteht.

4.7 Anschluß und Kommunikationsbeziehungen von herkömmlichen Endeinrichtungen am B-ISDN

ATM-Netze stellen eine universelle Netzinfrastruktur dar, da sie sich durch Auswahl entsprechender Verkehrsparameter der ATM-Verbindung und Einsatz anwendungs- und dienstspezifischer AAL-Protokolle (ATM Adaptation Layer) im Endgerät bzw. im Netzumsetzer an verschiedene Anforderungsprofile anpassen lassen. An das B-ISDN können sowohl *Endeinrichtungen für Leitungsvermittlung* angeschlossen werden, die kontinuierlichen Verkehr erzeugen als auch *Endeinrichtungen für Paketvermittlung*, die eine variable Bitrate erzeugen (vgl. die in ITU-T-Empf. I.362 definierten Diensteklassen A–D). Herkömmliche Endeinrichtungen werden meist über entsprechende Adapterkarten ATM-fähig gemacht (Bild 4.33).

Da ATM eine verbindungsorientierte Technik darstellt, sind für die Unterstützung der *verbindungslosen (connectionless) Kommunikation* spezielle Zusatzeinrichtungen CLSF im Netz erforderlich (s. Abschn. 4.7.2).

Netzübergänge zum 64-kbit/s-ISDN und zu eigenständigen *Frame-Relay-Netzen* (s. Abschn. 4.7.1) stellen sicher, daß am B-ISDN angeschlossene Endeinrichtungen für Leitungsvermittlung (Class A), Paketvermittlung (Class C) oder Frame Relaying (FR) mit kompatiblen Partnern an diesen Netzen zusammenarbeiten können. Wichtige Aufgaben des in der Rahmenempfehlung I.580 [194] definierten Netzumsetzers NA sind:
- STM/ATM-Umsetzung
- Abwicklung des dienst-/anwendungsspezifischen AAL-Protokolls auf der ATM-Seite und
- bei Wählverbindungen Umsetzung der Signalisierungsprotokolle.

Detailfestlegungen für die Netzübergänge werden bis 1995/96 bei ITU-T erarbeitet. Als Tendenz zeichnet sich bereits ab, daß für die Zusammenarbeit mit Endeinrichtungen an *dienstspezifischen Netzen* (vgl. PSTN, PSPDN und CSPDN) keine *direkten* Übergänge im B-ISDN festgelegt werden. Stattdessen werden die für das 64-kbit/s-ISDN definierten Netzumsetzer (s. Abschn. 4.6) mitbenutzt: *indirekter* Netzübergang in Bild 4.33.

Nutzt man ATM zur *Sprachübermittlung,* so entsteht bei jedem STM/ATM Übergang eine zusätzliche ATM-bedingte Verzögerung des Sprachsignals, die durch die zum vollständigen Füllen einer ATM-Zelle benötigte Zeit bestimmt wird: bei 64-kbit/s-Sprache ergeben sich 6 ms für die volle Informationsfeldlänge von 48 Oktetts. Für eine bestehende Dämpfung des Echoweges und bei vorgegebener Wahrscheinlichkeit für tolerierbares Echo wird die ohne Echokompensationseinrichtungen maximal überbrückbare Entfernung um so weniger durch ATM reduziert, je kürzer die effektiv genutzte Zellenlänge ist: Für den AAL für Sprachübermittlung wird daher eine nur *teilweise Füllung der ATM-Zellen* diskutiert.

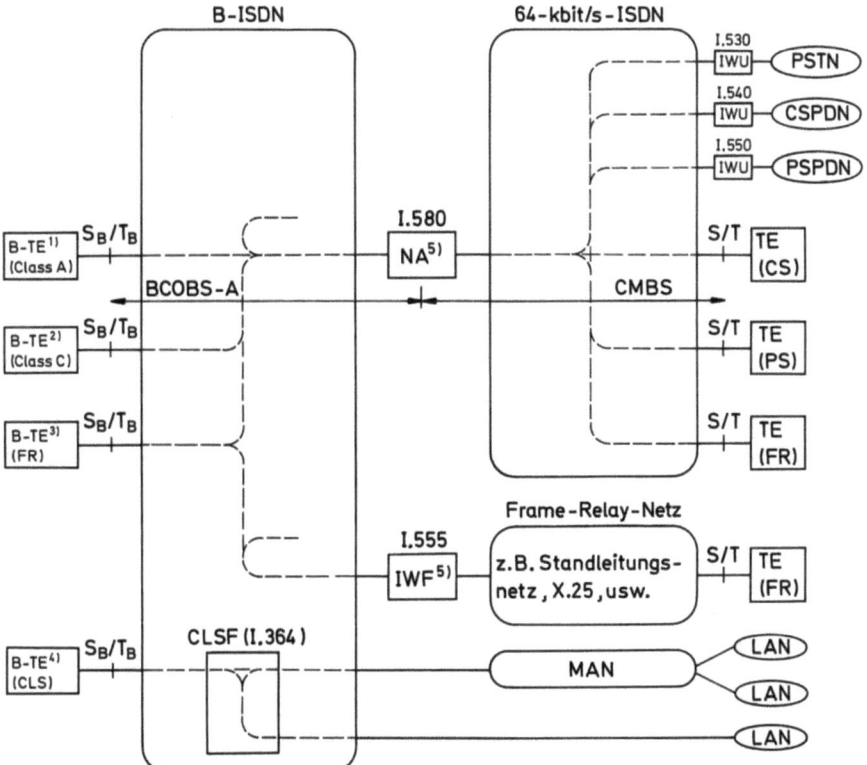

Bild 4.33. Anschluß und Kommunikationsbeziehungen verschiedener Endeinrichtungen im B-ISDN

AAL	ATM Adaptation Layer
BCOBS-A	Broadband Connection-oriented Bearer Service Class A (F.811)
CS	Endeinrichtung für Leitungsvermittlung (Circuit Mode Bearer Service)
CLS	Endeinrichtung für verbindungslose (connectionless) Kommunikation
CLSF	Server für verbindungslose Kommunikation (Connectionless Service Function)
CMBS	Circuit-mode Bearer Service (I.231)
CSPDN	öffentliches Datennetz mit Leitungsvermittlung (circuit switched public data network)
FR	Endeinrichtung für Frame Relaying (Frame Mode Bearer Service)
FR-SSCS	Frame Relaying Service Specific Convergence Sublayer (I.365.1)
IWF	Netzumsetzer (Interworking Function)
IWU	Netzumsetzer (Interworking Unit)
LAN	Local Area Network
MAN	Metropolitan Area Network
NA	Netzumsetzer (Network Adaptor)
PS	Endeinrichtung für Paketvermittlung (Packet Mode Bearer Service)
PSPDN	öffentliches Datennetz mit Paketvermittlung (packet switched public data network)
PSTN	öffentliches Fernsprechnetz (public switched telephone network)
1)	z.B. Endeinrichtung für Sprache mit AAL-Typ 1 (I.363)
2)	Computer, Workstation mit ATM-Adapterkarte und AAL-Typ oder Typ 3 (I.363)
3)	Endeinrichtung für Frame Relaying mit AAL-Typ 5 (I.363) und FR-SSCS (I.356.1)
4)	Endeinrichtung für verbindungslose Kommunikation mit AAL-Typ 4
5)	ATM/STM-Umsetzung und Abschluß des AAL-Protokolls

4.7.1 Frame Relaying und B-ISDN

Frame Relaying, oder exakter der Frame Relaying Bearer Service im 64-kbit/s-ISDN definiert die bidirektionale, transparente Übertragung von Service Data Units zwischen einem S oder T Referenzpunkt und einem anderen (ITU-T-Empf. I.233.1 [149]). Die Service Data Units sind von variabler Länge und werden anhand von LAP-D-Rahmen (Protocol Data Units der Q.922 Core in Schicht 2a) durch das Netz transportiert (s. Bild 4.34). Dazu ist ein logisches Adressfeld DLCI definiert, welches nur lokale Signifikanz hat.

Im Vergleich zur gesicherten Übertragung bei X.25, bei welcher durch abschnittsweise Fehlerkorrektur im Netz sichergestellt wird, daß die zur Übertragung an das Netz übergebenen Rahmen fehlerfrei an die Zieladresse vermittelt werden, werden bei Frame Relaying nur die eingeschränkten Kernfunktionen (Core) der Schicht 2a vom Netz erfüllt. Diese sind in ITU-T-Empf. Q.922 [231] festgelegt:
- Rahmenbehandlung,
- Rahmen-Multiplexen und -Demultiplexen mit Hilfe des Adressfeldes,
- Längenüberprüfung des Rahmens (ganzzahlige Anzahl Oktetts, usw.),
- Fehlererkennung (aber keine Fehlerkorrektur),
- Flußsteuerung.

Darüber hinausgehende, anwendungsspezifische Funktionen, z.B. Fehlerkorrektur, werden dagegen end-to-end abgewickelt, d.h. unmittelbar zwischen den Endeinrichtungen (TE) oder den Netzübergängen (IWF): Core- und Edge-Prinzip. Als fehlerhaft erkannte Rahmen werden vom Netz verworfen. Frame Relaying nutzt somit konsequent die verbesserte Leitungsqualität moderner Netze.

Frame Relaying hat im 64-kbit/s-ISDN bisher keine große Bedeutung erlangt. Hingegen wird Frame Relaying mittlerweile als Technologie eingesetzt, um Router und Bridges miteinander zu verbinden. Im Gegensatz zur konventionellen Lösung, dies über Festverbindungen zu erreichen, wird die Möglichkeit, vorhandene Bandbreite dynamisch zwischen den Nutzern zu verteilen, durch Frame Relaying nutzbringend eingesetzt. Die Übertragungsrate heutiger Frame Relaying Netze beträgt typischerweise n × 64 kbit/s bis 2 Mbit/s. LAP-D läßt auch Übertragungsraten bis 34 bzw. 45 Mbit/s zu.

Ein direkter Vergleich der Ansätze von Frame Relaying und von ATM ist aufschlußreich: Frame Relaying basiert auf HDLC-Rahmen variabler Länge, während bei ATM die Zellenlänge auf 53 Oktetts festgelegt ist. Frame Relaying ist daher aufgrund der Laufzeiten und der Laufzeitschwankungen im Gegensatz zu ATM nicht für zeitkritischen, kontinuierlichen Verkehr (z.B. Sprache, Video) geeignet. Während ATM als universelles Verfahren die Vorteile der konventionellen Leitungs- und Paketvermittlungstechnik in sich vereint, stellt Frame Relaying die moderne Form der Datenpaketvermittlungstechnik dar. Beiden Technologien ist aber das Core- and Edge-Prinzip gemeinsam, d.h. daß nur einige wenige Funktionen, die zur Übertragung der Nutzerdaten unbedingt erforderlich sind, im Netz ausgeführt werden, wie Routen der Datenpakete anhand lokaler „Identifier", Fehlererkennung und „congestion control notification", während beispiels-

4.7 Anschluß von herkömmlichen Endeinrichtungen am B-ISDN 155

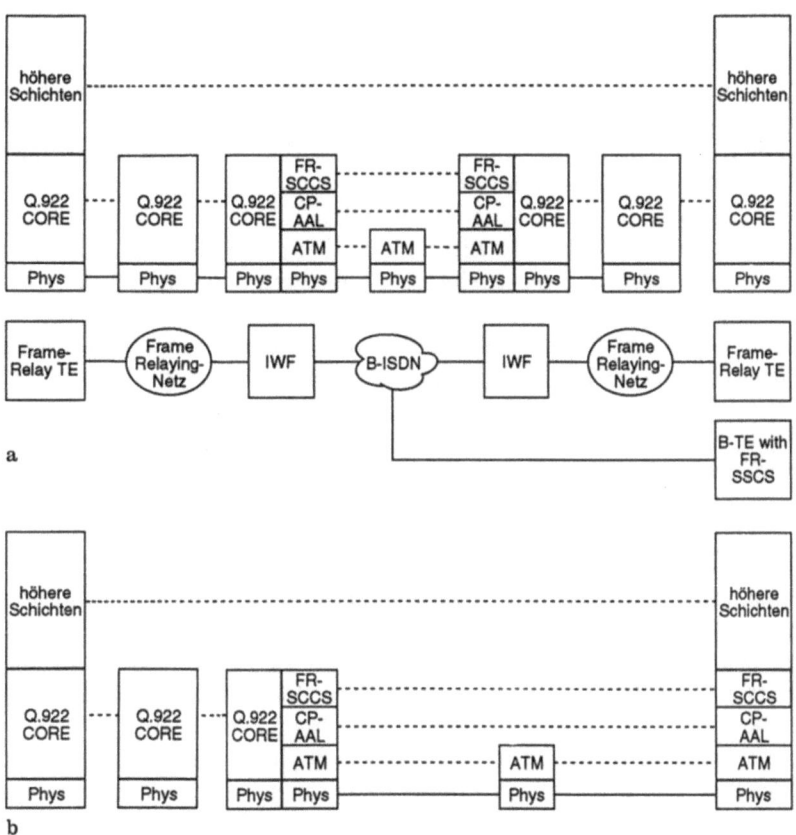

Bild 4.34. Prokollarchitektur für Netz-Interworking zwischen Frame Relaying und B-ISDN
a Interworking zwischen FR-Tes über B-ISDN (Scenario 1), **b** Interworking zwischen FR-TE und B-TE mit FR-SSCS (Scenario 2)

AAL	ATM Adaptation Layer (I.363)
B-TE	Breitband Endeinrichtung
CP-AAL	Common Part AAL
FR-SSCS	Frame Relaying Service Specific Convergence Sublayer (I.365.1)
IWF	Netzumsetzer (Interworking Function)
Phys	physikalische Schicht

weise die aufwendige Fehlerkorrektur den Endgeräten vorbehalten bleibt. Beide Technologien stützen sich somit indirekt auf der hohen Qualität moderner Übertragungsnetze ab. Die universelle Anwendbarkeit von ATM legt es jedoch nahe, auch Frame-Relaying-Verbindungen über ATM-Netze zu führen – mit höheren Geschwindigkeiten bis zu 34 bzw. 45 Mbit/s. Dies wird infolge der funktionalen Ähnlichkeit beider Techniken erleichtert.

ITU-T legt zur Übertragung von Frame Relay Rahmen über ein ATM-Netz den ATM Adaptation Layer Typ 5 fest (ITU-T-Empf. I.363 [175]). Der AAL 5 entspricht genau den Anforderungen von Frame Relaying, da er die transparente Übertragung von Protocol Data Units mit variabler Länge über ein ATM-Netz beschreibt. Die Funktionen des AAL 5 umfassen auch die Segmentierung der Nutzer-PDU in das ATM-Zellformat mit fester Länge. Der Service Specific Convergence Sublayer des AAL 5 für Frame Relaying ist in ITU-T-Empf. I.365.1 [177] beschrieben. Der FR-SSCS stellt alle Funktionen bereit, welche für Frame Relaying benötigt werden und beschreibt die Umsetzung der Funktionen zwischen Frame Relaying und B-ISDN.

In der ITU-T-Empf. I.555 [193] werden die funktionalen Anforderungen und Konfigurationen zum Interworking zwischen Frame Relaying und B-ISDN beschrieben. In Bild 4.34 werden die Zusammenhänge zwischen Frame Relaying und B-ISDN anhand des Protokollstacks aufgezeigt.

Eine Interworking-Funktion wurde definiert für die Umsetzung der Funktionen zwischen Q.922 CORE (Frame Relaying) und I.365.1 / I.363 (FR-SSCS / AAL Typ 5). Für das B-ISDN-Endgerät ist ferner erforderlich, daß die Funktionen des FR-SSCS implementiert sind.

Entsprechend I.555 können zwei Frame Relaying-Netze über das B-ISDN miteinander verbunden werden (s. Bild 4.34 a).

Die beiden Interworking-Funktionen ergänzen sich spiegelbildlich, so daß die Verwendung des B-ISDN zwischen den beiden Frame Relaying-Netzen für die Frame Relaying-Nutzer transparent ist. Diese Konfiguration wird bei ITU-T daher Netz-Interworking Scenario 1 genannt. Da die gleiche Interworking-Funktion auch in Bild 4.34 b Anwendung findet, bezeichnet man die Konfiguration in Bild 4.34 b auch als Netz-Interworking Scenario 2. In dieser Konfiguration wird eine Verbindung zwischen einem Endgerät an einem Frame Relaying-Netz und einem Endgerät am B-ISDN betrachtet. Das B-TE muß dabei die Funktionen des FR-SSCS ausführen.

Bei der Umsetzung von Q.922 CORE Frame Relaying-Rahmen in FR-SSCS-Rahmen gibt es hinsichtlich des Multiplexens von Frame Relaying-Verbindungen in ATM-Verbindungen zwei Möglichkeiten:
- N:1-Multiplexen: Mehreren („N") Frame Relaying-Verbindungen auf der Q.922 CORE Seite wird eine ATM-Verbindung auf der B-ISDN-Seite zugeordnet (Bild 4.35 a).
- 1:1-Multiplexen: Jeder Frame Relaying-Verbindung auf der Q.922 CORE-Seite wird eine ATM-Verbindung auf der B-ISDN-Seite zugeordnet (Bild 4.35 b).

Da die Zellen innerhalb des B-ISDN nur aufgrund der in der ATM-Schicht definierten Verbindungsparameter (VPI/VCI) durch das Netz geroutet werden, können beim N:1-Multiplexen nur diejenigen Frame Relaying-Verbindungen auf dieselbe ATM-Verbindung gemultiplext werden, die zwischen den gleichen ATM-Endpunkten (z. B. IWF) verlaufen. Dies ist in Bild 4.36 dargestellt.

In Europa wird bei ETSI darüber hinaus eine weitere Konfiguration betrachtet, bei der das Routen der Frame Relaying-Verbindungen analog dem Routen von Connectionless-Datenpaketen (Datagrammen) im Falle der verbin-

4.7 Anschluß von herkömmlichen Endeinrichtungen am B-ISDN

dungslosen Kommunikation (vgl. Abschn. 4.7.2) von einer (Frame Relaying) Server-Funktion übernommen wird, wie in Bild 4.37 dargestellt. Von den B-ISDN-Endpunkten werden die ATM-Verbindungen zunächst zur Frame Relaying Server-Funktion geführt. Dort werden die Frame Relay-Rahmen anhand des DLCI weiter geroutet. Die Frame Relay Server-Funktion kann dabei außerhalb des B-ISDN liegen (Bild 4.37 a), oder auch integraler Bestandteil des B-ISDN sein (Bild 4.37 b).

Frame Relaying ersetzt in der Anwendung häufig Festverbindungen zwischen mehreren Router. Dafür werden in erster Linie permanente Verbindungen eingesetzt. Dementsprechend sind nach gegenwärtigem Stand der Standardisierung auch die verschiedenen Interworking-Konfigurationen ausschließlich an permanenten Verbindungen orientiert. Die Frage des Signalisierungsinterworking für vermittelte Verbindungen wird erst in der letzten Zeit untersucht. Da in der Einführungsphase von ATM zunächst ebenfalls nur permanente Verbindungen realisiert werden sollen, ist zu erwarten, daß der Frame Relaying Service für das B-ISDN eine bedeutende Rolle spielen wird.

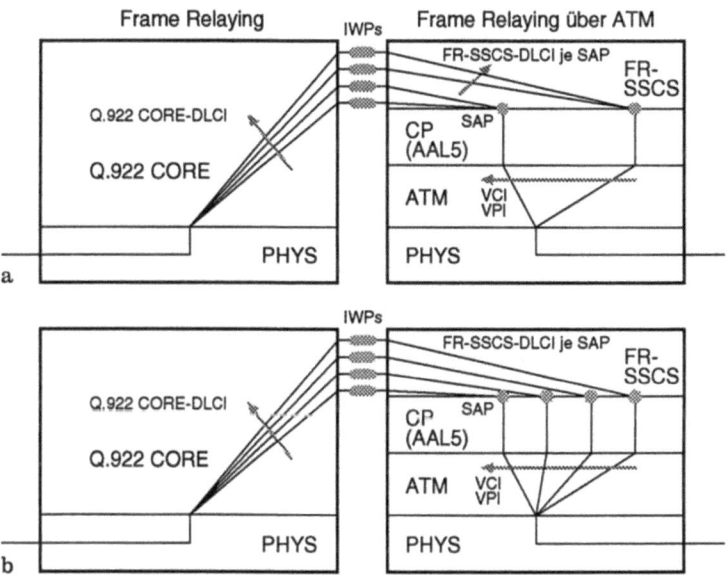

Bild 4.35. Prinzip des Multiplexens von Frame-Relaying-Verbindungen auf ATM-Verbindungen. **a** N:1-Multiplexen; **b** 1:1-Multiplexen
AAL   ATM Adaptation Layer (I.363)
PHYS physikalische Schicht

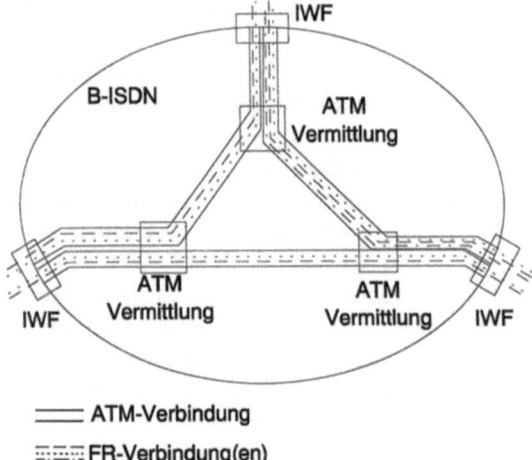

═══ ATM-Verbindung
┅┅┅ FR-Verbindung(en)

Bild 4.36. N:1-Multiplexen von Frame-Relaying-Verbindungen in ATM-Verbindungen
FR Frame Relaying, IWF Interworking Function

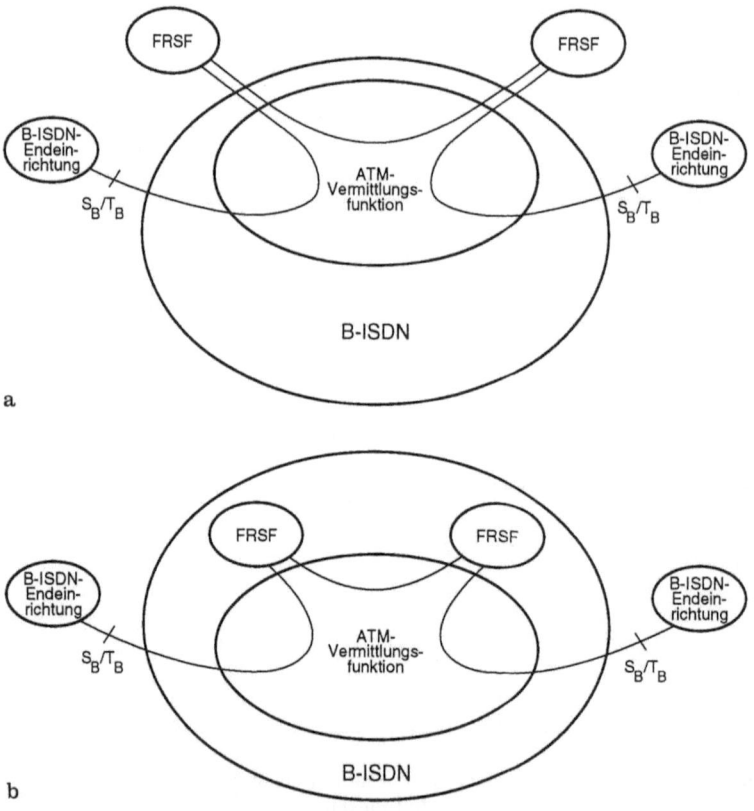

Bild 4.37. Einbindung einer Frame Relaying Server-Funktion (FRSF).
a FRSF außerhalb des B-ISDN; **b** FRSF innerhalb des B-ISDN.

4.7 Anschluß von herkömmlichen Endeinrichtungen am B-ISDN 159

4.7.2 Verbindungslose (connectionless) Kommunikation über ATM

Heutige Local Area Networks (LAN) und Metropolitan Area Networks (MAN) verwenden für die Datenübertragung überwiegend „verbindungslose" (connectionless) Übermittlungsverfahren. Aufgrund seiner flexiblen Übertragungsraten und anpassbaren Übertragungskapazität ist das auf ATM basierende Breitband-ISDN das am besten geeignete Übertragungsmedium für die Kopplung von LANs und MANs und für den Aufbau virtueller privater MANs mit Einrichtungen des öffentlichen Netzes. Für derartige Anwendungen stehen im B-ISDN *verbindungsorientierte (connection oriented, CO) Übermittlungsdienste* und *verbindungslose (connectionless, CL) Übermittlungsdienste* zur Verfügung (s. Abschn. 2.5.1).

Die Kopplung von LANs und MANs über das B-ISDN kann mit und ohne Unterstützung der CL-Vermittlungs- und -Übermittlungsfunktionen eines CL-Übermittlungsdienstes erfolgen. Im folgenden wird jedoch die Kopplung von LANs/MANs ohne Unterstützung von CL-Funktionen und nur unter Verwendung verbindungsorientierter B-ISDN-Verbindungen nicht weiter behandelt, sondern es werden CL-Funktionen und B-ISDN-Verbindungstypen beschrieben, die für die Kopplung von LANs/MANs mit Unterstützung eines CL-Übermittlungsdienstes erforderlich sind.

Bei der sogenannten verbindungslosen Kommunikation kann der sendende Teilnehmer Datenpakete an das Übermittlungsnetz liefern, ohne (im Gegensatz zu der verbindungsorientierten Kommunikation) vorher auf den Aufbau einer zum Zielteilnehmer durchgehenden Verbindung warten zu müssen. Innerhalb des B-ISDN werden die mit Ziel- und Quellenadresse versehenen CL-Datenpakete als voneinander unabhängige Datenpakete auf vor der Übermittlung nicht festgelegten Wegen zum Zielteilnehmer weitergeleitet. Der Aufbau einer „CL-Verbindung" erfolgt nur für die Übermittlungsdauer eines CL-Datenpaketes abschnittsweise zwischen Teilnehmern und CL-Netzeinrichtungen (CL-Server) bzw. zwischen den CL-Netzeinrichtungen.

4.7.2.1 Funktionen für die Connectionless-Übermittlung im B-ISDN

Der Connectionless-Datenübermittlungsdienst im B-ISDN wird durch CL-Dienstefunktionen (Connectionless Service Functions, CLSF) und ATM-Vermittlungs- und -Übermittlungsfunktionen realisiert. Da die ATM-Vermittlungs- und -Übermittlungsverfahren des B-ISDN verbindungsorientiert sind, können im B-ISDN die CL-Vermittlungs- und -Übermittlungsfunktionen des CL-Übermittlungsdienstes einschließlich der CL-Übermittlungsprotokolle nur in der CL-Schicht (Connectionless Layer, CLL) oberhalb der ATM-Adaptionsschicht („on top of ATM") implementiert werden. Für die Bereitstellung der CLSF sind in den ITU-T-Empfehlungen I.211 [144], I.327 [170] und I.364 [176] zwei Methoden beschrieben:

  a) die „indirekte" Bereitstellung der CLSF: Die CLSF sind außerhalb des B-ISDN in Einrichtungen (Servern) privater CL-Netze oder spezieller

CL-Diensteanbieter installiert. B-ISDN stellt in diesem Falle nur ATM-Verbindungen zur Verfügung.

b) die „direkte" Bereitstellung der CLSF: Die CLSF werden in einem oder mehreren CL-Servern innerhalb des B-ISDN realisiert. B-ISDN unterstützt in diesem Falle sämtliche Kommunikationsfunktionen des CL-Übermittlungsdienstes.

Die Konfigurationen beider Methoden sind in Bild 4.38 dargestellt.

Die CLSF können zusammen mit den ATM-Vermittlungsfunktionen in einer *gemeinsamen* Netzeinrichtung implementiert werden. In diesem Falle müssen zwischen den CLSF- und ATM-Funktionsblöcken keine Schnittstellen standardisiert werden. Werden jedoch die CLSF und die ATM-Vermittlungsfunktionen in *getrennten* Netzeinrichtungen implementiert, so müssen zwischen diesen besondere Schnittstellen an den Referenzpunkten M oder P (s. ITU-T-Empfehlung I.327 [170] in Abhängigkeit davon festgelegt werden, ob die CLSF innerhalb oder außerhalb des B-ISDN implementiert sind.

Die CLSF umfassen die Funktionen der CL-Protokolle CLNAP (Connectionless Network Access Protocol) und CLNIP (Connectionless Network Interface Protocol) und CL-Vermittlungsfunktionen in der CL-Schicht (CLL R & R, CL Layer Routing and Relaying), die Funktionen des AAL-3/4-Protokolls (ATM Adaptation Layer type 3/4 protocol) in der ATM-Adaptionsschicht und deren Abwicklung. Die CL-Protokolle beinhalten Funktionen für Wegesuche (Routing), Adressierung, Steuerung/Auswahl und Kontrolle der Dienstqualität (QOS), Fehlererkennung der CL-Datenpakete (CL data units). Für die Wegesuche bei der Vermittlung der CL-Datenpakete müssen die CLSF mit den ATM-spezifischen

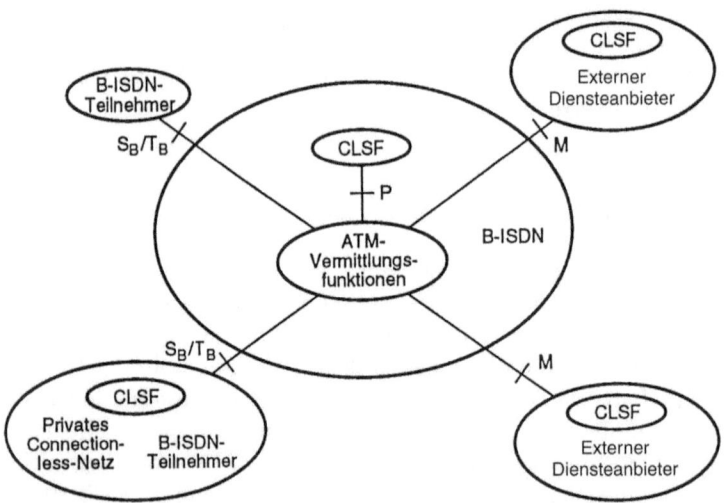

Bild 4.38. Referenzkonfiguration für die Bereitstellung des CL-Datenübermittlungsdienstes im B-ISDN.
CLSF Connectionless Service Functions,
M, P, S_B, S_B Bezugspunkte.

4.7 Anschluß von herkömmlichen Endeinrichtungen am B-ISDN 161

Steuer- und Managementebenen des B-ISDN zusammenarbeiten. Die AAL-3/4-Protokollfunktionen steuern die Aufteilung der CL-Datenpakete und deren Einfügung in ATM-Zellen für die Übertragung über verbindungsorientierte ATM-Verbindungen. Eine allgemeine Strukturierung der Protokolle des CL-Dienstes im B-ISDN zeigt Bild 4.39.

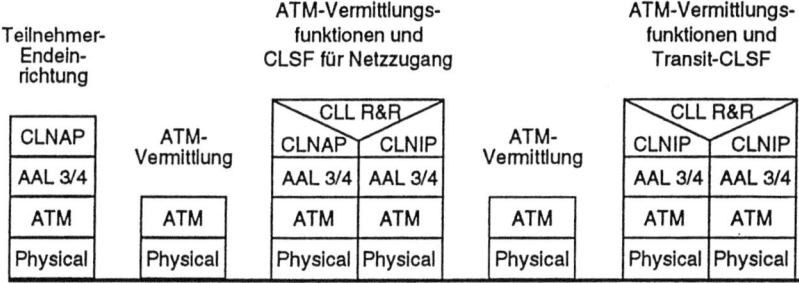

Bild 4.39. Allgemeine Protokollstrukturierung für den CL-Übermittlungsdienst im B-ISDN CLSF Connectionless Service Functions; CLL R&R Connectionless Layer Routing and Relaying; CLNAP Connectionless Network Access Protocol; CLNIP Connectionless Network Interface Protocol

4.7.2.2 Connectionless-Übermittlungsprotokolle

Zwei CL-Protokolltypen werden unterschieden: CLNAP und CLNIP. Das Netzzugangsprotokoll CLNAP steuert die verbindungslose Kommunikation zwischen Endeinrichtung und CL-Server (B-ISDN UNI) und das Netzverbindungsprotokoll CLNIP die CL-Kommunikation zwischen CL-Server (B-ISDN NNI) innerhalb des Netzes eines Netzbetreibers oder zwischen Netzen unterschiedlicher Netzbetreiber. In Bild 4.40 sind die Strukturen der CLNAP- und CLNIP-Datenpakete (CLNAP/CLNIP-PDU) dargestellt.

Jedes CLNAP- und CLNIP-Datenpaket enthält eine Quellenadresse (Source Address) und eine Zieladresse (Destination Address). Die Adressen sind entsprechend ITU-T-Empfehlung E.164 [86] aufgebaut. Die Zieladresse enthält bei nur einem Adressaten (Punkt-zu-Punkt-Kommunikation) die individuelle B-ISDN-Teilnehmernummer des Empfängers und bei mehreren Adressaten (Punkt-zu-Mehrpunkt-Kommunikation) eine Gruppenadresse, die in einem oder mehreren CL-Server in die individuellen B-ISDN-Teilnehmernummern umgesetzt wird. Im Falle der Punkt-zu-Mehrpunkt-Kommunikation wird das CL-Datenpaket im CL-Server kopiert und an die einzelnen Mitglieder der Gruppe verteilt.

Die Größe der Informationsfelder der CLNAP- und CLNIP-Datenpakete ist variabel und kann im CLNAP-Datenpaket bis zu 9188 Oktetts und im CLNIP-Datenpaket bis zu 9236 Oktetts betragen. Die CLNA/CLNI-Protokolle unterstützen eine transparente Übermittlung dieser CL-Datenpakete in nichtgesicherter Form, d.h. fehlerhafte oder verlorengegangene CL-Datenpakete wer-

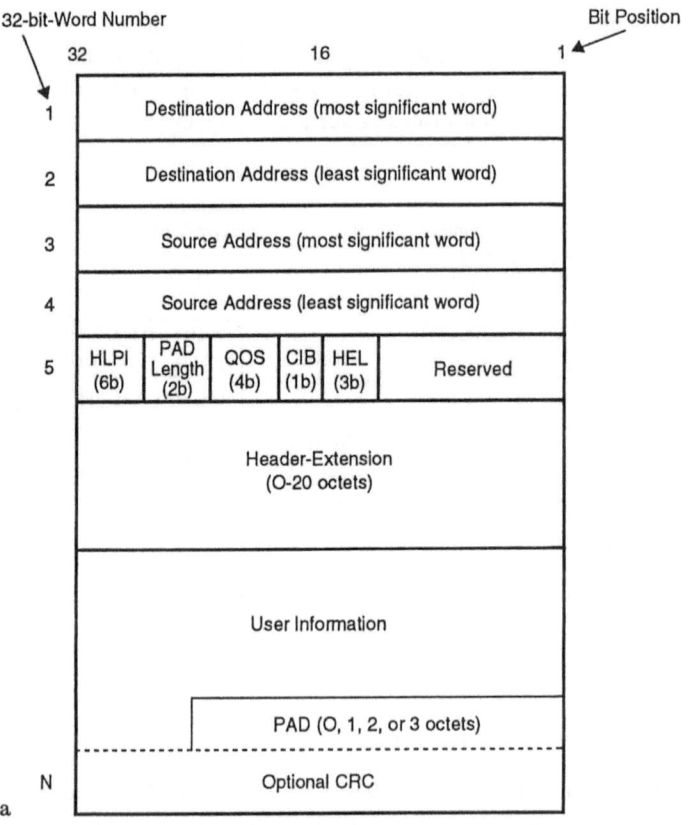

Bild 4.40. Strukturen der CLNAP- und CLNIP-Datenpakete:
a Struktur des CLNAP-Datenpaketes; b Struktur des CLNIP-Datenpaketes.
(nb) Feldlänge (n) in Bits; HLPI High Layer Protocol Identifier; QOS Quality of Service; CIB CRC (Cyclic Redundancy Check) Indication Bit; HEL Header Extension Length; PAD Verlängerung des Informationsfeldes auf n x 32 bit; PI Protocol Identifier; POST-PAD Verlängerung des HEL-Feldes auf 20 Oktetts; CLCP Header Connectionless Convergence Protocol Header

den nicht nochmals gesendet. Die Aufrechterhaltung der Reihenfolge der CL-Datenpakete während der Übermittlung wird jedoch gefordert. Die Umsetzung zwischen CLNAP- und CLNIP-Datenpaketen erfolgt im CL-Server (CLL R & R-Funktionen). Dabei wird in der Regel das CLNIP-Datenpaket durch „Einpacken" (Encapsulation) des CLNAP-Datenpaketes gebildet, wie im Bild 4.41 skizziert. Das CLNAP-Datenpaket (CLNAP-PDU) wird zusammen mit einem „Alignment Header" in das Informationsfeld des CLNIP-Datenpaketes (CLNIP-SDU) eingefügt. Die CLNIP-SDU bildet mit dem „CLNIP-PDU-Header" das CLNIP-Datenpaket.

In Bild 4.41 wird ebenfalls das Einfügen des CLNIP-Datenpaketes in das Informationsfeld einer Dateneinheit des „Common Part Convergence Sublayer"

4.7 Anschluß von herkömmlichen Endeinrichtungen am B-ISDN 163

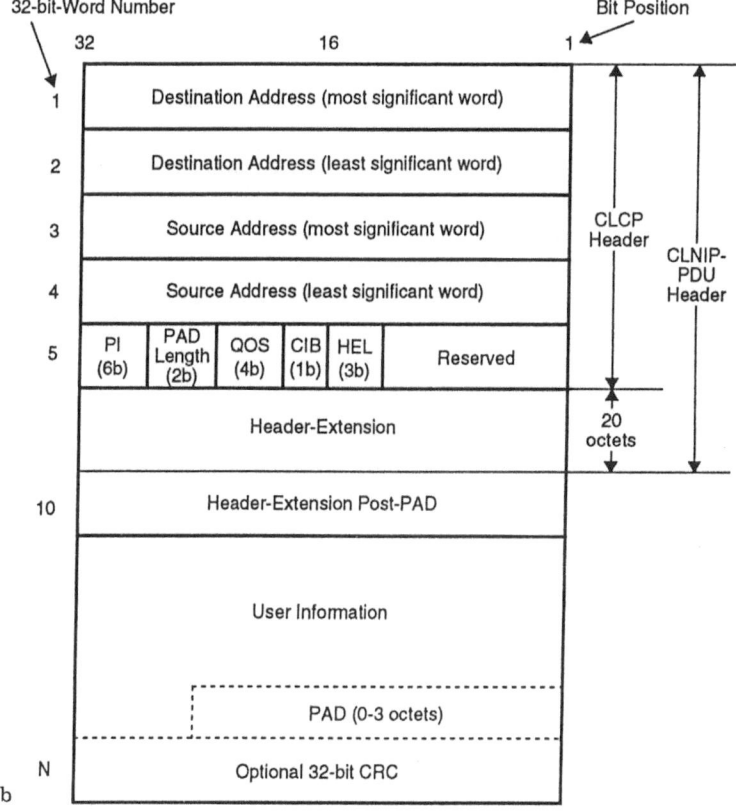

Bild 4.40b.

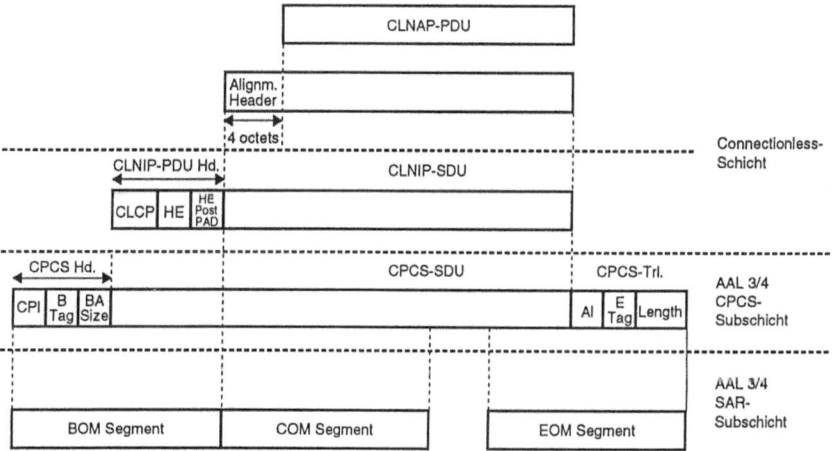

Bild 4.41. Einpacken (Encapsulation) eines CLNAP-Datenpaketes in ein CLNIP-Datenpaket

(CPCS-SDU) als Teil einer AAL-3/4-PDU angedeutet (vergl. AAL-3/4-Protokoll, Abschn. 4.3.4.2). Das AAL-3/4-Protokoll unterstützt die transparente Übermittlung der CL-Datenpakete ebenfalls ohne Übermittlungswiederholung fehlerhafter oder verlorengegangener CL-Datenpakete.

Mehrere AAL-3/4-Verbindungen können bei Verwendung unterschiedlicher „Message Identifier (MID)"-Werte über eine ATM-Verbindung betrieben werden. Für jede einzelne AAL-3/4-Verbindung soll die Reihenfolge der übermittelten CL-Datenpakete aufrechterhalten werden. Die Übermittlung der CL-Datenpakete in der AAL-3/4-Schicht erfolgt entweder im „Streaming Mode" oder im „Message Mode" (s. Abschn. 4.3.4.2).

5 Endeinrichtungen

Der Zugang zu den Diensten des ISDN erfolgt über die an den Benutzer-Netz-Schnittstellen (s. Abschn. 4.2) angeschlossenen Endeinrichtungen. Der Begriff Endeinrichtung umfaßt aus Sicht der öffentlichen Netze Endgeräte, Datenverarbeitungsanlagen und private Netze. Zu den *Endgeräten* zählen Geräte für die Kommunikation zwischen Menschen (z.B. das Telefon) und Geräte für die Kommunikation zwischen Mensch und Datenverarbeitungsanlagen (z.B. der kommunikationsfähige PC). Unter dem Begriff Datenverarbeitungsanlagen werden hier Rechner für die unterschiedlichsten Anwendungen verstanden. Im Zusammenhang mit der Datenfernübertragung werden diese oft als Vorrechner, als Mehrplatzsteuerungen oder als Dienstzentrum („host") für eine Vielzahl von Benutzern in Anwendungen wie beispielsweise Bildschirmtext und Electronic Mail eingesetzt. Datenverarbeitungsanlagen in diesem Sinne werden hier nur der Vollständigkeit halber erwähnt; durch sie ergeben sich aber keine zusätzlichen Aspekte. *Private Netze* ist ein umfassender Begriff für größere und kleinere nicht-öffentliche Netze. In diesem Rahmen werden die Nebenstellenanlage (TK-Anlage) und das Local Area Network (LAN) behandelt.

Endeinrichtungen werden in der Regel – aus benutzungsrechtlicher Sicht jedenfalls – nicht als Bestandteil eines Nachrichtennetzes gesehen. Das Netz endet an der Benutzer-Netz-Schnittstelle; der Begriff „Netzabschlußeinheit" (s. Abschn. 4.1.1) macht dies deutlich. Aber die neuen Möglichkeiten des ISDN mit der dienstunabhängigen, universellen Benutzer-Netz-Schnittstelle haben auf die Entwicklung der Endeinrichtungen natürlich wesentliche Auswirkungen.

5.1 Endgeräte

5.1.1 Vorbemerkungen

Die durch das ISDN bei den Endgeräten hervorgerufenen Innovationen betreffen vor allem die Endgerätefunktionen, die erforderlich sind, um die neuen Leistungsmerkmale des ISDN nutzen zu können. Daneben werden die ISDN-Endgeräte aber auch lokale Funktionen bieten, die allgemein den Bedienkomfort erhöhen.

Ein bedeutender, durch das ISDN geförderter Typ von Endgerät ist das *Multimedia-Endgerät* für die Kommunikation in mehreren Informationsarten abwechselnd oder gleichzeitig. Der mehrkanalige ISDN-Anschluß mit einer gemeinsamen Rufnummer für alle Kanäle und mit automatischer dienstabhängiger

Geräteansteuerung (s. Abschn. 4.4.3.1) erlaubt diese Mehrfachkommunikation mit *einem* Endgerät.

Infolge des vergrößerten Funktionsumfangs der neuen ISDN-Endgeräte sind aber auch vermehrte Anstrengungen erforderlich, um eine leichte Bedienbarkeit der Endgeräte in ihrer Funktionsvielfalt zu gewährleisten.

Bereits bei den heute vorhandenen Endgeräten trifft man auf eine Vielzahl von unterschiedlichen Benutzerschnittstellen für die Informationseingabe, die Informationsausgabe und die Bedienung. So verwenden Telefone unterschiedlich viele und unterschiedlich belegte Tasten für die Eingabe und unterschiedliche Tongeber und Anzeigeelemente für die Ausgabe von Signalisierungsinformationen. Diese Vielfalt der Bedienungsschnittstellen könnte mit dem Entstehen neuer Endgeräte für neue Dienste noch zunehmen.

Um einerseits das Netz unabhängig von dieser wachsenden Vielfalt an Benutzer-Schnittstellen zu halten und um andererseits die Entwicklung neuer Benutzer-Schnittstellen nicht durch das Netz zu behindern, werden die Signalisierungsereignisse für die Teilnehmer-Leistungsmerkmale an der Benutzer-Netz-Schnittstelle des ISDN möglichst funktional beschrieben, also möglichst unabhängig von den konkreten physikalischen Ein- /Ausgabeeinheiten eines bestimmten Endgerätes. Nach dem Konzept des *Funktionalen Protokolls* (s. Abschn. 4.4.5.6) setzt das Endgerät also selbst zwischen den Ereignissen an der Benutzer-Schnittstelle und den funktionalen Signalisierungsereignissen an der Benutzer-Netz-Schnittstelle um (Signalisierungsanpassung; Bild 5.1 a). Auf diese Weise kann rückwirkungsfrei die Bedienungsschnittstelle am Endgerät festgelegt werden.

In einigen öffentlichen Netzen wird das *Anreizprotokoll* (stimulus protocol, s. Abschn. 4.4.5.6) angewendet, bei dem die Bedienungsschnittstelle direkt vom Netz gesteuert wird. Dies erlaubt einfache Endgeräte und kann sinnvoll sein bei

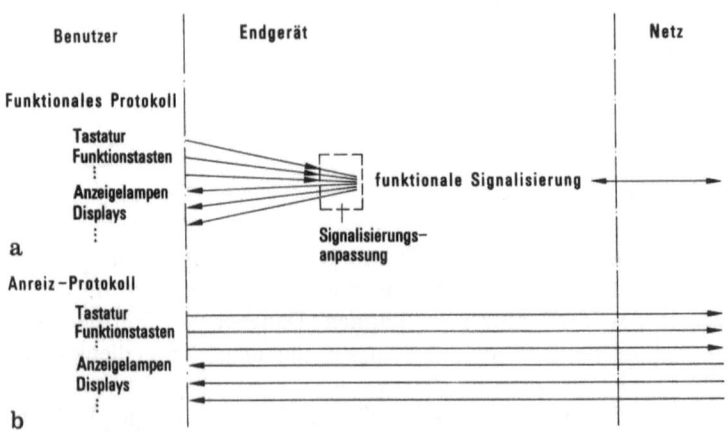

Bild 5.1. Benutzer-Schnittstelle von Endgeräten und Benutzer-Netz-Schnittstelle am ISDN. a bei dem Funktionalen Protokoll, b bei dem Anreizprotokoll

Endgeräten, die in wenigen Typen, aber in großer Verbreitung vorkommen (z.B. das Telefon). Nach dem Anreizprotokoll meldet das Endgerät Ereignisse an der Benutzer-Schnittstelle, z.B. Eingaben über die Tastatur, ohne sie selbst weiter zu verarbeiten, direkt als „Anreize" an das Netz (Bild 5.1 b). Das Anreiz-Endgerät erhält eine größere Flexibilität, da Leistungsmerkmale ohne Änderung im Endgerät zentral durch das Netz neu eingeführt oder geändert werden können. Dafür müssen für jeden Endgerätetyp im Netz gerätespezifische Daten geführt werden. Zu den Verfahren zur Steuerung von Teilnehmer-Leistungsmerkmalen mittels Funktionalem Protokoll und Anreizprotokoll gibt es die CCITT-Empf. Q.932 [234].

5.1.2 Anschaltung von Endgeräten an den ISDN-Basisanschluß

Wie in Abschn. 4.2.2 beschrieben, bietet das ISDN dem Benutzer mit dem ISDN-Basisanschluß eine busfähige Schnittstelle, die über parallel geschaltete Steckdosen den Betrieb von mehreren Endgeräten oder von Multimedia-Endgeräten an einem Benutzeranschluß ermöglicht (Bild 5.2).

Im folgenden wird geschildert, welche Grundfunktionen in den Endgeräten enthalten sein müssen, damit sie an dieser Benutzer-Netz-Schnittstelle betrieben werden können. Bild 5.3 zeigt die funktionelle Struktur der im Endgerät erforderlichen Anschalteeinheit für den ISDN-Basisanschluß.

Der Funktionsblock *Leitungsankopplung* besorgt die Anschaltung an die vier Adern der Schnittstelle beispielsweise durch Übertrager. Er besorgt auch die Auskopplung des über die Schnittstelle zugeführten Speisestroms. Der Funktionsblock *Fernspeisestromversorgung* bereitet die von der Netzabschlußeinheit NT oder – bei Ausfall der lokalen Netzspannung – von der Vermittlungsstelle kommende Stromversorgung auf (z.B. Spannungsstabilisierung). In den Fällen, in denen größere elektrische Leistung erforderlich ist (z.B. bei Betrieb von Bild-

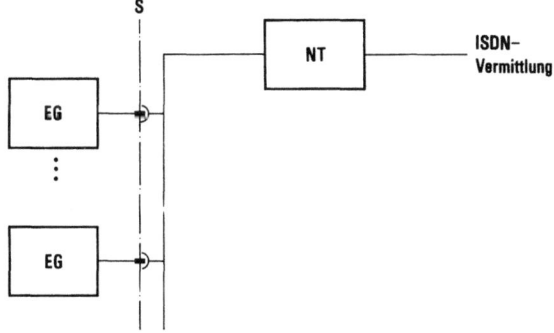

Bild 5.2. Betrieb mehrerer Endgeräte an der Benutzer-Netz-Schnittstelle S des ISDN-Basisanschlusses. EG Endgerät, NT Netzabschlusseinheit

168   5 Endeinrichtungen

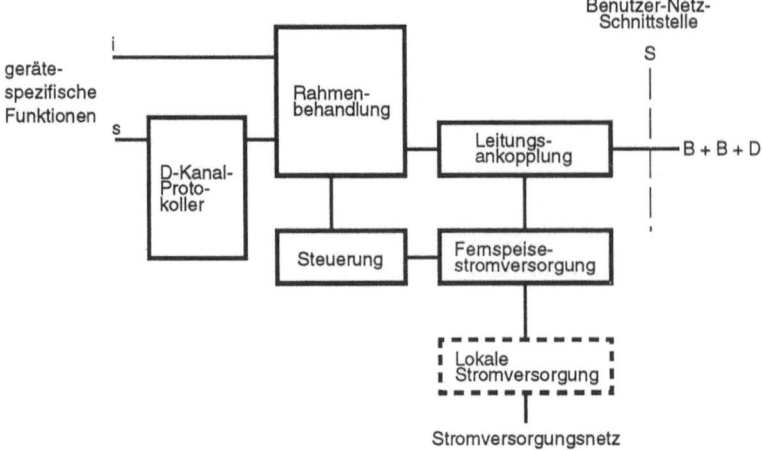

Bild 5.3. Anschalteeinheit im Endgerät für den ISDN-Basisanschluß.
s Signalisierungsdaten, i Nutzinformation

schirmen) ermöglicht dieser Funktionsblock den Anschluß des Endgerätes an das lokale Stromversorgungsnetz.

Der Funktionsblock *Steuerung* enthält die notwendigen Funktionen für die Steuerung der Benutzer-Netz-Schnittstelle, z.B. für das Initialisieren ihres Betriebszustands und für den Zugriff zum gemeinsamen Signalisierungskanal beim Betrieb des Endgerätes am passiven Bus (vgl. Abschn. 4.4.3).

Die Funktion *Rahmenbehandlung* ist in erster Linie zuständig für die Erzeugung der Multiplexstruktur (B+B+D) an der Schnittstelle. Der *D-Kanal-Protokoller* wickelt die Signalisierung mit der Vermittlungsstelle ab mit dem für den D-Kanal vorgesehenen Protokoll, Schichten 2 und 3 (s. Abschn. 4.4.4, 4.4.5).

Damit sind die Funktionen aufgeführt, die allgemein für die Anschaltung eines Endgerätes an das ISDN erforderlich sind. Weitere Funktionsblöcke sind entsprechend den speziellen Aufgaben des jeweiligen Endgerätes erforderlich. Diese werden noch im einzelnen erläutert.

5.1.3 Anschaltung von Endgeräten an die Breitbandschnittstelle

Wegen der noch geringen Verbreitung von ATM-Endgeräten in der Anfangszeit des Breitband-ISDN besteht die Notwendigkeit, Endgeräte mit ihren existierenden, unterschiedlichen Schnittstellen an die Breitbandnetzschnittstelle anzuschließen, z.B. Breitband-Endgeräte mit dem FDDI (s. Abschn. 5.2.2). Hierfür werden – wie im 64-kbit/s-ISDN auch – Terminal Adapter eingesetzt zur Umsetzung der Schnittstellen. Ein ATM-Endgerät wird an die Breitbandschnittstelle über eine Anschalteeinheit angeschaltet. Bild 5.4 zeigt ihre Funktionstruktur mit den wichtigen Grundfunktionen.

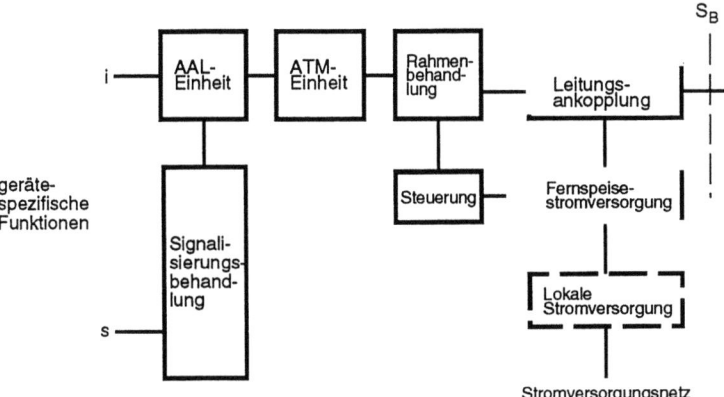

Bild 5.4. Funktionsstruktur der Anschalteeinheit für Endgeräte am B-ISDN
s Signalisierungsdaten, i Nutzinformation

Die Funktionseinheit *Leitungsankopplung* besorgt die physikalische Anschaltung der Benutzer-Netz- Schnittstelle. Hier gehen alle möglichen Optionen der physikalischen Schicht direkt ein (z.B. elektrische oder optische Übertragung).

Die Funktionseinheit *Fernspeisestromversorgung* bereitet die von der Netzabschlußeinheit B-NT1 kommende Stromversorgung auf. Die B-NT1 kann optional von der Vermittlungsstelle aus oder aus dem lokalen Stromversorgungsnetz versorgt werden. Im Falle von Breitband-Endgeräten mit höherem Leistungsbedarf ermöglicht dieser Funktionsblock auch den direkten Anschluß des Endgerätes an das lokale Stromversorgungsnetz. Bei Versorgung der B-NT1 aus der Vermittlungsstelle oder im Falle einer Batteriepufferung kann der Funktionsblock bei Ausfall der lokalen Netzspannung einen Notbetrieb (z.B. nur Telefonieren) aufrechterhalten.

Die Funktionseinheit *Rahmenbehandlung* ist verantwortlich für die Strukturierung der zu übertragenden Nachrichten entsprechend dem verwendeten Übertragungssystem einschließlich der Synchronisierung, Zellgrenzenerkennung (cell delineation) und die Fehlerbehandlung des Zellkopfes (HEC). Kommt für die Übertragung das SDH-System zur Anwendung (s. Abschn. 7), werden Rahmenerzeugung und Rahmenerkennung durchgeführt sowie das Abbilden von ATM-Zellen im SDH-Rahmen. Daneben werden die im SDH-System mitlaufenden OAM-Informationen (z.B. über Fehlerzustände des Übertragungssystems) behandelt. Bei Übertragungssystemen, die auf einer reinen Zellenübertragung basieren, fallen die mit dem Übertragungsrahmen zusammenhängenden Zeitmultiplexfunktionen fort und werden durch das Multiplexen von Zellen für die verschiedenen Kanäle (Nutz-, Signalisier- und OAM-Kanäle, einschließlich Leerzellen zur Anpassung an die Bitrate des Übertragungssystems) ersetzt.

Die *Steuerung* enthält die notwendigen Funktionen für die Steuerung der Benutzer-Netz-Schnittstelle, wie z.B. für das Initialisieren des Betriebszustands.

170   5 Endeinrichtungen

Die *ATM-Einheit* ist für die Zusammensetzung der ATM-Zellen zuständig. Wichtigste Funktion hier ist das Erzeugen bzw. Auswerten des Zellkopfes (s. Abschn. 4.3.3). Die *AAL-Einheit* besorgt das Einpassen der aus den verschiedenen Diensten resultierenden unterschiedlichen Nutzinformationstypen (z.B. connection-oriented constant bit rate, connection-oriented variable bit rate, connectionless variable bit rate).

Der Funktionsblock *Signalisierungsbehandlung* setzt die vom eigentlichen Endgerät (z.B. der von der Wähleinrichtung) kommenden Signalisierungsinformationen um in das Signalisierungsprotokoll für den Zugang zum Breitbandnetz (s. Abschn. 4.4). Signalisierinformationen vom Netz werden in Steuerbefehle für das Endgerät umgesetzt.

5.1.4 Endgeräte für das 64-kbit/s-ISDN

5.1.4.1   Das ISDN-Telefon

Das ISDN-Telefon ist ein Komforttelefon. Bei seiner Gestaltung sind nicht nur lokal realisierbare Komfortmerkmale zu berücksichtigen, wie z.B. Kurzwahl, Namensspeicher, Wahlwiederholung, sondern auch die ergänzenden Teilnehmer-Dienstmerkmale des ISDN-Fernsprechens (s. Abschn. 2.6). Bedeutsam ist die alphanumerische Anzeige, mit der beim ISDN auch Informationen aus dem Netz (z.B. die Rufnummer des Anrufenden) angezeigt werden können. Die Bedienung der Komfortmerkmale kann durch dedizierte Funktionstasten ermöglicht werden, wobei die Funktionstasten zweckmäßigerweise entsprechend ihrer Funktionen in mehreren Blöcken arrangiert sind: ein Block für die lokalen Funktionen, ein zweiter, in dem die Bedienung besonderer Funktionen des Verbindungsaufbaus zusammengefaßt ist, wie z.B. Anrufumleitung und Automatischer Rückruf. Ein dritter Block kann ergänzenden Dienstmerkmalen zugeordnet werden, bei denen das Netz für den Teilnehmer Informationen bereitstellt, wie beispielsweise Anrufliste und Gebührenanzeige. Damit aber nicht durch zu viele Tasten die Bedienung erschwert wird, ist man zu programmierbaren Tasten (Menüsteuerung) übergegangen, wobei dedizierte Funktionstasten nur für einige oft gebrauchte Grundfunktionen beibehalten werden. Weitere Merkmale des Komforttelefons sind z.B. integrierte Anrufbeantworter mit digitaler Sprachaufzeichnung in Halbleiterspeichern oder Kartenleser für die Identifizierung des Benutzers zu unterschiedlichen Zwecken (z.B. Gebührenzuordnung zu einzelnen Benutzern des Anschlusses; Umleitung von Anrufen, veranlaßt am fremden Telefon). ISDN-Telefone kann es – wie andere Komforttelefone auch – in unterschiedlichen Komfortstufen geben. Bild 5.5 zeigt den prinzipiellen Aufbau des ISDN-Telefons.

Über den *Tonruf* wird ein ankommender Ruf akustisch angezeigt.

Die *Spracheinheit* besorgt die Umsetzung der Sprachsignale von der analogen in die digitale Darstellungsform und umgekehrt (PCM- Codierung/Decodierung; ggf. auch andere Codierungen, wie z.B. ADPCM (s. Abschn. 7.2.2), um eine qualitativ bessere Sprachübertragung zu erreichen).

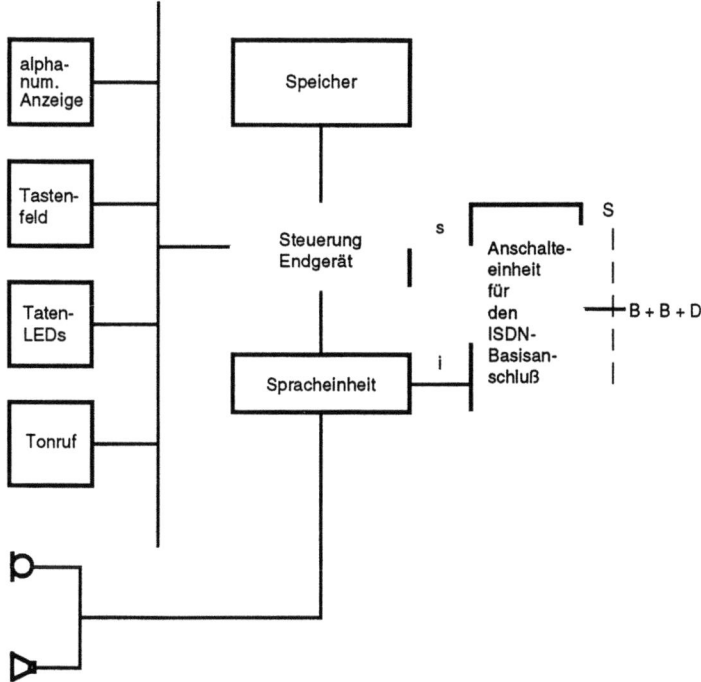

Bild 5.5. Funktioneller Aufbau des ISDN-Telefons.
s Signalisierungsdaten, i Nutzinformation

Der Funktionsblock *Steuerung Endgerät* wertet die verschiedenen vermittlungstechnischen Zustände aus (besonders die Auswahl des B-Kanals). Außerdem wird von hier aus die Bedienungsschnittstelle gesteuert, z.B. Abfrage der Tasten und die Steuerung der Anzeigezeile des Fernsprechers mit entsprechenden Verarbeitungsfunktionen.

Die Funktionseinheit *Speicher* enthält die Daten, die für die Ausführung von lokalen Komfortmerkmalen (z.B. Wahlwiederholung) und netzseitigen Komfortmerkmalen (z.B. Anrufliste) gebraucht werden.

Für ISDN-Telefone existieren eine Reihe von Standards oder sind in Vorbereitung. So beschreibt ETS 300 085 [42] die Sprachübertragungsparameter, die für ISDN-Telefone gelten sollen.

5.1.4.2 Das ISDN-Bildtelefon

Für die Bewegtbildkommunikation werden eine Reihe von Verfahren der Bildkodierung eingesetzt, die bei unterschiedlichen Übertragungsbitraten unterschiedliche Bildqualität liefern. Mit fortschreitender Technik der Bildkompression durch geeignete Kodierung ist es insbesondere möglich geworden, mit der Übertragungskapazität des ISDN-Basisanschlusses Bewegtbilder in einer Qualität zu übertragen, die für viele Anwendungen akzeptierbar ist. Damit kann den Telekom-Nutzern ein Dienst „Schmalband"-Bildtelefonieren geboten werden, bevor ein Breitbandnetz zur Verfügung steht, wenn auch mit beschränkter Güte bei Bildauflösung und Bewegungsschärfe.

Die technischen Merkmale der Bildtelefone, die für die Kompatibilität wichtig sind, wurden standardisiert [235].

Beim Bildtelefon am Basisanschluß strebt man an, möglichst viel der Übertragungskapazität der beiden Nutzkanäle für Bildübertragung zu verwenden; das Audio-Signal wird demnach auch komprimiert. Die derzeitige Standardisierung sieht eine Aufteilung Video zu Audio von maximal 108,8 kbit/s zu 16 kbit/s vor, wobei die verbleibende Übertragungskapazität der beiden Nutzkanäle für Steuerzwecke verwendet wird (z.B. Verhandlung der Betriebsweise, Steuerung und Synchronisierung der Codecs). Für die Synchronität der beiden 64-kbit/s-Kanäle, die wegen der gemeinsamen Nutzung für das Video-Signal erforderlich ist, muß im Endgerät gesorgt werden. Die Bilder werden mit 352 Bildpunkten/Zeile und 288 Zeilen/Bild auf dem Bildschirm dargestellt. Dies entspricht etwa einem Viertel der Bildauflösung, die man vom Fernsehen her gewohnt ist. Als besondere Betriebsweise sind 176 Bildpunkte/Zeile und 144 Zeilen/Bild vorgesehen. Damit ergibt sich die Möglichkeit, die Bewegungsschärfe zu erhöhen. Ein Protokoll erlaubt es den Endgeräten, die Betriebsweise in gewissen Grenzen zu verhandeln (u.a. Aufteilung Video/Audio, Bildauflösung).

Bild 5.6 zeigt die Funktionsstruktur eines ISDN-Bildtelefons. Die *Anschalteeinheit* unterscheidet sich von der in Abschn. 5.1.2 beschriebenen dadurch, daß sie beide Nutzkanäle behandelt. Der *Multiplexer* verteilt Audio und Video auf die beiden Nutzkanäle und besorgt die Synchronisierung der Kanäle. Die *Steuerung* unterstützt Lokalfunktionen und regelt die verhandelte Betriebsweise. Zusätzlich zu Mikrophon und Lautsprecher wird in der Regel auch ein Telefon-Handapparat vorhanden sein.

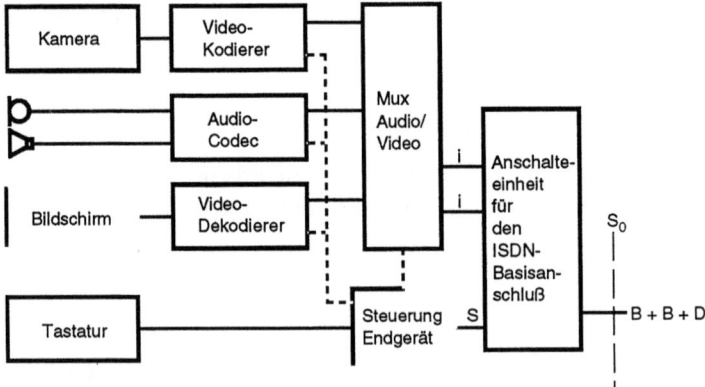

Bild 5.6. Funktionsstruktur eines ISDN-Bildtelefons
s Signalisierungsdaten, i Nutzinformation

5.1.4.3 Der ISDN-Fernkopierer

Die Fernkopierer hat man entsprechend ihren Leistungsmerkmalen und ihrer Übertragungsart in Gruppen eingeteilt. Die Gruppen 1 bis 2 sind Geräte mit analoger Kodierung und Übertragung. Fernkopierer der Gruppe 3 übertragen digital über Modems im PSTN. Ein optional gesichertes Übertragungsprotokoll (Error Correction Mode [241]) wurde eingeführt, so daß Fehler in der Wiedergabe (z.B. Zeilenfehler) praktisch nicht mehr vorkommen. Im Hinblick auf ISDN wurde der Fernkopierer der Gruppe 3 weiterentwickelt und mit zusätzlichen Optionen aufgerüstet [236, 238]. Die Übertragungsgeschwindigkeit erhöhte sich von 9.6 kbit/s auf 14,4 kbit/s und für ISDN auf 64 kbit/s. Die neuen optionalen Auflösungen von Gruppe 3 sind 300x300 und 400x400 dpi (dots per inch). Bei Geräten für den Einsatz im Bürobereich geht der Trend zur Aufzeichnung auf Normalpapier. Die Übertragungsgeschwindigkeit (64 kbit/s) macht auch die Übertragung von Farb-Fernkopien praktikabel.

Speziell für digitale Netze hat ITU-T eine Gruppe 4 definiert mit den Merkmalen der weiterentwickelten Gruppe 3-Fernkopierer. Geräte der Gruppe 4 arbeiten natürlich auch mit einem gesicherten Übertragungsprotokoll. Im Vergleich mit der Gruppe 3 ergibt sich als wesentlicher Unterschied die Möglichkeit, „Mixed Mode"-Dokumente (zeichenkodiert und bildpunktkodiert) zu behandeln.

Gut ausgestattete Fernkopierer haben eine Reihe von Funktionen, die eine vielseitige Gestaltung des Telefax-Verkehrs ermöglichen, wie Abruf von Dokumenten bei Gegenstellen, zeitversetztes Senden und Gruppenwahl.

Bild 5.7 zeigt die funktionale Struktur des Fernkopierers. Ähnlich wie beim ISDN-Telefon unterstützt das ISDN auch hier den Benutzer bei der Abwicklung der Kommunikationsvorgänge. So hat der ISDN-Fernkopierer das Anzeigefeld und Funktionstasten für die Aktivierung von ISDN-Zusatzdienstmerkmalen für Verbindungsaufbau usw.

Für die Abtasteinrichtung (Scanner) moderner Fernkopierer werden zwei Verfahren angewendet: Entweder wird die Vorlage an einer Zeile mit lichtempfindlichen Dioden vorbeigeführt, oder die Vorlage wird zeilenweise über ein Spiegelsystem auf ein „Diodenauge" abgebildet. Bei den Fernkopierern werden zunehmend die Drucktechniken eingesetzt, die bei PC-Druckern üblich sind (Laser, LED, Tinte, Thermotransfer).

5.1.4.4 Der Personal Computer

Der Personal Computer (PC) gehört heute zur unentbehrlichen Ausstattung der meisten Büroarbeitsplätze als Hilfsmittel für den Umgang mit Informationen, insbesondere für die Bearbeitung von Text und Graphik. Im Grunde benötigt jeder PC auch die elektronische Kommunikation, damit die bearbeiteten Dokumente schnell weitergegeben werden können, Zugriff zu Datenbanken (z.B. im Internet) möglich ist oder Programme aus einem zentralen Programmspeicher abgeholt werden können. Dienste wie Electronic Mail und Bildschirmtext verstärken noch den Bedarf an Kommunikation.

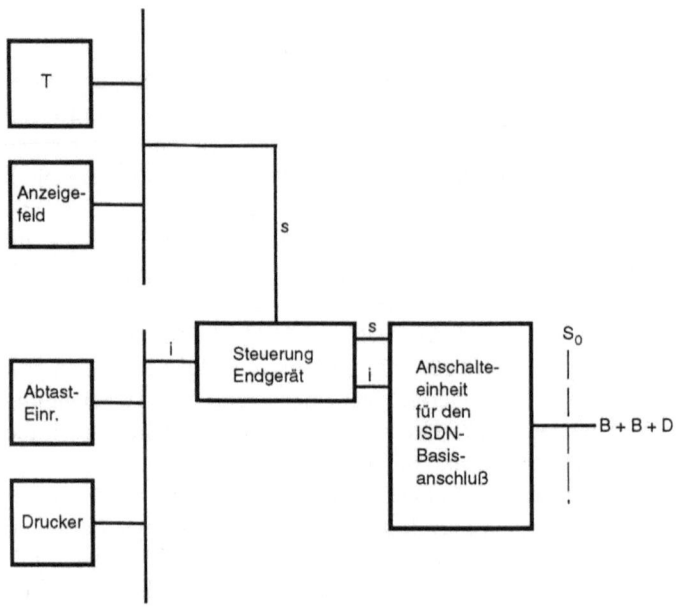

Bild 5.7. Funktionsstruktur des ISDN-Fernkopierers
s Signalisierungsdaten, i Nutzinformation

Für den Anschluß handelsüblicher PCs an das ISDN wurden Zusatzeinrichtungen entwickelt. Diese Zusatzeinrichtungen können als separate ISDN-Adapter ausgeführt sein zum Anschluß an den Parallelausgang des PC oder als ISDN-Karten, die in den PC eingesteckt werden. ISDN-Karten werden meist am internen Bus des PCs angeschaltet. Zunehmend wird aber auch ein ISDN-Anschluß direkt auf dem Mother Board des PCs integriert. Bild 5.8 zeigt die Funktionsstruktur des PCs mit ISDN-Anschluß.

Zusatzeinrichtungen für den Anschluß des PCs an das ISDN können hinsichtlich ihrer Funktionalität unterschiedlich leistungsfähig sein. Einfache ISDN-Steckkarten enthalten im wesentlichen nur die im Abschn. 5.1.2 beschriebene Anschalteeinheit. Zusätzlich kann ein Baustein enthalten sein mit einem Protokoll für die Übertragung der Nutzinformation auf dem B-Kanal (vorzugsweise nach den von ITU-T empfohlenen Telematikprotokollen). Diese Steckkarten sind vorteilhaft klein und kostengünstig, haben aber den Nachteil, daß Prozessor und Speicher des PCs für die ISDN-Kommunikation mitbelastet werden, z.B. mit der Software für die Steuerung des Signalisierungskanals und des Nutzkanals im Zuge der Verbindung. Auch kann es vorkommen, daß weniger leistungsstarke PCs hinsichtlich der Zeitparameter den Anschlußbedingungen des ISDN nicht genügen können. Intelligente Karten sind mit Prozessor und Speicher bestückt, wodurch sie in der Lage sind, unabhängig vom eigentlichen PC alle Funktionen der ISDN-Kommunikation zu übernehmen.

5.1 Endgeräte 175

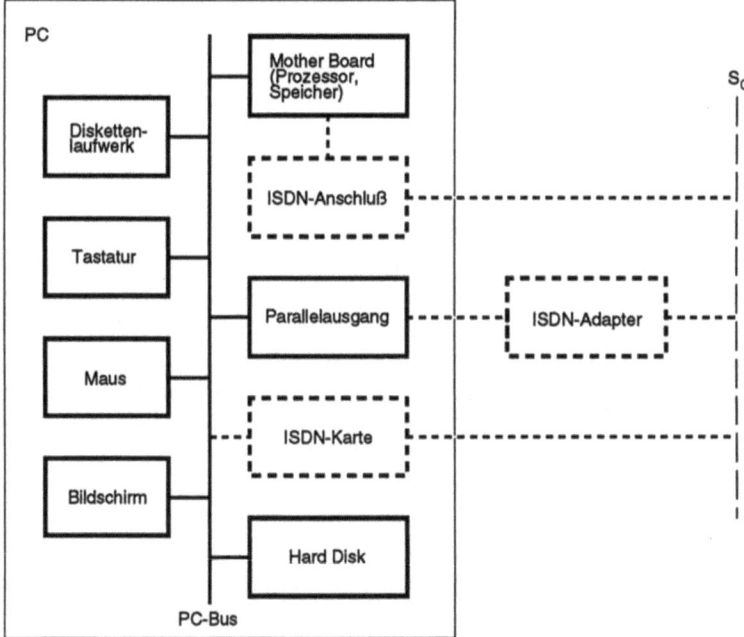

Bild 5.8. Funktionsstruktur eines Personal Computers mit drei verschiedenen Möglichkeiten der Anschaltung von Adaptionseinrichtungen

Eine besondere Software unterstützt den Verbindungsaufbau, so daß über die Tastatur des PCs die Wahlinformation eingegeben werden kann und Verbindungszustände auf dem Bildschirm in einem Kommunikationsfenster erscheinen. Diese Software kann zu einem „Kommunikationsmanager" ausgebaut sein, so daß die gesamte Telekommunikation des Benutzers – insbesondere auch der Telefonverkehr – mit Hilfe des Bildschirms des PCs abgewickelt werden kann (mit automatischer Wahl aus dem elektronischen Adreßbuch und Namenanzeige der rufenden Teilnehmer).

Um kommunikationsspezifische Anwendungsprogramme (z.B. für File Transfer) unabhängig zu machen von den verschiedenen Ausführungen der ISDN-Karte, strebt man für die Karte eine standardisierte Schnittstelle an. In Deutschland hat man sich auf das *Common ISDN Application Programming Interface (CAPI)* geeinigt, das zwischen den Ebenen 3 und 4 des OSI-Referenzmodells (s. Abschn. 2.1.1) angesiedelt ist. An der Standardisierung von CAPI wird bei ETSI gearbeitet.

Mit modernen ISDN-Karten kann der PC an verschiedenen Telekommunikationsdiensten teilnehmen, wie z.B. Telefax, Teletex, Bildschirmtext.

Schließlich sei noch darauf hingewiesen, daß man im lokalen Bereich PCs häufig über Local Area Networks (s. Abschn. 5.2.2) vernetzt. Abgesetzte PCs können vorteilhaft mit ISDN an Local Area Networks herangeführt werden.

5.1.5 Endgeräte für das Breitband-ISDN

5.1.5.1 Das Fernsehtelefon

Unter einem Fernsehtelefon versteht man allgemein ein Gerät, bei dem die Bildwiedergabe dem gegenwärtigen Fernsehen (PAL) entspricht, oder das sogar einen hochauflösenden Bildstandard (z.B. High Definition TV (HDTV), s. Abschn. 2.5.3) implementiert hat. Es ist zu erwarten, daß solche Geräte trotz datenreduzierender Kodierung eine um Größenordnungen höhere Übertragungsbitrate benötigen als das Bildtelefon (je nach Bildqualität z.B. 4 Mbit/s bis 30 Mbit/s).

Entsprechend der hochwertigen Bildwiedergabe ist das Fernsehtelefon vielseitig verwendbar. Insbesondere ist es einzusetzen in Konferenzsituationen (auch Mehrpunktverbindungen), wo großräumige Szenen (z.B. Gruppen von Personen) zu übertragen sind. Auch ist das Fernsehtelefon dazu geeignet, über die Ferne Dokumente zu zeigen und zu diskutieren, wobei je nach Bildstandard eine halbe oder ganze DIN-A 4-Seite in Schreibmaschinenschrift auf dem Bildschirm lesbar ist.

Die Anwendungsvielfalt des Fernsehtelefons vergrößert sich weiter durch den Anschluß von Zusatzgeräten, wie z.B. Zweit-Mikrophon, Zweit-Bildschirm, Projektionsschirm, Videorecorder und Lichtgriffel oder eines PCs.

Bild 5.9 zeigt die Funktionsstruktur eines Fernsehtelefons. Wesentliche Bestandteile des Fernsehtelefons sind: die Ein- und Ausgabegeräte für Audio und

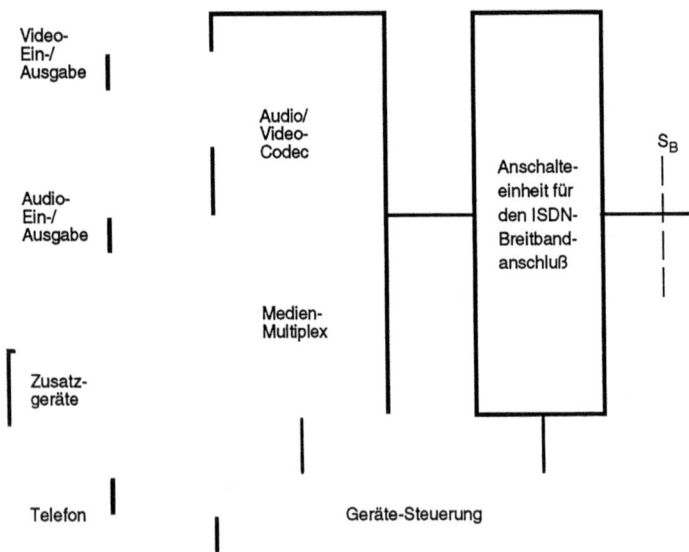

Bild 5.9. Funktionsstruktur des Fernsehtelefons

Video, die Einrichtungen zur Nutzsignal-Aufbereitung und -kodierung und der Schnittstellenteil zur Bildung der physikalischen und logischen Netzschnittstelle. Die Gerätesteuerung wickelt die Gerätefunktionen und die Funktionen zur Verbindungssteuerung ab.

5.1.5.2 Breitband-Endgeräte für besondere Anwendungen

Es gibt eine Reihe von Anwendungen der Bildschirmkommunikation, bei denen Festbilder mit einer im Vergleich zum Fernsehtelefon wesentlich größeren Bildschärfe, fallweise auch einer besseren Farbdarstellung erforderlich sind. Zum Beispiel werden im medizinischen Bereich Röntgenbilder, mit Computer-Tomographie erzeugte Bilder u.a. übertragen. Die zur Betrachtung der Bilder verwendeten Bildschirme haben eine Auflösung von 1000x1000 Bildpunkten, wobei die Entwicklung zu 2000x2000 Bildpunkten je Bildschirm geht. In der Regel genügt eine schwarz/weiße, aber kontrastreiche Darstellung. Der Kontrast wird beispielsweise mit 16 bit/Bildpunkt verschlüsselt. Diese Bildschirmgeräte brauchen das Breitband-ISDN: Toleriert man beim Bildabruf eine Wartezeit von einer Sekunde, dann muß das Netz eine Übertragungsgeschwindigkeit haben, die deutlich über 16 Mbit/s (bzw. 64 Mbit/s) liegt.

Im Bereich Computer-Aided Design (CAD) bzw. Computer Aided Manufacturing (CAM) ergeben sich ähnliche Anforderungen an das Netz. Typische Endgeräte sind mit Farbmonitoren ausgestattet mit einer Auflösung von 1000x1000 Bildpunkten und einer Farbtiefe von 8 bit/Bildpunkt. Hier sind allerdings nicht die Bildschirmeigenschaften maßgebend für die benötigte Übertragungsgeschwindigkeit des Netzes, da die Bilder als Vektorgraphik (Linien, Bögen usw.) kodiert sind.

Bei der Filmbearbeitung und dem Layout von Farbbildern ist neben einer hohen Bildauflösung eine extreme Farbtiefe erforderlich. Hier findet man Werte für Bildauflösung von 1000x1000 Bildpunkten je Bildschirm und eine Farbtiefe von 24 bit/Bildpunkt.

Neben Hochleistungsbildschirmen zählen zu den Breitband-Endgeräten für besondere Anwendungen die Fernkopierer für Zeitungsseitenübertragung (PressFax). Hier sind Scanner und Recorder ausgelegt für die Abtastung bzw. Wiedergabe einer ganzen Zeitungsseite. Die Abtastgeschwindigkeit liegt typisch bei 10 Mbit/s mit einer Abtastfeinheit je nach Rasterweite der Vorlage einstellbar von 200 bis 800 Linien/cm. Eine typische Datenmenge pro Seite ist 600 Mbit (vor der Kompression). Farbseiten werden übertragen, indem die Farbauszüge einzeln übertragen werden. Bei der Zeitungsseitenübertragung werden die vom Scanner erzeugten Daten häufig an mehrere Recorder gesendet, um dezentrales Drucken zu ermöglichen. Damit ergibt sich der Wunsch nach Mehrpunktverbindungen im Breitbandnetz.

5.1.6 Multimedia-Endgeräte

Unter einem Multimedia-Endgerät ist im Prinzip ein Endgerät zu verstehen, mit dem die Kommunikation in mehreren Informationsarten abwechselnd oder gleichzeitig möglich ist, also z.B. in den Informationsarten Sprache, Text und Graphik. Dabei werden über das Multimedia-Endgerät in der Regel mehrere Dienste des Netzes in Anspruch genommen. Multimedia-Kommunikation ist im Prinzip auch möglich mit einzelnen dienstspezifischen Endgeräten. Die Integration mehrerer Informationsarten in einem Gerät hat aber entscheidende Vorteile:
- Dienstewechsel während einer Verbindung ist möglich.
- Die Einrichtungen für die Verbindungsherstellung müssen nur einmal vorhanden sein.
- Gleichzeitige Kommunikation in mehreren Diensten kann leichter durchgeführt werden, u.a. dadurch, daß Informationen in unterschiedlichen Informationsarten (z.B. Text und Bild) gleichzeitig im Blickfeld sind, weil sie auf *einem* Bildschirm angezeigt werden können (Fenstertechnik).
- Das Multimedia-Endgerät kann den Kommunikationsvorgang unterstützen, indem verbindungsrelevante Informationen – bis hin zu einem lokal gespeicherten Telefonverzeichnis – auf einem ohnehin vorhandenen Bildschirm angezeigt werden („Kommunikationsfenster").
- Der Bedarf an Stellfläche für ein Multimedia-Endgerät ist wesentlich geringer als der einer entsprechenden Anzahl dienstspezifischer Endgeräte.

Streng genommen sind das Bildtelefon und PCs, über die beispielsweise Daten- und Faksimilekommunikation abgewickelt werden, Multimedia-Endgeräte. In diesem Abschnitt sollen unter dem Begriff Multimedia-Endgeräte aber nur solche Endgeräte behandelt werden, bei denen isochrone Kommunikation mit hohen Realzeitanforderungen (z.B. Bewegtbild, Ton) und asynchrone Kommunikation mit weniger hohen Realzeitanforderungen (z.B. Text, Standbild) kombiniert sind. Auch müssen gleichzeitig Verbindungen zu mehreren Gegenstellen möglich sein.

Eine einfache Multimedia-Anwendung ist die Rückfrage in einer Datenbank während eines Telefongespräches. Anspruchsvollere Anwendungen von Multimedia-Kommunikation ergeben sich beim Computer Supported Cooperative Working (CSCW), bei dem mehrere voneinander entfernte Personen gemeinsam beispielsweise am Design eines Produktes arbeiten und dazu über Ton und Bewegtbild miteinander in Verbindung stehen und gleichzeitig auf ihren Bildschirmen von einem CAD-Verfahren erzeugte Bilder einsehen können. Multimedia-Endgeräte für anspruchsvollere Anwendungen sind grundsätzlich auf PCs oder Workstations aufgebaut.

In den Fällen, wo Bewegtbildkommunikation und Festbildkommunikation mit Bildern hoher Auflösung zur Anwendung kommen sollen, wird man der besseren Qualität wegen zu breitbandiger Übertragung tendieren. Typische Bitraten für komprimiertes digitales Video sind 1,5 Mbit/s für VHS-Qualität, 4 bis 10 Mbit/s für Fernsehqualität und 20 bis 30 Mbit/s für HDTV. Um ein Festbild mit den auf einem Bildschirm hoher Qualität darstellbaren 1000x1000 Bildpunkten und einer Farbtiefe von 24 bit (mit einem typischen Komprimierungsfaktor 3) in einer Sekunde zu übertragen, benötigt man eine Bandbreite von 8 Mbit/s.

In Bild 5.10 ist die Funktionsstruktur eines Multimedia-Endgerätes für anspruchsvollere Anwendungen gezeigt. Die Funktion *Video-Overlay* wird benötigt für die Darstellung von Video und seine Integration in die fensterorientierte Bildschirmorganisation.

Ergänzende Literatur zur Multimedia-Kommunikation findet man in [332, 337, 32].

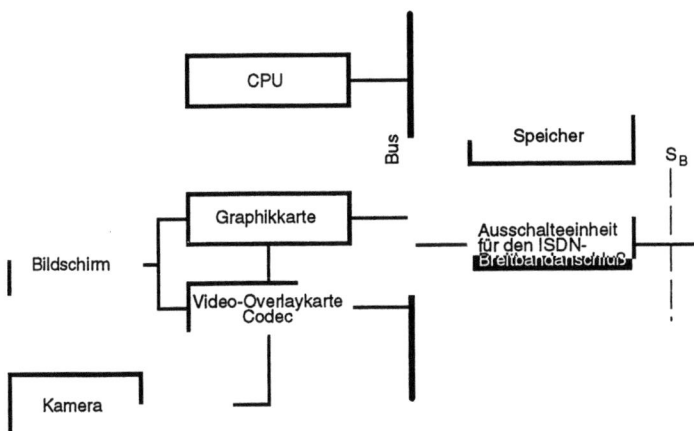

Bild 5.10. Funktionsstruktur eines Multimedia-Endgerätes

5.2 Private Telekommunikationsanlagen

Private Netze können heute auch die Integration verschiedener Dienste ermöglichen. Mit Hilfe der Telekommunikations(TK)-Anlagen lassen sich private ISDNs und Breitband-ISDNs aufbauen. Dabei stellen solche TK-Anlagen im allgemeinen weitergehende Anforderungen an das öffentliche Netz als die übrigen angeschlossenen Einrichtungen. Als typische Beispiele seien angeführt:
- erweitertes Spektrum an Teilnehmerleistungsmerkmalen (Dienstmerkmalen),
- eigenes Rufnummernschema,
- Berechtigungen für bestimmte Anschlüsse,
- besondere Leistungsmerkmale für Verwaltung und Wartung, z.B. eigene Bedienplätze sowie automatische Verkehrsmessung und detaillierte Gesprächsdatenerfassung.

Local Area Networks (LANs) – zunächst für Daten- und Textverkehr höherer Geschwindigkeit konzipiert – erlauben auch den Verkehr in allen Informationsarten (Multimedia-Kommunikation). Für grundstücksüberschreitenden Verkehr lassen sich diese LANs auch an das ISDN und das Breitband-ISDN anschließen.

5.2.1 TK-Anlagen am 64-kbit/s-ISDN

5.2.1.1 Prinzipielle Lösungen

Um die erweiterten Kommunikationsanforderungen von Geschäftsnetzen zu erfüllen, stehen zwei grundsätzlich verschiedene Lösungsansätze zur Verfügung:

- Privatnetze mit eigenen Vermittlungseinrichtungen (TK-Anlagen) im Teilnehmerbereich in Form von *Nebenstellenanlagen NStA* (Bild 5.11 a); auf ISDN-Nebenstellenanlagen wird im Abschn. 5.2.1.2 näher eingegangen.
- Anschluß der Geschäftsnetzteilnehmer direkt an eine Teilnehmervermittlungsstelle des öffentlichen Netzes. Bei dieser als *CENTREX-Dienst* (*Cent*ral *O*ffice *Ex*change Service) bezeichneten und vor allem in Nordamerika verbreiteten Lösung bietet die öffentliche Teilnehmervermittlungsstelle den Centrex-Teilnehmern NStA-typische Leistungsmerkmale (vgl. Bild 5.11 b und [297]).

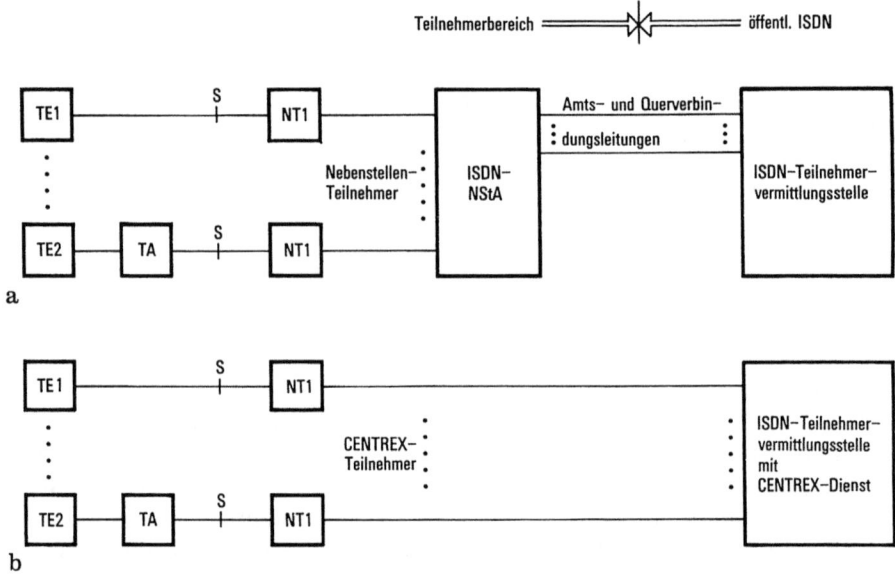

Bild 5.11. Prinzipielle Lösungen für ISDN-Geschäftsnetze. a ISDN-NStA (privates Netz); b CENTREX-Dienst (Anschluß der Geschäftsnetz-Teilnehmer direkt an die öffentliche ISDN-Teilnehmervermittlungsstelle unter Nutzung von NStA-typischen Leistungsmerkmalen).

NStA   Nebenstellenanlage
CENTREX   Central Office Exchange Service
TE1   ISDN-Endgerät mit S-Schnittstelle
TE2   Endgerät mit herkömmlicher Schnittstelle
TA   Anpassungseinheit
NT1   Netzabschlußeinheit

5.2.1.2 Struktur und Merkmale einer TK-Anlage am 64-kbit/s-ISDN

Bild 5.12 zeigt die Struktur einer TK-Anlage. Eine TK-Anlage, die den heutigen und zukünftigen Anforderungen als „Drehscheibe" der Bürokommunikation Rechnung trägt, umfaßt im wesentlichen folgende Funktionsbereiche [310]:
- Grundanlage mit Durchschaltevermittlung (CS),
- lokales Busnetz (LAN),
- Paketvermittlungsfunktion (Service Modul),
- Vernetzung von Nebenstellenanlagen (Erstanlagen, Zweitanlagen) zu Privatnetzen
- Zusatzeinrichtungen für höhere, über den Informationstransport hinausgehende Funktionen und Dienste,
  1. Speicherung: Private Datenbanksysteme, Inhouse Bildschirmtext-Zentralen.
  2. Verarbeitung: Datenverarbeitungsanlagen (DVA)
     a) teilnehmergleicher DVA-Anschluß, um lokal oder entfernt angeschlossenen Terminals den Zugang zur DVA über die Nebenstellenanlage zu ermöglichen.
     b) DVA-Anschluß über den Service Modul Betrieb zur betriebs- und wartungstechnischen Kopplung zwischen Nebenstellenanlage (Steuerung) und DVA, z. B. für Gesprächsdatenerfassung, zentralisierte Betriebstechnik, Fernbedienung und -wartung und DVA-gesteuerten Verbindungsaufbau.
  3. Store and Forward-Kommunikation: Voice Mail, Text Mail,
  4. Kompatibilität: Protokollanpassung Endgerät/Rechner, Übergänge zwischen verschiedenen Diensten (z. B. Teletex-Faksimile).

Basis der in Bild 5.12 dargestellten Struktur ist ein digitales Zeitmultiplex-Vermittlungssystem; dadurch sind folgende Merkmale eines privaten ISDN implizit festgelegt [66]:
- *Ein* Netz für *alle* Kommunikationsformen, also einschließlich Sprachkommunikation,
- *Stern*-Topologie mit *zentraler* Steuerung, d. h. Beibehaltung der bisher in Nebenstellennetzen weit verbreiteten Netzstruktur und Weiterverwendbarkeit der vorhandenen innerbetrieblichen Infrastruktur des Telefonleitungsnetzes,
- *Durchschaltevermittlung*, ergänzt um den Zugang zu X.25-Paketvermittlungsdiensten.

Die *Grundanlage mit Durchschaltevermittlung* (Bild 5.12) der TK-Anlage beruht auf einem digitalen Zeitmultiplex-Vermittlungssystem. Aufbau und Funktionsweise einer privaten ISDN-Vermittlungseinrichtung entsprechen daher grundsätzlich der in Abschn. 6.2 ausführlich behandelten öffentlichen ISDN-Vermittlungstechnik. Dazu gehören neben der Benutzer- und Netzperipherie, die die anschlußabhängigen Schnittstellen- und Signalisierungsfunktionen übernehmen, die aus Gründen der Ausfallsicherheit verdoppelten zentralen Komponenten, d. h. ein blockierungsfreies digitales Koppelfeld in Zeitstufentechnik

5 Endeinrichtungen

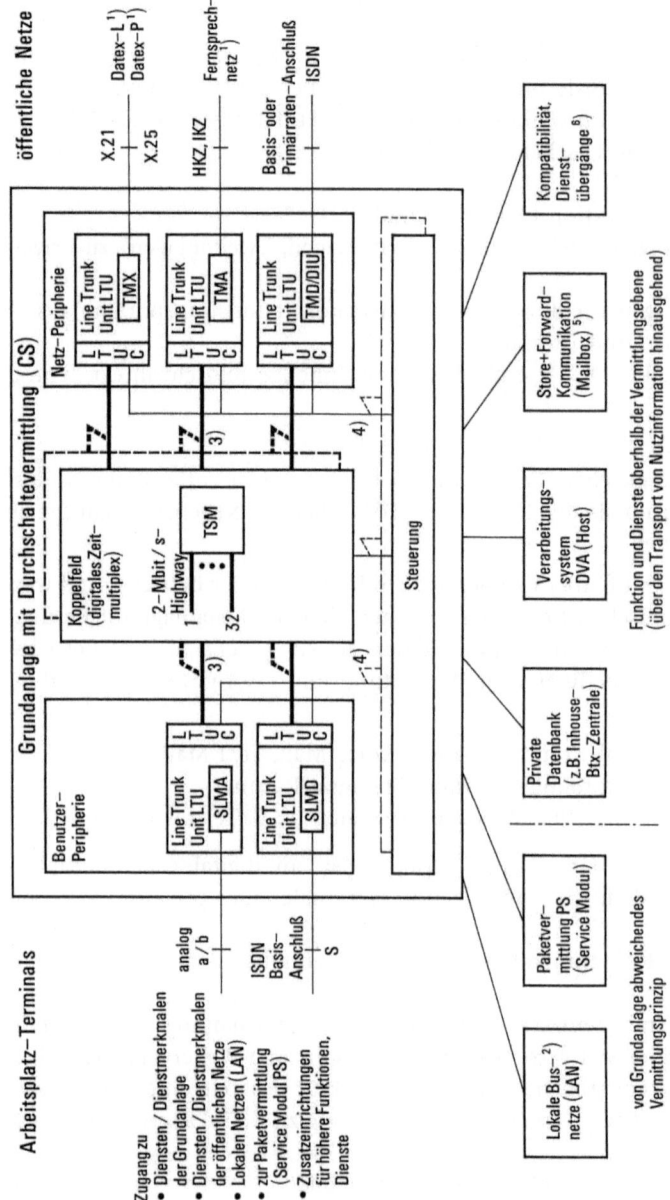

5.2 Private Telekommunikationsanlagen

zur Durchschaltung der 64-kbit/s-Kanäle und eine zentrale Steuerung mit Speicherprogrammierung (SPC). Die Funktionseinheiten (Line Trunk Units LTU) der Peripherie nehmen anschlußspezifische Moduln für den Benutzer- (Subscriber Line Module SLM ...) bzw. für den Netzanschluß (Trunk Module TM ...) auf und sind über anlageninterne Zeitmultiplexsysteme „2-Mbit/s-Highways" mit dem Koppelfeld verbunden. Der Austausch von Signalisierungsinformation mit der zentralen Steuerung erfolgt über eigene Steuerwege, um das Koppelfeld zu entlasten.

Im *Benutzeranschlußbereich* der TK-Anlage (Bild 5.13) kann das für das öffentliche ISDN international standardisierte D-Kanalprotokoll (S-Schnittstelle) ebenfalls – zumindest als Basis – eingesetzt werden, da sich dadurch gleiche Anschlußbedingungen für Endgeräte an öffentlichen und privaten ISDN-Vermittlungseinrichtungen ergeben. Der daraus resultierende Vorteil der Endgeräte-Portabilität zwischen öffentlichen und privaten Benutzeranschlüssen braucht nicht mit mangelnder Flexibilität – z. B. im Hinblick auf den bei Nebenstellenanlagen größeren Umfang an komfortablen Zusatzdienstmerkmalen – erkauft zu werden, da in dem bei ITU-T standardisierten Signalisierungsprotokoll bereits Vorkehrungen getroffen sind, mit denen das Protokoll dem Bedarf von Nebenstellenanlagen angepaßt werden kann – z. B. durch zusätzliche Informationselemente in den Signalisierungsnachrichten (vgl. Abschn. 4.4.5).

Bild 5.12. Prinzipielle Struktur einer ISDN-Nebenstellenanlage als „Drehscheibe" der Bürokommunikation
LTU   Anschlußeinheit (Line Trunk Unit)
LTUC LTU-Steuerung (LTU Control)
TSM   Zeitstufenbaugruppe (Time Stage Module)
SLMA Teilnehmeranschluß-Baugruppe analog
       (Subscriber LIne Module Analog)
SLMD Teilnehmeranschluß-Baugruppe digital
       (Subscriber Line Module Digital)
TMX   Leitungssatz-Baugruppe mit X-Schnittstelle
       (Trunk Module X.Interface)
TMA   analoge Leitungssatz-Baugruppe für das Fernsprechnetz (Trunk Module Analog)
TMD   digitale Leitungsnetz-Baugruppe: ISDN-Basisanschluß (Trunk Module Digital)
DIU   digitale Schnittstelleneinheit: ISDN Primärratenanschluß (Digital Interface Unit)
IKZ   Impulskennzeichengabe (Verbindungsleitung)
HKZ   Hauptanschlußkennzeichengabe (Anschlußleitung)
LAN   Local Area Network
IDN   Integriertes Text- und Datennetz (Datex-Leitungsvermittlung, Datex-Paketvermittlung)

[1] als Interimslösung bis zur Einführung eines öffentlichen ISDN mit Netzübergängen zu den Text-/Datennetzen, [2] autarkes Netz mit eigenständigem Numerierungsschema und mit nicht ISDN-kompatiblen Zugangs-Schnittstellen und -Protokollen zum Endgeräteanschluß, [3] Austausch von Nutzinformation über einen 2 Mbit/s-Highway (anlageninternes Zeitmultiplexsystem), [4] Austausch von Signalisierungsinformation (Steuerinformation), [5] z. B. Service Moduln für Voice-, Text Mail oder Store and Forward-Dienstmerkmale für Faksimile, Teletex, [6] z. B. Protokollkonversion Terminal – DVA, Koppelung Steuerung – DVA oder Übergang Teletex – Faksimile

184   5 Endeinrichtungen

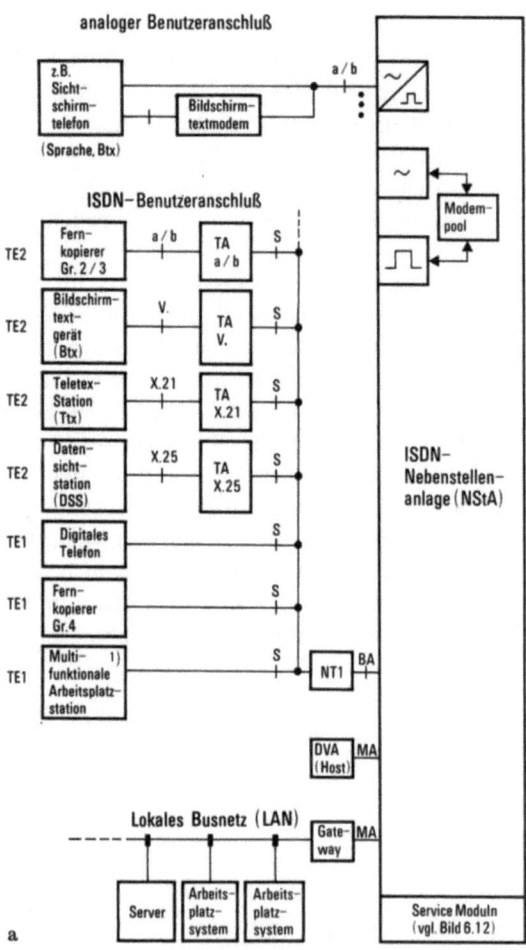

Bild 5.13. ISDN-Nebenstellenanlage mit Zugang zum öffentlichen ISDN. a Benutzeranschluß.
TE1   ISDN-Endgerät mit S-Schnittstelle
TE2   Endgerät mit herkömmlicher Schnittstelle (für andere Netze)
TA   Anpassungseinheit (vgl. Abschn. 4.4)
NT1   Netzabschlußeinheit
BA   ISDN-Basisanschluß: $B + D + D_{16}$
MA   ISDN-Primärratenanschluß (2 Mbit/s): z. B. $30 \times B + D_{64}$
PH   Paketvermittlungseinrichtung des öffentlichen ISDN
      (Packet Handler, vgl. Abschn. 4.4)
IWU   Netzübergang (Interworking Unit, vgl. Abschn. 4.4)
DEE   Datenendeinrichtung
ISUP ISDN-Zwischenamtssignalisierung (ISDN User Part, vgl. Abschn. 6.3)
KZU   Kennzeichenumsetzer
[1] Sprache, Text, Btx, Datensichtstation

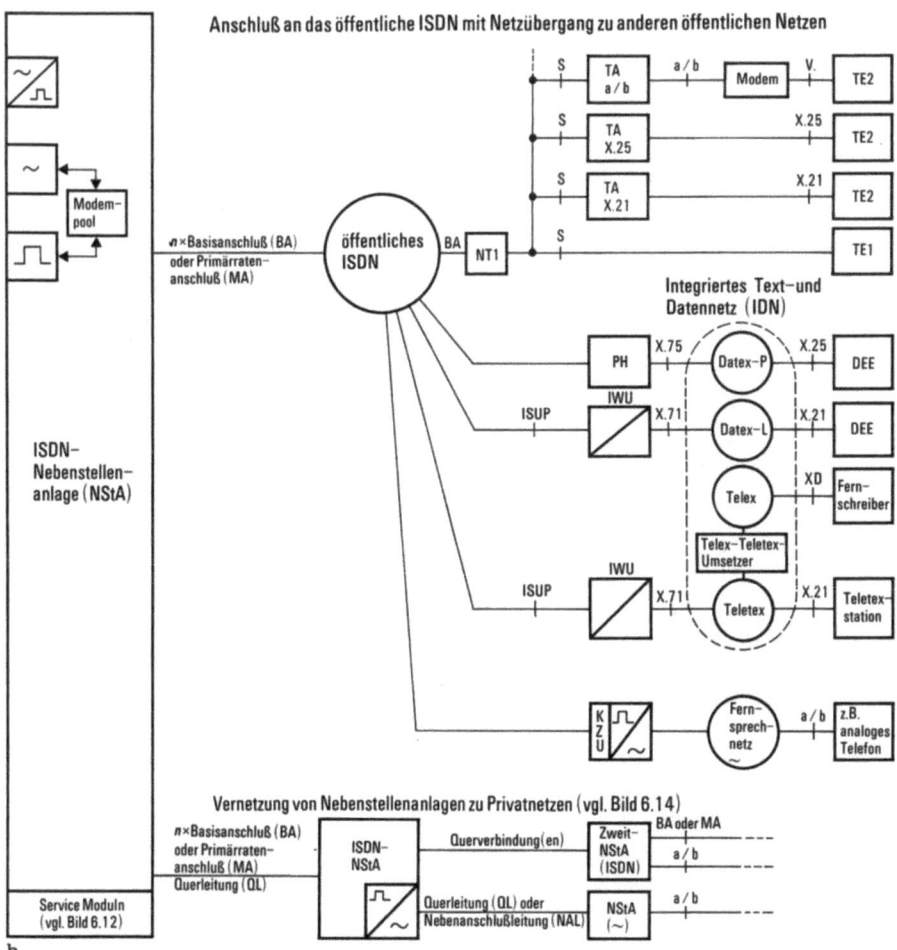

Bild 5.13b. Zugang zu öffentlichen und privaten Netzen.

Zusätzlich zu den in Bild 5.13 dargestellten Schnittstellen des öffentlichen ISDN können ISDN-Nebenstellenanlagen noch weitere Anschlußarten für den Benutzerzugang bieten, um auch speziellen Randbedingungen in Nebenstellennetzen auf kostengünstige Weise Rechnung zu tragen. Beispiele hierfür sind:
- Basisanschluß BA (B + B + D) mit einer vom öffentlichen ISDN abweichenden Übertragungstechnik. Durch Einsatz des Zeitgetrenntlageverfahrens anstelle des Echokompensationsverfahrens ergeben sich Kosteneinsparungen bei verringerter, aber für Nebenstellennetze ausreichender Reichweite (s. Abschn. 7.4.4);
- digitaler Einkanalanschluß U200 (B + D) für Digitaltelefon oder für Datenendgeräte zum Direktanschluß ohne Modem (Data Communication Interface DCI).

Bei Einführung von ISDN-Nebenstellenanlagen muß gewährleistet sein, daß die vorhandene analoge Geräteumwelt zumindest für eine Übergangszeit ebenfalls anschließbar ist: Beim *direkten* Anschluß analoger Teilnehmerleitungen mit a/b-Schnittstelle ist in der Peripherie der Nebenstellenanlage – ebenso wie für analoge Netzanschlüsse an das konventionelle Fernsprechnetz – eine Analog/Digital-Wandlung der Nutzinformation und eine Umsetzung der Signalisierung für den Verbindungsauf- und -abbau durchzuführen. Für vorhandene Non Voice-Endgeräte des analogen Fernsprechnetzes ist der *indirekte* Anschluß über den ISDN-Benutzeranschluß vorteilhaft, bei dem in einer Anpassungseinheit (TA) entweder die analoge a/b-Schnittstelle (TA-a/b) oder die digitale V.-Schnittstelle (TA-V.) auf die S-Schnittstelle umgesetzt wird (vgl. Bild 5.13).

Im Gegensatz zum direkten Anschluß sind beim indirekten Anschluß mittels Anpassungseinheit über die S-Schnittstelle ISDN-Dienstmerkmale realisierbar.

Bis die entsprechenden Dienste in einem öffentlichen ISDN geboten werden oder bis die erforderlichen Netzübergänge vom öffentlichen ISDN zu den vorhandenen eigenständigen Text- und Datennetzen realisiert sind (Bild 5.13b), kann eine ISDN-Nebenstellenanlage auf der *Netzseite* zusätzlich zum Anschluß an das ISDN z. B. auch folgende Netzanschlüsse bieten (Bild 5.12):
– an das herkömmliche Fernsprechnetz,
– an ein leitungsvermitteltes Text-/Datennetz (z. B. Datex-L),
– Zugang zum Teletexdienst (geschlossenes Subnetz innerhalb Datex-L),
– an ein paketvermitteltes Datennetz (z. B. Datex-P).

Für den Zugang zur ISDN-Teilnehmervermittlungsstelle werden nicht die in Abschn. 6.3 behandelte Protokolle der ISDN-Zwischenamtssignalisierung auf Basis des ITU-T-Signalisierunssystems Nr. 7 (Message Transfer Part MTP, ISDN User Part ISUP) benutzt, sondern die für die Benutzeranschlußseite des öffentlichen ISDN konzipierten ISDN-D-Kanalprotokolle (s. Abschn. 4.2); dies gilt auch für den Primärratenanschluß. Damit ergeben sich für die TK-Anlage einheitliche Signalisierungsprotokolle auf der Benutzer- und auf der Netzanschlußseite – vorausgesetzt, auf der Benutzeranschlußseite der TK-Anlage werden, wie bereits ausgeführt, ebenfalls die bei ITU-T standardisierten D-Kanalprotokolle des öffentlichen ISDN eingesetzt.

Die mit Durchschaltevermittlung arbeitende Grundlage kann durch höherwertige, d. h. über den Informationstransport bzw. über die Funktion des Vermittelns hinausgehende, Funktionen ergänzt werden (Bild 5.12). Diese Ergänzung des Basissystems um Speicher-, Verarbeitungs-, Store-and-Forward- und Kompatibilitäts-Funktionen erfolgt besonders wirtschaftlich durch „modulare Integration" in Form von spezialisierten Einrichtungen, die hier als Service Module bezeichnet werden. Service Module (z. B. für Voice- oder Text Mail; vgl. Abschn. 2.1) werden ebenso wie private Datenbanksysteme oder Datenverarbeitungsanlagen für lokale oder entfernte Arbeitsplatzsysteme dadurch erreichbar, daß sie vermittlungstechnisch entweder wie Teilnehmer oder wie andere TK-Anlagen angeschlossen werden. Betriebs- und wartungstechnisch sind Service Module zusätzlich anlagenintern auch mit der zentralen Steuerung verbunden.

5.2.2 Local Area Networks

Mit zunehmender Verwendung von Datenverarbeitungseinrichtungen am Büroarbeitsplatz (Personal Computer, Workstations) und dem Wunsch, sie zu vernetzen, entstanden Anforderungen für den Datenverkehr, die von den leitungsvermittelten privaten Telekommunikationsanlagen nicht zufriedenstellend erfüllt werden konnten. Benötigt wurde ein schneller Austausch von Daten zwischen den Arbeitsplatzsystemem und den zentralisierten Service-Einrichtungen, wie z.B. Druck-Server, Speicher-Server. Der Datenverkehr ist in diesen Systemen nicht gleichmäßig (bursty traffic).

Für diese Anwendung werden Local Area Networks (LAN) eingesetzt. LANs sind dezentral gesteuerte Netze, bei denen nicht eine Vermittlung, sondern die angeschlossenen Stationen selbst den Zugriff zu einem gemeinsam genutzten Übertragungsmedium regeln. Während der Übertragung eines Datenpakets (burst) hat die sendende Station die gesamte Übertragungskapazität des Übertragungsmediums zur Verfügung. Als Medien für die erforderliche Hochgeschwindigkeitsübertragung kommen (in der Regel geschirmte) verdrillte Leitungen, Koaxialkabel oder Lichtwellenleiter in Frage. Die Topologie der LANs kann bus-, ring- oder sternförmig sein. Die Ring- und Sternkonfiguration eignen sich besonders gut für die Verwendung von Lichtleitern. Die zunächst eingeführten, aber heute noch gebräuchlichen Verfahren für die Zugriffsregelung sind das *Carrier Sense Multiple Access* mit *Collision Detection* (CSMA/CD) und das *Token Passing*.

LANs mit dem CSMA/CD-Verfahren sind Bussysteme (Bild 5.14). Als Übertragungsmedium wurde zunächst das Koaxialkabel verwendet. Die Übertragungsrate auf dem Übertragungsmedium beträgt dabei 10 Mbit/s. Die Stationen werden durch einen einfachen passiven Abzweig angeschlossen. Die gesendeten Daten werden auf dem Koaxialkabel nach beiden Seiten übertragen und durch reflexionsfreie Abschlußwiderstände an den Enden vernichtet. Datenpakete tragen Empfänger und Absenderadresse und werden von der adressierten Station gelesen. Vor dem Senden prüft die Station, ob das Medium frei ist. Auch während des Sendens beobachtet die sendende Station das Übertragungsmedium, um festzustellen, ob mit einer gleichzeitig sendenden Station eine Kollision stattgefunden hat. Bei Kollision brechen die sendenden Stationen ab und versuchen es erneut zu einem Zeitpunkt, der durch einen Zufallsgenerator bestimmt wird.

LANs mit dem CSMA/CD-Verfahren sind gut für den Burst-Verkehr im Bürobereich geeignet. Es sind einfache und robuste Systeme. Der Ausfall einer Station beeinflußt das Gesamtsystem nicht, da sie rein passiv angeschlossen sind. Sie lassen sich leicht installieren und erweitern. Bei höheren Anforderungen an Realzeitverhalten, als sie normalerweise im Büro auftreten, zeigen sich die Grenzen des CSMA/CD-Verfahrens. Auf Grund des nicht-deterministischen Zugriffsverfahrens können nicht vorhersagbar Wartezeiten von einigen Millisekunden entstehen. Bei wachsender Übertragungsrate in LANs mit dem CSMA/CD-Verfahren nimmt entweder die Länge der Datenpakete zu und damit die Wahrscheinlichkeit von Kollisionen, oder die Ausdehnung muß abnehmen.

188 5 Endeinrichtungen

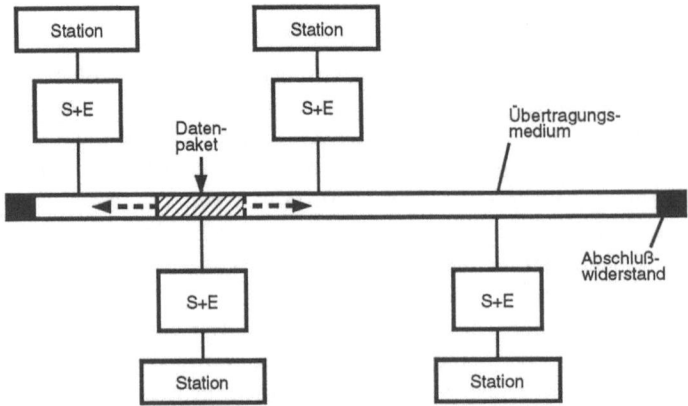

Bild 5.14. Local Area Network (LAN) in Busstruktur (CSMA/CD)

LANs mit Token-Passing können Ring- oder Bussysteme sein. Ein Token-Ring besteht aus getrennten Übertragungsabschnitten zwischen zwei Stationen (Bild 5.15). Auf dem Ring wird ein Token (Kennzeichen) von Station zu Station gereicht. Die Station im Besitz des Tokens darf senden. Datenpakete werden von Station zu Station übertragen und jeweils regeneriert. Nach einem vollen Umlauf werden die Datenpakete vom Sender aus dem Ring entfernt.

Das Token-Verfahren ist bezüglich des Zugriffes deterministisch. Es erlaubt höhere Datenraten als das CSMA/CD-Verfahren (Versuchsnetze im Gbit/s-Bereich). Da die Mitwirkung aller Stationen an der Datenübertragung erforderlich ist, müssen besondere Maßnahmen getroffen werden (z.B. Bypass, Doppelring), um die Zuverlässigkeit eines Bussystems mit passiver Anschaltung zu erreichen.

Bei Bussystemen wird das Token-Verfahren in einer erweiterten Form verwendet (Token und Daten nicht regeneriert). Hier kommt zum deterministischen Verhalten die höhere Zuverlässigkeit auf Grund der passiven Anschaltung der Stationen hinzu. Dies wird durch ein komplizierteres Zugriffsverfahren erreicht. Deshalb werden diese Systeme überwiegend nur für Prozeßsteuerungen eingesetzt.

LANs mit den CSMA/CD- und Token-Verfahren wurden im amerikanischen Institute of Electrical and Electronical Engineers (IEEE) standardisiert. Durch die Übernahme dieser Standards durch die International Standardization Organization (ISO) wurden sie als Standards weltweit gültig [80–82].

Die weitere Entwicklung führte zu höheren Datenraten und zum Einsatz von Lichtwellenleitern. Der FDDI-Ring (FDDI = Fibre Distributed Data Interface) ist ein optischer Ring mit einer Übertragungsrate von 100 Mbit/s. Er wurde vom American National Standards Institute (ANSI) genormt und von ISO als internationaler Standard verabschiedet [71].

Die bisher vorgestellten LANs sind für Burst-Datenverkehr vorgesehen; für die Übertragung von kontinuierlichen Informationsflüssen (z.B. Sprache) eignen sie sich weniger. Deshalb verbindet man diese LANs mit privaten Telekommu-

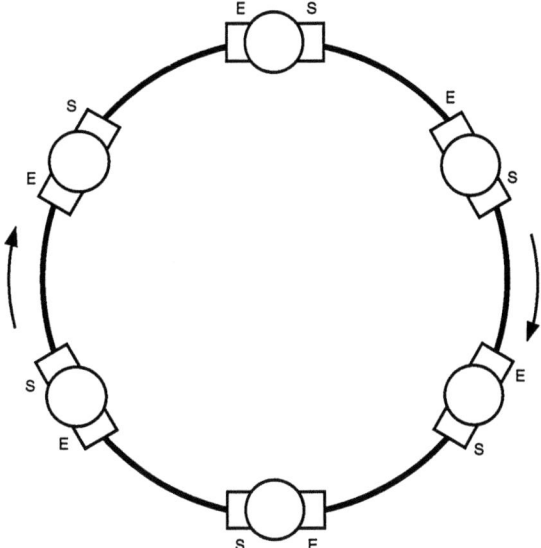

Bild 5.15. Local Area Network (LAN) in Ringstruktur (Token Passing)

nikationsanlagen zu einem Büronetz für alle Anwendungen (vgl. Abschn. 5.2.2). Aber es wurden auch hybride LANs entwickelt, in denen paketorientierte Zugriffsverfahren und ein Zeitschlitz-Verfahren kombiniert sind. Hier gibt es verschiedene Entwicklungen; die wichtigsten sind FDDI II und DQDB (Distributed Queue Dual Bus).

Das System FDDI II ist ein Ring für 100 Mbit/s, der den Datenverkehr im Prinzip nach dem Token-Verfahren organisiert. Für kontinuierliche Informationsflüsse können isochrone Kanäle (also Kanäle mit Bitübertragung in gleichen Zeitabständen) reserviert werden. Das FDDI II ist ebenfalls von ANSI bzw. ISO genormt [72].

Der DQDB stellt den Stationen für beide Verkehrsarten kurze Pakete (slots bzw. Zellen) zur Verfügung. Für den paketorientierten Datenverkehr können die Stationen über eine Warteschlange auf die Zellen zugreifen. Die Zellen für den isochronen Verkehr werden von einer Kopfstation zugeteilt, um gleiche Zeitabbstände zu garantieren. DQDB realisiert Übertragungsraten entsprechend der bei ITU-T festgelegten Digitalsignal-Hierarchien (ausgewählte Hierarchiestufen z.B. 156 Mbit/s). Standards für den DQDB wurden vom IEEE erarbeitet [68]. Abschließend soll darauf hingewiesen werden, daß FDDI II und DQDB wegen ihrer großen Reichweite auch als öffentliche Breitbandnetze eingesetzt werden (Metropolitan Area Networks, MAN), wobei hier der DQDB im Vorteil ist, weil er die Übertragungsraten der öffentlichen Netze verwendet und die Zellenstruktur des ATM aufweist.

Vertiefende Literatur zu den LANs findet sich in [49–51 291]. Die Vernetzung der LANs untereinander wird in Abschnitt 3.5.3 angesprochen, der Anschluß der LANs an das ISDN in Abschnitt 4.1.4.

5.2.3 Breitband-TK-Anlagen

Wie im vorhergehenden Abschnitt dargelegt, entwickelt sich das LAN in Richtung einer größeren Universalität, indem sowohl Burst-Übertragung als auch kontinuierliche Übertragung möglich sind. Allerdings bieten diese Netze nicht die von der TK-Anlage her gewohnte komfortable Unterstützung bei der Verbindungsherstellung. Auch sind insbesondere bei zunehmender Breitbandkommunikation Verkehrsstrukturen zu erwarten, die von den LANs aus Kapazitätsgründen weniger gut bewältigt werden können. Dies führt zur Entwicklung von Breitband-TK-Anlagen.

Breitband-TK-Anlagen werden in der Endstufe ihrer Entwicklung integrierte TK-Anlagen für Breitband- und Schmalbandkommunikation sein auf der Basis eines Koppelfeldes mit ATM-Technik. Bis dahin wird es Übergangslösungen geben. Eine naheliegender erster Schritt ist der Verbund einer ISDN-TK-Anlage mit einer Breitband-Vermittlungseinrichtung (ATM) beispielsweise für den Anschluß von Multimedia-Endgeräten (Bild 5.16). Im Interesse einer schnellen Einführung wird man diese Vermittlungseinrichtung nicht mit einem vollen Spektrum an Leistungsmerkmalen ausstatten. Das Hauptaugenmerk liegt bei einem schnellen Auf- und Abbau einer Breitbandverbindung. Für den Schmalband-Verkehr, den die an der Breitband-Vermittlungseinrichtung angeschlossenen Teilnehmer auch haben (insbesondere Telefonverkehr), können jedoch alle Leistungsmerkmale der ISDN-TK-Anlage mitbenutzt werden, indem man über eine Interworking-Einheit Anschlußleitungen der ISDN-TK-Anlage für die Breitband-Vermittlungseinrichtung zur Verfügung stellt.

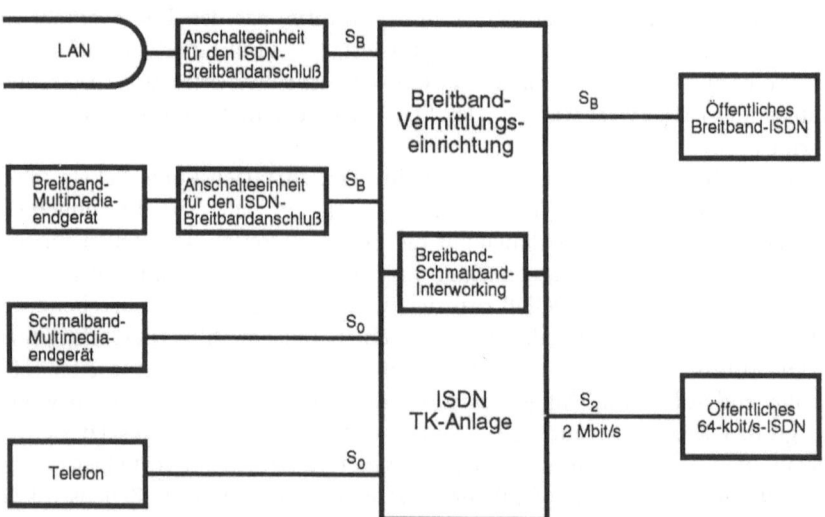

Bild 5.16. Funktionsstruktur einer Breitband-TK-Anlage

6 Vermittlungstechnik im ISDN

6.1 Vorbemerkungen

Die wirtschaftliche Realisierung der Digital-Zeitmultiplex-Technik und der Sprachdigitalisierung (64-kbit/s-Pulscodemodulationsverfahren – PCM – gemäß ITU-T-Empf. G.711 [116]) durch hochintegrierte Bausteine führte zu einer neuen Konzeption für die Vermittlungseinrichtungen.

Vertreter der neuen Vermittlungsgeneration sind die Vermittlungseinrichtungen für moderne Datennetze [67, 309] und für das digitalisierte Fernsprechnetz (Integrated Digital Network, IDN) [329]. Das digitalisierte Fernsprechnetz entsteht aus dem vorhandenen analogen Fernsprechnetz durch den aus wirtschaftlichen Gründen vorangetriebenen Einsatz digitaler Komponenten und ist durch die Integration digitaler Übertragungstechnik (vgl. Abschn. 7) und digitaler Vermittlungstechnik gekennzeichnet. Wie bereits in den Abschn. 1.6 und 1.7 sowie 3.3 ausgeführt, bildet das digitalisierte Fernsprechnetz die Basis für das ISDN [25, 302, 308, 310, 312, 318].

Die Vermittlungstechnik ermöglicht dabei nicht nur ein erweitertes Angebot an Benutzerleistungsmerkmalen (ergänzende Dienstmerkmale, s. Abschn. 2.6) [11], sondern auch die Abwicklung aller Dienste am gleichen Benutzeranschluß. Ein wesentliches ISDN-Prinzip stellt die grundsätzliche Entkopplung zwischen Dienstaspekten einerseits und Netzaspekten andererseits dar. Die Tele- und Übermittlungsdienste (s. Abschn. 2.1.2) werden netzintern durch geeignete *Netzeigenschaften (Network Capabilities)* realisiert (vgl. ITU-T-Empf. I.210 und I.310 [143, 167]): Funktionen in den Protokollschichten 1–3 (Low Layer Capabilities LCC) und höhere Funktionen HLC (High Layer Capabilities) entsprechend den Schichten 4–7. LLC-Funktionen umfassen Basisfunktionen (Basic Low Layer Functions) zum Auf- und Abbau von ISDN-Verbindungen und Zusatzfunktionen (Additional Low Layer Functions) zur Abwicklung von ergänzenden Dienstmerkmalen. Die LLC-Basisfunktionen sind im wesentlichen durch die in der ITU-T-Empf. I.340 [172] für das 64-kbit/s-ISDN festgelegten *ISDN-Verbindungsarten* bestimmt. Diese werden – ähnlich den ISDN-Diensten – durch entsprechende Merkmale (attributes) beschrieben (Tabelle 6.1). Grundlegende Verbindungsmerkmale sind Modus (Leitungs- oder Paketvermittlung) und Bitrate für die Übermittlung der Nutzinformation.

Die prinzipiellen Funktionselemente eines öffentlichen ISDN aus vermittlungstechnischer Sicht sind in Bild 6.1 dargestellt:
- *ISDN-Teilnehmervermittlungsstellen* mit digitalem Teilnehmeranschluß (vgl. Bild 6.2)

Tabelle 6.1. Merkmale der ISDN-Verbindungsarten gemäß CCITT-Empf. I.340

Merkmal (Attribute)	Werte[a]
Modus der Nutzinformation	– Leitungsvermittlung (CS) – Paketvermittlung (PS)
Rate der Nutzinformationsübermittlung	– CS: Bitraten von 64 (B), 2 × 64, 384 (H0), 1536 (H11) und 1920 kbit/s (H12) – PS: Paketdurchsatz
Art der Nutzinformationsübermittlung	– transparent (unrestricted digital information) – Sprache (speech)[b] – Sprachband-Daten (3,1 kHz audio)[c]
Verbindungsaufbau	– Wählverbindung (switched) – Festverbindung (semipermanent)[d] – Mietleitungen (permanent)[e]
Symmetrie der Nutzinformationsübermittlung	– einseitig gerichtet (unidirectional) – symmetrisch in beiden Richtungen (bidirectional symmetric) – unsymmetrisch in beiden Richtungen (bidirectional asymmetric)
Verbindungskonfiguration – Topologie – Zeitverhalten	 – Punkt-zu-Punkt, Mehrpunkt – Auf- und Abbau der Verbindungselemente gleichzeitig (concurrent), zeitlich nacheinander (sequential) oder dynamisches Zuschalten/Wegschalten (add/remove)
Struktur der Nutzinformation – Schicht 1 – Schichten 2 und 3	 – 8-kHz-Struktur (8 kHz Integrity), unstrukturiert – Dienst-Dateneinheit der Schicht 2 bzw. 3 (Service Data Unit Integrity), unstrukturiert
Übertragungsgüte (Performance) – Bitfehlverhalten – Slipverhalten	 – CCITT-Empf. G.821 (vgl. Abschn. 7.7.1) – CCITT-Empf. G.822 (vgl. Abschn. 7.7.2)

[a] für die Gesamtverbindung aus Verbindungselementen der Teilnehmerzugangs- und Zwischenamtsseite
[b] Bitmanipulation (vgl. Abschn. 7.2.1)
[c] auch für Modem-Signale geeignet
[d] über Vermittlungseinrichtungen geführt
[e] Umgehung der Vermittlungseinrichtung (nur übertragungstechnisch ins ISDN integriert)

6.1 Vorbemerkungen   193

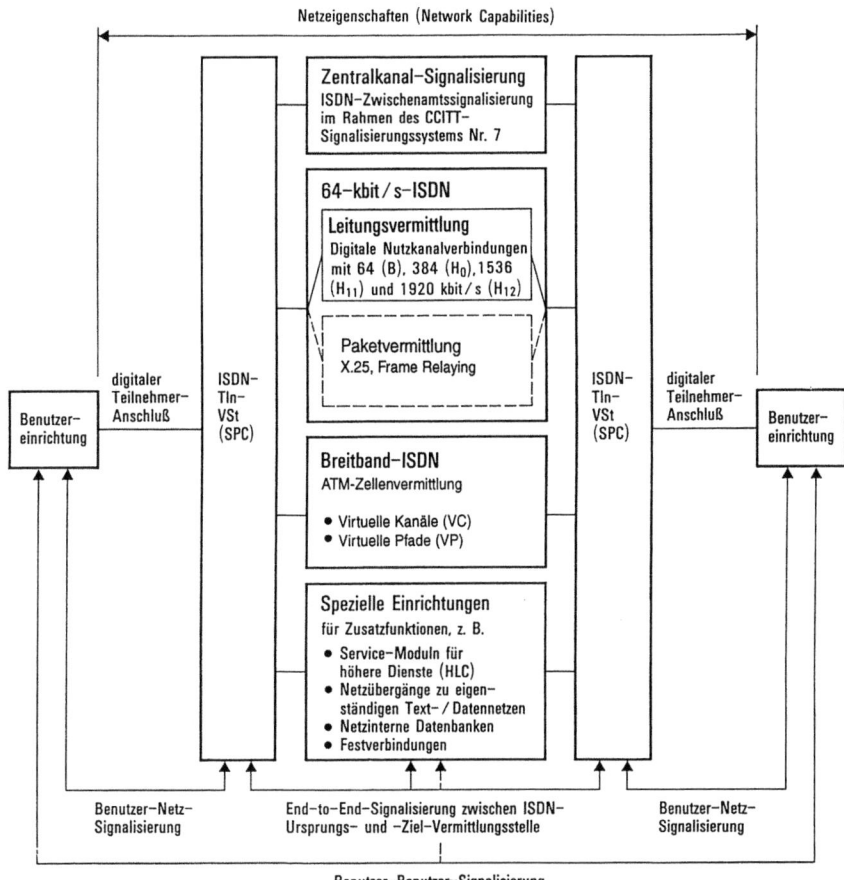

Bild 6.1. Funktionale Netzarchitektur des öffentlichen ISDN.
Tln-VSt   Teilnehmervermittlungsstelle
SPC   programmgesteuert (Stored Program Control)
HLC   High Layer Capabilites (Protokollschichten 4–7)
ATM   Asynchronous Transfer Mode
VC   Virtual Channel
VP   Virtual Path

- *Zentralkanal-Signalisierung (zentraler Zeichengabekanal ZZK)* zum Austausch von Signalisierungsinformation zwischen den Vermittlungsstellen,
- physikalische Verbindungen mit *Leitungsvermittlung*,
- virtuelle Verbindungen mit *Paketvermittlung*,
- spezielle Einrichtungen für Zusatzfunktionen.

Durch den Einsatz rechnergesteuerter Vermittlungen werden in Verbindung mit dem Prinzip der Outslot-Signalisierung – d. h. getrennte Kanäle zur Übermittlung von Nutz- und Signalisierungsinformation – zahlreiche ISDN-

6 Vermittlungstechnik im ISDN

Dienstmerkmale ermöglicht (vgl. Abschn. 2.3). Die Steuerung dieser ISDN-Dienstmerkmale - z. B. Dienstwechsel bei bestehender Verbindung, automatischer Rückruf bei Besetzt - erfolgt fast ausnahmslos in den *ISDN-Teilnehmervermittlungsstellen* (vgl. Bild 3.1). Beim Übergang vom digitalisierten Fernsprechnetz zum ISDN müssen daher in erster Linie die Teilnehmervermittlungsstellen umgerüstet werden. Dies betrifft neben den zur Realisierung des digitalen Teilnehmeranschlusses (vgl. Kap. 4) nötigen Hardware-Änderungen auch die Erweiterung der (Vermittlungs-)Software (vgl. Abschn. 6.2).

Da gerade in den ISDN-Teilnehmervermittlungsstellen in großem Umfang ISDN-spezifische Funktionen, Abläufe und ergänzende Dienstmerkmale abzuwickeln sind, während die Durchgangsvermittlungsstellen in erheblich geringerem Umfang von ISDN beeinflußt sind, ergibt sich die Forderung an die *Zentralkanal-Signalisierung* nach der zusätzlichen Möglichkeit einer Signalisierung zwischen den ISDN-Teilnehmervermittlungsstellen ohne Verarbeitung der Signalisierungsinformation in den beteiligten Durchgangsvermittlungsstellen: End-to-End-Signalisierung zwischen ISDN-Ursprungs- und -Zielvermittlungsstelle (vgl. Abschn. 6.3). Außerdem muß im Rahmen des ITU-T-Signalisierungssystems Nr. 7 [65, 319] anstelle der bisher getrennten Signalisierungsprozeduren für Sprache (vgl. Telephone User Part TUP [218-222] und Text/Daten (vgl. Data User Part [269] *ein* diensteintegrierendes universelles Signalisierungsprotokoll geschaffen werden (s. ISDN User Part in Abschn. 6.3 [223-227]).

Ausgangspunkt des 64-kbit/s-ISDN ist ein Grundsystem mit Leitungsvermittlung auf Basis des digitalen Fernsprechnetzes, bestehend aus folgenden Hauptkomponenten (Bild 6.1):
- Durchschaltung von digitalen Nutzkanalverbindungen (Verbindungssteuerung) und
- Abwicklung von Signalisierungsfunktionen (Rufsteuerung).

Beim Übergang vom digitalisierten Fernsprechnetz zum 64-kbit/s-ISDN werden die ursprünglich nur zur Übermittlung PCM-codierter Fernsprechsignale vorgesehenen leitungsvermittelten digitalen Nutzkanalverbindungen (Basiskanäle) des 64-kbit/s-Fernnetzes zu universellen, transparent von Benutzer zu Benutzer durchgehenden 64-kbit/s-Verbindungen, die ihrerseits die Basis auch für eine ganze Reihe von Text- und Datendiensten bilden (vgl. Unrestricted Digital Information in Tabelle 6.1); daneben werden als Übergangslösung in einigen Ländern im Rahmen der ISDN-Einführung ISDN-Verbindungen teilweise auch über analoge Netzabschnitte geführt oder über digitale Abschnitte, die mit Umcodierung auf 32-kbit/s-ADPCM arbeiten - sofern der geforderte Dienst die damit verbundene Bitmanipulation zuläßt (vgl. Abschn. 7.2.1): hierzu gehören Sprache und Sprachband-Daten (3,1 kHz audio, auch für Modem-Signale geeignet) nach Tabelle 6.1. Leitungsvermittelte Non-Voice-Kommunikationsdienste lassen sich infolge des mit dem digitalen Fernsprechnetz übereinstimmenden Vermittlungsverfahrens [21] ohne gravierende Änderung der Vermittlungstechnik vollständig im ISDN integrieren. Beide benötigen dieselben, in sämtlichen ISDN-Teilnehmer- und Durchgangsvermittlungsstellen vorhandenen ISDN-Grundfunktionen zur

6.1 Vorbemerkungen

Signalisierung (Rufsteuerung), Verkehrslenkung usw. In diesem Falle wird *ein* gemeinsames Signalisierungsprotokoll auf der Benutzerseite (vgl. Abschn. 4.4) und auf der Zwischenamtsseite (vgl. Abschn. 6.3) nicht nur für ISDN-Fernsprechen sondern auch für die leitungsvermittelten Text- und Datendienste benutzt: Prinzip der *Einphasenwahl* (vgl. Abschn. 4.6.1, 4.6.2).

Das geschilderte Prinzip der vollständigen Integration gilt auch für den Ausbau der Vermittlungseinrichtungen des 64-kbit/s-ISDN für einen späteren Einsatz im *Breitband-ISDN* (Bild 6.2). Hier sind vor allem folgende Bereiche der ISDN-Vermittlungsstellen betroffen (vgl. Abschn. 6.2, [7]):
- der *Benutzeranschluß* für Lichtwellenleiter (vgl. Abschn. 7.3.1) anstelle für Zweidraht-Kupferanschlußleitung,
- das *Koppelnetz*, das durch entsprechend leistungsfähige Durchschalteeinrichtungen (ca. 140 Mbit/s) zu ergänzen ist.

Beim Übergang auf das *Breitband-ISDN (B-ISDN)* wird mit dem *Asynchronen Transfer-Modus (ATM)* eine Paketvermittlungstechnik eingesetzt, die die Vorteile der konventionellen Paketvermittlungstechnik (flexible Kanalrate und Multiplexstruktur) und der Leitungsvermittlung (Protokoll- und weitgehende Zeittransparenz) in sich vereint (vgl. Abschn. 6.2.6); ATM läßt sich sowohl für kontinuierlichen Verkehr CBR (Constant Bit Rate) also auch für paketorientierten „bursty" Verkehr VBR (Variable Bit Rate) einsetzen, je nachdem ob die Betriebsmittelzuordnung zu einer Verbindung deterministisch oder statistisch erfolgt.

Die vollständige Integration der *Paketvermittlung* ins 64-kbit/s-ISDN ist zwar prinzipiell möglich, bleibt aber wegen der damit verbundenen erheblichen Auswirkungen auf vorhandene Paket-Endeinrichtungen und ISDN-Vermittlungsstellen dem auf dem Asynchronen Transfer-Modus (ATM) beruhenden Breitband-ISDN (B-ISDN) vorbehalten (s. Abschn. 6.2.6). Beim Anschluß herkömmlicher X.25-Endeinrichtungen ans ISDN beschränkt sich das restliche ISDN, d. h. das ISDN-Grundsystem, auf die Funktion eines transparenten Zubringers von den ISDN-Teilnehmervermittlungsstellen über 64-kbit/s-Fernverbindungen zu speziellen Paketvermittlungseinrichtungen, die entweder *innerhalb* (vgl. *integrierte* Lösung in Abschn. 4.6.1) oder *außerhalb* des ISDN (vgl. *Netzübergangslösung* in Abschn. 4.6.1) angeordnet sein können. In diesem Fall dienen ISDN-Benutzer- und Zwischenamtssignalisierung (vgl. Abschn. 4.4, 6.3) nur zum Herstellen der Zubringerverbindung, so daß für diese Übermittlungsdienste weitere, dienstspezifische Protokolle inslot, d. h. im Nutzkanal, abgewickelt werden müssen: Prinzip der *Zweiphasenwahl* mit getrennter Rufsteuerung für Leitungs- und Paketvermittlung (vgl. Abschn. 4.6.1, 4.6.4).

Für höhere Funktionen (High Layer Capabilities) oder für besonders komplexe Funktionen in den Schichten 1–3 (Low Layer Capabilities) werden im ISDN darüber hinaus noch *spezielle Einrichtungen* benötigt. Dazu zählen z. B. verarbeitungs- und speicherplatzintensive Einrichtungen, wie Service Modulen für Speicherdienste (Bildschirmtext, Voice- und Text Mail; s. Abschn. 2.4.1.3) und Netzübergänge zu eigenständigen Datennetzen. Aus wirtschaftlichen Gründen werden diese Einrichtungen nicht in jeder ISDN-Vermittlungsstelle realisiert, sondern zentralisiert und nur bestimmten ISDN-Vermittlungsstellen der

196 6 Vermittlungstechnik im ISDN

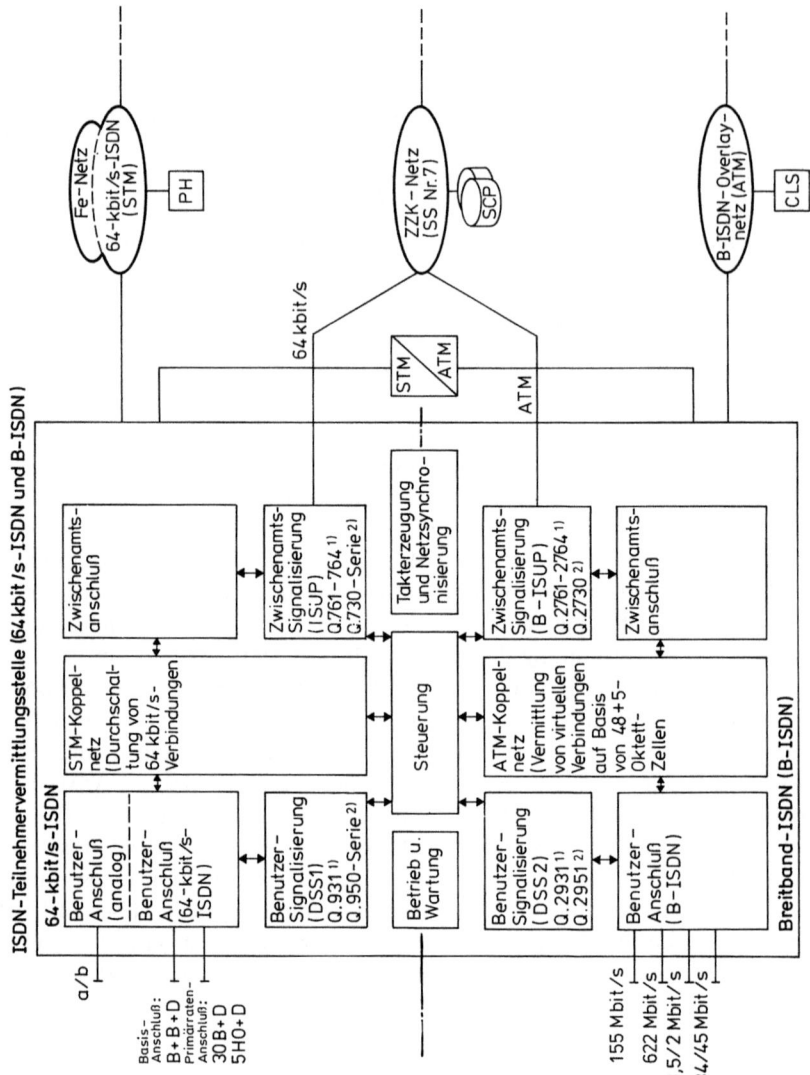

6.2 Neue Anforderungen an die ISDN-Vermittlungstechnik   197

höheren Netzebene zugeordnet. Weitere Zusatzeinrichtungen des ISDN sind Einheiten zum Einrichten von Festverbindungen und netzinterne Datenbanken. Durch Zugriff der Teilnehmervermittlungsstellen über das Zentralkanal-Signalisierungsnetz auf netzinterne Datenbanken lassen sich Rufsteuerung und Dienstmerkmalabwicklung noch flexibler gestalten. Hauptvorteil dieses als „Intelligent Network" bezeichneten Konzeptes [2, 48, 330] ist die schnelle, auch probeweise Einführung neuer Dienste durch den Netzbetreiber, da die Steuerungslogik für bestimmte Dienste in zentralisierten Datenbanken angeordnet ist und daher ohne Rückwirkung auf die Teilnehmervermittlungsstellen geändert werden kann.

6.2 Neue Anforderungen an die Vermittlungstechnik durch die Diensteintegration im ISDN und die Einführung von Breitbanddiensten

Bild 6.2 zeigt die funktionale Struktur einer kombinierten ISDN-Teilnehmervermittlungsstelle für das *64 kbit/s-ISDN* und für *Breitband-ISDN (B-ISDN)* mit den Funktionseinheiten
- Benutzeranschluß,
- Koppelnetz,
- Zwischenamtsanschluß,
- Steuerung,
- Betrieb und Wartung,
- Takterzeugung und Netzsynchronisierung.

Bild 6.2. Funktionale Struktur einer kombinierten Teilnehmervermittlungstelle für 64-kbit/s-ISDN unf B-ISDN

ZZK	zentraler Zeichenkanal (Signalisierungskanal)
ISUP	ISDN User Part (CCITT-Signalisierungssystem Nr. 7)
PH	Paketvermittlungseinrichtungen im ISDN (Packet Handler) inkl. Netzübergang zum Paketnetz
SCP	Service Control Point (netzinterne Datenbank, vgl. Kap. 8)
CLS	Connectionless Server (SMDS/CBDS over ATM)
DSS1	Digital Signalling System 1 (64-kbit/s-ISDN)
DSS2	Digital Signalling System 2 (B-ISDN/ATM)
B-ISUP	Broadband ISDN User Part
STM	Synchronous Transfer Mode
ATM	Asynchronous Transfer Mode
STM/ATM	STM/ATM-Umsetzung (s. Abschn. 6.2.2) bedingt Zellenbildung durch Auffüllen mit kontinuierlichem Bitstrom (vgl. AAL 1) oder durch Segmentierung von blockorientiertem Verkehr (vgl. AAL 3/4 und AAL 5 in Kap. 4)
1)	Basic Call Control
2)	Supplementary Services

6 Vermittlungstechnik im ISDN

Die dargestellten Funktionseinheiten gelten prinzipiell auch für *separate* Vermittlungsstellen für 64-kbit/s-ISDN (s. obere Hälfte im Bild 6.2) und für B-ISDN (s. untere Hälfte von Bild 6.2).

6.2.1 Anforderungen an die Vermittlungstechnik durch die Diensteintegration im 64-kbit/s-ISDN

Die neuen Anforderungen, die im Zusammenhang mit der Einführung des *64-kbit/s-ISDN* an die Vermittlungstechnik gestellt werden, sind im wesentlichen auf die Diensteintegration zurückzuführen. Die funktionale Struktur einer Vermittlungsstelle für das 64-kbit/s-ISDN beruht – wie im oberen Teil von Bild 6.2 dargestellt – auf den ursprünglichen Funktionseinheiten einer digitalen Fernsprechvermittlungsstelle: *Zeitmultiplex-Vermittlungstechnik STM* (Synchroner Transfermodus, vgl. Abschn. 6.2.3). Beim Übergang vom digitalen Fernsprechnetz zum 64-kbit/s-ISDN müssen neue, ISDN-spezifische Funktionen eingeführt werden, die entsprechende Hardware- und Software-Änderungen oder -Erweiterungen zur Folge haben. Diese vor allem die Funktionsbereiche Benutzeranschluß, Benutzer-Signalisierung und Zwischenamtssignalisierung betreffenden Änderungen werden in den folgenden Abschnitten genauer beschrieben.

6.2.2 Anforderungen an die Vermittlungstechnik durch die Einführung von Breitbanddiensten

Die Einführung des *Breitband-ISDN (B-ISDN)* bedingt neben spezifischen Benutzer- und Zwischenamtsanschlüssen für Lichtwellenleiter und Geschwindigkeiten im Bereich von 150 und 600 Mbit/s (s. untere Hälfte von Bild 6.2) die Realisierung eines neuen Vermittlungsprinzips, des *Asynchronen Transfermodus (ATM)*, und somit eines speziellen ATM-Koppelnetzes (vgl. Abschn. 6.2.6).
Eine ATM-Vermittlungsstelle unterscheidet sich darüber hinaus auch im Bereich der Teilnehmer- und Zwischenamtssignalisierung von den Vermittlungsstellen des 64-kbit/s-ISDN. Hier ergeben sich folgende Unterschiede:
- *Signalisierungs-Anwendung:* Evolutionäre Weiterentwicklung von DSS1 (Digital Switching System No.1) für das 64-kbit/s-ISDN zu DSS2 für B-ISDN bzw. des ISDN User Part (ISUP) für das 64-kbit/s-ISDN zum Breitband ISUP (B-ISUP) unter Beibehaltung der grundlegenden Abläufe und der Message-Strukturen. Im einzelnen kommen jedoch ATM-spezifische Informationselemente bzw. Parameter hinzu (vgl. Kap. 4 und Abschn. 6.3.6).
- *Signalisierungstransfer:* Der Transport der Signalisierungsnachrichten erfolgt ebenfalls über ATM-Kanäle. Dies bedingt u.a. die Realisierung signalisierungsspezifischer Protokolle im ATM Adaptation Layer AAL (vgl. Abschn. 6.3.6.1).

An Hand von Bild 6.2 lassen sich einige der möglichen Einführungsstrategien für B-ISDN im Hinblick auf ihre Auswirkungen auf die Vermittlungstechnik kurz aufzeigen:

- Die *ATM-Universalvermittlungsstelle* verfügt wie die in Bild 6.2 dargestellte kombinierte Vermittlungsstelle über Benutzer- und Zwischenamtsanschlüsse für 64-kbit/s-ISDN *und* für B-ISDN. Die Vermittlung – auch der 64-bit/s-Verbindungen – erfolgt aber *ausschließlich über ein ATM-Koppelnetz;* der STM/ATM-Übergang für die Schmalband-Anschlüsse wird in der Vermittlungsstelle durchgeführt. In Ländern mit flächendeckender Einführung der digitalen Zeitmultiplexvermittlungstechnik steht dieser technisch mögliche Ansatz jedoch zugunsten einer schrittweisen Einführung von ATM nicht im Vordergrund.
- Die *schrittweise Einführung von ATM als Overlay-Netz* wird dagegen allgemein als aussichtsreichster Ansatz angesehen. Diese Lösung reduziert auch die an *jedem* STM/ATM-Übergang durch die Zellenbildung verursachte und für die Sprachübertragung (infolge der Echos) störende Verzögerung (6 ms bei 64 kbit/s bei einer Zellenlänge von 48 Oktetten) auf ein beherrschbares Maß, da er viele kleine ATM-Inseln in einer STM-Umgebung vermeidet.
- Die untere Hälfte von Bild 6.2 gilt im Prinzip auch für den Fall einer *reinen B-ISDN-Vermittlungsstelle*. Eine ATM-Vermittlungsstelle kann dabei auch die Versorgung der am Breitbandanschluß angeschlossenen Endeinrichtungen des 64-bit/s-ISDN übernehmen, zumindest im Sinne eines Zugangs zum 64-kbit/s-ISDN.
- Denkbar ist auch die nachträgliche Hochrüstung vorhandener digitaler Zeitmultiplexvermittlungsstellen des 64-kbit/s-ISDN zu *kombinierten Vermittlungsstellen für 64-kbit/s-ISDN und B-ISDN* (vgl. Bild 6.2).

Wie in Abschn. 6.3.6 ausgeführt, kann die Zentralkanal-Signalisierung (ZZK-Netz Bild 6.2) auch über leistungsfähige ATM-Kanäle abgewickelt werden. Sind entsprechende ATM-Anschlüsse vorhanden, so kann ein ZZK-Netz auf ATM-Basis auch zum Signalisierungstransport von signalisierungsintensiven Schmalband-Anwendungen (z.B. Intelligent Network) mitbenutzt werden. Umgekehrt kann ein vorhandenes leistungsfähiges, physikalisch eigenständiges STM-ZZK-Netz in der Einführungsphase auch von ATM-Vermittlungsstellen mitbenutzt werden – allerdings ohne daß dann die ATM-Vorteile für die Netzstruktur (s. Abschn. 6.2.6.2) ausgeschöpft werden können.

6.2.3 Benutzeranschluß

Die Funktionseinheit für den Benutzeranschluß umfaßt sämtliche Schnittstellenfunktionen in Schicht 1 vor allem für den Anschluß von digitalen ISDN-Teilnehmerleitungen. Darunter fallen die Funktionen für die Zusammenarbeit mit den Übertragungseinrichtungen (vgl. Abschn. 7.4.4) sowie die bereits in Abschn. 4.2, Tabelle 4.2, vorgestellten Schnittstellenstrukturen für den *Basisanschluß* (B + B + D_{16}) und für den *Primärratenanschluß* (vor allem 30B + D_{64}). Bild 6.3 enthält in Anlehnung an die ITU-T-Empf. Q.511 [201] und Q.512 [202] eine Zusammenstellung der digitalen Schnittstellen einer ISDN-Teilnehmervermittlungsstelle sowohl für die Benutzer- als auch für die Zwi-

6 Vermittlungstechnik im ISDN

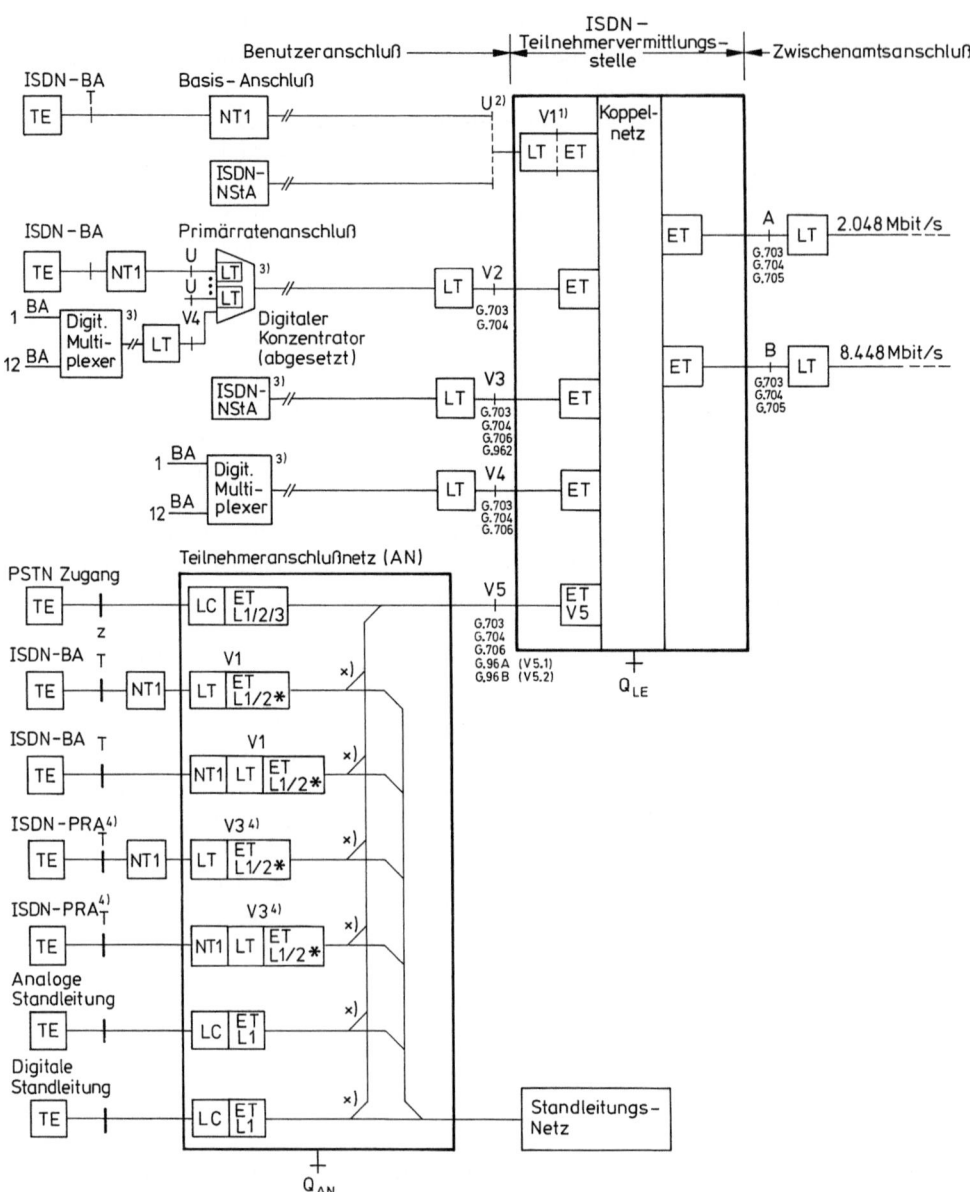

Bild 6.3. Digitale Schnittstellen einer ISDN-Teilnehmervermittlungsstelle

AN	Access Network	LE	Local Exchange (Ortsvermittlungsstelle)
BA	Basisanschluß	ET	Vermittlungsabschluß (Exchange Termination)
Q	TNM-Schnittstelle	x)	je nach Realisierung und Diensteangebot
TE	Endeinrichtung	*)	Schicht 2 nur teilweise bearbeitet
PRA	Primärratenanschluß	1)	Schnittstelle nicht ITU-T-standardisiert: systemspezifisch
NT1	Netzabschlußeinheit		
LT	Leitungsabschluß (Line Termination)	2)	Schnittstelle nicht ITU-T-standardisiert: im Netz der Deutschen Telekom als nationaler Standard
NT 1	Netzabschlußeinheit	3)	LT nicht separat dargestellt
		4)	nur bei V 5.2

6.2 Neue Anforderungen an die ISDN-Vermittlungstechnik

schenamtsseite (vgl. Abschn. 6.2.4). ISDN-Nebenstellenanlagen (NStAn) können – abhängig von der Größe – entweder über den Basisanschluß (s. Schnittstelle U in Bild 6.3) oder über den Primärratenanschluß (V 3) Zugang zur Teilnehmervermittlungstelle erhalten.

Die Schnittstellen V1 bis V4 grenzen die übertragungstechnischen Funktionen des ISDN-Benutzeranschlusses von den vermittlungstechnischen Funktionen ab. Der physikalische *Leitungsabschluß* LT (Line Termination) führt übertragungstechnische Funktionen aus, während der *Vermittlungsabschluß* ET (Exchange Termination) den Benutzeranschluß logisch abschließt. Allerdings muß die V-Schnittstelle nicht unbedingt als systemexterne Schnittstelle ausgebildet sein, da sich durch integrierte LT/ET-Implementierungen besonders kostengünstige Lösungen ergeben. Dies trifft auf den ISDN-Basisanschluß zu, für den Übertragungstechnik und Rahmenstruktur auf der Anschlußleitung nicht international, sondern national festgelegt sind (vgl. Abschn. 7.4.4, [323]). Die Übertragungsfunktionen des LT entsprechen im Falle des Basisanschlusses denen des NT1 (vgl. Abschn. 4.1). Benutzeranschlußfunktionen können auch in von der Vermittlungsstelle abgesetzten Vorfeldeinrichtungen angeordnet sein, die über Primärraten-Zeitmultiplexsysteme mit der Vermittlungsstelle verbunden sind: Hierzu zählen Digitalkonzentratoren (Schnittstelle V2 in Bild 6.3) und digitale Multiplexer (Schnittstelle V4, Abschn. 7.4.3); diese Möglichkeit ist in Gebieten geringer Teilnehmerdichte und vor allem wären der ISDN-Einführungsphase von Bedeutung, in der noch nicht alle Ortsvermittlungsstellen auf ISDN umgerüstet sind (vgl. Abschn. 3.8).

Die Schnittstellen V2 bis V4 basieren auf der gleichen Digitalsignal-Übertragungstechnik (vgl. Abschn. 7), die auch auf der Zwischenamtsseite eingesetzt wird. Die elektrischen Eigenschaften dieser Schnittstelle, d. h. Bitrate, Pulsform usw. sind in ITU-T-Empf. G.703 festgelegt. Die funktionalen Eigenschaften von V2–V4, d. h. insbesondere die Rahmenstruktur, werden in ITU-T-Empf. G.704 beschrieben. ITU-T-Empf. G.706 enthält zusätzliche Festlegungen für Digitalsignalverbindungen, die an Digitalvermittlungen enden.

Über die *Schnittstelle V5* können Teilnehmeranschlußnetze (Bild 6.3) herstellerneutral an die ISDN-Teilnehmervermittlungstelle herangeführt werden. *Teilnehmeranschlußnetze AN (Access Networks)* werden als ausgedehnte, vernetzte Vorfeldeinrichtungen in einer vom Wettbewerb geprägten Netzumgebung zunehmend den klassischen Teilnehmeranschluß zwischen Benutzer und Teilnehmervermittlungstelle ablösen. Neben der Vielfalt der digitalen und analogen Teilnehmerschnittstellen einer ISDN-Vermittlungsstelle bieten Teilnehmeranschlußnetze Multiplex-, Konzentrator-, Crossconnect- und Übertragungsfunktionen. Durch flexible Konfiguration per OAM (Operations and Maintenance) mittels Q-Schnittstellen im Rahmen von TMN (s. Abschn. 8.3) ermöglicht das AN-Konzept den flexiblen Teilnehmerzugang zu verschiedenen – auch konkurrierenden – Telekommunikationsdiensten und -einrichtungen: z.B. Zugang zum vermittelnden ISDN und zum Standleitungsnetz. Mit Übergang auf ATM wird diese Flexibilität noch gesteigert, u.a. infolge der Unterscheidung zwischen virtuellen Pfaden (ATM-Crossconnects) und virtuellen Verbindungen (ATM-Switches).

6 Vermittlungstechnik im ISDN

Bisher werden zwei Varianten bei V5 unterschieden:

V.5.1 netzseitiger Anschluß über einen 2,048-Mbit/s-Anschluß (ITU-T-Empf. G.964 [136])

V.5.2 umfaßt auf der Vermittlungsseite bis zu 16 2,048-Mbit/s-Anschlüsse und bietet auf der Teilnehmerseite zusätzlich zu V.5.1 auch den Primärratenanschluß (ITU-T-Empf. G.965 [137])

Außer den in Bild 6.3 gezeigten digitalen Schnittstellen müssen an einer ISDN-Teilnehmervermittlungsstelle auch Anschlußmöglichkeiten für analoge Anschlußleitungen des bestehenden Fernsprechnetzes vorgesehen werden (vgl. Abschn. 2.4.3), da beim Ersatz einer konventionellen Vermittlungsstelle des analogen Fernsprechnetzes durch eine digitale ISDN-Vermittlungsstelle diese die verbleibenden analogen Benutzeranschlüsse mit übernehmen muß (Bild 6.2: Anschluß a/b). Beispiele für Funktionen des analogen Benutzeranschlusses sind: Abzweigen oder Hinzufügen der Benutzersignalisierung, Umwandlung zwischen analogen und digitalen Sprachsignalen und Umsetzung zwischen Zweidraht- und Vierdrahtbetrieb.

Die Funktionseinheiten für digitale, d. h. für ISDN-Benutzeranschlüsse und für analoge Fernsprech-Benutzeranschlüsse sind ebenso wie die entsprechenden Anschlußeinheiten der Zwischenamtsseite (vgl. Abschn. 6.2.4) intern im Zeitmultiplex mit einer Durchschalteeinrichtung (Koppelnetz der Vermittlungseinrichtung) verbunden (Bild 6.4). Aufgabe des Koppelnetzes (vgl. Abschn. 6.2.5) ist die Durchschaltung der 64-kbit/s-Basiskanäle (B-Kanäle). Dazu wird im Koppelnetz jeweils ein Zeitschlitz des internen Zubringer-Zeitmultiplexsystems, der einem ankommenden Basiskanal entspricht, zu dem „eingestellten" Zeitschlitz eines Abnehmer-Zeitmultiplexsystems durchgeschaltet. In diesem Zusammenhang ist es erforderlich, daß die Funktionseinheiten für Benutzer- und Zwischenamtsanschluß die verschiedenen Anschluß- und Verbindungsleitungen einer kombinierten Digital/Analog-Teilnehmervermittlungsstelle an die internen Digitalvermittlungswege anpassen. Die Basiskanäle (B-Kanäle) können außer digitalisierter Sprache auch leitungsvermittelte und paketvermittelte Non Voice-Information mit 64 kbit/s übertragen. Der D_{16}-Kanal des Basisanschlusses erlaubt neben dem Austausch von Signalisierungsinformation zwischen ISDN-Teilnehmer und ISDN-Vermittlungsstelle auch den Transport von paketvermittelten Daten. Signalisierungsinformation und Paketvermittlungsdaten müssen in der Vermittlungsstelle separiert werden. Während die Signalisierungsinformation für die Funktionseinheit Benutzersignalisierung (vgl. Abschn. 6.2.7) bestimmt ist, werden die Paketvermittlungsdaten – im Adressenmultiplex mit paketvermittelten Daten anderer ISDN-Teilnehmeranschlüsse – über für diese Anwendung reservierte, fest geschaltete Nutzkanalverbindungen (Basiskanäle) an eine zentralisierte Paketvermittlungseinrichtung PH zur Bearbeitung weitergeleitet.

6.2 Neue Anforderungen an die ISDN-Vermittlungstechnik

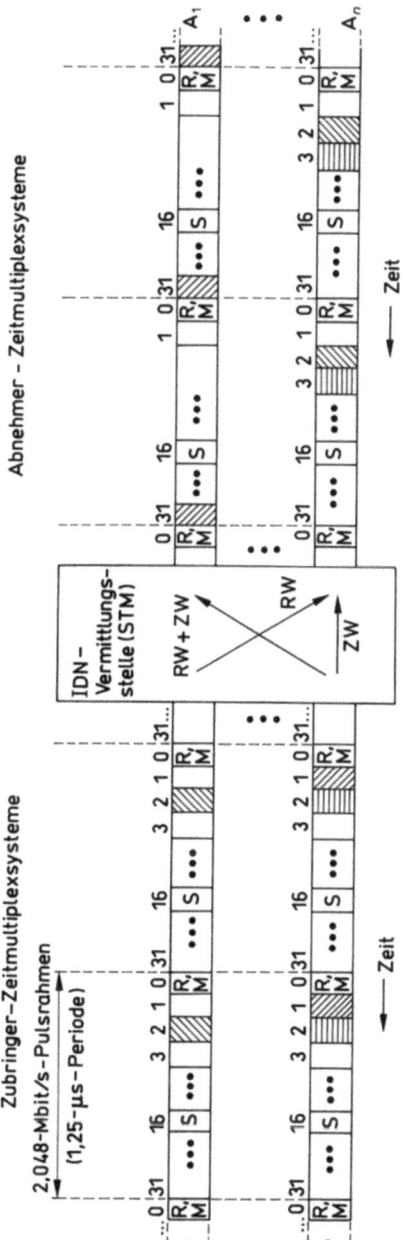

Bild 6.4 Räumliche und zeitliche Zuordnung der 64-kbit/s-Nutzkanäle bei der Zeitmultiplex-Vermittlungstechnik

IDN   integriertes Digitalnetz (Integrated Digital Network): Übertragungs- *und* Vermittlungstechnik auf Basis des Zeitmultiplex digitaler Kanäle
$E_1 \ldots E_n$ digitale Zeitmulitplexsystem - ankommende Richtung
$A_1 \ldots A_n$ digitale Zeitmultiplexsystem - abgehende Richtung
ZW   Zeitlagenwechsel
RW   Raumlagenwechsel
RW + ZW   kombinierter Wechsel von Raum- *und* Zeitlage
R   Rahmenkennungswort (Nullpunkt der Kanalzählung): Kanal 0
M   Meldewort (Alarmmeldungen): Kanal 0
S   Zwischenamtssignalisierung: Kanal 16

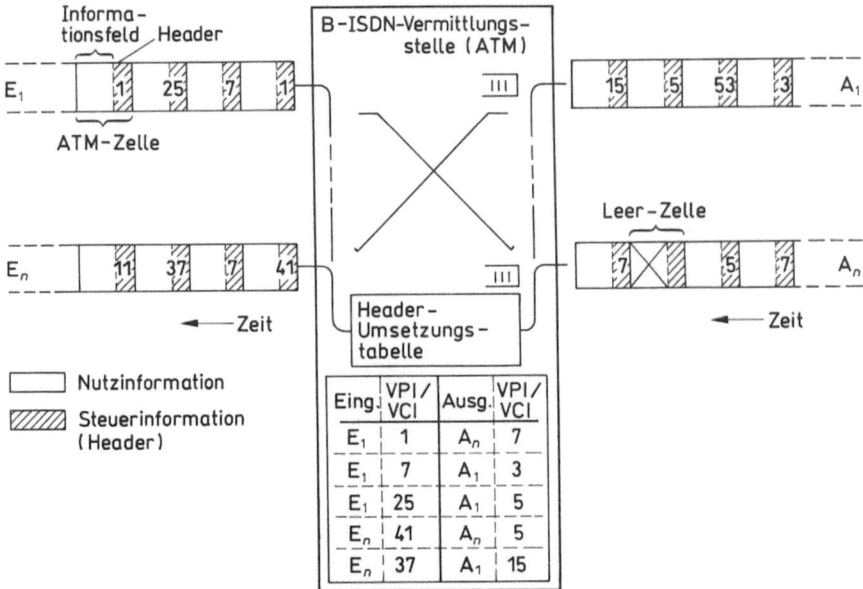

Bild 6.5. Vermittlung von ATM-Zellen in einer B-ISDN-Vermittlungsstelle
VPI/VCI   Virtual Path Identifier/Virtual Channel Identifier (logische Kanalnummer)

6.2.4 Zwischenamtsanschluß

Die Funktionseinheit für Zwischenamtsanschluß (Bild 6.2) umfaßt alle Funktionen für den Anschluß von digitalen Zeitmultiplexsystemen der Primär- und Sekundärstufe (Schnittstellen A und B in Bild 6.3). Elektrische und funktionale Eigenschaften der digitalen Zwischenamtsschnittstellen A und B sind in den ITU-T-Empf. Q.511 [201] definiert, wobei auf die Empfehlungen G.703 bzw. G.704 und G.705 verwiesen wird (vgl. Abschn. 7).

Für einen längeren Übergangszeitraum, in dem analoge Multiplexsysteme in der Zwischenamtsebene des Fernsprechnetzes noch eingesetzt sind, müssen aus Gründen der Zusammenarbeit mit dem Fernsprechnetz auch an ISDN-Vermittlungsstellen analoge Übertragungssysteme anschließbar sein (Bild 6.10). Für diese Anschlüsse muß in der Anschlußeinheit eine Digital/Analog-Wandlung durchgeführt werden.

Wie die entsprechende Einheit für Benutzeranschluß ist auch die Einheit für Zwischenamtsanschluß im Zeitmultiplex in der Vermittlungseinrichtung mit dem Koppelnetz verbunden (Bild 6.2), in dem die einzelnen 64-kbit/s-Nutzkanäle (Basiskanäle) durchgeschaltet werden. Die zur Übermittlung der Zwischenamtssignalisierungsinformation im Rahmen des ITU-T-Signalisierungssystems Nr. 7 benutzten zentralen 64-kbit/s-Signalisierungskanäle ZZK werden in gleicher Weise an das Koppelnetz herangeführt. Über fest geschaltete Koppelnetzwege (semipermanente Durchschaltung) werden die zentralen Signalisierungskanäle an die Funktionseinheit für Zwischenamtssignalisierung weitergeleitet.

6.2.5 Digitale Zeitmultiplex-Vermittlungstechnik

Im digitalisierten Fernsprechnetz [37] mit Integration von Vermittlungs- und Übertragungstechnik werden die im Zeitmultiplex übertragenen 64-kbit/s-Einzelkanäle unmittelbar aus den direkt an die Vermittlung angeschlossenen Zeitmultiplexsystemen heraus vermittelt, d. h. ohne vorherige Aufspaltung des Zeitmultiplex-Oktettstroms in einzelne 64-kbit/s-Kanäle. Bei PCM-Sprachübertragung enthält ein Kanaloktett jeweils ein PCM-Codewort (vgl. Abschn. 7.2.1).

Bei der digitalen Zeitmultiplex-Vermittlungstechnik besteht also die Vermittlungsfunktion im Durchschalten von Zeitkanälen (vgl. Abschn. 7.2.2, Bild 7.2) durch das Koppelnetz von einem Zubringer-Zeitmultiplexsystem zum jeweiligen Abnehmer-Zeitmultiplexsystem (Bild 6.4). Dabei treten zwei prinzipiell verschiedene Durchschalteverfahren auf [22]:

- *Zeitstufen* schalten einen Zeitkanal durch, indem sie innerhalb desselben Zeitmultiplexsystems die Zeitlage des Kanalzeitschlitzes von der Zubringer- zur Abnehmerseite dem Vermittlungsziel entsprechend ändern. (Zeitlagenwechsel ZW in Bild 6.4: Ein im Kanalzeitschlitz 2 des Zubringersystems E_n empfangenes Oktett wird zum Kanalzeitschlitz 3 des korrespondierenden Zeitmultiplexsystems A_n übermittelt.)
- *Raumstufen* schalten dagegen die Kanalzeitschlitze unter Aufrechterhaltung ihrer Zeitlage von einem Zubringer-Zeitmultiplexsystem zu einem anderen, dem Vermittlungsziel entsprechenden Zeitmultiplexsystem durch. (Raumlagenwechsel RW in Bild 6.4: Das Oktett 2 des Zubringersystems E_1 wechselt zeitgleich zum Abnehmersystem A_n.)

Im allgemeinen Fall erfordert der Vermittlungsvorgang den Wechsel von Zeit- und Raumlage der durchzuschaltenden Oktetts. Daher müssen in der Praxis Zeit- und Raumstufen miteinander kombiniert werden, z. B. in Form von Zeit-Raum-Zeit-Koppelnetzanordnungen [23, 306].

Abhängig von der Art der Information (vgl. Abschn. 6.2.3 und 6.2.4), die auf den über das Koppelfeld geführten 64-kbit/s-Kanälen übermittelt wird, können in einer ISDN-Teilnehmervermittlungsstelle gemäß ITU-T-Empf. Q.522 [204] folgende *Durchschaltebeziehungen* auftreten:

(1) Basiskanal (B) – Basiskanal (B)
(2) Basiskanal (B) – Zwischenamtsnutzkanal (B)
(3) zentraler Signalisierungskanal (ZZK) – Funktionseinheit für Zwischenamtssignalisierung
(4) Hilfskanal (D_{16}) – semipermanenter Zubringerkanal (B) zu einer Paketvermittlungseinrichtung PH im ISDN (s. integrierte Lösung in Abschn. 4.6.4)

206 6 Vermittlungstechnik im ISDN

(5) Hilfskanal (D_{16} bzw. D_{64}) – Funktionseinheit für Benutzersignalisierung

Darüber hinaus besteht die Möglichkeit, für Kanäle höherer Geschwindigkeit auch mehr als einen 64-kbit/s-Kanal im Zuge *einer* Verbindung durch ein 64-kbit/s-Koppelnetz durchzuschalten, z. B. fünf 64-kbit/s-Basiskanäle im Falle des H0-Kanals mit einer Gesamtbitrate von 384 kbit/s (vgl. Abschn. 4.2). Der H0-Kanal belegt hierbei fünf 64-kbit/s-Zeitschlitze pro 2,048-Mbit/s-Pulsrahmen, die alle zur gleichen Zieladresse durchgeschaltet werden müssen. In diesem Falle sind im Koppelnetz besondere Vorkehrungen erforderlich, damit die ursprüngliche Oktettreihenfolge erhalten bleibt (digit sequence integrity) [58].

6.2.6 ATM-Vermittlungstechnik

Beim *Asynchronen Transfer-Modus (ATM)* erfolgt die Informationsübermittlung in Form von als Zellen bezeichneten Paketen mit einer konstanten Länge von 53 Oktetts, die aus einem Informationsfeld (48 Oktetts) sowie einem Zellkopf (Header) mit Steuerungsinformation (fünf Oktetts) bestehen (Bild 6.5). Im Unterschied zu der im vorhergehenden Abschnitt behandelten Zeitmultiplex-Vermittlungstechnik nach dem STM-Prinzip (Synchroner Transfermodus, vgl. Bild 6.4) sind die ATM-Zellen (Zeitschlitze) den Kanälen nicht aufgrund ihrer Position in einem periodischen Rahmen *fest* zugeordnet, sondern können asynchron – also entsprechend dem tatsächlichen Übermittlungsbedarf – über eine *logische Kanalnummer* im Zellkopf belegt werden (Bild 6.5).

Um dabei den tatsächlich genutzten Zellstrom an die verfügbare physikalische Übertragungskapazität anzupassen, müssen nicht belegte Zeitschlitze als *Leerzellen* („Idle cells" bzw. „Unassigned cells") durch ein spezielles Bitmuster gekennzeichnet werden (Bild 6.5).

6.2.6.1 Vermittlung von ATM-Zellen

Seit den 80er Jahren wurden viele ATM-Koppeleinrichtungen beschrieben und zum Teil erprobt, angefangen bei den Banyan-Koppeleinrichtungen über das Prelude-System bis zu ATM-Koppeleinrichtungen, die im Rahmen von RACE-Projekten untersucht wurden.

Bild 6.5 zeigt das Schema des ATM-Vermittlungsprinzips. Im Zentrum steht das *Koppelnetz für ATM-Zellen (ATM Switching Network)*, das als Raumvielfachschalter (Space Switch) die auf den Eingängen E_1 bis E_n ankommenden ATM-Zellen entsprechend der augenblicklichen Verbindungssituation zu den Ausgängen A_1 bis A_n übermittelt. Bei jedem ATM-Zellen-Übermittlungsvorgang wird durch Zugriff auf die *Header-Umwertungstabelle (Header Translation Table)* die im ankommenden Header enthaltene logische „Kanalnummmer" VPI/VCI (vgl. Abschn. 6.2.6.2) in die neue VPI/VCI des abgehenden Header umgewandelt. Im einfachsten Fall besteht ein ATM-Koppelnetz aus einem *ATM-Koppelelement* n/n mit n Eingängen und n Ausgängen (z.B. n = 32). Bei höhe-

6.2 Neue Anforderungen an die ISDN-Vermittlungstechnik

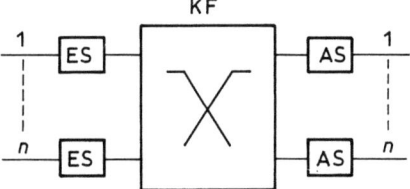

Bild 6.6. ATM-Koppelelement n/n
ES Eingangssteuerung
AS Ausgangssteuerung
KF Koppelfeld

rem Anschlußbedarf enthält ein ATM-Koppelnetz mehrere parallel und in Serie geschaltete Koppelelemente. Bild 6.6 zeigt den prinzipiellen Aufbau eines ATM-Koppelelementes n/n mit Eingangssteuerung (ES), Ausgangssteuerung (AS) und dem Koppelfeld (KF).

Durch die asynchrone Übertragung der ATM-Zellen kann der Fall eintreten, daß mehrere ATM-Zellen während eines Zellübertragungstaktes zum gleichen Ausgang übertragen werden sollen. Um Zellverluste zu vermeiden, müssen die überzähligen ATM-Zellen von Zwischenspeichern aufgenommen werden und dort bis zum Freiwerden des adressierten Ausganges warten. Werden die Warteschlangen länger als es die Kapazität der Zwischenspeicher zuläßt, gehen die überschüssigen ATM-Zellen zu Verlust.

Die *Zwischenspeicher* können den Ein- oder Ausgängen des Koppelelementes zugeordnet werden. Eine zentrale Zwischenspeicherung je Koppelelement hat den Vorteil, daß die Speicherplätze uneingeschränkt allen Ein- und Ausgängen zugeteilt werden können; dies hat eine erhebliche Reduzierung der erforderlichen Speicherplätze zur Folge.

Bild 6.7 zeigt den prinzipiellen *Aufbau eines Koppelelementes* n/n mit zentraler Zwischenspeicherung. Die auf den Eingangsleitungen 1 bis n bitseriell eintreffenden ATM-Zellen werden im *Serien-Parallelumsetzer (S/P)* in Parallelform umgesetzt und in den *zentralen Puffer (ZP)* eingeschrieben. Gleichzeitig gelangen ihre Adressen in die Ausgangs-Warteschlagen der *zentralen Steuerschaltung (ZS)*. Von dort werden die im zentralen Puffer befindlichen ATM-Zellen nach dem FIFO-Prinzip abgerufen. Die in Parallelform aus dem zentralen Puffer ausgelesenen ATM-Zellen werden im *Parallel/Serienumsetzer (P/S)* in serielle Form zurückgeführt und über die Ausgangsleitungen 1 bis n ausgesendet.

Unabhängig von der Anordnung der Zwischenspeicher im Koppelelement muß die Anzahl der Speicherplätze so bemessen sein, daß Zellverluste durch Speicherüberlauf äußerst selten vorkommen (z.B. 10^{-9} je ATM-Vermittlung). Das Koppelfeld des ATM-Koppelelementes muß so gestaltet sein, daß es ohne *innere Blockierung* arbeitet; das heißt ATM-Zellen, die zu freien Ausgängen gerichtet sind, müssen ungehindert übertragen werden können.

208   6 Vermittlungstechnik im ISDN

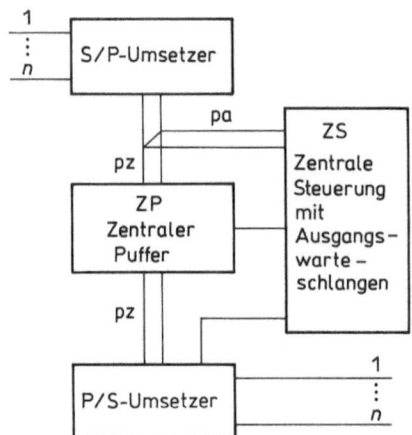

Bild 6.7. Koppelelement n/n mit zentralem ATM-Zellen-Puffer

S/P   Serien/Parallel-Umsetzer
P/S   Parallel/Serien-Umsetzer
pz   parallele Zeichenübertragung
pa   parallele Adressenübertragung

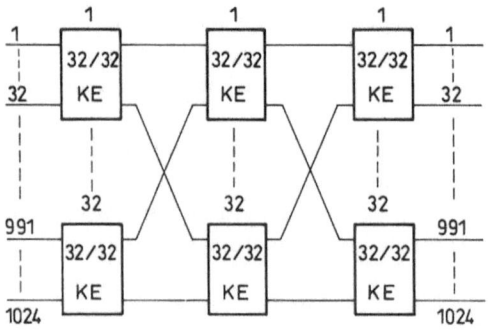

Bild 6.8. 3-stufiges ATM-Koppelnetz mit 1024 Ein- und Ausgängen
32/32 KE   Koppelelement mit 32 Ein- und Ausgängen

Die Koppelelemente können in Form von *einstufigen* oder *mehrstufigen* Netzwerken zu einem ATM-Koppelnetz zusammengeschaltet werden. Bild 6.8 zeigt als Beispiel ein 3-stufiges ATM-Koppelnetz für 1024 Ein- und Ausgänge, das nur aus 32/32-Koppelelementen zusammengesetzt ist. Im Falle von mehrstufigen Netzwerken ist es möglich, zwischen den Ein- und Ausgangspaaren mehrere parallele Wege vorzusehen. Auf diese Weise können die ATM-Zellen möglichst ungehindert, d.h. mit kleinstmöglicher Wartezeit und Zellverlustrate zu den Ausgängen des ATM-Koppelnetzes übermittelt werden.

6.2 Neue Anforderungen an die ISDN-Vermittlungstechnik 209

6.2.6.2 ATM-Crossconnect und ATM-Vermittlungsstelle

In Abschn. 6.2.6.1 wurde die im Zellen-Kopf enthaltene Kennzeichnung der Zugehörigkeit einer ATM-Zelle zu einer bestimmten virtuellen Verbindung zur Erläuterung des ATM-Vermittlungsprinzips vereinfachend als „logische Kanalnummer" bezeichnet. Bei ATM (vgl. ITU-T-Empf. I.361 [173]) besteht die Kanalkennzeichnung aus zwei logisch getrennten Feldern, d.h. aus einer *virtuellen Pfadkennung VPI (Virtual Path Identifier)* und aus einer *virtuellen Kanalkennung VCI (Virtual Channel Identifier)*. Dementsprechend unterscheidet man in ATM-Netzen zwei getrennte logische Ebenen des Zellentransports, denen zwei verschiedene Typen von virtuellen Verbindungen entsprechen, Virtual *Path* Connections (VPC) und Virtual *Channel* Connections (VCC):
- Auf der Ebene der *virtuellen Kanäle VC (Virtual Channel)* werden einzelne VC in einem VC-Vermittler (VC Switch) durch *individuelle* VCI-Umwertung

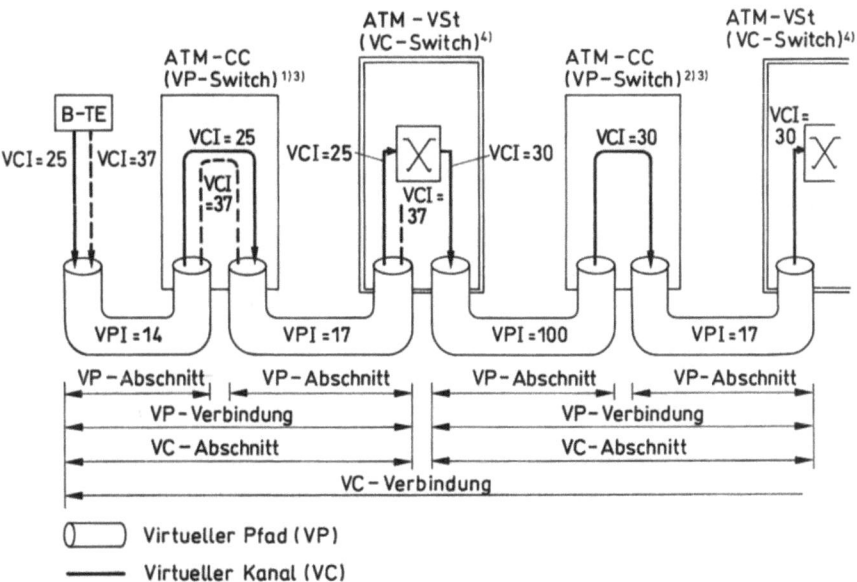

Bild 6.9. ATM-Crossconnect und ATM-Vermittlungsstelle
VCI   virtuelle Kanalkennung (virtual channel identifier)
VPI   virtuelle Pfadkennung (virtual path identifier)
VC   virtueller Kanal
VP   virtueller Pfad
CC   Crossconnect
VSt   Vermittlungsstelle
B-TE Breitband-Endeinrichtung
1)   Bestandteil eines Teilnehmeranschlußnetzes (vgl. Abschn. 6.2.3)
2)   Virtuelles Verbindungsleitungnetz als flexible Netzinfrastruktur
3)   Steuerung per TMN
4)   Steuerung per Signalisierung

zwischen ankommender und abgehender Seite (VC-Abschnitt) vermittelt (Bild 6.9).
- Ein *virtueller Pfad VP (Virtual Path)* umfaßt ein Bündel von logischen Kanälen, die durch einen *gemeinsamen* VPI-Wert gekennzeichnet sind. Die einzelnen virtuellen Kanäle innerhalb des virtuellen Pfades werden – ohne den VCI-Wert auszuwerten oder zu ändern – durch bloße VPI-Umwertung *global* in einem VP Vermittler (VP Switch) vermittelt (Bild 6.9).

Ein VP-Vermittler kann grundsätzlich entweder als eigenständige Einrichtung realisiert werden – vgl. *ATM-Crossconnect (ATM-CC)* in Bild 6.9 – oder zusammen mit dem VC-Vermittler in eine ATM-Vermittlungsstelle (ATM-VSt) integriert sein. Bei gleichem Aufbau des ATM-Koppelfeldes unterscheiden sich ATM-VSt und ATM-CC u.a. dadurch, wie die Einträge in die Header-Umwertungstabelle vorgenommen werden: bei ATM-VStn mittels *Signalisierung* während der Verbindungsaufbauphase und bei ATM-CCs per TMN über die Q-Schnittstelle (vgl. Abschn. 8.3). Einsatzfälle für virtuelle Pfade sind:
- *Teilnehmeranschluß* an die Vermittlungsstelle: vgl. *Access Network* in Abschn. 6.2.3.
- *Flexible Netzinfrastruktur:* VP-Verbindungen zwischen den ATM-Teilnehmer-Vermittlungsstellen als *virtuelle Bündel* vereinfachen die Netzstruktur und ersparen den Steuerungsaufwand in den Transit-Vermittlungsstellen, da VC-Verbindungen unmittelbar zwischen Ursprungs- und Zielvermittlungsstelle aufgebaut werden können.
- *VP-Verbindungen unmittelbar zwischen Benutzereinrichtungen,* z.B. als *virtuelle Querleitungen* zwischen ATM-Nebenstellenanlagen, die – für das öffentliche Netz transparent – beliebig in virtuelle Kanäle unterteilt werden können.

6.2.7 Benutzersignalisierung

Die Funktionseinheit für Benutzersignalisierung behandelt – abhängig von der Art des Benutzeranschlusses – die ISDN-Benutzersignalisierung (vgl. Abschn. 4.4) oder die Wählverfahren für analoge Fernsprechanschlüsse (a/b). Dazu gehört neben dem Empfang und Aussenden verbindungsbezogener und verbindungsunabhängiger Signalisierungsinformation die Umwandlung der anschlußtypspezifischen externen Signalisierungsereignisse in interne Meldungen für die zentrale Steuerung und umgekehrt (Bild 6.2). Die zentrale Steuerung übernimmt die mit der Steuerung einer Verbindung von der ankommenden zur abgehenden Seite zusammenhängenden Aufgaben (vgl. Abschn. 6.2.8). So ermittelt sie beispielsweise den Weg über das Koppelnetz zwischen Benutzeranschluß und Zwischenamtsanschluß durch Auswertung der Wahlinformation und stellt ihn ein; außerdem sorgt sie für die Weitergabe der Wahlinformation an die Funktionseinheit Zwischenamtssignalisierung (vgl. Abschn. 6.2.9).

Wie bereits in Abschn. 6.2.3 ausgeführt, kann der Benutzeranschluß auch über abgesetzte Konzentratoren erfolgen, die über Primärraten-Zeitmultiplexsysteme mit der Teilnehmervermittlungsstelle verbunden sind (Bild 6.3). Diese Systemstruktur ermöglicht z. B. im Vermittlungssystem EWSD (Bild 6.10) u. a. die dezentrale Steuerung des D-Kanalprotokolls im Falle des ISDN-Basisanschlusses: Die physikalischen und logischen Funktionen der Schicht 1 sowie die komplette Schicht-2-Prozedur (HDLC LAPD; s. [230]) werden für acht ISDN-Basisanschlüsse auf der ISDN-Teilnehmeranschlußbaugruppe SLMD (Subscriber Line Module Digital) der DLU behandelt, während die Steuerung der Schicht 3 des D-Kanalprotokolls in den Leitungsanschlußgruppen LTG der Peripherie durchgeführt wird.

6.2.8 Zentrale Steuerung

Die vermittlungstechnischen Aufgaben einer ISDN-Teilnehmer-Vermittlungsstelle lassen sich grob in folgende Funktionsbereiche untergliedern:
(1) Signalisierung,
(2) Anschlußsteuerung (anschlußtypspezifisch),
(3) Vermitteln zwischen Anschlüssen (anschlußtypunabhängig),
(4) Zusammenarbeit mit der Funktionseinheit Betrieb und Wartung.

Die Funktionseinheit Zentrale Steuerung umfaßt insgesamt die Funktionsbereiche (2)–(4), die in der Praxis als verteilte Funktion realisiert werden kann. So verfügen moderne Vermittlungssysteme (vgl. Bild 6.10) zur Entlastung des Koordinationsprozessors (CP) über eine modulare dezentrale Steuerungsstruktur, die durch einen hohen Grad an Vorverarbeitung in Mikroprozessoren der Peripherie gekennzeichnet ist – vgl. den Gruppenprozessor (GP) der Leitungsanschlußgruppen (LTG). Die anschlußtypspezifische Steuerung eines Benutzer- bzw. Zwischenamtsanschlusses (2) wird weitgehend autonom vom jeweiligen Gruppenprozessor (GP) durchgeführt, während die Vermittlung (3) zwischen Anschlüssen verschiedener Leitungsanschlußgruppen im Koordinationsprozessor erfolgt. Zu diesem Zweck können die peripheren Leitungsanschlußgruppen, die über eine systeminterne 8,192-Mbit/s-Zeitmultiplexschnittstelle (124 Kanäle je 64 kbit/s) an das mit der gleichen Geschwindigkeit arbeitende zentrale Koppelnetz (SN) angeschlossen sind, über separate 64-kbit/s-Koppelnetzkanäle nicht nur Nutzinformation untereinander, sondern auch Steuerinformation mit dem Koordinationsprozessor austauschen. Die 64-kbit/s-Steuerkanäle sind als semipermanente Verbindungen durch das Koppelnetz geschaltet, wobei die Serien-Parallel-Umsetzung zwischen der seriellen 8,192-Mbit/s-Koppelnetzschnittstelle und der parallelen Koordinationsprozessorschnittstelle vom Nachrichtenverteiler (MB) vorgenommen wird. Die über das zentrale Koppelnetz vermittelten 64-kbit/s-Nutzkanäle (Basiskanäle) werden dagegen vom Koordinationsprozessor mittels Einstellbefehlen an die Koppelnetzsteuerung (SGC) durchgeschaltet.

212   6 Vermittlungstechnik im ISDN

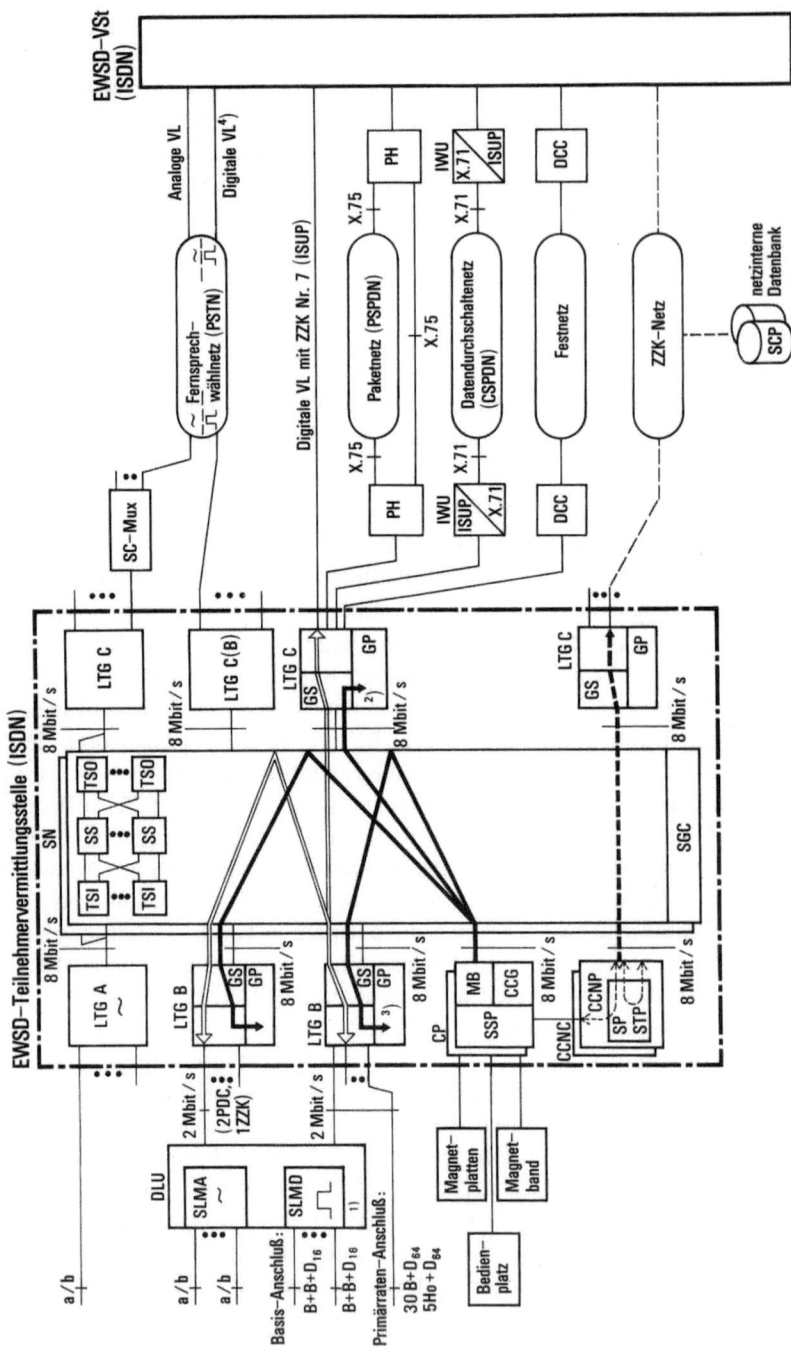

6.2.9 Zwischenamtssignalisierung

Die Funktionseinheit für Zwischenamtssignalisierung behandelt in erster Linie das ITU-T-Zentralkanal-Signalisierungssystem (Zeichengabesystem) Nr. 7 (vgl. ZZK in den Bildern 6.1, 6.2 und 6.10), das für die Zusammenarbeit sowohl mit Vermittlungsstellen des digitalen Fernsprechnetzes (Telephone User Part TUP [218-222]) als auch mit anderen ISDN-Vermittlungsstellen benutzt wird. Für die Zwischenamtssignalisierung im ISDN kann der bereits definierte Nachrichten-

←

Bild 6.10. Systemstruktur und Kommunikationsbeziehungen einer ISDN-Teilnehmervermittlungsstelle

ZZK	Zentraler Zeichenkanal (Signalisierungskanal)
ISUP	ISDN User Part (Anwenderteil für ISDN; ISDN-Zwischenamtssignalisierung im Rahmen des CCITT-Signalisierungssystems Nr. 7) s. Abschn. 6.3
IWU	Netzübergang zum Datendurchschaltenetz (Interworking Unit), s. Abschn. 4.6.1
PH	Paketvermittlungseinrichtung im ISDN (Packet Handler), s. Abschn. 4.6.4
CSPDN	leitungsvermitteltes öffentliches Text- und Datennetz
PSPDN	paketvermitteltes öffentliches Text- und Datennetz
SP	Signalisierungsendpunkt (s. Abschn. 6.3.1)
STP	Signalisierungstransferpunkt (s. Abschn. 6.3.1)
SCCP	Steuerteil für End-to-End-Signalisierungstransaktionen (Signalling Connection Control Part, s. Abschn. 6.3.4)
DLU	Digitalkonzentrator (Digital Line Unit)
SLMA	Subscriber Line Module Analog
SLMD	Subscriber Line Module Digital
LTG	Anschlußgruppe (Line Trunk Group)
GS	Gruppenkoppler
GP	Gruppenprozessor
SN	Koppelnetz
SGC	Koppelgruppensteuerung
TSI	Eingangszeitstufe (Time Stage Incoming)
TSO	Ausgangszeitstufe (Time Stage Outgoing)
SS	Raumstufe (Space Stage)
CP	Koordinationsprozessor (Coordination Processor)
SSP	Siemens Switching Processor
MB	Nachrichtenverteiler (Message Buffer)
CCG	zentraler Taktgenerator (Central Clock Generator)
CCNC	Common Channel Network Control (Steuerung für das ZZK-Netz: MTB-Funktionsebenen 2 und 3)
CCNP	Common Channel Network Processor
DCC	Digital Cross Connect
VL	Verbindungsleitung
SCP	Service Control Point (vgl. Abschn. 8.4)
═══	64 kbit/s-Nutzkanal (vermittelt)
———	64 kbit/s-Steuerkanal (semipermanent)
- - - -	64 kbit/s-Signalisierungskanal ZZK (semipermanent)

Weg der Nr. 7-Nachrichten durch den CCNC
[1] Anschluß eines Digital-Multiplexers (vgl. Bild 6.3) nicht dargestellt, [2] ISUP für Linkby-Link-Signalisierung (s. Abschn. 6.3.3), [3] ISUP für End-to-End-Signalisierung (s. Abschn. 6.3.3) und SCCP (s. Abschn. 6.3.4) [4] mit kanalassoziierter Signalisierung

transferteil MTP (Message Transfer Part; [206-212]) vom Signalisierungssystem Nr. 7 unverändert weiterverwendet werden. Um den besonderen Anforderungen der ISDN-Zwischenamtssignalisierung Rechnung zu tragen, wurde für das ISDN ein eigener Anwenderteil, der ISDN User Part (ISUP [223-227]), unabhängig vom TUP neu festgelegt (Abschn. 6.3).

Darüber hinaus müssen mit Rücksicht auf Übergangsmöglichkeiten vom ISDN zu den vorhandenen analogen Netzteilen des Fernsprechnetzes auch die entsprechenden kanalgebundenen Signalisierungsverfahren in einer ISDN-Vermittlungsstelle abgewickelt werden, z. B. die Impulskennzeichengabe IKZ [54].

6.2.10 Betrieb und Wartung

Die Funktionen für Betrieb und Wartung (Operations, Administration and Maintenance OAM) (vgl. Bild 6.2) umfassen entsprechend ITU-T-Empf. Q.542 [205] folgende Funktionsbereiche [312]:
- Bedien- und Verwaltungsaufgaben im Zusammenhang mit dem Neueinrichten, Ändern und Erweitern von Systemdaten, z. B. Vermittlungsstellen-, Netz-, Bündel- und Teilnehmeranschlußdaten,
- Inbetriebnahme und Erweiterung von Vermittlungsstelleneinrichtungen und von Leistungsmerkmalen,
- Unterhaltungs- und Wartungsaufgaben zur Aufrechterhaltung der Funktionsfähigkeit und zur Sicherstellung der Betriebsgüte der Vermittlungstechnik.

Zu diesem Zweck sind entsprechende Schnittstellen unter Benutzung der ITU-T-Man-Machine-Language (MML) zwischen den Vermittlungsstellen einerseits und/oder lokalen Bedienungsplätzen bzw. abgesetzten Betriebs- und Wartungszentren (Network Management Centres) andererseits erforderlich. Test- und Wartungsfunktionen für den digitalen Teilnehmeranschluß, z. B. die Fehlerlokalisierung mittels Prüfschleifen (s. Abschn. 4.1.2) sind Gegenstand der neuen I.600-Serie von ITU-T-Empfehlungen. Die für OAM-Aufgaben erforderlichen Schnittstellen sind für Teilnehmer- und Durchgangsvermittlungsstellen in ITU-T-Empf. Q.513 [203] definiert. Für den Zwischenamtsbereich legt die ITU-T-Empf. Q.795 [228] die im Rahmen des ITU-T-Signalisierungssystems Nr. 7 zur Prüfung der Vermittlungsstellen und des ZZK-Netzes vorgesehenen Protokolle und Prozeduren fest. Die Vielfalt und Komplexität der Kommunikationsnetze hat eine entsprechende Vielfalt im Bereich der Betriebs- und Wartungsaufgaben (OAM) entstehen lassen, die durch anwendungsabhängige und vielfach herstellerspezifische Lösungen gekennzeichnet sind. Insbesondere aus Sicht des Netzbetreibers ist jedoch ein standardisierter OAM-Ansatz wünschenswert, der eine umfassende Gesamtsteuerung sämtlicher vermittlungs- und übertragungstechnischer Netzkomponenten erlaubt und in einem oder wenigen OAM-Zentren (Operations Systems OS) zentralisiert ist. Dieser Zielsetzung trägt das in der ITU-T-Rahmenempfehlung M.3010 [196] enthaltene Konzept des *Telecommunications Management Network (TMN)* Rechnung. Das TMN stellt ein eigenständiges informationsverarbeitendes System (Netz) dar, das über standardisierte Referenzpunkte/Schnittstellen und Protokolle Zugang zu den übertragungs- und vermittlungstechnischen Netzelementen (Network Elements NE) hat, von denen es OAM-Meldungen enthält und die es steuert (vgl. Abschn. 8.3).

6.2.11 Takterzeugung und Netzsynchronisierung

In synchronen Digitalnetzen müssen die Takte der von den einzelnen Vermittlungsstellen abgegebenen Primär- (2,048 Mbit/s) bzw. Sekundär-Multiplex-Signale (8,448 Mbit/s) sehr genau übereinstimmen, um Verfälschungen der Nutzinformation zu vermeiden (s. Abschn. 7.6). Die Funktionseinheit *Takterzeugung und Netzsynchronisierung* (vgl. Bild 6.2) hat die Aufgabe, den von einem zentralen Taktgenerator in der Vermittlungseinrichtung erzeugten Takt an die von außen zugeführte Referenzfrequenz – z. B. von einer zentral im Netz eingerichteten Normalfrequenzanlage – anzupassen und die so erzeugte Takt- und Synchronisierinformation innerhalb der Vermittlungsstelle so zu verteilen, daß der Synchronismus der 64-kbit/s-Zeitschlitze beim Durchlaufen der Vermittlungsstelle aufrechterhalten wird.

6.3 Die Zwischenamtssignalisierung im ISDN

6.3.1 Grundmerkmale der Zwischenamtssignalisierung mit dem ITU-T-Signalisierungssystem Nr. 7

Für den Auf- und Abbau von 64-kbit/s-Nutzkanalverbindungen und zur Steuerung von ISDN-Diensten und Zusatzdienstmerkmalen müssen die beteiligten ISDN-Vermittlungsstellen Signalisierungsinformation untereinander austauschen können (Zeichengabe). Im ISDN erfolgt die Zwischenamtssignalisierung im Rahmen des ITU-T(früher CCITT)-Signalisierungssystems (Zeichengabesystems) Nr. 7. In diesem Abschnitt werden die ISDN-relevanten Funktionen und Abläufe von Signalisierungssystem Nr. 7 aus Sicht des 64-kbit/s-ISDN erläutert; die grundlegenden Merkmale von Signalisierungssystem Nr. 7 [65] werden nur soweit behandelt, wie dies zum Verständnis der ISDN-spezifischen Ergänzungen und Erweiterungen des Signalisierungssystems erforderlich ist. Die Besonderheiten der Zwischenamtssignalisierung im Breitband-ISDN werden in Abschn. 6.3.6 erläutert.

Das Signalisierungssystem Nr. 7 ist im Gegensatz zu den herkömmlichen Signalisierungssystemen für Fernsprechnetze, wie sie im nationalen Verkehr – im Bereich der Deutschen Telekom z.B. die Impuls-Kennzeichengabe IKZ [54] – und im internationalen Verkehr – ITU-T-Signalisierungssystem Nr. 4, Nr. 5, R2 [198, 200] – eingesetzt werden, ein *Zentralkanalsystem* (Bild 6.11 a). Die Zentralkanalisierung unterscheidet sich von den oben genannten kanalgebundenen Sig-

216 6 Vermittlungstechnik im ISDN

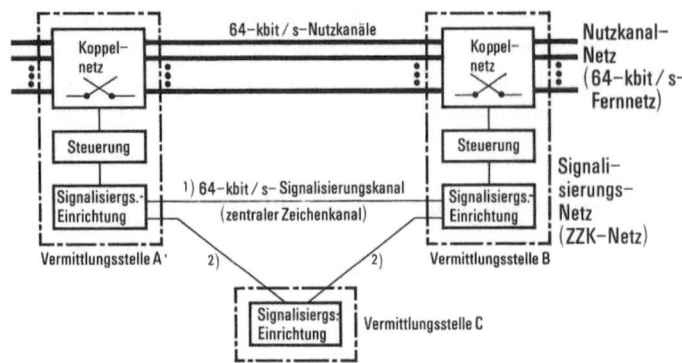

a

b

nalisierungsverfahren dadurch, daß die Signalisierungsinformation getrennt von den 64-kbit/s-Nutzkanälen (Basiskanälen), auf die sie sich bezieht, in speziellen, für viele Nutzkanäle gemeinsam benutzten 64-kbit/s-Signalisierungskanälen übermittelt wird. Die auch als zentrale Zeichenkanäle (ZZK) bezeichneten Signalisierungskanäle zwischen den Vermittlungsstellen bilden zusammen ein eigenständiges, auf dem Prinzip der Teilstreckenvermittlung beruhendes Signalisierungsnetz (ZZK-Netz), das völlig von dem Nutzkanal-Durchschaltenetzwerk getrennt ist (Bild 6.12).

Zu den Vorteilen der Zentralkanalsignalisierung gegenüber kanalindividuellen Verfahren zählt
- *Signalisierung simultan zur Übermittlung von Nutzinformation* bei bereits aufgebauter Nutzkanalverbindung möglich
- *kurze Verbindungsaufbauzeit* infolge der 64-kbit/s-Signalisierungskanäle
- *nahezu unbegrenzter Vorrat an Signalisierungselementen* (Nachrichten, Nachrichtenparameter), verbunden mit
- *hoher Flexibilität* gegenüber neuen Anforderungen (Beispiel ISDN), u. a. durch die Einführung neuer Dienste und Dienstmerkmale,
- *rechnerfreundliche Struktur* der Signalisierungselemente (SPC-Vermittlungen),
- trotz höheren Grundaufwandes *im Vergleich mit kanalgebundenen Verfahren kostengünstiger,* da die zentralisierten Signalisierungseinrichtungen des ZZK für viele Nutzkanalverbindungen gleichzeitig genutzt werden: im Fernsprechnetz erlaubt ein ZZK die Steuerung von bis zu 4000 Verbindungen,

←

Bild 6.11. Zentralkanalsignalisierung. **a** Prinzip, **b** Protokollarchitektur des ITU-T-Signalisierungssytem Nr. 7.

ZZK   zentraler Signalisierungskanal (Zeichengabekanal)
ISUP Anwenderteil für ISDN (ISDN User Part)
TUP   Anwenderteil für Fernsprechen (Telephone User Part)
DUP   Anwenderteil für leitungsvermittelte Datendienste (Data User Part)
OMAP Anwenderteil für Betreiben/Unterhalten/Warten (Operations and Maintenance Application Part)
MSU   Nachrichtenzeicheneinheit (Message Signal Unit)
SIF   Nachrichtenfeld (Signalling Information Field)
CIC   Nutzkanal (Sprechkreis)-Kennung (Circuit Identification Code)
SLS   Zeichengabestrecken-Auswahlcode (Signalling Link Selection)
OPC   Ursprungscode (Originating Point Code)
DPC   Zielcode (Destination Point Code)
SIO   Dienstinformationsoktett (Service Information Octett)
SI   Dienstindikator (Unterfeld des SIO)
SP   Signalisierungsendpunkt (Signalling Point); Quelle oder Senke (Bearbeitung) der Signalisierungsnachrichten
STP   Signalisierungstransferpunkt (Signalling Transfer Point); Weiterleitung der Signalisierungsnachrichten ohne Verarbeitung

[1] assoziierte Betriebsweise, [2] quasi-assoziierte Beriebsweise, [3] Nachrichtenunterscheidung (Message Discrimination), [5] Nachrichtenverteilung (Message Distribution), [5] Nachrichtenweiterleitung (Message Routing)

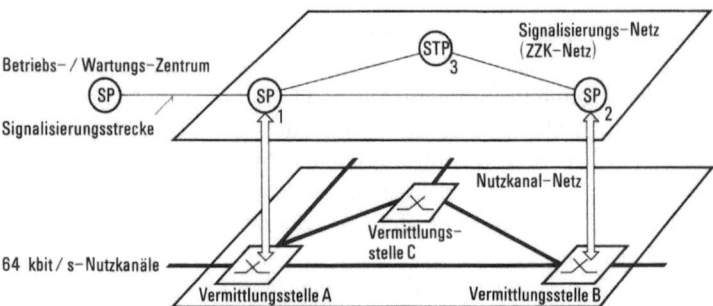

Bild 6.12. Getrennte Netze für Nutzkanalverbindungen (Basiskanäle) und Signalisierung.
ZZK   zentraler Zeichenkanal
O&M   Operations and Maintenance
SP   Signalisierungsendpunkt (Signalling Point)
STP   Signalisierungstransferpunkt (Signalling Transfer Point)

Signalisierungswege: 1 – 2   assoziiert
                     1 – 3 – 2 quasiassoziiert
A – B   Signalisierungsbeziehung

– *Nutzung des Signalisierungsnetzes für weitere Anwendungen* außerhalb der Signalisierung, z. B. zur Übermittlung von Betriebs- und Wartungsinformation zwischen den Vermittlungsstellen und Wartungszentren,
– *gesicherte Übermittlung* der Signalisierungselemente.

Interaktionen zwischen Signalisierungsnetz und Nutzkanalnetz ergeben sich im Zuge des abschnittweisen Aufbaus einer 64-kbit/s-Nutzkanalverbindung immer nur in denjenigen Vermittlungsstellen, in denen die Signalisierungsinformationen zur Bearbeitung an die Steuerung (vgl. Abschn. 6.2.8) übergeben wird, die dann ihrerseits die entsprechende Koppelnetzeinstellung veranlaßt (Bild 6.11 a): Diejenigen Knoten des Signalisierungsnetzes, in denen eine *anwendungsorientierte* Bearbeitung (bzw. Erzeugung) von Signalisierungsnachrichten durchgeführt wird – also die jeweiligen Endpunkte (Quellen, Senken) einer Signalisierungsbeziehung zwischen zwei benachbarten Vermittlungsstellen – nennt man deshalb Signalisierungsendpunkte SP (Signalling Point) (s. Bild 6.12). Im Gegensatz dazu führen die Signalisierungstransferpunkte STP (Signalling Transfer Point) lediglich *transportorientierte* Signalisierungsfunktionen durch, d. h. sie leiten die ankommenden Signalisierungsnachrichten auf einer zum Ziel-Signalisierungsendpunkt SP führenden Signalisierungsstrecke ohne Bearbeitung weiter (Routing-Funktion des Signalisierungsnetzes). In der Praxis treten SP- und STP-Funktionen kombiniert in derselben Vermittlungsstelle auf.

Die hier beschriebene konsequente Trennung zwischen transportorientierten und anwendungsorientierten Signalisierungsfunktionen spiegelt sich auch in der Protokollarchitektur des ITU-T-Signalisierungssystems Nr. 7 wieder. Entsprechend Bild 6.11 b gliedert sich das System Nr. 7 in

– einen für alle Anwendungen *einheitlichen Nachrichtentransferteil MTP* (Message Transfer Part) und in

6.3 Die Zwischenamtssignalisierung im ISDN   219

– *getrennte Anwenderteile* (User Parts) für *Fernsprechen TUP* (Telephone User Part), für *leitungsvermittelte Datendienste DUP* (Data User Part – zur Zentralkanalsignalisierung in Datennetzen) und für *Betriebs- und Wartungsaufgaben OMAP* (Operations & Maintenance Application Part). Um den besonderen Anforderungen der ISDN-Zwischenamtssignalisierung Rechnung zu tragen, die sich aus der Diensteintegration – ein User Part für Fernsprechen und für sämtliche Non Voice-Dienste – sowie aus der Steuerung von neuartigen ISDN-Dienstmerkmalen ergeben, wurde für ISDN ein eigener ISDN User Part (ISUP) geschaffen (vgl. [223-227] und Abschn. 6.3.3–6.3.6).

6.3.2 Der Nachrichtentransferteil MTP

Im folgenden sind die wichtigsten MTP-Funktionen in den Ebenen 1–3 kurz zusammengestellt (Bild 6.11 b). *Ebene 1* umfaßt die Übertragungs- und Zugangsfunktionen eines *physikalischen Signalisierungskanals*, während *Ebene 2* für eine gegen Übertragungsfehler des Signalisierungskanals *gesicherte Übermittlung* der Nachrichten-Zeicheneinheiten über eine Signalisierungsstrecke (signalling link) zum nächsten Knoten des Signalisierungsnetzes (Signalisierungspunkt SP oder Signalisierungstransferpunkt STP) mittels einer HDLC-ähnlichen Prozedur sorgt.

Ebene 3 enthält vor allem die für die *Nachrichtenlenkung* erforderlichen Funktionen des Signalisierungsnetzes, d. h. die Funktionen für die Verteilung der Signalisierungsnachrichten zum richtigen Anwenderteil innerhalb der eigenen Vermittlungsstelle (Zielvermittlungsstelle) oder für die Weiterleitung (Routing) von Nachrichten, die für eine andere Vermittlungsstelle bestimmt sind, zur richtigen abgehenden Signalisierungsstrecke. Darüber hinaus ist auch die betriebs- und sicherheitstechnische Gesamtsteuerung des Signalisierungsnetzes *(Netz-Management)* in Ebene 3 angesiedelt; dazu zählen z. B. die Lastverteilung des Signalisierungsverkehrs auf mehrere Signalisierungsstrecken und die Ersatzschaltung von Signalisierungsstrecken bei Ausfall oder Störung.

Als Steuerinformation in der Funktionsebene 3 werden verwendet die Adresse der sendenden Vermittlungsstelle (Originating Point Code OPC), die Adresse der empfangenden Vermittlungsstelle (Destination Point Code DPC), die Kennzeichnung der ausgewählten Signalisierungsstrecke (Signalling Link Selection SLS) und das Dienstinformationsoktett (Service Information Octet SIO). Mit dem Dienstindikator SI (Unterfeld des SIO) wird eine ankommende Signalisierungsnachricht dem richtigen Anwenderteil (ISUP, TUP, ...) in der eigenen Vermittlungsstelle zugeleitet *(Nachrichten-Verteilungsfunktion)*, sofern die vorausgegangene Auswertung des DPC ergeben hat, daß die Nachricht überhaupt für den eigenen Signalisierungsendpunkt bestimmt war *(Nachrichten-Unterscheidungsfunktion)*. Die von anderen Vermittlungsstellen über ankommende Signalisierungsstrecken angelieferten Transfernachrichten werden, ebenso wie die von den Anwenderteilen in der eigenen Vermittlungsstelle zur Aussendung übergebenen Nachrichten, auf Grund des DPC zur entsprechenden abgehenden Signalisierungsstrecke in Zielrichtung *weitergeleitet* (verbindungsloses Datagram-Prinzip). Als Folge der gemeinsamen Nutzung des zentralen Signalisierungskanals (ZZK) für den Signalisierungsverkehr vieler Nutzkanalverbindungen muß die Zugehörigkeit jeder Nachricht zu einem bestimmten Nutzkanal eindeutig gekennzeichnet werden; dies erfolgt mit dem CIC (Circuit Identification Code). Da die oben erwähnte Kennzeichnung der Signalisierungsstrecke (SLS) Bestandteil des CIC ist, ist gewährleistet, daß sämtliche zu *einer* Signalisierungsbeziehung gehörigen Nachrichten denselben Weg durch das ZZK-Netz nehmen.

6.3.3 Signalisierungsbeziehungen zwischen ISDN-Vermittlungsstellen

Mit Einführung des ISDN reicht die in Abschn. 6.3.2 beschriebene abschnittsweise Signalisierung zwischen jeweils zwei benachbarten unter den insgesamt im Nutzkanalverbindungsweg liegenden Vermittlungsstellen nicht mehr aus. Diese herkömmliche *Link-by-Link*-Signalisierung mit Nutzkanalbezug zwischen angrenzenden Signalisierungsendpunkten SP, die im Falle des TUP ausschließlich vorgesehen ist, wurde für den ISDN-Anwenderteil (ISUP) um die neue Funktion der *End-to-End*-Signalisierung zwischen ISDN-Ursprungs- und Zielvermittlungsstelle ergänzt (SP_A – SP_B in Bild 6.13 a). Die dazwischenliegenden Signalisierungsendpunkte der Transitämter (SP_T) werden hierbei umgangen. Dies kann im Falle der in Abschn. 6.3.4 näher beschriebenen *SCCP-Methode* dadurch erreicht werden, daß sich die Transit-Vermittlungsstellen (VSt T) wie Signalisierungs-Transferpunkte STP verhalten (Bild 6.13 b). Übergangs-Vermittlungsstellen zum Fernsprechnetz und Gateway-Vermittlungsstellen zu ausländischen ISDNs oder zu Datennetzen gelten hinsichtlich der End-to-End-Signalisierung als Ursprungs- bzw. Ziel-Vermittlungsstellen. Primäre Ziele der End-to-End-Signalisierungsbeziehung sind
- *die Entlastung der ISUPs in den Transit-Vermittlungsstellen* von der Bearbeitung des zusätzlichen Signalisierungsverkehrs in Zusammenhang mit ISDN-Dienstmerkmalen, wie z. B. *Dienstwechsel bei bestehender Verbindung*. Die Steuerung dieser Dienstmerkmale erfolgt ohnehin in den ISDN-Teilnehmervermittlungsstellen.
- die Möglichkeit zur *Signalisierung, wenn keine Nutzkanalverbindung besteht* oder diese bereits abgebaut wurde, z. B. im Falle des Dienstmerkmals *Automatischer Rückruf bei Besetzt*.

Zum Funktionsumfang der *End-to-End-Signalisierung* gehören insgesamt Nachrichten zur
- Anforderung eines Dienstmerkmals:
  FRQ   Facility Request,
  FACD   Facility Accepted,
  FRJ   Facility Rejected.
- Übertragung Dienstmerkmal-relevanter Ereignisse:
  FIN   Facility Information.

6.3 Die Zwischenamtssignalisierung im ISDN

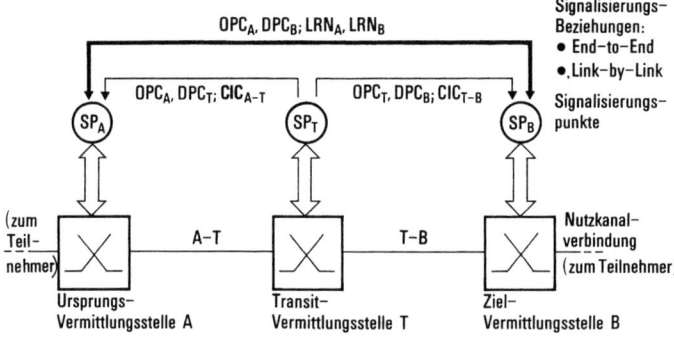

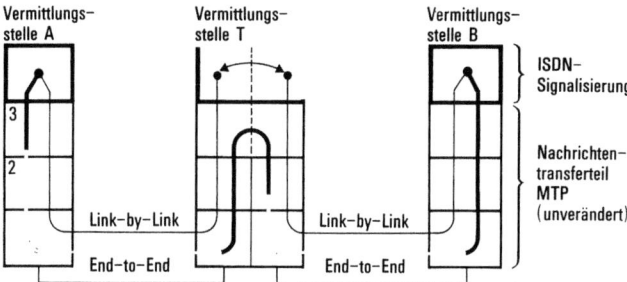

Bild 6.13. Signalisierungsbeziehungen zwischen ISDN-Vermittlungsstellen. **a** Prinzip; **b** Schichtenstruktur.

OPC   Ursprungscode (Originating Point Code)
DPC   Zielcode (Destination Point Code)
CIC   Nutzkanal-Kennung (nur bei Link-by-Link-Signalisierung): Circuit Identification Code
LRN_A, LRN_B lokale Referenznummern in den Vermittlungsstellen A bzw. B zur Identifizierung einer End-to-End-Signalisierungsbeziehung (Signalisierungstransaktion) zwischen den Vermittlungsstellen A und B

- Deaktivierung eines Dienstmerkmals:
  FDE   Facility Deactivated.
- Information des B-Teilnehmers, wenn der A-Teilnehmer die Verbindung „parkt" und anschließend wieder „abholt", z. B. im Falle des Umsteckens von Endgeräten am Bus:
  PAU   Pause,
  RES   Resume.
- Informationsanforderung von einer Übergangs- oder Gateway-Vermittlungsstelle:
  IRM   Information Request,
  INF   Information.

6 Vermittlungstechnik im ISDN

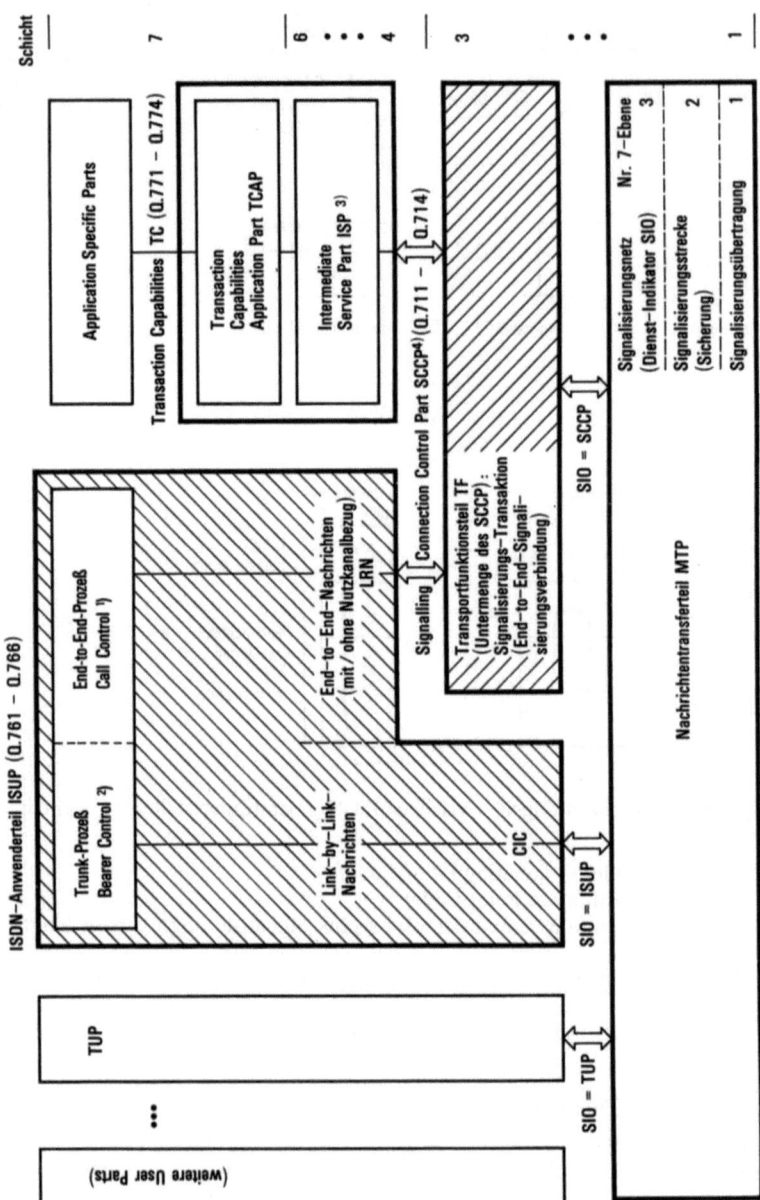

6.3 Die Zwischenamtssignalisierung im ISDN

- Übermittlung von Benutzer-Benutzer-Information; die Funktion der ISUP-Nachricht USER INFO entspricht der gleichnamigen Nachricht der ISDN-Benutzersignalisierung A:
  USER INFO   User-to-User Information.

Der Auf- und Abbau der Nutzkanalverbindung wird dagegen – ähnlich dem TUP – durch *Link-by-Link-Nachrichten* gesteuert, die von jeder im Verbindungszug liegenden Vermittlungsstelle ausgewertet werden können. Ein wesentlicher Unterschied zum TUP besteht allerdings darin, daß der Auslösevorgang – wie in Datennetzen üblich – vom rufenden oder vom gerufenen Verbindungspartner eingeleitet werden kann. Zur Kategorie der abschnittweise übermittelten ISDN-Signalisierungsnachrichten zählen u. a.:

- Nachrichten für *Verbindungsaufbau* (vgl. Bild 6.15 a):

  IAM Initial Address
  Initialisierungsnachricht in Aufbaurichtung (Vorwärtsrichtung): Nutzkanalbelegung; Adreßinformation (komplette) Rufnummer des B-Tln bei Blockwahl oder bei ziffernweiser Wahl soweit für die Leitweglenkung zur nationalen Ziel-Vermittlungsstelle erforderlich); weitere für die Rufbearbeitung notwendige Angaben, z. B. Dienstmerkmale, die beim Verbindungsaufbau berücksichtigt werden müssen (Bsp. Gebührenübernahme durch den B-Teilnehmer).

  SAM Subsequent Address
  transportiert, falls erforderlich (Bsp. Einzelziffernwahl), die nicht in der IAM enthaltenen Wahlziffern.

Bild 6.14. Protokollarchitektur des ITU-T-Signalisierungssystems Nr. 7.
ISUP Anwenderteil für ISDN (ISDN User Part): ISDN-Zwischenamtssignalisierung gemäß ITU-T-Empf. Q.761–766 [223–227]
TUP Anwenderteil für Fernsprechen (Telephone User Part)
SCCP Steuerteil für End-to-End-Signalisierungstransaktionen (Signalling Connection Control Part) entsprechend ITU-T-Empf. Q.711–714 [214–217]
TC Protokollfestlegungen für Transaktionsverkehr (Transaction Capabilties) in Vorbereitung
CIC Nutzkanal(sprechkreis)-Kennung (Circuit Identification Code)
LRN lokale Referenznummer zur Identifizierung der End-to-End-Signalisierungstransaktionen
SIO Dienstinformationsoktett (Service Information Octet)

[1] Ruf-Steuerung
[2] Verbindungssteuerung
[3] OSI-Protokolle (z. B. X.224, X.225) oder leer
[4] erbringt OSI-Network Layer Service: nicht verbindungsorientiert (Klassen 0, 1) oder verbindungsorientiert (Klassen 2–4)

ACM Address Complete
Der B-Teilnehmer ist frei (und rufkompatibel) und hat den Ruf mit ALERTing beantwortet.
ANS Answer
Rufannahme durch den B-Teilnehmer mit CONNect.
- Nachrichten für *Verbindungsabbau* (vgl. Bild 6.15b):
REL Release
Mit REL initiieren eine oder beide Endvermittlungsstellen den Abbau des Nutzkanals im Netz, sobald der lokale Teilnehmer mit DISConnect auslöst. Bei Empfang von REL wird in den Transit-Vermittlungsstellen und in der ausgelösten Endvermittlungsstelle der Nutzkanal aufgetrennt und mit RLC (s. u.) quittiert.
RLC Release Complete
Quittung auf REL.

6.3.4 Protokoll-Architektur der ISDN-Zwischenamtssignalisierung

Dieser Abschnitt beschreibt die Protokoll-Architektur der ISDN-Zwischenamtssignalisierung aus Sicht des 64-kbit/s-ISDN.

Auf die ATM-spezifischen Erweiterungen im Rahmen des Breitband-ISDN wird in Abschn. 6.3.6 eingegangen.

Zur Realisierung der im vorhergehenden Abschnitt begründeten End-to-End-Signalisierungsbeziehungen zwischen ISDN-Ursprungs- und Ziel-Vermittlungsstelle müssen die vom Nachrichtentransferteil MTP des Signalisierungssystem Nr. 7 erbrachten transportorientierten Funktionen ergänzt werden. Um Rückwirkungen auf die übrigen, unmittelbar auf dem bisherigen MTP aufsetzenden Anwenderteile (TUP,...) zu vermeiden, wurde diese Funktionserweiterung oberhalb des weiterhin unveränderten MTP vorgenommen.

Die ISUP-Signalisierungsprozeduren in der ITU-T-Empf. Q.764 [226] sehen zwei verschiedene Verfahren vor:
- Bei der *SCCP-Methode* nimmt der ISDN-Anwenderteil ISUP [223-227] die Dienste eines zwischen dem Nachrichtentransferteil MTP und dem ISUP neu eingeführten *Steuerteils für Signalisierungstransaktionen SCCP* (Signalling Connection Control Part, s. ITU-T-Empf. Q.711-Q.714 [214-217]) in Anspruch (Bild 6.14). Die End-to-End-Signalisierungsverbindungen zwischen den ISDN-Endvermittlungsstellen kommen hierbei ausschließlich über die MTP-Funktion in den Transit-Vermittlungsstellen zustande mittels einer als Transportfunktionsteil TF [53] bezeichneten Teilmenge des SCCP. Darüber hinaus hat der SCCP die Aufgabe, den Dienstumfang des MTP in Einklang zu bringen mit der OSI-Schicht 3. MTP und SCCP, die zusammen auch als Network Service Part NSP bezeichnet werden, erbringen dabei gemeinsam den OSI-Network Layer Service – z. B. um Transaktionsverkehr über das Signalisierungssystem Nr. 7 zu ermöglichen (vgl. Abschn. 6.3.5).

6.3 Die Zwischenamtssignalisierung im ISDN

- Im Falle der *Pass-along-Methode* entsteht die End-to-End-Signalisierungsverbindung dadurch, daß im *ISUP* der Transit-Vermittlungsstellen einzelne, parallel zu den Abschnitten der Nutzkanalverbindung verlaufende Signalisierungsabschnitte aneinandergekoppelt, d. h. vermittelt werden.

Bei der SCCP-Methode besitzt der ISUP entsprechend Bild 6.14 zwei getrennte Schnittstellen für den Transport von Signalisierungsnachrichten:
- eine direkte *Schnittstelle zum MTP* für *Link-by-Link*-Nachrichten und
- einen indirekten Zugang zum MTP über die *Schnittstelle zum SCCP* für *End-to-End*-Nachrichten.

End-to-End-Signalisierungsverbindungen können mittels folgender SCCP-Nachrichten auf- und abgebaut werden (vgl. Bild 6.15):

    CR   Connection Request,
    CC   Connection Confirm,
    RLSD   Released,
    RLC   Release Complete.

Als transparenter Transportbehälter für End-to-End-Signalisierungsnachrichten des ISUP über bestehende End-to-End-Signalisierungsverbindungen dient die SCCP-Nachricht
    DT1   Data Form Class 1

Entsprechend der in Abschn. 6.1 erwähnten Funktionstrennung zwischen Rufsteuerung (Call Control) und Verbindungssteuerung (Bearer Control) ist der ISDN-Anwenderteil ISUP intern in zwei Funktionsblöcke unterteilt (Bild 6.14).
- Der End-to-End-Prozeß umfaßt Funktionen zur Steuerung und Koordinierung von Verbindungsanforderungen für leitungsvermittelte Verbindungen, paketvermittelte Verbindungen, logische Signalisierungsverbindungen (SCCP) und evt. auch Transaction Capabilities (TC).
- Der Trunk-Prozeß steuert unmittelbar den abschnittsweisen Auf- und Abbau von Nutzkanalverbindungen. Er hat deshalb Link-by-Link-Bedeutung und muß im Gegensatz zum End-to-End-Prozeß auch in den Durchgangsvermittlungsstellen vorhanden sein.

6.3.5 Transaktionsverkehr im Rahmen des ITU-T-Signalisierungssystems Nr. 7

Voraussetzung für die in Abschn. 8.4 geschilderte verteilte Dienstmerkmalsteuerung im Rahmen des Intelligent Network sind neben einem entsprechend leistungsfähigen Zentralkanalsignalisierungsnetz Protokollfestlegungen zum nicht nutzkanalbezogenen Austausch von Instruktionen (Operationsaufrufe und Quittungen darauf) und Daten zwischen verteilten, netzinternen Anwendungsprozessen in Vermittlungsstellen, netzinternen Datenbanken, Service Moduln für höhere Dienste, usw. Ein solcher strukturierter Dialog zwischen verteilten Anwendungen wird üblicherweise als Transaktion bezeichnet. Dazu werden im Rahmen des ITU-T-Signalisierungssystems Nr. 7 *anwendungsunabhängige Transaction Capabilities TC* definiert, die auf dem von MTP plus SCCP erbrachten OSI-Network-Layer Service aufsetzen (Bild 6.16). Die TC setzen sich aus dem

Transaction Capabilities Application Part TCAP in Schicht 7 und unterstützenden Standard-OSI-Protokollen in den Schichten 4–6 zusammen.

6.3.6 Zwischenamtssignalisierung im Breitband-ISDN

Im B-ISDN treten virtuelle Verbindungen in zweifacher Hinsicht an die Stelle der 64-kbit/s-Verbindungen des Schmalband-ISDN: Zum einen ergeben sich aus den spezifischen Parametern einer ATM-Verbindung neue Anforderungen an die Signalisierungsanwendung, d.h. an den Inhalt der Signalisierungsnachrichten (vgl. Abschn. 6.3.6.2); zum anderen werden im B-ISDN virtuelle ATM-Verbindungen auch für den Transport der Signalisierungsnachrichten herangezogen (vgl. Abschn. 6.3.6.1).

6.3.6.1   Message Transfer Part auf Basis von ATM

Aufgabe des ATM Adaptation Layer (AAL) ist es, den *universellen* Layer Service der ATM-Schicht an die *spezifischen* Anforderungen der darüberliegenden Schicht bzw. Anwendung anzupassen. Wie bereits in Abschn. 4.3.4 ausgeführt, besteht die AAL-Schicht aus dem *Segmentation and Reassembly (SAR)* Sublayer und dem Convergence Sublayer (CS). Der Convergence Sublayer umfaßt neben dem für alle Anwendungen gemeinsamen Teil *CPCS (Common Part Convergence Sublayer)* einen anwendungsspezifischen Teil *SSCS (Service Specific Convergence Sublayer)*

Für Signalisierungszwecke auf der Teilnehmer (UNI)- *und* der Zwischenamtsseite (NNI) ist der *Signalling AAL (SAAL)* definiert (vgl. Empf. Q.2100): Oberhalb der SAR- und CPCS-Protokolle des *AAL Type 5* (vgl. Empf. I.363) wird einheitlich für UNI und NNI das *SSCOP-Protokoll* (Service Specific Connection Oriented Protocol; vgl. Empf. Q.2110) eingesetzt für den Auf- und Abbau von sowie für die gesicherte Übermittlung über Signalisierungverbindungen. Zur spezifischen Anpassung an die Erfordernisse des MTP Level 3 dient im Falle der NNI-Signalisierung die *Service Specific Convergence Function SSCF-NNI* (vgl. Empfehlungsentwurf Q.2140).

Beim Signalisierungstransport über ATM-Verbindungen läßt sich der Funktionsumfang des MTP Level 3 im Vergleich zu 64-kbit/s-Verbindungen reduzieren, da einige Funktionen bereits von der ATM-Schicht übernommen werden: MTP*.

6.3.6.2   Broadband ISDN User Part

Beim Übergang vom 64-kbit/s-ISDN zum B-ISDN wurde eine evolutionäre Weiterentwicklung des ISDN User Part ISUP (vgl. Empf. Q.761-764 [223–226] zum *Broadband ISDN User Part B-ISUP* (vgl. Empf. Q.2761–2764) angestrebt: Deshalb gilt der ISUP-Basisablauf in Bild 6.15 nahezu unverändert auch für den Auf- und Abbau von ATM-Verbindungen im B-ISDN. Als Beispiele für ATM-spezifische

6.3 Die Zwischenamtssignalisierung im ISDN

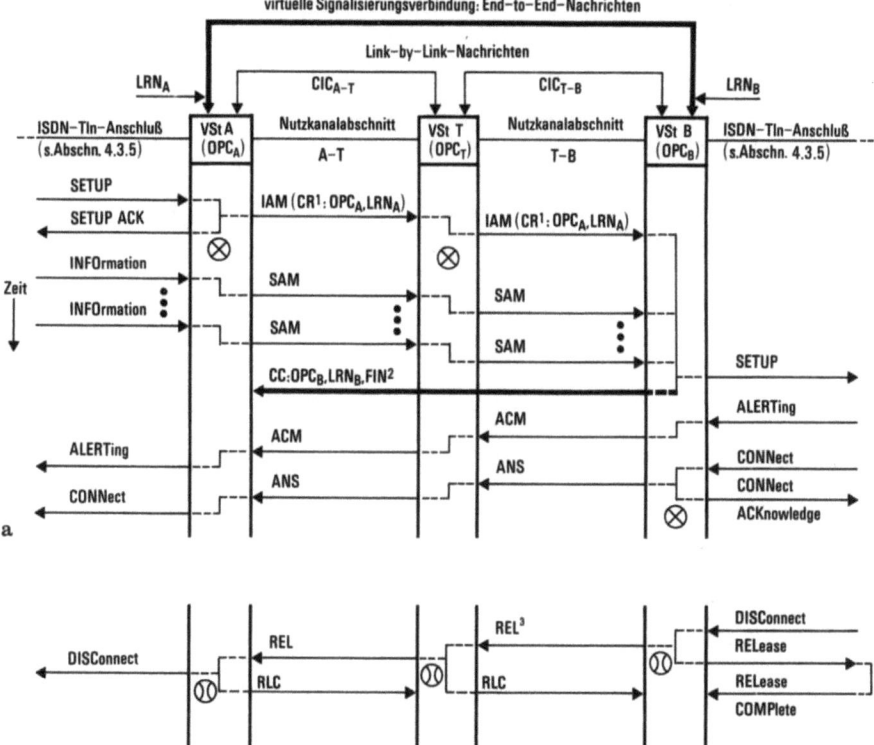

Bild 6.15. Aufbau und Abbau einer leitungsvermittelten Verbindung im ISDN. a Aufbau der 64-kbit/s-Verbindung (mit ziffernweiser Wahl) und der virtuellen End-to-End-Signalisierungsverbindung; b Abbau der 64-kbit/s-Verbindung (vom gerufenen Endgerät eingeleitet) und der virtuellen End-to-End-Signalisierungsverbindung.
IAM, SAM, ACM, ... ISUP-Nachrichten zum Auf- und Abbau der 64-kbit/s-Verbindung (s. Abschn. 6.3.3).
CR, CC, RLSD, RLC SCCP-Nachrichten zum Auf- und Abbau der virtuellen Signalisierungsverbindung (Signalisierungstransaktion) zwischen den Endvermittlungsstellen A und B (s. Abschn. 6.3.4)
VSt Vermittlungsstelle
OPC Ursprungscode
DPC Zielcode
CIC Nutzkanal-Kennung
[1] impliziter Aufbau der End-to-End-Signalisierungsverbindung durch Einbetten von CR in IAM, [2] Facility Information(FIN)-Nachricht: Information der Vermittlungsstelle A über die beim B-Teilnehmer möglichen teilnehmerbezogenen ISDN-Dienstmerkmale, [3] Auslösenkann entweder durch die rufende (A) oder durch die gerufene (B) Seite eingeleitet werde

228   6 Vermittlungstechnik im ISDN

Parameter in den vorhandenen Signalisierungsnachrichten (vgl. Abschn. 6.3.3) seien angeführt:
- *ATM-Zellenrate* definiert die maximale Zellenrate in Vorwärts- und Rückwärtsrichtung der Verbindung für Zellen hoher (Cell Loss Priority CLP = 0; vgl. Abschn. 4.3.3.2) und niedriger Priorität (CLP=1),
- *AAL-Parameter* zum End-to-End-Transport von Benutzer zu Benutzer, z.B. Angabe des AAL-Typs und der darin verwendeten Parameter,
- *Broadband Bearer Capability*.

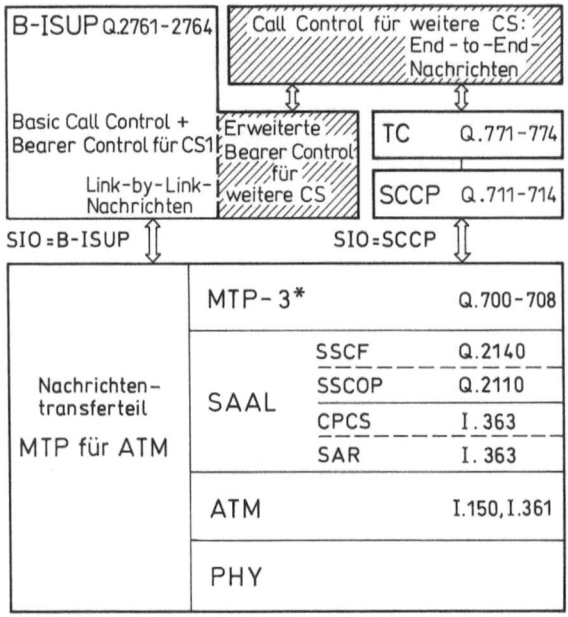

Bild 6.16. Protokollarchitektur des ITU-T-Signalisierungssystems Nr. 7 für ATM

☐ Capability Set 1 (CS1)   ▨ Evolutionäre Erweiterung für weitere CS

ATM   Asynchroner Transfer-Modus gemäß ITU-T-Empfehlungen I.150, I.361
B-ISUP   Broadband ISDN User Part gemäß ITU-T-Empfehlungen Q.2761–2764
CPCS   Common Part Convergence Sublayer gemäß ITU-T-Empfehlung I.363
CS   Capability Set (ITU-T)
MTP   Message Transfer Part gemäß ITU-T-Empfehlungen Q.701–706
PHY   Physical Layer
SAAL   Signalling AAL gemäß ITU-T-Empfehlung Q.2100
SAR   Segmentation and Reassembly Sublayer gemäß ITU-T-Empfehlung I.363
SCCP   Signalling Connection Control Part gemäß ITU-T-Empfehlungen Q.711–714
SIO   Service Information Octet
SSCF   Service Specific Convergence Function gemäß ITU-T-Empfehlung Q.2140
SSCOP   Service Specific Connection Oriented Protocol gemäß ITU-T-Empfehlung Q.2110
TC   Transaction Capabilities gemäß ITU-T-Empfehlungen Q.771–774

6.3 Die Zwischenamtssignalisierung im ISDN

Im Rahmen des Capability Set (CS) 1 (nur Mono-Connection Calls) verwendet der B-ISUP ausschließlich Link-by-Link-Signalisierung (Bild 6.15 und Abschn. 6.3.3). Für zukünftige CS, die auf einer Trennung von Call Control und Connection Control beruhen (z.B. für die Steuerung von Multi-Connection Calls bei Multimedia Anwendungen) ist auch End-to-End-Signalisierung über TC und SCCP vorgesehen (Bild 6.16).

6.3.7 Realisierung der ISDN-Zwischenamtssignalisierung in der Vermittlungsstelle

Im Siemens-Systems EWSD wird entsprechend dem Konzept einer modularen, dezentralen Steuerungsstruktur (Abschn. 6.2.8) die anschlußtypspezifische Steuerung der Benutzer- und Zwischenamtsanschlüsse weitgehend autonom von den Gruppenprozessen GP in den peripheren Leitungsanschlußgruppen LTG durchgeführt (s. a. [302]). Die *anwendungsorientierten Nr. 7-Funktionen* eines Signalisierungsendpunktes SP, also z. B. des ISDN-Anwenderteils ISUP, sind daher für sämtliche über eine LTG geführten Nutzkanäle im GP der betreffenden LTG realisiert (Bild 6.10). Die LTG C auf der Zwischenamtsseite übernehmen dabei die Link-by-Link–Signalisierung des ISUP, während die End-to-End-Signalisierung des ISUP wegen der Verflechtung mit der Benutzersignalisierung auf den LTG B der Benutzeranschlußseite realisiert ist. Letzteres gilt auch für den Steuerteil für Signalisierungstransaktionen SCCP als weiteren Benutzer des Nachrichtentransferteils MTP, der die MTP-Funktionen um den End-to-End-Transport von ISUP-Nachrichten ergänzt.

Die Nr. 7-Funktionsebenen 2 (Signalisierungsstrecke) und 3 (Signalisierungsnetz) des *Nachrichtentransferteils MTP*, also z. B. die Funktion eines Signalisierungstransferpunktes STP, werden von einem speziell für das Signalisierungsnetz (ZZK-Netz) konzipierten Subsystem CCNC (Common Channel Signalling Network Control) selbständig abgewickelt. Die 64-kbit/s-Signalisierungskanäle werden transparent von den LTG C über fest geschaltete Koppelnetzwege (semipermanente Verbindungen) an den CCNC herangeführt. Ankomme ISUP-Nachrichten, die für einen Signalisierungsendpunkt SP in der eigenen VSt bestimmt sind, werden vom CCNC über die CCNC/CP-Schnittstelle und die zwischen Nachrichtenverteiler MB und den GP bestehenden semipermanenten 64-kbit/s-Steuerkanäle (vgl. Abschn. 6.2.8) der richtigen Ziel-LTG zur Auswertung zugeleitet; abgehende ISUP-Nachrichten der eigenen Signalisierungsendpunkte SP nehmen den umgekehrten Weg. Der CCNC übernimmt auch die Weiterleitung (Routing) von Transfernachrichten sowie von abgehenden Nachrichten der eigenen SP zu einer der abgehenden Signalisierungsstrecke entsprechenden LTGC.

7 Übertragungstechnik im ISDN

7.1 Vorbemerkungen

Gemäß seiner Definition [141] durch ITU-T basiert das 64-kbit/s-ISDN auf dem digitalisierten Fernsprechnetz. Das ISDN kann deshalb im Netz der Verbindungsleitungen zwischen Vermittlungsstellen dieselben Digitalübertragungssysteme wie das Telefonnetz verwenden. Um die Teilnehmeranschlußleitungen für ISDN-Basisanschlüsse einzusetzen (mit einer Transportkapazität von 144 kbit/s, vgl. Abschn. 4.2.1.2), braucht man spezielle Übertragungsverfahren.

Für die Einrichtungen zur Übertragung von Digitalsignalen über Leitungen und andere Medien haben CCITT und CCIR – jetzt ITU-T und ITU-R – die Grundeigenschaften (Schnittstellen, Bitraten, Übertragungsqualität) festgelegt – s. Abschn. 7.4 –, und für Multiplexeinrichtungen gibt es detaillierte Empfehlungen (Abschn. 7.5).

Auch bei der Betrachtung der Netzsynchronisierung (Abschn. 7.6) hat ITU-T frühzeitig die Anforderungen des ISDN berücksichtigt.

7.2 Die Hierarchie der digitalen Übertragungskanäle

7.2.1 Die Basis: 64 kbit/s

Das ISDN baut auf dem 64-kbit/s-Kanal für das digitalisierte Fernsprechsignal auf. Dasselbe gilt für die Hierarchie der Übertragungskanäle.

Wegen der Bedeutung des 64-kbit/s-Kanals soll dessen Ursprung etwas näher betrachtet werden: Er beruht auf der Anwendung der Pulscodemodulation (PCM) im Fernsprechnetz. PCM ist ein Analog/Digital (A/D)- Umsetzungsverfahren (Bild 7.1). Dem Fernsprechsignal, das auf einen Frequenzbereich bis zu 3400 Hz begrenzt wird, entnimmt man mit einer Frequenz von 8000 Hz „Abtastwerte", d.h. diskrete Momentanwerte. Der Bereich der zu übertragenden Signalwerte ist in „Quantisierungsintervalle" eingeteilt (in Bild 7.1 nur acht Intervalle). Für jeden Abtastwert wird festgestellt, in welches Intervall er fällt, und es wird die Nummer des Intervalls im Binärcode übertragen. Je größer die Anzahl der Intervalle ist, desto kleiner wird das „Quantisierungsgeräusch" (QG = $S_r - S_u$ in Bild 7.1).

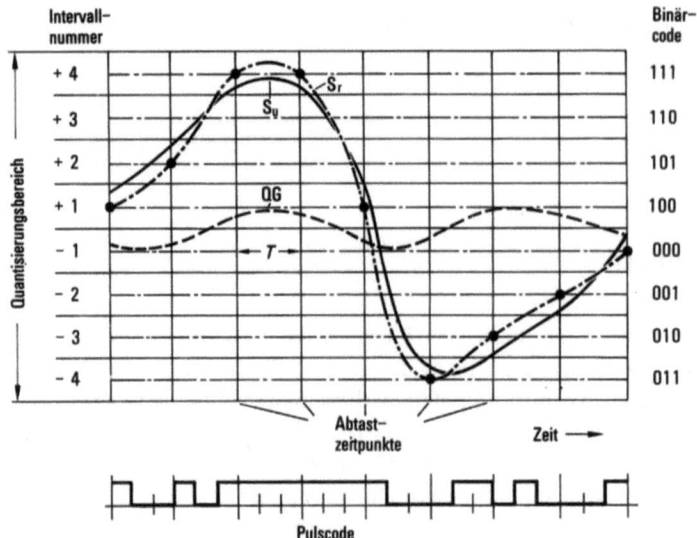

Bild 7.1. Prinzip der Pulscodemodulation (PCM).
S_u ursprüngliches Signal, S_r rekonstruiertes Signal, QG Quantisierungsgeräusch, T Abtastintervall (bei Telefonie: 1/8000 Hz = 125 µs). • Zurückgebildeter Abtastwert (Repräsentativwert). Wie in ITU-T-Empf. G.711 werden die Quantisierungsintervalle von ±1 ab numeriert, während der Binärcode, der den Intervallnummern entspricht, von ±0 ausgeht; das erste Bit markiert das Vorzeichen

Die Anzahl der Quantisierungsintervalle wählte man zunächst (etwa im Jahr 1962) so groß, daß das Quantisierungsgeräusch praktisch noch nicht hörbar ist, wenn im Zuge *einer* Fernsprechverbindung *vier* Umsetzungen von analog auf PCM und zurück auftreten [327]. Mit einer zweckmäßigen „nichtgleichmäßigen Codierung" [325] braucht man dann $128 = 2^7$ Quantisierungsintervalle, d.h. für jeden Abtastwert sieben Bits. Später nahm man an, daß bei einer weltweiten Verbindung bis zu 15 PCM-Umsetzungen in Kette geschaltet sein könnten. Deshalb beschloß CCITT im Jahre 1969, 8-bit-PCM als Norm festzulegen; so kam es zu der Basisgröße von 8 bit×8000 1/s = 64 kbit/s.

Eine weltweit einheitliche Norm für die 8-bit-Codierung kam nicht zustande; es entstanden zwei einander ähnliche „Codierungsgesetze" – das „A-Gesetz" (in den meisten Ländern verwendet) und das „µ-Gesetz" (Nordamerika, Japan) [116]. Zum Übergang von einem Gesetz zum anderen wird jedes PCM-Codewort durch dasjenige Wort des anderen Gesetzes ersetzt, das die beste Übereinstimmung des zurückgebildeten Abtastwerts (s. Bild 7.1) ergibt.

In einer Fernsprechverbindung zwischen zwei Teilnehmern im ISDN gibt es nur *eine* Analog/Digital- und *eine* Digital/Analog-Umsetzung. Deshalb muß man an sich nicht an der 8-bit-Codierung und damit an 64 kbit/s festhalten. Dennoch ist diese Norm auch im ISDN sinnvoll:
- Die eingeführten Multiplexsignale (s. Abschn. 7.2.2 und 7.2.3) beruhen auf dem 64-kbit/s-Kanal.

- Koppelnetze von Digitalvermittlungsstellen für Telefonie (s. Abschn. 6.2.3) schalten 64- kbit/s-Signale durch.
- Analog/Digital- und Digital/Analog-Umsetzer (Codecs = Codierer + Decodierer) für PCM stehen als hochintegrierte Bauelemente zur Verfügung.
- Für die Sprachübertragung wünschen manche Teilnehmer bessere Verständlichkeit und Wiedergabetreue. Dazu kann im ISDN ein neuer Telefondienst eingeführt werden (vgl. Abschn. 2.4.1.2), der eine Niederfrequenzbandbreite von etwa 7 kHz bietet. Ein Teilnehmer kann statt PCM-Telefonie den neuen Dienst wählen, wenn auch sein Gesprächspartner über das entsprechende Endgerät verfügt. Die A/D- Umsetzung eines 7-kHz-Sprachsignals wird nach ITU-T-Empf. G.722 [117] durch Adaptive Differenz- PCM (ADPCM) mit einer Abtastfrequenz von 16 kHz realisiert.
- Auch Endgeräte für andere Signale als Sprache (z.B. für Faksimile- und Datenübertragung) können die relativ hohe Bitrate von 64 kbit/s vorteilhaft nutzen. Auch ein Bildtelefon mit 64 kbit/s oder 2 x 64 kbit/s ist möglich.

Beim *Telefondienst* (300-3400 Hz) kann man im Interesse der Wirtschaftlichkeit im Netz eine Umsetzung von PCM auf ADPCM mit 40, 32, 24 oder 16 kbit/s [118, 119] anwenden, z.B. auf Satellitenstrecken oder Seekabeln. Ein Verfahren für 8 kbit/s ist in Arbeit.

7.2.2 Primär-Multiplexsignale

Die PCM war von Anfang an für die Multiplexausnutzung von Verbindungsleitungen gedacht, vor allem im Ortsnetz.

Eine de-facto-Norm (der AT&T) für ein PCM-Multiplexsystem entstand zuerst in den USA. Dort wurde im Jahr 1962 ein Gerät eingesetzt, das 24 digitalisierte Fernsprechsignale – mit je sieben Bits codiert – zusammenfaßt; zu jedem 7-bit-Codewort kam ein achtes Bit für die Signalisierung und zu je $24 \times (7 + 1)$ Bits ein weiteres Bit für die Rahmenkennung, so daß insgesamt eine Bitrate von $(24 \times 8 + 1)$ bit $\times$ 8000 1/s = 1544 kbit/s entstand. Die Rahmenstruktur zeigt Bild 7.2a. Sie wurde beibehalten, als man auf 8-bit-Codierung überging (s. Abschn. 7.2.1) [121]. Die ursprünglichen amerikanischen 1544-kbit/s-Leitungssysteme („T1 systems") erlauben nicht die Übertragung langer Folgen von 0-Bits; daher soll jedes Oktett wenigstens *ein* 1-Bit enthalten. Bei Sprachübertragung per PCM mit µ-Gesetz und bei ADPCM wird deshalb das „8×0-Oktett" nicht verwendet; bei Nicht-Sprachsignalen wird in Nordamerika das achte Bit jedes Oktetts auf „1" festgelegt. Soweit der B8ZS-Leitungscode verwendet wird, kann man auch in Nordamerika lange Folgen von 0-Bits übertragen (vgl. Abschn. 7.4.2).

Die Europäer einigten sich im Rahmen der CEPT im Jahr 1969 auf ein System, das 30 codierte Fernsprechsignale zusammenfaßt. Die Signalisierung wurde von vornherein von der Sprachübertragung völlig getrennt, und für Pulsrahmenkennung, Alarmmeldungen u.a. wurden reichliche Reserven vorgesehen [120, 122].

7 Übertragungstechnik im ISDN

Den Pulsrahmen zeigt Bild 7.2b. Die Zeitkanäle 1 bis 15 und 17 bis 31 sind zunächst für Fernsprechsignale bestimmt; im ISDN können an ihre Stelle beliebige andere 64-kbit/s-Signale treten, die vom Teilnehmer her innerhalb von B-Kanälen (s. Abschn. 4.2) übertragen werden. Der Zeitkanal 16 war zunächst für kanalzugeordnete Signalisierung vorgesehen; im ISDN nimmt er beim Primärratenanschluß (s. Abschn. 4.2.1.2) ein 64-kbit/s-D-Kanal-Signal auf (s. Abschn. 4.2.3) und zwischen öffentlichen Vermittlungsstellen das Signal des ITU-T-Systems Nr. 7 (s. Abschn. 6.3).

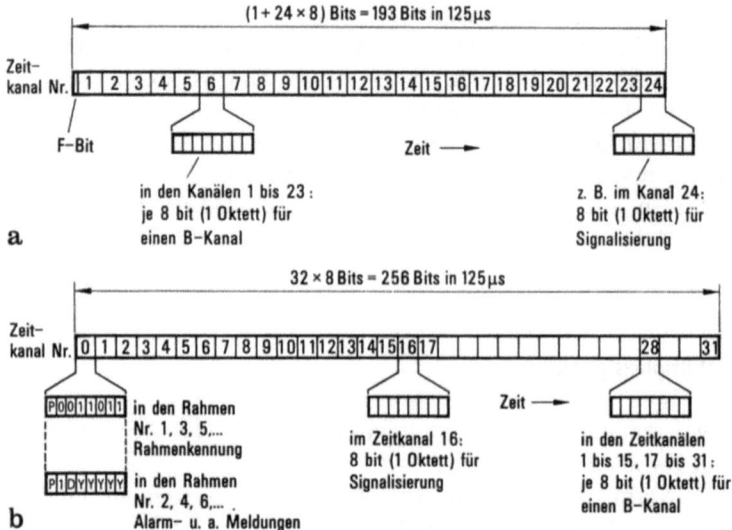

Bild 7.2. a Pulsrahmen des 1544-kbit/s-Multiplexsignals; Variante für ISDN.
Das F-Bit wird innerhalb eines 24fach-Rahmens für die Kennzeichnung von Rahmen und Mehrfachrahmen, für Alarmmeldungen und für Prüfbits (CRC-6) verwendet; diese dienen zur Messung der Bitfehlerquote und zur Vermeidung falscher Rahmensynchronisierung; **b** Pulsrahmen des 2048-kbit/s-Multiplexsignals (im ISDN). P Prüfbit (CRC-4), dient zur Vermeidung falscher Rahmensynchronisierung und zur Messung der Bitfehlerquote, D Meldebit für Dringend-Alarm, Y Reserve

Bild 7.3. Digitalsignal-Hierarchie mit den Einrichtungen, die für das ISDN Bedeutung haben.
BA Basisanschluß, DIV Digitalvermittlungsstelle, DSMX Digitalsignal-Multiplexgerät, M, MUX Multiplexer, PMXA Primärmultiplexanschluß, STM Synchronous Transport Module, STS Synchronous Transport Signal.
=== Hierarchie-Ebene mit Bitrate, - - - nur in Nordamerika (nicht ITU-T), ······ Diese theoretischen Multiplexbeziehungen werden voraussichtlich nicht realisiert

7.2 Die Hierarchie der digitalen Übertragungskanäle

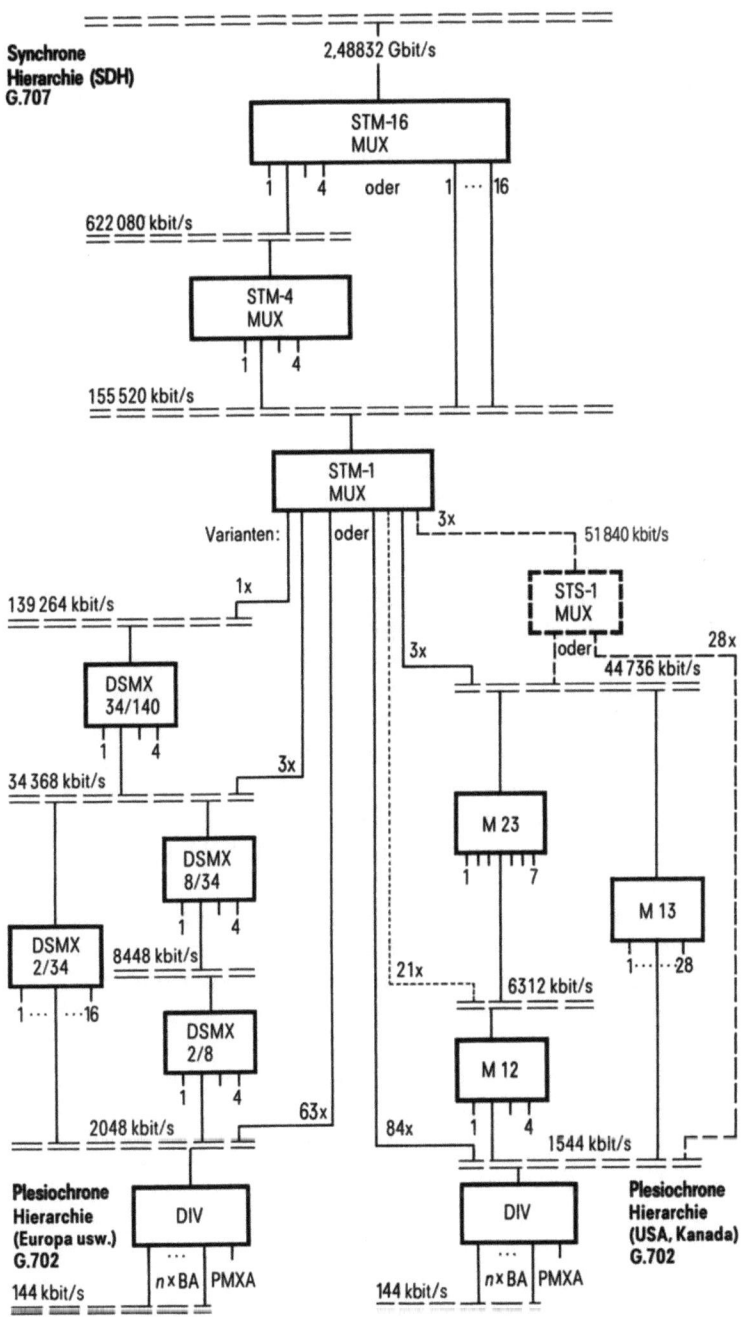

7.2.3 Signale mit höheren Bitraten; Digitalsignal-Hierarchien

Wie in der Trägerfrequenztechnik, so besteht auch in der Digitalübertragungstechnik die Notwendigkeit, für große Verkehrsmengen genügend große Bündel von Kanälen zur Verfügung zu stellen. Dazu wurden Systeme „hierarchischer" Multiplexstufen entwickelt. Sie sind in Bild 7.3 dargestellt. Bei dem System der *Plesiochronen Digitalhierarchie* PDH, das in Europa entstand (linke Hälfte des Bildes 7.3), werden in jeder Stufe vier Signale der nächstniedrigen Stufe zusammengefaßt. Die PDH Nordamerikas benutzt die Multiplexfaktoren 4 und 7.

Bis zu den Multiplexstufen 139 bzw. 45 Mbit/s entwickelten sich die beiden Hierarchien getrennt. Darüber werden sie neuerdings wieder zusammengeführt, und zwar in der *Synchronen Digitalhierarchie* SDH [113-115, 328]. Damit sind wenigstens die Bitraten zukünftiger Multiplexsignale weltweit einheitlich. In der SDH werden zwar weitgehend gleiche Prinzipien der Multiplexbildung verwendet; trotzdem ist z.B. ein Signal mit 622 Mbit/s, das aus „amerikanischen" Signalen zusammengesetzt ist, nicht kompatibel mit einem Signal gleicher Bitrate, das „europäische" Signale bündelt.

Ein Multiplexer kann eine Hierarchiestufe überspringen – z.B. DSMX2/34 und M13 in Bild 7.3. Auch die Funktionen der SDH-Multiplexer STM-1 und STM-4 können in einer Einheit zusammengefaßt werden.

Fixpunkte in den Hierarchien sind die *Schnittstellen*, an denen Geräte gleicher Bitrate im Prinzip beliebig miteinander verbunden werden können. Dazu sind u.a. die Impulsformen und Leitungscodes der Schnittstellensignale in ITU-T-Empf. G.703 [111] festgelegt. Die Schnittstellenleitungen können für flexible Rangierung an *Digitalsignalverteiler* [325] geführt werden. In Zukunft werden die mechanischen Verteiler weitgehend durch elektronische Verteiler (*Cross-Connects*) ersetzt. Diese können Funktionen der Multiplexbildung und Ersatzschaltung übernehmen.

Die eigentliche Übertragung über Kabel- oder Richtfunkstrecken erfolgt sehr häufig mit den „hierarchischen" Bitraten. Man kann aber auch mehrere hierarchische Digitalsignale durch zusätzliche Multiplexbildung zusammenfassen und dann erst auf die Strecke geben. Beispiel: Richtfunkübertragung mit 2 x 8448 kbit/s.

Die Bitraten der SDH sind auch für die Übertragung von Breitbandsignalen geeignet, z.B. für ATM-Signale (vgl. Abschn. 4.3).

7.3 Übertragungsmedien

Grundsätzlich werden im ISDN dieselben Übertragungsmedien verwendet wie in herkömmlichen Netzen. Für Breitbanddienste genügt aber als Teilnehmeranschlußleitung nicht mehr das Kupferadernpaar, sondern es wird ein Lichtwellenleiter erforderlich.

7.3.1 Leiter in Kabeln

Im folgenden werden die wesentlichen Eigenschaften der Leiter in Kabeln behandelt.
- Symmetrische (verseilte) *Vierer* oder z.T. *Paare aus Kupferadern* mit Isolation aus Papier oder Kunststoff (z.B. Polyethylen) werden zu Kabeln mit etwa 20 bis 2000 Paaren zusammengefaßt. Sie dienen zur Übertragung analoger Sprachfrequenzsignale im Teilnehmeranschlußbereich und im Orts- und Bezirksnetz, seit der ersten Anwendung der PCM auch für die Übertragung digitaler Signale mit dem Ziel, die Kapazität der Kabel besser auszunutzen (z.B. beim 30-Kanal-PCM-System - s. Abschn. 7.2.2 - für 30 Sprechkreise nur zwei statt 30 Doppeladern). So konnte man bei wachsendem Verkehrsaufkommen ohne neue Kabel auskommen. Je höher die Bitrate eines Digitalsignals ist, desto größer wird die Übertragungsdämpfung (vgl. Bild 7.8). Die störende Kopplung zwischen verschiedenen Adernpaaren innerhalb eines Kabels wird ebenfalls immer größer. Um bei einer Bitrate von 2048 kbit/s das erwünschte Signal noch von eingekoppelten Störungen sicher trennen zu können, setzt man alle 1,7–3,5 km *Zwischenregeneratoren* [37, 322]. Bei Teilnehmeranschlußleitungen (144 kbit/s) braucht man ab 8 km Regeneratoren, wenn *Echokompensation* verwendet wird (Abschn. 7.4.4).
- *Koaxialkabel* bestehen aus Paaren, deren kennzeichnende Abmessungen der Außendurchmesser des Innenleiters und der Innendurchmesser des Außenleiters sind. Im Trägerfrequenz-Weitverkehrsnetz werden Koaxialpaare mit 2,6/9,5 mm (*Großtube*) und 1,2/4,4 mm (*Kleintube*) verwendet. Sie sind auch für Digitalübertragung geeignet. Oft stehen dafür Reserven in bestehenden Kabeln zur Verfügung, oder die Kabel werden (unter Beibehaltung der Verstärkerabstände) von Trägerfrequenz- auf Digitalübertragung umgerüstet.
- Der *Lichtwellenleiter* (LWL) ist das jüngste Übertragungsmedium. Lichtwellenleiter werden in neuzuverlegenden Kabeln absolut dominierend sein.
Der Lichtwellenleiter für die Telekommunikation ist eine Faser aus Quarzglas, über die Lichtstrahlen im Infrarot-Bereich übertragen werden. Die Dämpfung hängt von der Reinheit des Materials ab. Durch Absorption und Streuung des Lichtes bestehen physikalische Grenzen, die nicht unterschritten werden können. Die Dämpfung nimmt zu größeren Wellenlängen hin ab (s. Bild 7.4). Praktisch verwendet werden zwei Arten von LWL (Bild 7.5):
- Die *Gradientenfaser*; sie kann dank ihres relativ großen Kerndurchmessers (50 μm) das Licht von lichtemittierenden Dioden (LEDs) aufnehmen, ist aber im wesentlichen auf Übertragung von Signalen mit Bitraten bis 140 Mbit/s beschränkt.
- Die *Einmodenfaser*, für die wegen ihres kleinen Kerndurchmessers (9 μm) als Lichtquellen praktisch nur Laserdioden benutzt werden können.
Einzelheiten der Technologie und Anwendung der Lichtwellenleiter und der aus ihnen zusammengesetzten Kabel sind in [83, 56, 300, 334] behandelt.

238   7 Übertragungstechnik im ISDN

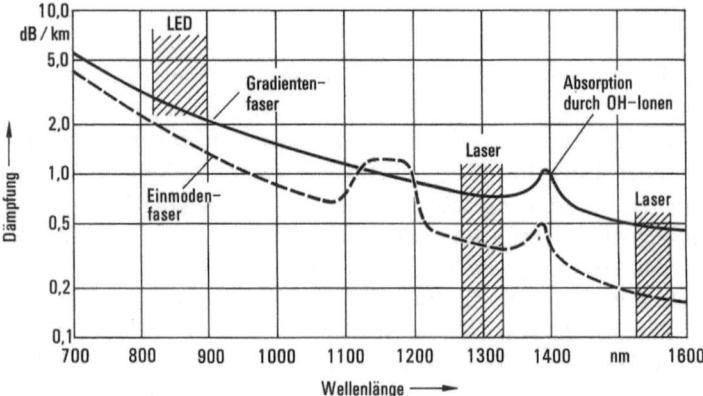

Bild 7.4. Dämpfung (je km) typischer Lichtwellenleiter als Funktion der Lichtwellenlänge. Schraffiert: Wellenlängenbereiche der gebräuchlichen elektro-optischen Wandler (lichtemittierende Diode LED und Laser)

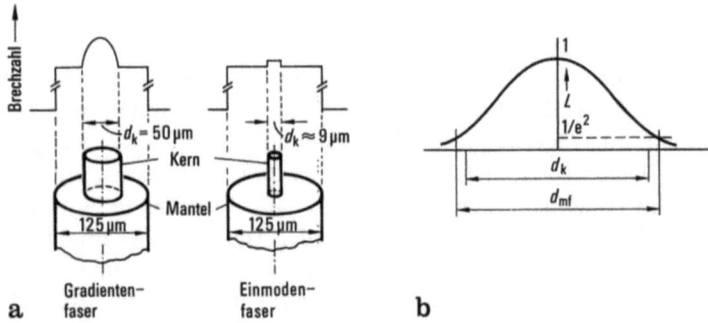

Bild 7.5. a Die beiden Typen der Lichtwellenleiter mit ihren Brechzahlprofilen.
Bei der Einmodenfaser ist nicht der Kern-, sondern der Modenfelddurchmesser spezifiziert; **b** zur Definition des Modenfelddurchmessers d_{mf}. Dieser Durchmesser ist um etwa 10% größer als der Kerndurchmesser d_k. L relative Leistungsdichte des Lichtes

7.3.2 Richtfunk und Satellitenfunk

Das Übertragungsmedium der Funktechnik ist der freie Raum. Entsprechend den Gesetzen der Wellenausbreitung tritt eine Dämpfung dadurch auf, daß man die Funksignale nicht beliebig scharf bündeln kann. Das Dämpfungsmaß (in Dezibel) nimmt nicht (wie in Kabeln) proportional mit der Entfernung zu, sondern nur mit ihrem Logarithmus, so daß wesentlich größere Entfernungen ohne Verstärkung überbrückt werden können als mit Kupferkabeln. Zusätzliche Dämpfungen treten durch Absorption in der Atmosphäre und durch Streuung an Regentropfen auf. Die Regendämpfung wird praktisch erst bei Frequenzen oberhalb von etwa 10 GHz wirksam [341]. Sie zwingt dann zur Anwendung kurzer Funkfeldlängen; deshalb werden die hohen Frequenzen in der Praxis nur für Nahverkehrssysteme verwendet (s. Abschn. 7.4.3).

Bei terrestrischen Richtfunkstrecken kann Mehrwegeausbreitung zu stark störenden Interferenzen führen. Sie entsteht durch Reflexion am ebenen Boden, an Wasserflächen und an stark ausgeprägten Luftschichtgrenzen [341].

Die Übertragungskapazität des Richtfunks ist begrenzt. Beim terrestrischen Richtfunk liegt das an dem beschränkten Frequenzbereich und an dem Umstand, daß gleiche Frequenzen an verschiedenen Orten nur bei ausreichendem Abstand der Orte wieder verwendet werden können. Im Rahmen der Frequenzraster, die ITU-R vorgegeben hat, ist derzeit eine Übertragung von Signalen mit bis zu 155 Mbit/s und 2 x 155 Mbit/s pro Funkgerät möglich (vgl. Abschn. 7.2.3) [331].

Für Funkverbindungen über *Satelliten* gelten dieselben grundsätzlichen Gegebenheiten wie für den terrestrischen Richtfunk – auch in bezug auf die Dämpfung durch Regen. Günstig ist aber, daß Funkstrahlen, die auf Satelliten gerichtet sind, die Regenschicht in verhältnismäßig steilem Winkel durchqueren.

Beim Satellitenfunk werden Frequenzen bis zu etwa 30 GHz verwendet. Die (geostationären) Satelliten können aber in der Äquatorialebene (in etwa 36000 km Höhe) nicht beliebig dicht positioniert werden (Mindestabstand etwa 2°). Deshalb ist auch hier die insgesamt mögliche Übertragungskapazität begrenzt.

Ein Nachteil der Satellitenverbindungen ist die große Laufzeit (etwa 260 ms für einen „Satelliten-Hop", d.h. den Weg Erde-Satellit-Erde). Sie kann die Verständigung beim Fernsprechen beeinträchtigen (erst recht, wenn zwei Satellitenstrecken in Reihe geschaltet werden) und ist bei Datenübertragung störend (vgl. Abschn. 7.7.3) [326].

Sowohl der Richtfunk wie auch der Satellitenfunk erlauben es, Kommunikationswege rasch einzurichten; die Funktechnik ist ganz besonders dann von Nutzen, wenn Kabelübertragungssysteme noch nicht zur Verfügung stehen oder aus geographischen Gründen nicht in Frage kommen.

7.4 Einrichtungen zur Übertragung von Digitalsignalen über Kabel- und Richtfunkstrecken

7.4.1 Allgemeines

Für den Benutzer sollen die Übertragungsverfahren und -systeme unabhängig vom Übertragungsmedium stets dieselben Qualitätsmerkmale haben. Das gilt ganz besonders im ISDN, wo jedes Übertragungssystem in der Lage sein muß, Signale für unterschiedliche Dienste zu übertragen. Auch der Betreiber eines Netzes ist an einheitlicher Übertragungsqualität interessiert, um Rangierung und Ersatzschaltung von Übertragungssystemen freizügig vornehmen zu können. Des-

240   7 Übertragungstechnik im ISDN

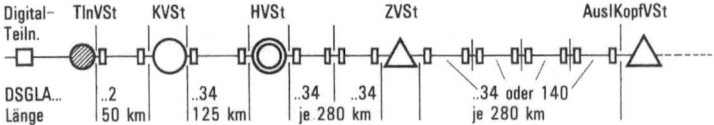

Bild 7.6. Aufbau einer Modellverbindung vom Teilnehmer bis zur Auslands-Kopfvermittlungsstelle.
TlnVSt Teilnehmervermittlungsstelle, KVSt Knotenvermittlungsstelle, HVSt Hauptvermittlungsstelle, ZVSt Zentralvermittlungsstelle, AuslKopfVSt: Auslands-Kopfvermittlungsstelle

halb hat man den Begriff des *Digitalsignal-Grundleitungsabschnitts* (DSGLA; bei ITU-T: digital section) geschaffen.

Ein DSGLA ist ein Element einer Gesamtverbindung; Bild 7.6 zeigt eine Modellverbindung mit ihren DSGLA. Nach den Definitionen von ITU-T und von der Deutschen Telekom [325] faßt ein DSGLA alle Einrichtungen zusammen, die zur Übertragung eines Signals zwischen zwei aufeinanderfolgenden Verteilerpunkten oder funktionell entsprechenden Punkten dienen.

Für einen DSGLA, der zu einer Verbindungsleitung gehört, sind in ITU-T-Empf. G.921 [133] im wesentlichen folgende Eigenschaften festgelegt:
- Länge des Modell-DSGLA, auf den sich die Qualitätseigenschaften beziehen: 50 km (für 2 Mbit/s und 8 Mbit/s) oder 280 km (für höhere Bitraten).
- Bitfolgeunabhängigkeit (bit sequence independence) [325], d.h. die Eigenschaft des Übertragungssystems, jede beliebige Bitfolge, z.B. auch Dauer-0, zu übertragen. Diese Forderung wird eigens im Interesse der freizügigen Übertragung von Text- und Datensignalen im ISDN erhoben. Die 1544-kbit/s-Leitungssysteme erfüllen sie nur, wenn statt des AMI-Codes der B8ZS-Code verwendet wird (s. Abschn. 7.4.2).
- Bitfehlerverhalten: s. Abschn. 7.7.1; z.B. ist für einen 140-Mbit/s-DSGLA (DSGLA 140) mit 280 km Länge ein maximaler Prozentsatz (0,00045 %) von Ein-Sekunden-Intervallen mit einer Bitfehlerquote über 10^{-3} (*severely errored seconds*) festgelegt. (Für SDH-Bitraten gelten wegen der Übertragung von ATM-Signalen schärfere Bedingungen).
- Schnittstellen zu anderen Geräten (u.a. zur Nachbar-DSGLA): s. Abschn. 7.2.3.
- Maximaler Jitter am Eingang und Ausgang. (*Jitter* bezeichnet unbeabsichtigte, aber unvermeidbare Phasenschwankungen [325]; s.a. Abschn. 7.7.4).
- Alarmbedingungen. In den Leitungsendgeräten für Multiplex-Bitraten (ab 2 Mbit/s) sind „Dringende Alarme" abzugeben
  - bei Verlust des ankommenden Signals;
  - bei Überschreiten der Bitfehlerquote 10^{-3} im ankommenden Signal.

Bei dringendem Alarm ist das weiterlaufende Signal durch das Alarmmeldesignal (*Alarm Indication Signal*, AIS, meist Dauer-1) zu ersetzen. Spezielle Eigenschaften des DSGLA für die Teilnehmerleitung spezifiziert ITU-T-Empf. G.960 [134].

7.4.2 Übertragung auf Kabeln im Bereich der Verbindungsleitungen

Wie in Abschn. 7.3.1 schon ausgeführt wurde, kommt eine Übertragung auf Kupferleitern vorwiegend dort in Betracht, wo die Kabel bereits verlegt sind und entweder für Analogübertragung benutzt werden oder noch frei sind.

Die Zukunft gehört den Lichtwellenleitern (LWL). Ihre Vorteile gegenüber Kupferleitungen sind:
- Geringe Leitungsdämpfung, daher große Verstärkerabstände; ferngespeiste Zwischenverstärker werden selten, im Ortsverkehr meistens überhaupt nicht gebraucht (die meisten Zwischenverstärker können in Gebäuden untergebracht werden). Für Systeme mit hohen Bitraten im Weitverkehr – auch über Unterseekabel – kommt vorzugsweise die Einmoden-Faser in Betracht.
- Sehr hohe Übertragungskapazität (theoretisch über 10 Gbit/s).
- Geringer Kabelumfang und geringes Kabelgewicht; große Flexibilität des Kabels.
- Keine elektrische Leitfähigkeit; daher sind keine Maßnahmen zum Schutz gegen elektromagnetische Beeinflussung, Blitz usw. nötig.

LWL kommen für alle Bitraten in Betracht, ganz besonders für die Bitraten der SDH (vgl. Abschn. 7.2.3 und Bild 7.3).

Bild 7.7 zeigt den grundsätzlichen Aufbau eines Leitungssystems aus Leitungsendgeräten, Kabeladern und Zwischenregeneratoren; die letzteren fallen bei LWL-Systemen vielfach weg. Die Anordnung nach Bild 7.7 ist die physikalische Realisierung eines Digitalsignal- Grundleitungsabschnitts (DSGLA) (s. Abschn. 7.4.1).

Aufgaben der Leitungsendgeräte sind: Umsetzung des Digitalsignals vom genormten Schnittstellencode in den Leitungscode (falls nötig) und umgekehrt, Überwachung der Bitfehlerquote, Alarmierung und Fernspeisung (soweit nötig).

Als Leitungscodes sind zu nennen:
- *Pseudoternäre* Codes [325]; das sind solche, bei denen im Prinzip 1-Bits abwechselnd durch positive und negative Impulse wiedergegeben werden, 0-Bits durch die Spannung Null. Der einfachste dieser Codes ist der AMI-Code (alternate mark inversion). Er hat keine Bitfolgeunabhängigkeit. Bei HDB3 und B8ZS werden für 0-Bits nach bestimmten Regeln Impulse übertragen, wenn

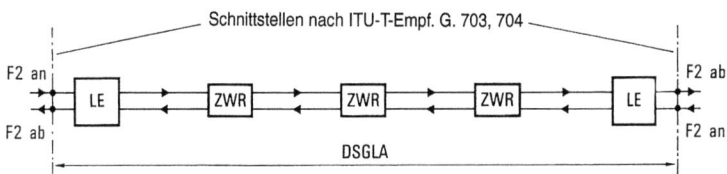

Bild 7.7. Prinzipieller Aufbau eines Leitungssystems für Digitalsignal-Übertragung auf einem Kabel.
LE Leitungsendgerät, ZWR Zwischenregenerator, DSGLA Digitalsignal-Grundleitungsabschnitt

im ursprünglichen Binärsignal 4 bzw. 8 Null-Bits aufeinanderfolgen. Dadurch kann man aus dem Leitungssignal den Bittakt aussieben, auch wenn das Binärsignal lange Null-Folgen enthält.
Diese Codes werden zur Übertragung auf symmetrischen Aderpaaren benutzt.
- Codes mit *Verringerung der Schrittgeschwindigkeit* sind 4B/3T (4 Bits werden durch 3 ternäre Signalelemente ersetzt) und 2B/1Q (2 Bits durch ein quaternäres Signalelement ersetzt). Der 4B/3T-Code dient zur Übertragung auf Koaxialleitungen und Anschlußleitungen (s. Abschn. 7.4.4); 2B/1Q wird speziell für Anschlußleitungen benutzt.
- Codes mit *Erhöhung der Schrittgeschwindigkeit* sind 5B/6B und 7B/8B. Das zusätzliche Bit dient zur Überwachung und dazu, die Bitfolge-Unabhängigkeit zu sichern. Man verwendet diese Codes für LWL-Systeme.

7.4.3 Übertragung mit Richtfunk

Während Analogrichtfunksysteme vorwiegend im Fernnetz verwendet wurden, setzt man Digitalsysteme in zunehmendem Maße im Regionalnetz und im Ortsnetz ein und zwar mit Radiofrequenzen um 13 und 15 GHz, im Ortsnetz auch um 18 GHz und sogar 40 oder 55 GHz [333]. Von 13–40 GHz sinkt die in einem Funkfeld überbrückbare Reichweite von etwa 25 auf 5 km je nach Regenintensität.

Für die Übertragung im *Fernnetz* kommen infolge der stärkeren Bündel höhere Bitraten in Frage (nämlich 34, 140 und 155 Mbit/s). Die bestehende Infrastruktur des Analog-Richtfunknetzes, d.h. in erster Linie das bestehende System der Richtfunktürme, mit Abständen von 30–70 km, wird von Digitalsystemen mitbenutzt. Praktisch angewandt werden Systeme in den Frequenzbereichen bei 1900, 3900, 4700, 6200 und 6700 MHz, daneben auch um 11,2 GHz.

7.4.4 Übertragung auf Teilnehmeranschlußleitungen

Allgemeines
Die Kupfer-Adernpaare der Teilnehmeranschlußleitungen (Asl) stellen im Fernsprechnetz einen sehr bedeutenden Anteil der Gesamtinvestition dar. Daher werden sie im ISDN weiter benutzt, obwohl die Leitungen ursprünglich für die Übertragung von Sprachfrequenzsignalen bestimmt waren (vgl. Abschn. 7.3.1).

Bild 7.8 zeigt den Dämpfungsverlauf typischer Adernpaare (mit 0,4 und 0,6 mm Aderndurchmesser). Die Deutsche Telekom verwendet 0,4-mm-Adern bis zu einer Länge der Anschlußleitung von 4,2 km. Bei größerer Länge wird durch geeignete Stückelung mit 0,6-mm-Adern erreicht, daß die Dämpfung unterhalb 3,4 kHz zwischen 4,2 und 8 km praktisch gleich bleibt.

Im Netz der Deutschen Telekom sind 99% der Asl nicht länger als 8 km, d.h. sie können ohne weitere Maßnahmen aus 0,4- und 0,6-mm-Adern gebildet

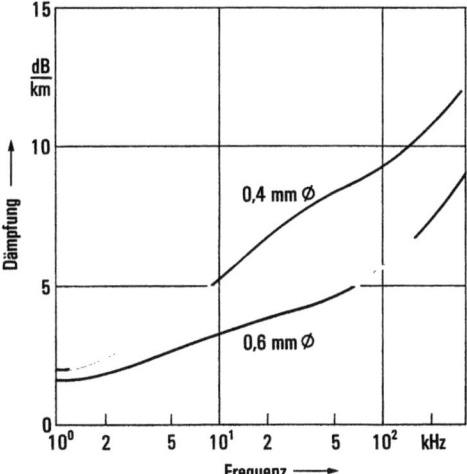

Bild 7.8. Verlauf der Dämpfung typischer Adernpaare von Ortskabeln mit Polyethylen-Isolierung.

werden. Ein Verfahren zur Digitalübertragung über Asl sollte eine ebenso große Reichweite haben.

Wo noch keine Anschlußleitungen vorhanden sind, kann die Neuverlegung von Lichtwellenleitern in Betracht gezogen werden. Sie eignen sich auch für einen „Breitband"-Anschluß (mit 2048 kbit/s oder mehr) und für den Anschluß von Multiplexern, die z.B. 12 ISDN- oder 30 Telefon-Teilnehmer zusammenfassen. In bestimmten ländlichen Gebieten können Funkverbindungen in Frage kommen.

Übertragungstechnik für den Basisanschluß

Zusätzlich zu der Empf. G.960 (s. Abschn. 7.4.1) für den DSGLA als „black box" hat ITU-T die Empf. G.961 [135] erstellt; sie enthält Anforderungen an das Leitungssystem (u.a. Wartungsfunktionen). Der Leitungscode (s. weiter unten) wurde nicht genormt; zwei Annexe zu G.961 beschreiben jedoch den 4B/3T-Code und den 2B/1Q-Code (s. Abschn. 7.4.2).

Für den ISDN-Basisanschluß (s. Abschn. 4.2.2) sind die Signale von zwei B- Kanälen und einem D-Kanal zu übertragen, dazu Kennungen für den Rahmentakt und Wartungsinformation, so daß die Gesamtbitrate $(2 \times 64 + 2 \times 16)$ kbit/s = 160 kbit/s ist.

Da für einen Teilnehmer nur ein Adernpaar zur Verfügung steht, müssen die Digitalsignale – genau wie bei herkömmlicher Telefonie das Niederfrequenzsignal – in beiden Richtungen über dieses Paar übertragen werden (s. Bild 7.9).

Dabei besteht das Problem, daß der jeweilige Empfänger nicht nur das erwünschte Signal der Gegenseite erhält, sondern durch unvermeidliche Reflexionen – z.B. an den Gabelpunkten a und b (Bild 7.9) – auch das Signal, das auf *derselben* Seite gesendet worden ist, im Empfänger aber als Störung wirkt.

244   7 Übertragungstechnik im ISDN

Bild 7.9. Zweidraht-Duplexübertragung: Die Signale beider Übertragungsrichtungen werden auf demselben Adernpaar übertragen.
S Sender, E Empfänger, 1) störende Reflexionen des Signals, das in A gesendet wird

Dieses „Echo" muß unschädlich gemacht werden. Dazu kommen praktisch zwei Verfahren in Frage:
– Als erstes wurde das *Zeitgetrenntlageverfahren* (auch Burst-, Pingpong- oder TDM-Verfahren genannt) realisiert. Dabei werden Informationsblöcke – z.B. mit je zwei Oktetts der B-Kanäle und vier Bits des D-Kanals – gebildet, die *abwechselnd* in den beiden Richtungen gesendet werden (Bild 7.10). Zwischen dem Ende des Sendens eines Datenblocks und dem Beginn des Sendens am anderen Ende der Anschlußleitung muß eine Lücke T_L liegen, deren Dauer etwas größer als die Signallaufzeit T_S sein muß. Je größer die Signallaufzeit T_S, desto weniger Zeit steht also für die Übertragung des Datenblocks zur Verfügung, desto höher muß somit die Übertragungsgeschwindigkeit sein. Bild 7.11 zeigt für den Fall, daß vier B-Oktetts usw. je Block übertragen werden, die Abhängigkeit der Übertragungsgeschwindigkeit von der Leitungslänge: Für eine Reichweite von 8 km wird bereits eine Übertragungsgeschwindigkeit von etwa 550 kbit/s erforderlich. Die Anwendung dieses Verfahrens ist nur für kurze Anschlußleitungen, z.B. in Nebenstellennetzen, sinnvoll.

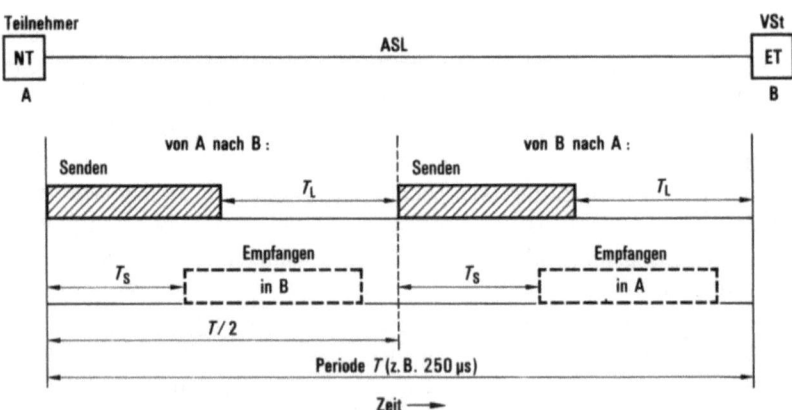

Bild 7.10. Prinzip des Zeitgetrenntlageverfahrens
ASL Anschlußleitung, ET Vermittlungsabschluß, NT Netzabschluß, T_L Zeitlücke, T_S Signallaufzeit, VSt Vermittlungsstelle

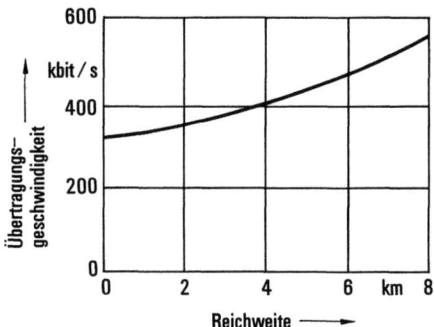

Bild 7.11. Erforderliche Übertragungsgeschwindigkeit beim Zeitgetrenntlageverfahren in Abhängigkeit von der Reichweite (gilt für Periode T = 250 µs)

- Das *Echokompensationsverfahren* (Zeitgleichlageverfahren) vermeidet die eben geschilderten Probleme des Zeitgetrenntlageverfahrens; es wird deshalb für öffentliche Netze benutzt. Hier ist die Übertragungsgeschwindigkeit unabhängig von der Reichweite; die Übertragung erfolgt kontinuierlich.

Reflexionen an den Gabelpunkten a und b (Bild 7.9) - oder an Stoßstellen unterwegs - stören bei dem Echokompensationsverfahren unmittelbar. Um das reflektierte Signal unschädlich zu machen, muß man es nachbilden und vom empfangenen Signal subtrahieren, so daß nur das erwünschte Signal übrigbleibt. Ist z.B. eine Leitungsdämpfung von 35 dB zu überbrücken (das entspricht 4,2 km bei 0,4 mm Aderndurchmesser und bei 60 kHz, s. unten), dann muß das reflektierte „eigene" Signal durch die Kompensation um etwa 55 dB gedämpft werden. Das reflektierte Signal ist also auf etwa 2% genau nachzubilden. Das ist mit einem *Echokompensator* möglich, der sich selbsttätig und adaptiv auf die Eigenschaften der Leitung einstellen kann [323].

Bild 7.12 zeigt den grundsätzlichen Aufbau einer Übertragungseinrichtung mit Echokompensation.

Der Sender gibt das Signal einerseits auf die Übertragungsleitung, andererseits auf den Echokompensator. Dieser ist als Transversalfilter [20] aufgebaut, dessen Koeffizienten sich adaptiv so einstellen, daß am Ausgang dieses Filters eine Nachbildung A_T des Echosignals entsteht. Sie wird vom empfangenen Signal subtrahiert.

Die Realisierung des digitalen Echokompensators wird durch die Wahl eines günstigen Leitungscodes erleichtert. Die Deutsche Telekom hat den MMS43-Code (einen speziellen 4B/3T-Code, s. Abschn. 7.4.2) gewählt. Er setzt die Schrittgeschwindigkeit auf der Leitung auf 120 kBd herab. Der „Schwerpunkt" der Signalleistung liegt dann bei etwa 60 kHz. In den USA ist der 2B/1Q-Code genormt [4].

Solange Kupferadern für die Anschlußleitungen verwendet werden, ist es sinnvoll, die Versorgungsleistung für die Netzabschlußeinheit NT 1 und eventuell auch die Leistung zum Speisen eines Endgerätes (insbesondere eines Fernsprechers) wenigstens für den Notbetrieb von der Vermittlungsstelle her zu liefern.

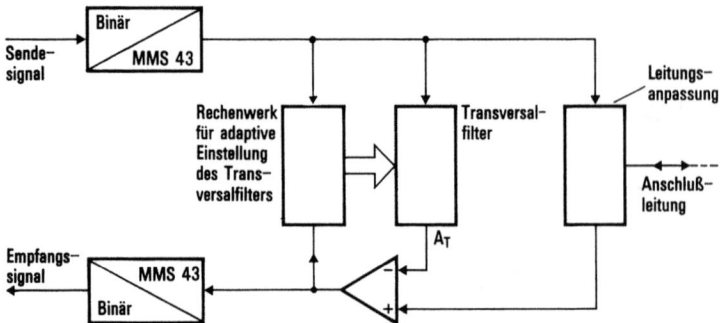

Bild 7.12. Grundsätzliche Struktur der Einrichtung zur Übertragung eines 160-kbit/s-Signals über Anschlußleitungen (Gleichlageverfahren).
A_T Ausgangssignal des Transversalfilters (stellt Echonachbildung dar), MMS 43 Leitungscode (s. Abschn. 7.4.2)

Im Ruhezustand – d.h. ohne Kommunikation – ist der Netzabschluß nicht voll aktiv, damit nicht dauernd der volle Versorgungsstrom erforderlich ist. Die Netzabschlußeinheit NT 1 ist aber stets imstande, ein „Aktivierungssignal" zu empfangen.

Multiplexsignale

Teilnehmer mit *Vielkanalanschluß* – insbesondere also größere Digital-Nebenstellenanlagen – werden normalerweise über Systeme mit 2048 (oder in Nordamerika 1544) kbit/s an die Vermittlungsstelle angeschlossen. Der dazugehörige Pulsrahmen wurde an Hand von Bild 7.2 schon in Abschn. 7.2.2 erörtert. Im Zeitkanal 16 enthält das Multiplexsignal ein 64-kbit/s-D-Kanal-Signal.

Die Übertragungstechnik ist praktisch dieselbe wie bei den Verbindungsleitungen (Abschn. 7.4.2); auf 0,4-mm-Aderpaaren der vorhandenen Anschlußleitungen sind Zwischenregeneratoren einzusetzen, wenn die Leitungslänge etwa 1,5–1,9 km überschreitet.

In manchen Fällen ist es zweckmäßig, die Signale entlegener Teilnehmer (besonders solcher, deren Anschlußleitung zur Teilnehmervermittlungsstelle über 8 km lang wäre) im Vorfeld durch einen Multiplexer zu bündeln. Hier werden beispielsweise die Signale von 12 oder 15 Basisanschlüssen zu einem 2048-kbit/s-Signal zusammengefaßt (vgl. auch den folgenden Abschnitt).

7.4.5 Anschlußnetze

Aus verschiedenen Gründen kann es sinnvoll sein, nicht jeden einzelnen Teilnehmer separat an die Ortsvermittlungsstelle heranzuführen. Durch eine Bündelung der Anschlußverbindungen und die Vernetzung der Anschlußleitungen entsteht das sogenannte Anschlußnetz („Access Network", AN). Durch intelligente

Vorfeldeinrichtungen kann eine Mehrfachausnutzung der eingesetzten Leitungen erreicht werden (Konzentratorfunktion). Neben wirtschaftlichen Vorteilen kann ein Anschlußnetz höhere Flexibilität, größere Zuverlässigkeit sowie bessere Überwachbarkeit und Steuerbarkeit bieten.

In Anschlußnetzen läßt sich als zukunftssicheres Übertragungsmedium der Lichtwellenleiter (LWL) einsetzen, während Einzelanschlüsse von (Schmalband-) Teilnehmern mit LWL noch nicht mit solchen auf Kupfer konkurrieren können. Anschlußnetzkonzepte auf LWL-Basis, in denen vielfach auch die Verteilkommunikation (z.B. Kabelfernsehen) mit den interaktiven Diensten kombiniert ist, sind unter den Schlagworten „Fiber in the loop" (FITL) oder „Fiber to the home" (FTTH) bekannt geworden. In den meisten Fällen wird jedoch heute das letzte, teilnehmerindividuelle Leitungsstück noch in Kupfertechnik ausgeführt („Fiber to the curb") [336, 46, 39, 52]. Für die Übertragung im Anschlußbereich auf LWL-Kabeln sind besondere Einrichtungen entwickelt worden, die meist TDM/TDMA-Übertragungsverfahren verwenden. Sie sind über herstellerspezifische oder standardisierte Schnittstellen (z.B. V5.1 oder V5.2) an die Ortsvermittlung anschließbar.

Anschlußnetze benutzen aber nicht nur das Medium LWL, das sich vor allem durch große Kapazitätsreserven auszeichnet. Auch die traditionelle Übertragungstechnik auf Kupferleitungen und ihre modernen Weiterentwicklungen, z.B. als „High Density Digital Subscriber Line" (HDSL) oder als „Asymmetrical Digital Subscriber Line" (ADSL) [343, 295, 62], haben im Anschlußnetz weiterhin ihren festen Platz. Der Teilnehmeranschluß per Funk, oft als „Radio in the Loop" (RITL) bezeichnet, der mit Punkt-zu-Punkt- oder mit Punkt-zu-Multipunkt-Verbindungen („Point to Multipoint", PMP) möglich ist, kann in der Zukunft als wichtige Alternative betrachtet werden. Zu den bekannten Vorteilen von Funklösungen kommt zusätzlich die Möglichkeit, mit entsprechender Technik auch nicht ortsfeste (voll oder teilweise mobile) Teilnehmer bedienen zu können.

7.5 Multiplexsignale und Multiplexeinrichtungen

7.5.1 Signale mit 2048 kbit/s

Das 2048-kbit/s-Signal des 30-Kanal-PCM-Systems wurde schon in Abschn. 7.2.2 vorgestellt; seinen Pulsrahmen zeigt Bild 7.2b. Aus praktischen Gründen (gemeinsame Schaltungstechnik für Sender, Empfänger und Überwachungseinrichtungen für alle Signaltypen) legt ITU-T-Empf. G.704 [112] folgendes fest:
- Alle Signale mit 2048 kbit/s sollen dieselbe Pulsrahmen-Länge (256 bit) und dieselben Bits Nr. 1–8 im Zeitkanal (Zeitschlitz) 0 des Pulsrahmens (s. Bild 7.2b) haben. (Ausgenommen sind die Y-Bits).
- Alle 2048-kbit/s-Signale mit Oktettstruktur sollen einen Pulsrahmen gemäß Bild 7.2b haben.

- Ähnliche Regeln gelten für 1544-kbit/s- und 8448-kbit/s-Signale mit Oktettstruktur.

Quellen oktettstrukturierter Signale sind im ISDN: Multiplexer für Teilnehmersignale, Konzentratoren, sowie Digitalsignal-Vermittlungsstellen.

7.5.2 Digitalsignal-Multiplexer

Zur Bildung von Multiplexsignalen mit größerer Bitrate als 2048 kbit/s dienen Digitalsignal-Multiplexgeräte [294] (Kurzbezeichnung der Deutschen Telekom: DSMX [325]).

Bei ihrer Spezifikation in den ITU-T-Empf. G.742 [124] und G.751 [125] (bzw. für die 1544-kbit/s-Hierarchie – s. Abschn. 7.2.3 – G.743 und G.752) wurde Wert darauf gelegt, daß sie Signale verschiedener Herkunft, d.h. beispielsweise Signale mit unterschiedlicher Rahmenstruktur zusammenfassen können; diese Signale dürfen *plesiochron* sein, d.h. ihre Bitraten sind nominell gleich, dürfen aber innerhalb einer bestimmten Toleranz (bei 2048 kbit/s: $\pm 5 \times 10^{-5}$) vom Nennwert abweichen.

Die Bitrate des Ausgangssignals eines Multiplexers wird durch einen autonomen Quarzgenerator bestimmt und ist unabhängig von der Netzsynchronisation.

Für die Bildung von Multiplexsignalen der Plesiochronen Digitalhierarchie (PDH) wendet man das *Positiv-Stopfverfahren* an: Jedem Eingangssignal ordnet man eine Übertragungsbitrate zu, die geringfügig größer ist (z.B. um 2 ‰) als seine Nennbitrate. Zusätzlich enthält das Ausgangssignal neben Rahmenkennungs- und Kontrollbits sogenannte Stopfbits, die eine flexible Reaktion auf Takttoleranzen ohne Informationsverlust ermöglichen. Dazu schreibt man das Eingangssignal mit seinem ursprünglichen Takt in einen Pufferspeicher ein und liest es mit einem höherfrequenten, der Übertragungsbitrate entsprechenden Takt wieder aus. Durch Auswertung des Füllgrades des Pufferspeichers werden je nach Bedarf die Stopfbits zu Informationsbits oder Leerbits erkl,rt. Die Stopfrate hängt von den Takttoleranzen ab.

Bild 7.13 verdeutlicht das Prinzip des Positiv-Stopfens: Wenn in diesem (vergröberten) Beispiel der Phasenunterschied zwischen Ein- und Ausgangssignal sich um *ein* Bit-Intervall vergrößert hat, wird ein Stopfbit eingefügt. In der Praxis werden nur an ganz bestimmten Stellen des Pulsrahmens Stopfbits eingefügt.

Die jeweilige Funktion des Stopfbits wird der Empfangsseite durch gesicherte Stopfmeldebits mitgeteilt, so daß der Demultiplexer jedes Eingangssignal ohne Informationsverlust und mit der ursprünglichen Taktfrequenz zurückgewinnen kann.

In der Synchronen Digitalhierarchie (SDH) lassen sich in die Grundstruktur, das „Synchronous Transport Module" STM-1 (Bitrate 155,52 Mbit/s), alle Signale mit Bitraten der PDH synchron „einpacken"; sie sind damit sehr leicht zugänglich. Das Multiplexen geschieht über Zwischenstufen mit „Virtual Containers" (VC) und „Administrative Units" (AU).

7.5 Multiplexsignale und Multiplexeinrichtungen

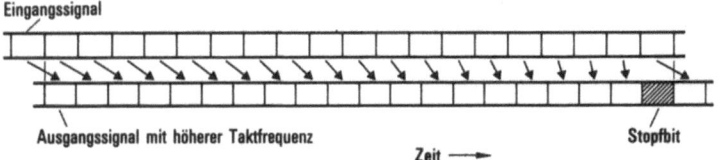

Bild 7.13. Prinzip des Positiv-Stopfverfahrens, wie es in Digitalsignal-Multiplexgeräten (DSMX) zur Taktanpassung verwendet wird.

In der SDH wird für die meisten Multiplexbeziehungen das *Positiv-Null-Negativ*-Stopfverfahren [325] angewandt. Dem Eingangssignal ordnet man hier eine Übertragungskapazität zu, die nominell *gleich* der Bitrate dieses Signals ist. Wenn nun zufällig die tatsächliche Bitrate des Eingangssignals *kleiner* ist als die zur Verfügung gestellte Übertragungskapazität, so wird positiv gestopft. Ist die tatsächliche Bitrate des Eingangssignals aber *größer* als die an sich zur Verfügung gestellte Übertragungskapazität, dann wird „negativ gestopft": Die „überschüssige" Information wird in einem Hilfskanal untergebracht. Das Verfahren ist komplizierter als das Positiv-Stopfen, ermöglicht aber auch synchrones Multiplexen (ohne Stopfen).

Wegen der relativ einfachen formalen SDH-Multiplexstruktur spielen in der SDH-Welt neben Geräten ohne „Intelligenz", die nur einfache Multiplexer- und Demultiplexerfunktionen realisieren, komplexere Multiplexer eine wichtige Rolle; sie beherrschen auch noch Abzweige- und Rangierfunktionen. Mit Abzweig-Multiplexern („Add-Drop-Multiplexer", ADM) ist es möglich, aus durchlaufenden SDH-Signalen beliebige Teilsignale aus- und einzukoppeln oder zu ersetzen. Mit elektronischen Rangierverteilern, den sogenannten „Cross-Connect-Multiplexern" (CCM), können Teilsignale zwischen SDH-Multiplexsignalen an verschiedenen Toren rangiert werden, und zwar meist auch in mehreren Rangierebenen in unterschiedlichen Multiplexstufen.

Add-Drop-Multiplexer werden vor allem in ringförmigen Netzstrukturen benötigt. Cross-Connect-Multiplexer übernehmen teilweise Vermittlungsfunktionen und sind wesentliche Bausteine für moderne, flexible Übertragungsnetze mit integrierten Ersatzschaltefunktionen. Damit die Vorteile und Möglichkeiten dieser besonderen Multiplexer voll genutzt werden können, müssen sie steuerbar sein. Dies setzt neben geeigneten geräteinternen Strukturen und Schnittstellen auch die Verfügbarkeit eines entsprechend leistungsfähigen Steuerungssystems (Telecommunication Management Network, TMN; s. Abschn. 8.3) mit einem Netzwerk zum Datenaustausch und einem rechnergesteuerten Betriebssystem (Operating System, OS) voraus.

7.6 Netzsynchronisierung

7.6.1 Erfordernis der Netzsynchronisierung

Zwei oder mehr Geräte der Digitaltechnik arbeiten *synchron*, wenn sie dieselbe Taktfrequenz und damit eine feste Phasenbeziehung zueinander haben. Das Primäre ist dabei der Synchronismus des Bit-Taktes; aus diesem ergibt sich der Pulsrahmen-Synchronismus mit Hilfe der *Rahmenkennungssignale* (Bild 7.2) unschwer. In der Praxis begnügt man sich damit, daß die Geräte im zeitlichen Mittel dieselbe Frequenz haben: der Phasenunterschied ihrer Takte kann innerhalb bestimmter Grenzen schwanken.

Wenn Sender und Empfänger eines Digitalsignals nicht synchron sind, kommen Störvorgänge zustande: Das ankommende Signal wird mit seiner Taktfrequenz f_1 in einen Pufferspeicher eingespeist und mit der örtlichen Taktfrequenz f_2 ausgelesen. Ist diese höher als f_1, dann wird der Speicher „zu schnell" geleert. Die Folge ist, daß ein oder mehrere Bits noch einmal ausgelesen (also wiederholt) werden, sobald der Phasenunterschied der beiden Takte der Kapazität des Speichers entspricht.

Ist die örtliche Taktfrequenz niedriger als die des ankommenden Signals, dann gehen umgekehrt Bits verloren.

In beiden geschilderten Fällen spricht man von einem *Slip* oder *Schlupf*. Slips können vor allem an Eingängen von Digitalvermittlungsstellen (DIV) auftreten. Ihre Eingangsschaltungen (für 2048 oder 1544 kbit/s) haben Pufferspeicher, die so ausgelegt sind, daß bei einem Slipvorgang jeweils ein Pulsrahmen (s. Bild 7.2) des Multiplexsignals wiederholt wird oder verlorengeht, d.h. für jedes einzelne 64-kbit/s-Signal acht Bits. Ein Slip tritt demgemäß auf, sobald der Zeitpunkt, zu dem der Pulsrahmen des ankommenden Signals (Taktfrequenz f_1) beginnt, sich gegenüber dem entsprechenden Zeitpunkt des örtlichen, mit der Taktfrequenz f_2 arbeitenden Taktsystems um 125 µs verschoben hat. Der mittlere Abstand zwischen zwei Slips ist deshalb

$$T_S = \frac{125\mu s}{|f_1 - f_2|/f_2} \qquad (7.1)$$

Slips sind Störungen (Abschn. 7.7.2), die man vermeiden will. Deshalb werden alle Taktgeber eines Digitalnetzes nominell synchron betrieben. Jedoch kann eine DIV zeitweise nicht synchron laufen (Abschn. 7.6.3), und in Digitalsignal-Multiplexgeräten können Slips als Folge von Bitfehlern auftreten.

7.6.2 Realisierung der Netzsynchronisierung

Die geographische Ausdehnung eines synchronisierten Netzes entspricht meistens der Größe eines Staates, z.B. Deutschlands. Jedoch kann ein Staatsgebiet in mehrere für sich synchronisierte Bereiche aufgeteilt sein, und verschiedene Netzbetreiber können getrennte Synchronnetze haben.

Zur Netzsynchronisierung wird im allgemeinen das *Master-Slave-Verfahren* verwendet. Dabei steuert ein Bezugstaktgeber (primary reference clock) als *Master* direkt oder über Zwischenstufen alle Vermittlungsstellen und bestimmt dadurch die Frequenz aller Signale mit 64, 1544 und 2048 kbit/s im Netz, in Zukunft auch die Frequenzen der SDH-Signale.

Der Bezugstaktgeber ist ein Cäsium-Frequenznormal mit einer Frequenzungenauigkeit von nicht mehr als $\pm 10^{-11}$ (vgl. Abschn. 7.6.3). Er wird meist in der Nähe der geographischen Mitte des synchronisierten Netzes untergebracht – z.B. in Deutschland in Darmstadt, für das Netz der AT&T in Hillsboro (Missouri). Dieser Taktgeber gibt seine Frequenz an andere Einrichtungen im allgemeinen als Takt von Digitalsignalen weiter. Ein Bezugstakt kann auch von Funksignalen der Navigationssysteme LORAN-C oder OMEGA abgeleitet werden.

Die Verteilung der synchronisierenden Signale geschieht im allgemeinen „top-down" entsprechend der Hierarchie des Vermittlungsnetzes, wie es in Bild 7.14 für die Hierarchie des 64-kbit/s-Netzes dargestellt ist (vgl. Abschn. 3.3.2). Das Bild zeigt auch ein Beispiel eines denkbaren Direktweges, der eine Hierarchiestufe überspringt (a).

Beim Ausfall eines primären Synchronisationsweges sollte ein sekundärer Weg zur Verfügung stehen, der von derselben Vermittlungsstelle (VSt) wie der normale Weg, aber über eine andere Übertragungstrasse (b), oder von einer anderen VSt (c) herkommt.

Nebenstellenanlagen und Teilnehmerstationen werden vom öffentlichen Netz aus synchronisiert.

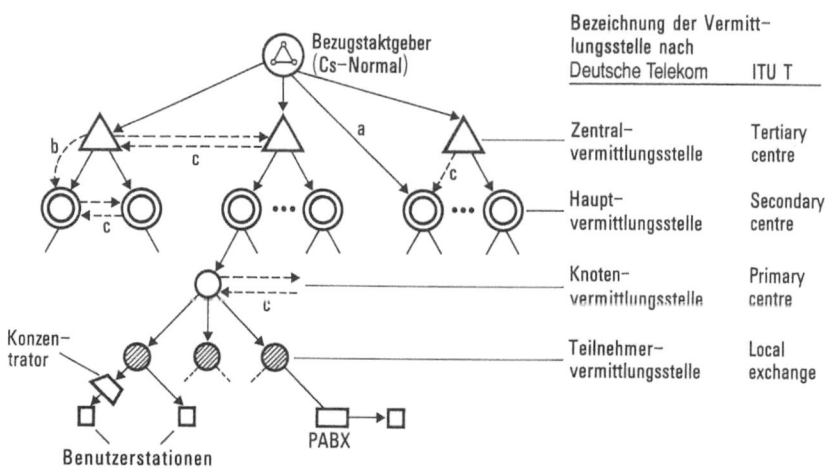

Bild 7.14. Hierarchischer Aufbau eines Netzsynchronisierungssystems.
⎯⎯→ normaler Synchronisationsweg
- - -→ Hilfsweg für Synchronisation
a Direktweg, *b, c* Ersatzwege, s. Text, PABX Nebenstellenvermittlung

7.6.3 Anforderungen an die Taktversorgung

ITU-T-Empf. G.811 [126] gibt Richtlinien für die Synchronisation nationaler Netze, insbesondere im Hinblick auf die internationale Zusammenarbeit der Netze. Die Empfehlung sieht vor, daß die Bezugstaktgeber eine Frequenzungenauigkeit von höchstens $\pm\ 10^{-11}$ haben, wie sie durch ein Cäsium-Normal realisiert wird (s. Abschn. 7.6.2.) Der mittlere Abstand zwischen zwei Slips im Verkehr zwischen zwei Netzen ist nach Gl. (7.1) theoretisch nicht kleiner als $125\ \mu s/(2 \times 10^{-11}) \approx 70$ Tage.

ITU-T-Empf. G.823 [130] gibt einen Maximalwert an für die Phasenschwankung am Ausgang eines Netzknotens (meist einer Vermittlungsstelle), der internationalen Verkehr abwickelt (10 μs). Diese Schwankung bezieht sich auf ein gedachtes Signal mit der mittleren Frequenz des Bezugstaktgebers. Sie bewirkt (zusammen mit Laufzeitschwankungen der Verbindungsstrecke), daß der tatsächliche Abstand zweier Slips größer oder kleiner als 70 Tage sein kann.

ITU-T-Empf. G.812 [127] legt Anforderungen an synchronisierte Taktgeber (slave clocks) im Netz fest. Vor allem wird das Verhalten im Freilauf (d.h. bei Ausfall des synchronisierenden Taktes) definiert. Die kennzeichnende Größe ist die zeitliche Abweichung der Taktphase des Taktgebers von der Phase des synchronisierenden Taktes *(Maximum relative time interval error)*. Wenn z.B. eine Transit-Vermittlungsstelle frei läuft, soll eine Taktphasenabweichung von 125 μs – und damit ein Slip – erst nach etwa einem Tag auftreten.

Die zukünftige Empfehlung G.81s [102] – später wohl G.813 – ergänzt G.812 für Taktgeber in SDH-Geräten.

7.7 Störwirkungen und Übertragungsqualität

Störungen einer Digitalsignalverbindung entstehen durch Bitfehler, Slips, Signallaufzeit und Phasenjitter. Bei ATM (Abschn. 4.3) kommt der „Zellenverlust" hinzu.

7.7.1 Störwirkung von Bitfehlern

So wie im Analog-Telefonnetz eine Störung durch Geräusch unvermeidlich ist, aber toleriert werden kann, wenn sie innerhalb bestimmter Grenzen bleibt, ist es im Digitalnetz unvermeidlich, daß Bits durch Störeinflüsse verfälscht werden (aus 1 wird 0 oder umgekehrt). Auch das ist zu tolerieren, wenn es nicht zu häufig geschieht.

Bitfehler entstehen durch äußere Störbeeinflussung oder durch thermisches Rauschen. Als *äußere Störeinflüsse* kommen u.a. in Betracht:

7.7 Störwirkungen und Übertragungsqualität

- Wahlimpulse oder andere Schaltimpulse auf Adernpaaren im gleichen Kabel, die nicht digital betrieben werden; sie stören durch elektromagnetische Kopplungen.
- Nebensprechen von Adernpaaren, die gleichartige Signale transportieren.
- Elektromagnetische Beeinflussung von außen, z.B. durch elektrische Bahnen.

Diese Störungen wirken in erster Linie auf die symmetrischen Adernpaare des Nahverkehrsnetzes sowie der Teilnehmeranschlußleitungen ein. Deshalb wird diesen ein verhältnismäßig großer Anteil der gesamten zulässigen Bitfehler einer 64-kbit/s-Verbindung zugebilligt (s. folgende Erörterung der ITU-T-Empf. G.821). Auf den Adernpaaren entstehen die Bitfehler oft in Bündeln (bursts) von z.B. 2 bis 50 Bits.

In Koaxialleitungen, Lichtwellenleitern und beim Richtfunk ist *thermisches Rauschen* eine Hauptursache für Bitfehler. Diese haben eine reine Zufallsverteilung (Poisson-Verteilung; [12]) und sind einer recht exakten Planung zugänglich, die in der Praxis auf einen Kompromiß zwischen Übertragungsqualität und wirtschaftlicher Realisierung hinausläuft.

Die Auswirkung der Bitfehler auf die einzelnen Dienste ist unterschiedlich:
- Sprachübertragung mit PCM oder ADPCM: eine Bitfehlerquote oder Fehlerbündel-Häufigkeit von 10^{-5} kann toleriert werden. Selbst Poisson-Fehler mit einer Häufigkeit von 10^{-4} bewirken nur geringe Knackstörungen.
- Datenübertragung mit Fehlererkennung wie High Level Data Link Control (HDLC): Wenn in einen Datenblock *ein* Bitfehler oder ein Fehlerbündel fällt, wird das vom Datenempfänger erkannt; dieser veranlaßt dann eine Wiederholung des Datenblocks. Damit der Datendurchsatz je Zeiteinheit durch die Wiederholungen nicht um mehr als etwa 10–20 % reduziert wird – auch nicht bei langen Datenblöcken oder bei großer Signallaufzeit über Satellit [326] –, ist eine Bitfehlerquote unter 10^{-6} erwünscht.
- Moderne Textübertragung, ISDN-Telefax (Abschn. 2.4.1.2) und Signalisierung nach dem ITU-T-System Nr. 7 (vgl. Abschn. 6.3) arbeiten mit gesicherten Datenblöcken, so daß für sie dasselbe gilt wie für Datenübertragung.

ITU-T-Empf. G.821 [128] berücksichtigt die beschriebenen Erfordernisse der Dienste im 64-kbit/s-ISDN. Die Empfehlung spezifiziert für eine weltweite Modellverbindung mit 64 kbit/s zwischen zwei Teilnehmern:
- Weniger als 0,2 % aller 1-s-Intervalle sollen eine Bitfehlerquote über 10^{-3} haben *(Severely errored seconds)*.
- Weniger als 8 % aller 1-s-Intervalle sollen Bitfehler enthalten *(Errored seconds)*.

Für *ATM-Signale*, die zumeist innerhalb von SDH-Signalen, aber auch mit PDH-Signalen (34 oder 139 Mbit/s) übertragen werden, gelten zusätzliche Bedingungen. Gründe dafür sind:
- Bildcodierungsverfahren haben höhere Anforderungen an das Bitfehlerverhalten als die oben betrachteten Dienste.
- Um häufigen Verlust von ATM-Zellen (als Folge der Störung ihrer „Headers") zu vermeiden, wurden die Anforderungen verschärft.

254 7 Übertragungstechnik im ISDN

- Auch Teilnehmerleitungen für das B-ISDN werden mit LWL realisiert, so daß die Ursachen für relativ häufige Bitfehler im Teilnehmerbereich (s. oben) wegfallen.

ITU-T-Empf. G.826 [132] berücksichtigt diese Umstände und legt für Übertragungssysteme mit > 1544 kbit/s höhere Anforderungen als G.821 fest; für die „Hintergrundbitrate" sind sie um mehrere Größenordnungen verschärft.

7.7.2 Störwirkung von Slip-Vorgängen bei 64-kbit/s-Diensten

Slips (s. Abschn. 7.5.2 und 7.6.1) sind wie andere unvermeidbare Störerscheinungen zu betrachten. Jeder Dienst kann von ihnen betroffen werden. Die Auswirkung ist unterschiedlich:
- PCM-Sprachübertragung: Ein Slip bewirkt einen Phasen- und Amplitudensprung, der allenfalls als Knack hörbar wird. Praktisch zulässig sind etwa 20 Slips/min.
- Datenübertragung mit Fehlererkennung: Ein Slip bewirkt genau wie ein Bitfehler, daß ein Datenblock falsch empfangen wird. Dieser muß dann wiederholt werden. Weil das Auftreten von Slips verhältnismäßig gut zu beherrschen ist, kann man fordern, daß Slips höchstens mit einem Zehntel der Häufigkeit von Bitfehlern auftreten. Man kann daraus folgern, daß etwa vier Slips während 10 min zulässig sind.
- Textübertragung, ISDN-Telefax und Signalisierung nach ITU-T-System Nr. 7: Wie bei Bitfehlern (Abschn. 7.7.1), gilt auch hier: Die Störwirkung ist im Prinzip gleich wie bei Datenübertragung, und es ergeben sich dieselben Anforderungen.
- Übertragung von Daten in Form von Multiplexsignalen (Signale nach den Empfehlungen X.50 und X.51 [267, 268] oder evtl. X.22 [262], die z.B. 20 Quellensignale zu je 2,4 kbit/s zusammenfassen): Ein Slip hat bei Multiplexsignalen zur Folge, daß der Rahmengleichlauf des Multiplexsignal-Empfängers verloren geht. Der Empfänger muß also neu synchronisieren. Unter Umständen kann eine ganze Datenvermittlungsstelle in einen Alarmzustand geraten. Deshalb sollen Slips nur in Abständen von nicht weniger als 15 min auftreten.

ITU-T-Empf. G.822 [129] berücksichtigt die Erfordernisse der Dienste und die Möglichkeiten der Praxis. Die Empfehlung gilt wie G.821 für eine 64-kbit/s-Verbindung im ISDN. Dafür wird spezifiziert, daß der mittlere Abstand zwischen zwei Slips während wenigstens 98,9 % der Zeit nicht kleiner als 4,8 h sein soll und während höchstens etwa 1 % zwischen 4,8 h und 2 min liegen soll. Die Taktgenauigkeit der Digital-Vermittlungsstellen auch im freilaufenden Zustand muß entsprechend ausgelegt sein (s. Abschn. 7.6.3).

7.7.3 Einfluß der Signallaufzeit

Die Signallaufzeit findet im allgemeinen nicht so viel Beachtung wie Bitfehler und Slips. Sie ist aber ebenfalls von Bedeutung, insbesondere in folgenden Fällen:
- Bei der *Sprachkommunikation* werden mit zunehmender Laufzeit die Schwierigkeiten der Verständigung zwischen den Gesprächspartnern größer. Deshalb hat ITU-T für die Telefonie in Empf. G.114 [110] eine maximale Laufzeit (für *eine* Übertragungsrichtung) von 400 ms vorgeschrieben; damit ist *ein* Satellitenabschnitt (Laufzeit T_D: etwa 260 ms) zugelassen.
- Bei *Datenübertragung* mit Wiederholung gestörter Blöcke (s. Abschn. 7.7.1) müssen wenigstens beim Datensender Pufferspeicher vorhanden sein, deren Kapazität K der Anzahl von Bits entspricht, die während des *Doppelten* der Laufzeit T_D übertragen werden: K = 64 kbit/s × 2 T_D.

7.7.4 Einfluß von Phasenjitter und Phasenwandern

In Abschn. 7.6 wurde bereits geschildert, daß ein absolut starrer Synchronismus aller Signale im Digitalnetz in der Praxis nicht erreichbar ist; Frequenzschwankungen innerhalb eines bestimmten Bereichs sind unvermeidbar. Eine Frequenzschwankung läßt sich immer auch als Phasenschwankung (Phasenmodulation) beschreiben.

Relativ schnelle Phasenschwankungen (mit einer Frequenz oberhalb von 20 Hz) werden als *Jitter* bezeichnet, langsamere Schwankungen als *Wander* (Phasenwandern). Jitter ist vor allem auf Unvollkommenheiten bei der Taktgewinnung in Regeneratoren von Leitungssystemen (Abschn. 7.4.2) zurückzuführen, Wander auf Stopfvorgänge in Digitalsignal- Multiplexgeräten (Abschn. 7.5), Regelfehler von Phasenregelkreisen (PLLs) und temperaturabhängige Laufzeitschwankungen von Übertragungssystemen.

Da Jitter und Wander in gewissem Umfang unvermeidbar sind, gibt es für alle Schnittstellen der Digitalhierarchie (s. Abschn. 7.2.3 und Bild 7.3) und für die S/T-Schnittstelle (Abschn. 4.1.1) Toleranzschemata [130, 131], die angeben, wieviel Jitter bzw. Wander am Eingang eines Geräts zulässig sein muß, ohne daß es zu Bitverfälschungen, Slips oder anderen Störungen kommt.

8 Netzmanagement im ISDN

8.1 Vorbemerkungen

Ein Telekommunikationsnetz – wie das ISDN – hat als Hauptaufgabe, dem Benutzer die Kommunikation in wirtschaftlicher und zuverlässiger Weise zu ermöglichen. Dazu gehört auch, das Netz zu warten, es erforderlichenfalls zu erweitern, die Übersicht über die Benutzer zu behalten und sie für die Benutzung des Netzes in angemessener Weise mit Gebühren zu belasten.

Diese Aufgaben wurden traditionellerweise unter dem Begriff „Betrieb und Wartung", englisch OA&M (Operations, Administration and Maintenance), zusammengefaßt. Hierzu gehören Maßnahmen – sowohl technisch als auch organisatorisch –, die dazu dienen, das Netz in Betrieb zu halten und seine Qualität zu garantieren: aus Sicht des Benutzers die der angebotenen Dienste, aus Sicht des Betreibers die Wirtschaftlichkeit des Netzes. Diese Erfordernisse führten zur Entwicklung von sogenannten OMC (Operations and Maintenance Centers), die Betrieb und Wartung nach Möglichkeit von zentraler Stelle zulassen. Allerdings sind diese Systeme spezifisch für den einzelnen Hersteller; d.h. ein OMC ist im allgemeinen nur in der Lage, die von einem Hersteller gelieferten Netzelemente (z.B. Vermittlungsstellen oder Übertragungseinrichtungen) zu betreuen und muß von diesem Hersteller bezogen werden. In heutigen Netzen findet man nun aber zunehmend Netzelemente verschiedener Hersteller vor, und diese Entwicklung wird sich in Zukunft verstärken.

Um in einer solchen Umgebung das Management der Netze zu erleichtern, wird seit einigen Jahren in den Standardisierungsgremien an einem umfassenden „Netzmanagement" gearbeitet: dem TMN (Telecommunications Management Network). Dieses ist ein Konzept, nach dem mittels verteilter Module und über offene, standardisierte Schnittstellen Telekommunikationsnetze gesteuert werden. Ein solches System übernimmt die Betriebs- und Wartungssteuerung für das gesamte Netz, d.h. unter Einschluß aller vermittlungs- und übertragungstechnischen Netzelemente, unabhängig von deren jeweiligen Herstellern. Derartige Systeme sind im öffentlichen und im privaten Bereich gleichermaßen einsetzbar.

8.2 Anforderungen der Netzbetreiber

Wie erwähnt sind herkömmliche Netzmanagement-Systeme weitgehend herstellerabhängig. Betreiber von Telekommunikationsnetzen wünschen nun aber ihre Netzelemente über einheitliche Schnittstellen nach einem einheitlichen Konzept zu warten und zu verwalten. Hierzu gehören:
- genormte Schnittstellen zwischen Bedienterminals und Netzelementen, d.h. die Wartung von unterschiedlichen Netzelementen von verschiedenen Herstellern von einem Bedienplatz soll möglich sein,
- eine einheitliche Bedienoberfläche für den Operator,
- Softwareunterstützung für den Operator, z.B. für Zwecke der Fehlererkennung und der Konfigurierung des Netzes,
- ein wirksamer Schutz gegen unberechtigten Zugang zum Managementsystem.

8.3 Das Telecommunications Management Network (TMN) nach ITU-T

Das Grundkonzept des TMN für das Management des Telekommunikationsnetzes, beruht darauf, durch ein verteiltes System von Rechnern und Datenbanken, das die erforderlichen Management-Informationen sammelt, verteilt, speichert und verarbeitet, das Telekommunikationsnetz zu verwalten, d.h. letztlich das Konzept verteilter Systeme auf die Telekommunikation anzuwenden. Logisch ist das TMN als ein vom Kommunikationsnetz getrenntes System mit eigener Infrastruktur zu sehen. Genormte Schnittstellen innerhalb des TMN und zwischen dem TMN und den Elementen des Kommunikationsnetzes sollen für eine herstellerunabhängige Kommunikations-Infrastruktur sorgen. Damit soll ein einheitliches Management unterschiedlicher Einrichtungen von verschiedenen Herstellern, z.B. der Vermittlungstechnik und der Übertragungstechnik, gewährleistet werden. Eine weitgehend rechnergestützte Behandlung, z.B. von Alarmmeldungen, soll im Endausbau zu einer Automatisierung von heute per Hand vorgenommenen Eingriffen führen.

8.3.1 Die funktionale Architektur des TMN

Die funktionale Architektur des TMN ist in Funktionsblöcke unterteilt (s. Bild 8.1):
- *Operations Systems Functions (OSF)* verarbeiten TMN-Informationen für die Darstellung, Überwachung und Bereitstellung des Netzes und dessen Dienste. (Nicht zu verwechseln mit Operation System im Sinne von Betriebssystem).
- *Network Element Functions (NEF)* stellen die für das Management des Netzes im Netzelement erforderlichen Funktionen bereit, z.B. die Sammlung von Gebührendaten oder die Aussendung von Alarmmeldungen.

8.3 Das Telecommunications Management Network (TMN) nach ITU-T

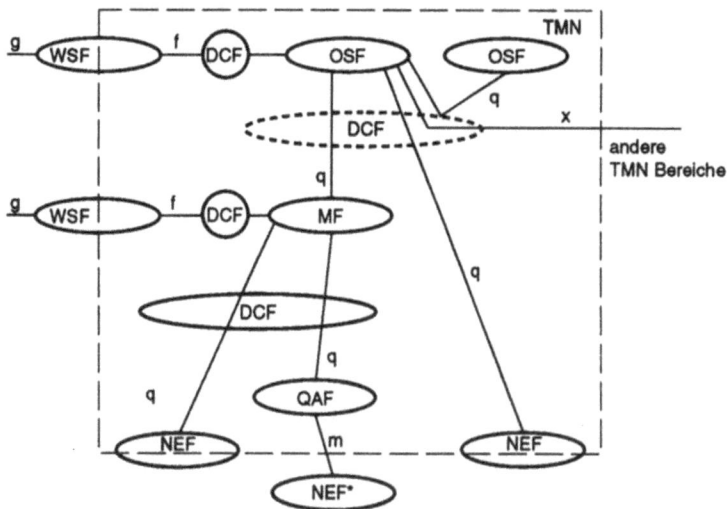

Bild 8.1. Die funktionale TMN-Referenzkonfiguration.

- *Work Station Functions (WSF)* ermöglichen die Kommunikation mit dem TMN-Benutzer, d.h. mit dem Operator und mit dem Wartungspersonal. Dazu gehören auch die Interpretation und die Präsentation von TMN-Information.
- *Mediation Functions (MF)* und *Q Adapter Functions (QAF)* sorgen für die Konvertierung von Informationen und Protokollen. Sie schaffen die Voraussetzung für eine Evolution von bestehenden Netzen zu solchen, die durch TMN gemanaged werden, indem sie die Einbindung bereits implementierter Managementsysteme und Netzelemente ermöglichen.
- Die *Data Communication Function (DCF)* sorgt dafür, daß zwischen den einzelnen Blöcken Daten ausgetauscht werden können.

Die Funktionsblöcke kommunizieren über sog. Referenzpunkte miteinander. Diese beschreiben für das Management erforderliche Information, die zwischen den einzelnen Blöcken ausgetauscht wird. Die folgenden Referenzpunkte werden unterschieden:

- Referenzpunkt q für die Kommunikation zwischen unterschiedlichen OSF, OSF und MF/NEF und zwischen MF und NEF/QAF,
- Referenzpunkt f für die Kommunikation zwischen OSF und WSF,
- Referenzpunkt g zur Präsentation der Information gegenüber dem Benutzer,
- Referenzpunkt x für die Kommunikation zwischen verschiedenen TMN Bereichen,
- Referenzpunkt m für die Kommunikation mit noch nicht den Standards entsprechenden Netzelementen.

Alle diese Referenzpunkte können bei der Implementierung eines realen Systems als physikalische Schnittstellen ausgeprägt sein, müssen es aber nicht.

8.3.2 Das Schichtenmodell für die Operations Systems Functions des TMN

Innerhalb des funktionalen Modells des TMN hat sich auf Vorschlag von British Telecom ein Konzept zur Strukturierung der Management Funktionen etabliert. Es wird graphisch als Kegel dargestellt (s. Bild 8.2).

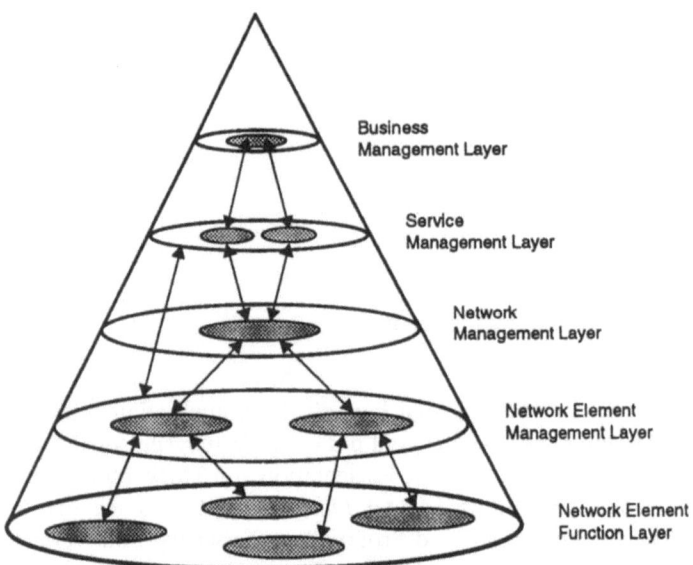

Bild 8.2. Das „Kegelmodell" der Operations Systems Functions im TMN.

Unterschieden werden in diesem Modell sog. Zuständigkeitsschichten („layers of responsibility") oder Wissensschichten („layers of knowledge") innerhalb der Operations Systems Functions. Folgende Schichten sind zu betrachten:
- Die *Netzelement-Schicht* (network element function layer): Sie enthält einerseits die Funktionen zur Rufsteuerung – nicht relevant für TMN – andererseits auch die für TMN relevanten Funktionen wie Gebührenzählung oder Alarmierung. Diese Schicht gehört nicht zur OSF-Schicht; bekannt ist in dieser Schicht nur das einzelne Netzelement.
- Die *Netzelement-Management-Schicht* (network element management layer): Sie ist für das Management eines oder einer Gruppe gleichartiger Netzelemente zuständig. In dieser Schicht ist keine Kenntnis des Netzes als Ganzes vorhanden.(Es ist anzumerken, daß in diesem Bereich aufgrund von Hardware-Abhängigkeiten herstellerabhängige und nicht standardisierungsfähige Lösungen zu erwarten sind).
- Die *Netz-Management-Schicht* (network management layer): Diese Schicht ist für das Management eines Netzes oder Teilnetzes, z.B. ISDN, SDH, ATM, zuständig. Hier ist die Übersicht über ein Netz oder Teilnetz vorhanden,

nicht aber eine detaillierte Kenntnis über die einzelnen (von möglicherweise verschiedenen Herstellern stammenden) Netzelemente.
- Die *Dienste-Management-Schicht* (service management layer): Diese Schicht ist verantwortlich für das Management von Diensten, z.B. auch für das Management der hochkomplexen Dienste, die im IN (Intelligent Network) angeboten werden. Informationen über Struktur und Konfiguration des Netzes sind nicht erforderlich.
- Die *Business-Management-Schicht*: Diese Schicht ist verantwortlich für das unternehmensweite Management des Netzes, z.B. langfristige Planung.

8.3.3 Informationaustausch im TMN

Der Informationsaustausch zwischen Funktionsblöcken über einen Referenzpunkt wird nach dem *Object Oriented Paradigm* beschrieben. Siehe hierzu auch [197]. Hierbei werden die über die Managementschnittstelle zu verwaltenden Netzresourcen – zu denen in diesem Zusammenhang auch Teilnehmer mit ihren Eigenschaften gehören – eingerichtet, gelöscht und verändert. Logische und physikalische Netzresourcen werden als *Managed Objects* mit gewissen Attributen (Daten) und einem bestimmten Verhalten (Behavior) beschrieben. Diese Beschreibung wird als *Informationsmodell* (Information Model) bezeichnet.

Ein Objekt, genauer eine Klasse von Objekten, wird dabei gekennzeichnet durch:
- seine Attribute, die nach außen sichtbar sind,
- seine Beziehungen zu anderen Objekten,
- sein Verhalten,
- die Operationen, die auf es angewandt werden können,
- die „Notifications", mit denen es sich bemerkbar macht.

Hierbei muß bemerkt werden, daß eine Objektklasse, z.B. der Teilnehmer, in gewisser Weise „generisch" ist, während das Objekt einen bestimmten Teilnehmer, gekennzeichnet durch seinen Namen, beschreibt.

Zur Manipulation von Objekten dient das standardisierte Common Management Information Protocol (CMIP), das u.a. die Erzeugung (CREATE), Entfernung (DELETE) eines bestimmten Objektes, z.B. eines Leitungsbündels, und die Abfrage und Änderung seiner Eigenschaften (Attribute) erlaubt [289].

Eine obligatorische Beschreibung mit Hilfe dieses Modells ist gegenwärtig die anerkannt wirkungsvollste Art für die exakte Definition von Schnittstellen. Zudem zwingt sie beim Entwurf von Systemen frühzeitig dazu, neben den erforderlichen Funktionen auch die Schnittstellen, und die über diese Schnittstellen übermittelten Daten, zu berücksichtigen.

8.3.4 Die physikalische Architektur des TMN

Eine physikalische Architektur des TMN als Standard vorzuschreiben ist nicht möglich, da dies eine Implementierungsvorschrift beinhalten würde. Trotzdem kann man versuchen, die Funktionen, die in der funktionalen Architektur erscheinen, auf physikalische Einheiten abzubilden und aus den Referenzpunkten Schnittstellen abzuleiten. (Ein Referenzpunkt beschreibt den Datenaustausch zwischen Funktionsblöcken, während eine Schnittstelle zusätzlich die Erfordernisse für eine physikalische Verbindung und die Verwendung eines „Protocol Stack" gemäß OSI festlegt).

Ein vereinfachtes Modell ist in Bild 8.3 wiedergegeben. Von den dort gezeigten Schnittstellen dient Q3 z.B. dem Anschluß komplexer Netzelemente (z.B. großer Netzknoten), während die Qx-Schnittstelle für den Anschluß einfacherer Netzelemente (z.B. Multiplexer) gedacht ist. Die M-Schnittstelle kann als weitgehend proprietär betrachtet werden und erlaubt die Anbindung bestehender Netzelemente an das TMN (s. auch [196]).

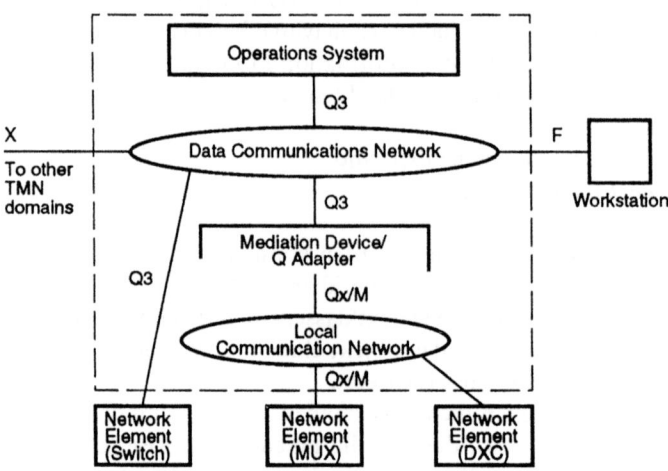

Bild 8.3. Physikalische Architektur des TMN.

Es ist Aufgabe des Netzbetreibers und des Herstellers festzulegen, welche Funktionen in welchem Rechner im Netz implementiert werden: z.B. können sowohl OSF-Funktionen als auch Mediation-Funktionen in einer Implementierung für eine gewisse Aufgabe, z.B. Kunden-Administration, in einem Fall zentral in einem Rechner lokalisiert sein, während sie in einem anderem Fall in verschiedenen Rechnern, auch in dem Zentralrechner einer Vermittlungssstelle und in weiteren Rechnern, lokalisiert sind.

8.4 TMN und IN: Management von Diensten

Wie bereits erwähnt, erfordert TMN eine vom Transportnetz (logisch) getrennte, zusätzliche Infrastruktur im Telekommunikationsnetz, die Rechner, Datenbasen und ein Datenkommunikationsnetz umfaßt. Eine solche Infrastruktur ist auch für die Einführung von IN (Intelligentes Netz, Intelligent Network) erforderlich. Dieses Konzept wurde ursprünglich von Bellcore (Bell Communications Research) entwickelt und soll es erlauben, komplexe Dienste schnell und kostengünstig zu entwickeln, einzuführen und vor allem auch zu managen (siehe hierzu auch [3]).

Bild 8.4 zeigt eine IN-Architektur, die sowohl logisch als auch physikalisch interpretiert werden kann.

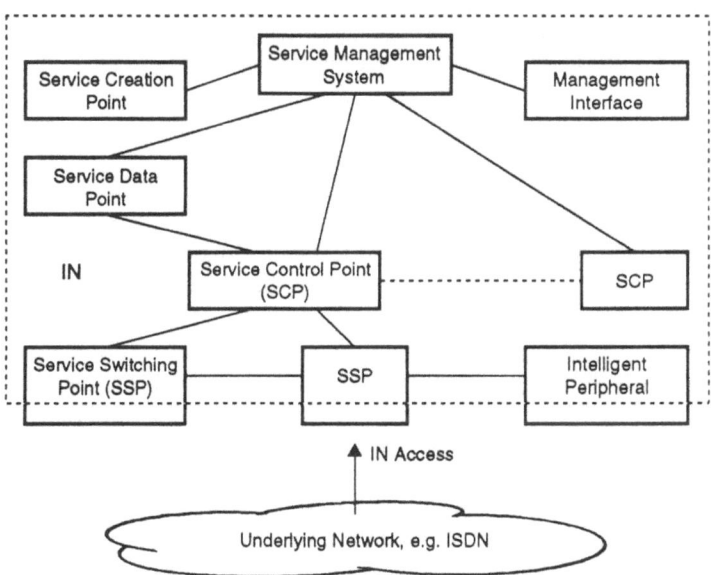

Bild 8.4. Physikalische Architektur des IN

Unterschieden werden folgende Einheiten:
- Das *Service Management System*; es ist zuständig für Implementierung von Diensten und den zugehörigen Parametern.
- Der *Service Creation Point*; er umfaßt die Programmierumgebung und die Tools zur schnellen Erstellung und Modifizierung der Steuerlogik von Diensten.
- Der *Service Data Point*; dies ist im wesentlichen eine Datenbank, die für die Dienste relevante Daten und die zugehörigen Zugriffsroutinen enthält.
- Der *Service Control Point*; er enthält die Steuerlogik für das Bereitstellen der Dienste in Realzeit.

- Der *Service Switching Point;* er erlaubt den Zugang zu den IN-Diensten. Für ISDN-Netze ist er typischerweise in der lokalen Vermittlungsstelle implementiert.
- Das *Intelligent Peripheral;* es enthält zusätzliche Resourcen zu Ausführung von Diensten, z.B. Medien zum Speichern und Abfragen von Sprach- und Dateniformationen.

Angesichts der Gemeinsamkeiten des TMN- und des IN-Konzeptes liegt es nahe, beide als Teil eines Ganzen zu betrachten und gegebenenfalls auch zu implementieren. Insbesondere soll das Service Management System des IN in die Service Management Schicht des TMN eingebunden werden.

Dieser Ansatz wird in allen relevanten Gremien verfolgt, z.B. ETSI: Integration of IN and TMN, TINA-Consortium (Telecommunication Information Networking Architecture).

Das Ergebnis ist das Konzept von *Intelligent Networks and Services* (INS), dem auch im Rahmen des ACTS (Advanced Communications Technologies and Services) Programms der EU ein Projektgebiet gewidmet ist.

8.5 Ausblicke

TMN ist derzeit ein Ziel, auf das Betreiber und Hersteller zusteuern. In der Zwischenzeit gibt es gewisse länderspezifische Lösungen, die es zumindest erlauben, Systeme verschiedener Hersteller von einem Bedien-Terminal mit komfortabler Bedienoberfläche zu managen. Der Übergang von diesen Interimslösungen zu einem echtem TMN ist überall in Arbeit. Weiter in der Zukunft liegen Systeme, die Netzmanagement und Dienstemanagement (TMN und IN) integrieren und die Idee der Intelligenz in Netzen und Diensten verwirklichen. Das Konzept des Intelligenten Netzes als eine Synthese zwischen Telekommunikation und Informationstechnologie, welches die schnelle und kostengünstige Einführung von Diensten im integrierten Breitband-ISDN, sowie der IN-Konzepte erlaubt, ist noch zu implementieren.

9 Mobilkommunikation

Die Mobilität ist zu einem dominierenden Merkmal unserer Gesellschaft geworden. Immer mehr Menschen sind täglich unterwegs in geschäftlichen Angelegenheiten oder im Zusammenhang mit der Gestaltung ihrer Freizeit. Gleichzeitig erfordern geschäftliche Vorgänge einen immer schnelleren Umsatz an Informationen, so daß Kommunikation jederzeit und überall oft unverzichtbar ist. Aber auch der Mensch, der privat unterwegs ist, sieht Anlässe zur Kommunikation. Hand in Hand mit dem steigenden Bedarf an Kommunikation unterwegs haben sich die technischen Möglichkeiten hierfür entwickelt und sind vor allem so preisgünstig geworden, daß sehr viele geschäftliche, aber auch private Nutzer die Mehrkosten für mobile Kommunikation aufbringen können und wollen. Dadurch bekam die Verbreitung von Einrichtungen für Mobilkommunikation gegen Ende der achtziger Jahre einen enormen Aufschwung, und der steile Anstieg ist weiterhin ungebrochen.

Die bekannteste Einrichtung für Mobilkommunikation ist das Autotelefon oder das „Handy". Dieses wird mit einem Mobilfunknetz auf Zellenbasis realisiert (Zellularfunk). Großräumige Erreichbarkeit ist auch über Funkrufsysteme möglich. Allerdings können hier nur kurze Nachrichten und auch nur in Richtung des mobilen Teilnehmers abgegeben werden. In einem begrenzten Bereich um einen festen Anschluß herum oder innerhalb des Bereichs einer Nebenstellenanlage ermöglicht das schnurlose Telefon Beweglichkeit. Zellularfunksystem, Funkrufsystem und schnurloses Telefon sind die bedeutendsten Einrichtungen für Mobil*funk*kommunikation; diese werden in Abschn. 9.1 behandelt. Darüberhinaus gibt es noch weitere Einrichtungen für Mobilfunkkommunikation, so z.B. den nicht-öffentlichen Bündelfunk und satellitengestützte Mobilfunknetze. Hierauf wird nicht weiter eingegangen, da sich im Zusammenhang mit ISDN keine zusätzlichen Aspekte ergeben.

Eine weitere Kommunikationsmöglichkeit für den Menschen unterwegs ist die mobile Kommunikation im leitungsgebundenen Netz, die die Mobilfunkkommunikation ergänzt. Schließlich erlaubt *Universal Personal Telecommunication* Bewegungsfreiheit in allen Netzen. Dies sind die Themen des Abschn. 9.2.

9.1 Mobilfunkkommunikation und ihre Einbindung in das ISDN

9.1.1 Zellularfunk

9.1.1.1 Technik und Anwendungen

Ein Netz für Mobilfunktelefone (Autotelefone, Handtelefone, auch Einrichtungen für Datenübertragung im Sprachkanal) muß – wenn es flächendeckend sein soll (zumindest in Ballungsgebieten) und wenn es eine ausreichende Teilnehmerdichte erlauben soll – bezüglich der Funkkanäle eine Zellularstruktur haben. Dies ist erforderlich wegen der Frequenzökonomie, insbesondere weil aus technologischen Gründen und aufgrund der Ausbreitungsbedingungen nur bestimmte Frequenzen für Mobilfunk geeignet sind. Beim Zellularfunksystem wird das Versorgungsgebiet bienenwabenartig in Funkzellen aufgeteilt, denen jeweils einzelne Frequenzen aus dem verfügbaren Band zugeordnet werden. Aufgrund der geringen Sendeleistung und der dadurch begrenzten Ausbreitung können die Frequenzen in den übernächsten Zellen wiederverwendet werden. Je nach zu berücksichtigender Teilnehmerdichte können die Funkzellen größer oder kleiner sein; in Ballungsgebieten etwa 1 bis 2 km im Durchmesser.

Bei kleinen Zellen bewegt sich oft der Teilnehmer im Gesprächszustand von einer Zelle zur anderen. Daher müssen die Zellularfunksysteme in der Lage sein, während des Gesprächs einen Wechsel des Funkkanals und auch der Basisstation vornehmen zu können. Dieser Vorgang wird als *Handover* bezeichnet. Die dabei entstehende Unterbrechung ist mit weniger als 300 ms so kurz, daß sie von den Gesprächspartnern nicht wahrgenommen wird.

Ein weiteres wichtiges Merkmal landesweiter oder gar länderübergreifender Mobilfunknetze ist das *Roaming*. Das Roaming ermöglicht die ständige Lokalisierung des mobilen Teilnehmers, wenn er von einer Funkzelle zur anderen im eingebuchten Zustand ohne Gesprächsverbindung wechselt. Dies wird durch ein System von Ortsdateien, im wesentlichen der Heimatdatei und der Besucherdatei, in den Mobilfunkvermittlungsstellen und in den Basisstationen erreicht.

Das Prinzip des Zellularfunksystems wurde bereits in Bild 3.12 dargestellt.

Die Zellularfunksysteme der ersten Generation (Analognetze) und der zweiten Generation (Digitalnetze) sind vor allem auf die Sprachkommunikation hin ausgelegt. Daneben werden aber auch andere Kommunikationsanwendungen ermöglicht, wie z.B.
- Übermittlung von Kurznachrichten,
- Teletex,
- Fernkopieren (Gruppe 3),
- Datenübertragung 300 ... 9600 bit/s (synchron/asynchron),
- Zugang zu Datex-P, Telebox, Datex-J (früher Bildschirmtext).

9.1.1.2 Realisierungen

Ein typisches modernes Zellularfunknetz der ersten Generation, bei der also die Sprachübertragung noch analog ist, ist das *Funktelefonnetz C*. Dieses Netz wurde als Nachfolgesystem der nicht-zellularen Autotelefonnetze A und B 1986 in Deutschland (sowie in modifizierter Form auch in anderen Ländern) eingeführt. Das Funktelefonnetz C arbeit im Frequenzbereich 451 bis 456 MHz bzw. 461 bis 457 MHz mit 237 Funkfrequenzen im 10-kHz-Raster und 10 MHz Duplexabstand. Folgende Merkmale wurden mit dem Funktelefonnetz C erstmalig eingeführt:
- digitale Übertragung der Signalisierungsinformation (Zeitmultiplex-Steuerkanal)
- Übertragung von Signalisierungsdaten im Zeitmultiplex mit der Sprache
- Optimierung des Sendepegels durch Laufzeitmessung auf dem Sprachkanal zur Vermeidung von Gleichkanalstörungen
- Verbindungsaufbau in das leitungsgebundene Netz ohne Belegung des Sprachkanals
- Sprachverschleierung als Abhörschutz
- separate Identität von Mobilgerät und Benutzer.

Ein Mobilfunknetz der zweiten Generation ist das Europäische Zellularfunknetz, das sog. *GSM-Netz*. Dieses wurde 1984 von den europäischen Telekom-Verwaltungen initiiert, in einer Spezifikationsgruppe (Groupe Speciale Mobile, GSM) festgelegt und später von ETSI standardisiert.

Das GSM-Netz ist voll digital und arbeitet im Frequenzbereich 900 MHz. Es stehen 124 Kanäle mit jeweils 200 kHz Bandbreite zur Verfügung. Jeder dieser Kanäle enthält wiederum acht Sprachkanäle, die im Zeitmultiplexverfahren (TDMA) gebündelt sind. Im Vergleich mit den Netzen der ersten Generation wurden mit dem GSM-Konzept eine Reihe von Verbesserungen erzielt:
- größere Kapazität und bessere Nutzung des Frequenzbandes
- höhere Dienstgüte und zusätzliche Dienstmerkmale
- geringere Kosten für Infrastruktur und Teilnehmergeräte
- kompatibel zu ISDN bez. der Signalisierung, der Zusatzdienstmerkmale
- verbesserter Schutz gegen Abhören und Mißbrauch von Funktelefonnummern.
- europaweit einheitlich

In Deutschland werden von zwei Netzbetreibern im Wettbewerb zwei Netze nach dem GSM-Konzept betrieben, das D1-Netz und das D2-Netz.

Zusätzlich wurde das Personal Communication Network (PCN) konzipiert und bei ETSI unter dem Namen *Digital Cellular System 1800 (DCS 1800)* standardisiert. Es beruht auf dem GSM-Standard, arbeitet jedoch im Frequenzbereich von 1800 MHz. Damit erlaubt es bei geringerer Zellengröße höhere Teilnehmerdichten und kleinere Endeinrichtungen (Handfunktelefone) [26, 27, 38, 47, 314, 321, 342].

9.1.1.3 Zusammenarbeit mit dem ISDN

Mobilfunknetze der ersten Generation benötigen für die Zusammenarbeit mit dem ISDN einen Netzübergang, der die völlig verschiedenen Signalisierungssysteme aneinander anpaßt. Zusatzdienstmerkmale – soweit in Netzen der zweiten Generation vorhanden – können zusammen mit dem ISDN nicht verwendet werden.

Das Mobilfunknetz der zweiten Generation nach dem GSM-Konzept ist wie das ISDN ebenfalls ein diensteintegrierendes Netz. Es ist insbesondere bez. der Signalisierung und der Zusatzdienstmerkmale auf das ISDN abgestimmt. Für die Signalisierung wird das Zentralkanal- Zeichengabesystem Nr.7 verwendet (s. Abschn. 6.3). Allerdings müssen beim Übergang von einem Netz zum anderen an der Schnittstelle zwischen Mobilfunkvermittlungsstelle und ISDN-Vermittlungsstelle die Nutzsignale umgesetzt werden. Die Bitrate der Sprachkanäle wird von den 16 kbit/s oder gar 8 kbit/s des Funknetzes in die 64 kbit/s des ISDN-Basiskanals (und umgekehrt) umkodiert. Für Datenübertragung stehen in einem GSM-Netz nach Abzug des Anteils an Übertragungskapazität, der für die Fehlersicherung benötigt wird, deutlich weniger als 16 kbit/s zur Übermittlung von Nutzinformationen zur Verfügung. Daher wird mit Hilfe einer *Transcoding and Rate Adaption Unit* in der Mobilfunkvermittlungsstelle ebenfalls eine Umsetzung vorgenommen. Das Mobilfunknetz ist über 30-Kanal-PCM-Systeme an die anderen Netze angeschlossen.

9.1.2 Funkruf

9.1.2.1 Technik und Anwendungen

Der Funkruf (*paging*) dient im Unterschied zum Zellularfunk zum Rufen von Teilnehmern und Übermitteln von mehr oder weniger kurzen Benachrichtigungen. Von jedem beliebigen Telefon aus und über Endgeräte anderer Dienste wie Telex, Teletex oder Datex-J kann jeder Funkrufteilnehmer gerufen und mit bestimmten Informationen versorgt werden. Bild 9.1 zeigt die typische Funktionsstruktur eines Funkrufnetzes.

Es gibt drei Klassen von Funkrufen:
- *Nur Ton-Ruf:* Es können mehrere unterscheidbare Signale übertragen werden.
- *Numerikruf:* Es können Nachrichten mit einer maximalen Anzahl von Ziffern gesendet werden.
- *Alphanumerik-Ruf:* Es können Texte mit einer maximalen Anzahl von Zeichen übertragen werden.

Unabhängig vom Empfängertyp ist eine Einordnung der Teilnehmer in drei unterschiedliche Gruppen von Rufarten möglich: Einzelruf, Gruppenruf und Sammelruf.

9.1 Mobilfunkkommunikation und ihre Einbindung in das ISDN 269

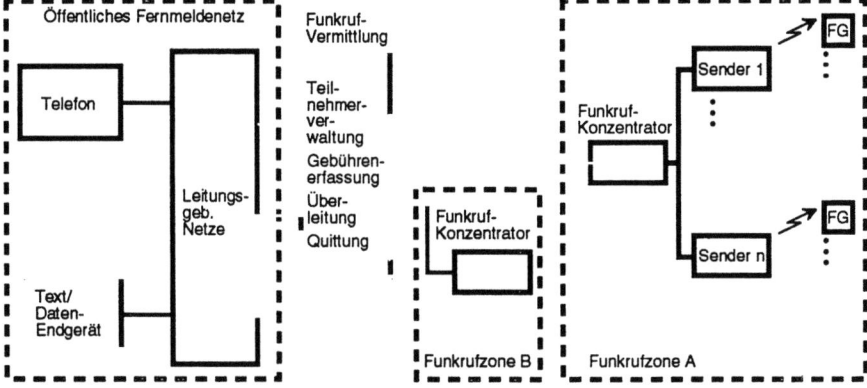

Bild 9.1. Funktionale Struktur eines Funkrufsystems. FG Funkgerät

9.1.2.2 Realisierungen

In der Bundesrepublik Deutschland wurde 1989 das regionale Rufnetz *Cityruf* eingeführt. Von jedem Telefon mit Mehrfrequenzwahl kann man an den Rufempfänger mit einer Zahlenkombination Nachrichten übermitteln (nur Töne und Ziffern). Das Senden von alpha-numerischen Zeichen erfordert andere Eingabegeräte (Telex-, Teletex-, Datex-P-Stationen; PC mit Modem). Auch kann eine Nachricht telefonisch an eine sogenannte Platzkraft des Betreibers zur Weiterleitung durchgegeben werden. Tabelle 9.1 informiert über die wichtigsten technischen Merkmale des Cityruf-Netzes.

Tabelle 9.1. Technische Merkmale des Cityruf-Netzes

Frequenzband	470 MHz
Anzahl Rufzonen	50 (500 Sender)
Rufmöglichkeiten	
– Ton	bis 4 Signale
– Numerik	bis 15 Ziffern
– Alpha-Numerik	bis 80 Zeichen
Teilnehmerkapazität	> 1 Million

Die europäischen Telekom-Verwaltungen haben 1986 beschlossen, ein Funkrufnetz für europaweiten Funkruf zu definieren, mit ähnlichen Leistungsmerkmalen, und zwar im 169-MHz-Frequenzband. Hier ist als eine vierte Rufklasse die transparente Übertragung von Daten vorgesehen, sowie eine Roaming-Funktion bezüglich der Funkzonen. Das europäische Funkrufsystem wurde unter dem Namen *European Radio Messaging System (ERMES)* von ETSI standardisiert [26, 47, 292, 321].

9.1.2.3 Zusammenarbeit mit dem ISDN

Von jedem ISDN-Endgerät aus kann ein Ruf abgesetzt werden, den das ISDN transparent an eine Funkrufvermittlung weiterleitet; weitere Maßnahmen sind nicht erforderlich.

9.1.3 Das schnurlose Telefon

9.1.3.1 Technik und Anwendungen

Grundsätzlich besteht ein System für schnurloses Telefonieren aus einer ortsfesten Feststation und mobilen Endgeräten (in der Regel Handtelefone), die über Funk miteinander in Verbindung stehen. Die Feststation kann entweder direkt am öffentlichen leitungsgebundenen Netz angeschlossen sein oder an einer privaten Telekommunikationsanlage. Der Aktionsradius im Bereich einer Feststation ist im Vergleich zum zellularen System wesentlich kleiner (< 300 m). Die mögliche Verkehrsdichte ist aber um einiges höher.

Ursprünglich sollte das schnurlose Telefon beim Telefonieren lediglich Bewegungsfreiheit im Bereich eines Hauses ermöglichen, innerhalb *einer* „Funkzelle". Dann wurden öffentliche Feststationen eingerichtet, in deren Nähe das eigene Handtelefon auch auf öffentlichem Gelände benutzt werden kann (Telepoint-Dienst). Diese Feststationen befinden sich an Orten mit hohen öffentlichen Verkehrsaufkommen, wie z.B. Flughäfen, Bahnhöfen, Einkaufstraßen. Ähnlich wie beim Münzfernsprecher können nur abgehende Gespräche geführt werden. Schließlich, um in sich größeren Bürogebäuden freizügig mit dem schnurlosen Telefon bewegen zu können, hat man später auch die Möglichkeit einiger weniger Funkzellen pro System vorgesehen mit Roaming und Handover.

9.1.3.2 Realisierungen

In Europa gibt es drei Systeme für schnurloses Telefonieren, die von ETSI standardisiert sind. Es sind dies die Systeme CT1, CT2 und DECT (Digital European Cordless Telecommunication). Tabelle 9.2 zeigt die wichtigsten technischen Merkmale der drei Systeme.

Systeme für schnurloses Telefonieren nach dem Standard CT1 (bzw. CT1+) werden hauptsächlich für den Einzelanschluß in einem Gebäude verwendet. Systeme nach dem Standard CT2 werden im Telepoint-Dienst und in privaten Telekommunikationsanlagen mit schnurlosen Telefonen benutzt. Der Standard DECT deckt alle Anwendungen ab und unterstützt neben Datenkommunikation auch die Zusatzdienstmerkmale, wie sie im ISDN vorgesehen sind. Bild 9.2 zeigt die Funktionsstruktur eines Systems für schnurlose Kommunikation nach dem DECT-Standard im Bereich einer privaten Telekommunikationsanlage.

9.1 Mobilfunkkommunikation und ihre Einbindung in das ISDN

Tabelle 9.2. Technische Merkmale der europäischen Systeme für schnurloses Telefonieren

	CT1(CT1+)	CT2	DECT
Frequenzband	900 MHz	800 MHz	1880–1900 MHz
Bandbreite	2 (4) MHz	4 MHz	20 MHz
Anzahl Funkkanäle	40 (80)	40	120
Kanalbündelungsverfahren	FDMA	FDMA/TDD	FDMA/TDMA TDD
Übertragungsrate (netto)	analog	32 kbit/s	32 kbit/s
Zellradius	50–300 m	50–300 m	50–300 m
Standardisiert seit	1982 (1998)	1990/1991	1992/1993

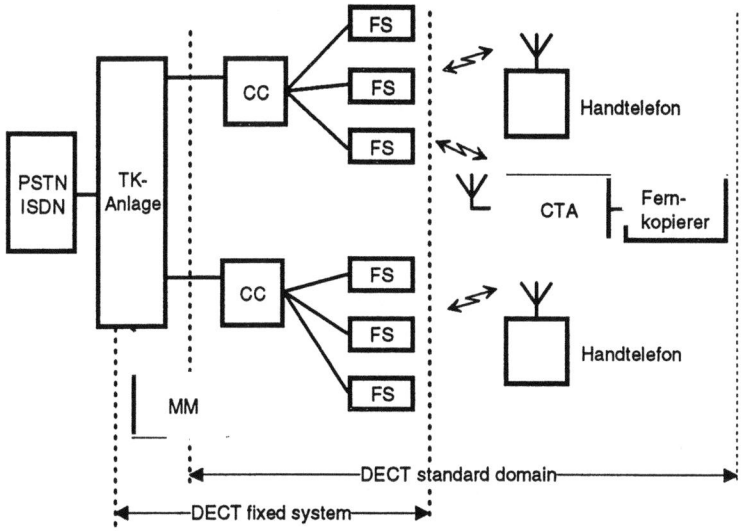

Bild 9.2. Funktionale Struktur des DECT-Systems
CC Cordless (Cluster) Controller   MM   Mobility Manager
CTA Cordless Terminal Adapter   PSTN Public Switched Telephone Network
FS Feststation   TK-Anlage private Telekommunikationsanlage
DECT Digital European Cordless Telecommunication

In Bild 9.2 ist insbesondere angedeutet, daß das DECT-Netz mehrere Funkzellen haben kann (eine Funkzelle für viele Telefone pro Feststation) [18, 26, 47, 338].

9.1.3.3 Zusammenarbeit mit dem ISDN

Die Feststationen der Systeme für schnurloses Telefonieren nach den Standards CT1 (CT1+) und CT2 müssen wie gewöhnliche analoge Telefone über einen Terminal-Adapter an das ISDN angeschlossen werden. Die Feststation des schnurlosen Telefons nach dem DECT-Standard ist wie ein ISDN-Endgerät am ISDN Basis-Anschluß angeschaltet. Eine wichtige ISDN-bezogene Funktion der Feststation ist die Umsetzung der auf der Funkstrecke zum Telefon verwendeten Sprachcodierung 32-kbit/s-ADPCM in das 64-kbit/s-PCM des ISDN und umgekehrt. Zwischen Telefon und Feststation ist ein Protokoll abzuwickeln, das die Nutzung der vom ISDN gebotenen ergänzenden Teilnehmer-Dienstmerkmale ermöglicht.

9.1.4 Zukünftige Entwicklungen bei der Mobilfunkkommunikation

Während der 90er Jahre stehen den mobilen geschäftlichen und privaten Nutzern eine Vielzahl von Mobilfunksystemen der zweiten Generation zur Verfügung, die sich bezüglich der geographischen Versorgungsgebiete wie auch im Diensteangebot unterscheiden.

In der weiteren Zukunft soll es keine neuen Mobilfunksysteme für unterschiedliche Anwendungen mehr geben, sondern es soll ein Mobilfunksystem der dritten Generation konzipiert werden, das alle Anwendungen umfaßt. In den Normungsgremien haben die Arbeiten an der dritten Generation Anfang der 90er Jahre begonnen, bei CCIR (heute ITU-R) unter der Bezeichnung *Future Public Land Mobile Telecommunication System (FPLMTS)* und bei ETSI unter der Bezeichnung *Universal Mobile Telecommunication System (UMTS)*. Systeme der dritten Mobilfunkgeneration (*Third Generation Mobile System, TGMS*) sollen nach dem Jahr 2000 zum Einsatz kommen. Bei der letzten Funkverwaltungskonferenz WARC 92 wurde für die dritte Mobilfunkgeneration im 2-GHz-Band ein breites Frequenzspektrum ausgewiesen.

Die dritte Mobilfunkgeneration wird für einen Massenmarkt ausgelegt; denn es wird erwartet, daß nach 2000 etwa 30% bis 40% aller neuen Teilnehmeranschlüsse an Kommunikationsnetzen über Funk realisiert werden. Auch kann es zu einer Substitution von Kabelanschlüssen durch Funkanschlüsse kommen.

Die dritte Mobilfunkgeneration zeichnet sich durch folgende Merkmale aus:
- *einheitliches* Handfunkgerät für den privaten Haushalt, das Büro und den öffentlichen Bereich, und zwar weltweit benutzbar (Integration von Zellular- und Schnurloskommunikation),
- im wesentlichen werden die Dienste des leitungsgebundenen Netzes geboten (z.B. Dienste des 64-kbit/s-ISDN, Datendienste bis 2 MBit/s und höher, Multimedia-Dienste) sowie neue Mobilfunkdienste (z.B. Navigation, Verkehrslenkung),
- erhöhte Telekommunikationssicherheit durch weiterentwickelte Authentifizierungs- und Verschlüsselungsverfahren.

Neben eigenständigen Mobilfunknetzen wird es in der dritten Generation auch das in das leitungsgebundene Netz integrierte Mobilfunknetz geben. Hier sind die Basisstationen direkt an die Teilnehmervermittlungsstellen des leitungsgebundene Netzes angeschlossen und die Ortsdateien in dessen IN-Einrichtungen

(s. Abschn. 9.2 und 9.3) integriert. In Europa wird als bevorzugte Alternative die Einbindung des TGMS in das Breitband-ISDN diskutiert.

Das „Mobility-Management" wird sich zukünftig zu einem wesentlichen integrierenden Bestandteil künftiger Netze entwickeln. Dazu gibt es eine Reihe von Aspekten:
- geeignete Netzarchitektur,
- Numerierung, Registrierung, Lokalisierung, Routing, Handover, Gebühren, Abrechnung, Sicherheit
- Quantitative Auswirkungen auf Vermittlungen, Signalisierung und Verkehr

Bild 9.3 verdeutlicht das Konzept der dritten Mobilfunkgeneration, in dem auch die integrierte Lösung angedeutet ist. Die Büro- oder Heimnetze können alternativ über Leitungen oder über Funk („radio drop") an das leitungsgebundene Netz angeschlossen werden [5, 301, 307].

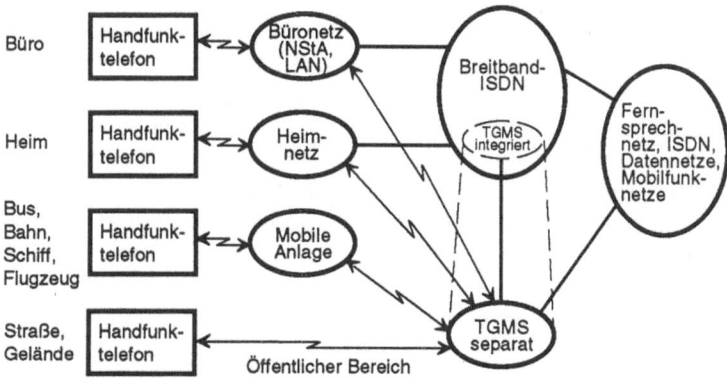

LAN   Local Area Network
TGMS Third Generation Mobile System
NStA Nebenstellenanlage

Bild 9.3. TGMS: Separate und integrierte Lösung
LAN Local Area Network
TGMS Third Generation Mobile System
NStA Nebenstellenanlage

9.2 Mobile Kommunikation im leitungsgebundenen Netz

Mit konventioneller Netztechnik konnte dem Bedürfnis des Menschen, auch unterwegs zu telefonieren, nur dadurch Rechnung getragen werden, daß öffentliche Fernsprecher aufgestellt wurden, wobei es allerdings bezüglich der Art und Weise des Inkassos für die Verbindungen immer wieder Verbesserungen gegeben hat

(Telefonkarte, Buchungskarte, anrufbarer öffentlicher Fernsprecher). Das ISDN bietet die Möglichkeit, ankommende Verbindungen auf ein fremdes Endgerät umzuleiten (Anrufweiterschaltung, vgl. Abschn. 2.6) und führt damit zu einer besseren Erreichbarkeit unterwegs.

Eine freizügige Bewegung im leitungsgebundenen Netz – und zwar für das analoge Telefonnetz wie für das ISDN gleichermaßen – wird ermöglicht durch die *persönliche* Telekommunikation, wie sie im Prinzip auch im Mobilfunknetz zusätzlich zur Terminalmobilität praktiziert wird (s. Abschn. 9.1.1). Sie beruht auf der Einführung der *persönlichen Rufnummer* auf der Basis der Technik des „Intelligenten" Netzes (IN). Die persönliche Telekommunikation im leitungsgebundenen Netz wird als besonderer Dienst angeboten.

Die persönliche Rufnummer ist nicht an einen bestimmten Netzanschluß gebunden wie die herkömmliche Rufnummer, sondern – wie der Name es bereits ausdrückt – an eine Person. Der Inhaber einer persönlichen Rufnummer wird direkt dem Netz gegenüber definiert und das Netz weiß, an welchen Netzanschluß er erreichbar sein müßte (möglicherweise bei jedem Ruf an einem anderen). Der persönlichen Rufnummer können auch Gebühren zugeordnet werden wie einem Netzanschluß.

Der Inhaber einer persönlichen Rufnummer kann also seine Nummer einem beliebigen Netzanschluß zuordnen und bewirkt damit, daß alle seine Anrufe automatisch zu diesem Anschluß geleitet werden (Registrierung für ankommende Rufe). Für den Fall, daß er einmal zeitweise seine persönliche Rufnummer keinem Endgerät zuordnet, ist beim Anbieter des Dienstes eine „default address" hinterlegt, z.B. die Nummer seiner Nebenstelle im Büro, seines privaten Anschlusses zu Hause, die Nummer eines Anschlusses an ein Voice-Mail-System. Mehrere Inhaber einer persönlichen Rufnummer können gleichzeitig an ein- und demselben Anschluß für ankommende Rufe registriert sein.

Weiter kann der Inhaber einer persönlichen Rufnummer veranlassen, daß er einen fremden Anschluß für abgehende Verbindungen auf eigene Kosten benutzen kann. Die anfallenden Verbindungsgebühren werden dann nicht dem Anschluß zugeordnet, sondern seiner persönlichen Rufnummer, und werden entsprechend in Rechnung gestellt. Es gibt hier zwei Fälle: Entweder gilt die Zuordnung für abgehende Rufe jeweils nur für einzelne Verbindungen (call by call) oder sie gilt für alle Verbindungen in einem vorgegebenen Zeitraum (Registrierung für abgehende Rufe).

Die Zuordnung der persönlichen Rufnummer zu einem Anschluß (z.B. zur Registrierung für ankommende Rufe) kann on-line im Dialog mit der entsprechenden Einrichtung des Dienstanbieters durchgeführt werden. Im Rahmen der Dialogprozedur teilt der Inhaber einer persönlichen Rufnummer der Einrichtung die Nummer des Anschlusses mit, den er benutzen möchte, die gewünschte Nutzungsart, evtl. einen Zeitraum, für den eine Registrierung gelten soll. Die Registrierung kann an dem Anschluß durchgeführt werden, der anschließend benutzt werden soll oder vorab an einem anderen Anschluß.

Für jeden Inhaber einer persönlichen Rufnummer ist beim Dienstanbieter ein persönliches *Dienstprofil* hinterlegt, in dem die Modalitäten der Dienstbenutzung festgehalten sind. Beispiel für eine spezielle Art der Dienstbenutzung im Zusammenhang mit der die Behandlung ankommender Rufe ist die Umleitung abhängig von der Herkunft des Rufes.

Sicherheitsvorkehrungen gegen Mißbrauch der persönlichen Telekommunikation müssen selbstverständlich auch im leitungsgebundenen Netz getroffen werden. Es muß verhindert werden, daß jemand unberechtigt eine Registrierung durchführt, die ihm erlaubt, für andere Inhaber einer persönlichen Rufnummer bestimmte Rufe zu empfangen oder auf Kosten von anderen Inhabern einer persönlichen Rufnummer Anschlüsse zu benutzen. Auch darf niemand im Dienstprofil anderer Änderungen vornehmen oder Dienstprofile anderer auch nur einsehen. Eine Identifizierungs- und Authentifizierungsprozedur schafft hier Sicherheit. Im Fall, daß der Inhaber einer persönlichen Rufnummer an ihn verrechnete abgehende Rufe auf einer „per call" Basis macht, muß bei jedem Ruf eine Authentifizierung durchgeführt werden, damit die Gebühren richtig zugeordnet werden können.

Ein Dienstmerkmal „Schutz vor unbefugtem Empfang von Anrufen" soll verhindern, daß andere als der angerufene Inhaber einer persönlichen Rufnummer seine Rufe entgegennehmen. Dies kann wichtig sein aus Gründen der Vertraulichkeit oder auch unter Gebührenaspekten. Denn nach derzeitigen Vorstellungen soll sich der Inhaber einer persönlichen Rufnummer in gewissen Fällen an den Verbindungsgebühren für ankommende Rufe beteiligen. So soll er die Zusatzkosten übernehmen, die durch einen Aufenthaltsort weit weg von seinem Heimatort entstehen können. Nimmt jemand anders seine Rufe entgegen, dann hat der Inhaber einer persönlichen Rufnummer keine Kontrolle über die Kosten.

Um persönliche Telekommunikation an beliebigen Telefonen des leitungsgebundenen Netzes zu ermöglichen, ist es das einfachste, wenn der Benutzer einen MFV (Mehrfrequenzverfahren)-Sender mit sich führt, der für die erforderliche Dateneingabe im Zusammenhang mit Registrierung, Identifizierung, Authentifizierung zusammen mit dem Telefon eingesetzt wird. Der MFV-Sender kann personenbezogen gestaltet sein und damit die Möglichkeit bieten, die Prozeduren zur Identifizierung und Authentifizierung automatisch durchzuführen. Im ISDN bietet sich auch an, spezielle Telefone so einzurichten, daß sie die Dateneingabe über die Tastatur erlauben und Identifizierung wie Authentifizierung über eine Chip-Karte erfolgen kann.

Bild 9.4 zeigt, wie mit Hilfe der Einrichtungen des Intelligenten Netzes Verbindungen von und zu Anschlüssen hergestellt werden, denen eine persönliche Rufnummer zugeordnet ist.

Ein ankommender Ruf wird aufgrund der gewählten persönlichen Rufnummer zu einem Service Switching Point (SSP) geleitet und dort als Verbindungswunsch im Zusammenhang mit einer persönlichen Rufnummer erkannt. Der SSP richtet dann über das Signalisierungssystem eine Anfrage an einen Service Control Point (SCP), der die aktuelle Zielrufnummer des Teilnehmers aus seinem Datenbestand ermittelt und dem SSP zusendet. Der SSP veranlaßt dann den weiteren Verbindungsaufbau zum aktuellen Aufenthaltsort des Teilnehmers.

9 Mobilkommunikation

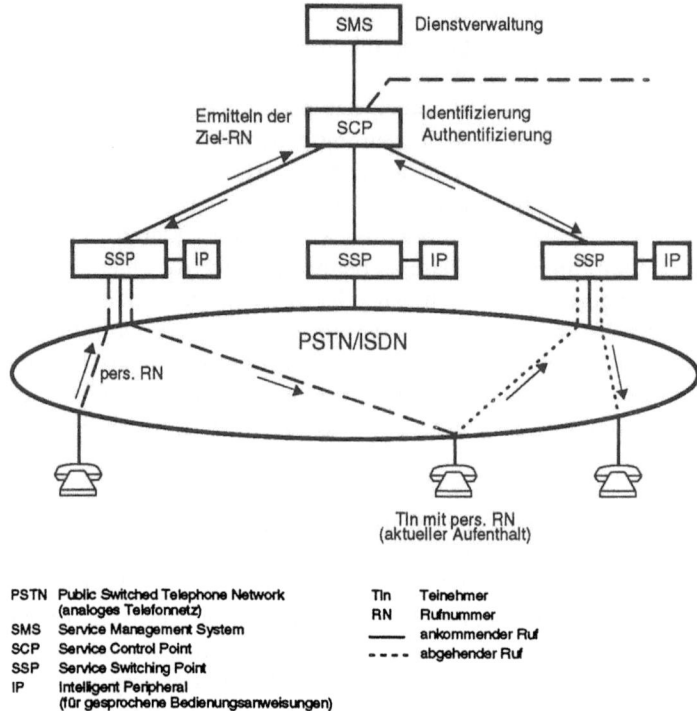

Bild 9.4. Persönliche Kommunikation im leitungsgebundenen Netz, unterstützt durch das „Intelligente Netz"

Bei einem abgehenden Ruf ist der Ablauf ähnlich. Nach Erreichen des SSP wird allerdings zunächst die Identifizierungs- und Authentifizierungsprozedur des Anrufers abgewickelt, bevor der SCP den Verbindungsaufbau zum gewünschten Ziel freigibt.

9.3 Netzübergreifende Mobilkommunikation durch UPT

Das Konzept von Universal Personal Telecommunication (UPT) sieht vor, daß eine persönliche Rufnummer in allen öffentlichen und privaten Netzen verwendet werden kann: in herkömmlichen analogen Telefonnetzen, im Schmalband- und Breitband-ISDN, in leitungsgebundene Datennetzen sowie in den verschiedenen Funknetzen [10, 28, 29, 30, 324, 339, 340]. Dadurch ergibt sich eine uneingeschränkte Bewegungsfreiheit über die Netze hinweg (Bild 9.5).

Eine Voraussetzung hierfür ist, daß die IN-Einrichtungen der verschiedenen Netze untereinander und mit den Ortsdateien der Mobilfunknetze zwecks Austausch von Informationen zu aktuellen Aufenthaltsorten der Inhaber persönli-

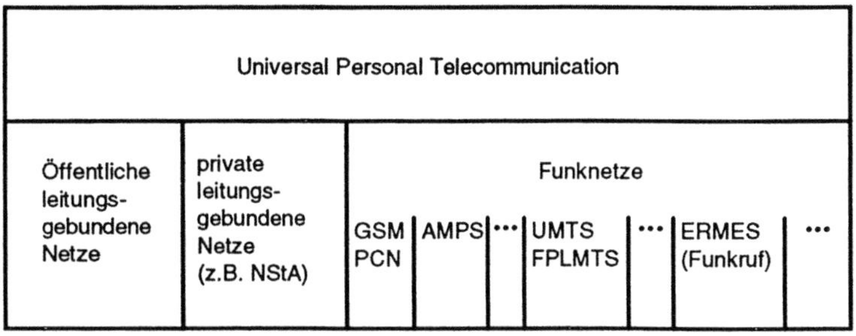

9.3 Netzübergreifende Mobilkommunikation durch UPT

Universal Personal Telecommunication						
Öffentliche leitungs- gebundene Netze	private leitungs- gebundene Netze (z.B. NStA)	Funknetze				
		GSM PCN	AMPS	··· UMTS FPLMTS	··· ERMES (Funkruf)	···

GSM   Bezeichnung für das europäische Mobilfunksystem
PCN   Personal Communication Network
AMPS   Advanced Mobile Phone System (USA)
UMTS   Universal Mobile Telecommunication System (ETSI)
FPLMTS   Future Public Land Mobile Telecommunication System (ITU)
ERMES   European Radio Messaging System
NStA   Nebenstellenanlage

Bild 9.5. Universal Personal Telecommunication als netzübergreifender Dienst

cher Rufnummern u.a.m. zusammenarbeiten. Dies muß durch die internationale Standardisierung ermöglicht werden.

Die persönliche Telekommunikation ist in den verschiedenen Netzen natürlich auf diejenige Dienste beschränkt, die das jeweilige Netz bietet (z.B. nur ankommende Rufe bei Funkrufnetzen).

Eine weitere Voraussetzung für UPT ist, daß die an den unterschiedlichen Netzen vorhandenen verschiedenen Endgeräte unverändert verwendet werden können, denn sonst ist uneingeschränkte Bewegungsfreiheit des Teilnehmers nicht gegeben. Gleichzeitig soll die Bedienung an den unterschiedlichen Endgeräten möglichst einheitlich sein. Um dies zu erreichen, ist eine UPT-Karte vorgesehen, eine multifunktionale Chip-Karte mit den personenbezogenen Daten, die an allen Endgeräten für Identifizierung und Authentifizierung verwendet werden kann. Für die Benutzung des einfachen Telefons ohne Kartenleser ist dann ein nicht-personenbezogener Kartenleser zusätzlich zu verwenden. Damit ergibt sich weltweite mobile Kommunikation über die persönliche Karte.

Anhang: ISDN-Standards

1 Vorbemerkungen

Damit das Ziel der Kommunikation beliebiger Teilnehmer miteinander im ISDN tatsächlich erreicht wird, ist es notwendig, eine Vielzahl von Vereinbarungen zu treffen. Mit dieser Aufgabe sind eine Reihe von internationalen, regionalen und nationalen Gremien befaßt (vgl. Abschn. 1.5).

In der International Telecommunication Union – Telecommunication Standardization Sector (ITU-T; vormals CCITT) werden das ISDN-Konzept sowie Schnittstellen und Signalisierungsverfahren für das ISDN in einer Reihe von Empfehlungen festgelegt; weitere Empfehlungen gibt es für Dienste, Endgeräte, Übertragung, Wartung und Netzarchitektur. ISO hat in Abstimmung mit ITU-T Standards für die Datenkommunikation (u.a. allgemeine Grundlagen der Protokoll-Architektur) erarbeitet. Diese Zuständigkeit ist Ende 1987 auf das Joint Technical Committee ISO/IEC JTC1 „Information Technology" übergegangen (vgl. Bild 1.3). Bei IEC werden Vereinbarungen zu elektrischen und elektromechanischen Fragen getroffen (z.B. elektrische Sicherheit, elektromagnetische Verträglichkeit, Steckverbindungen).

Als regionale Standardisierungsorganisationen, die zumeist den internationalen Gremien zuarbeiten oder auf deren Normen aufbauen, sind zu nennen (vgl. Abschn. 1.5)

- in Europa ETSI für die Telekommunikation und CEN/CENELEC für Aufgaben von ISO, IEC und JTC1. Sie erstellen Europäische Normen (EN) bzw. Europäische Telekommunikationsnormen (ETS). Daneben beschäftigt sich ECMA (European Computer Manufacturers Association) mit Aspekten der Kommunikation von Datenverarbeitungsanlagen und ISDN-Nebenstellenanlagen; für die letzteren arbeitet ECMA dem ETSI zu.
- in Nordamerika das „Standards Committee T1" für Telekommunikation. Es erstellt American National Standards ANS auf diesem Gebiet, sowie U.S.-Beiträge zum ITU-T.
- in Japan das Telecommunication Technology Committee (TTC) - dem T1 ähnlich.

Erwähnt sei außerdem die Informationstechnische Gesellschaft im VDE (ITG), die für den deutschen Sprachraum Begriffsdefinitionen auf den Gebieten der Vermittlungs- und Übertragungstechnik und des ISDN erstellt hat.

In diesen Anhang wurden nach dem Stand von Dezember 1995 Empfehlungen des ITU-T und Standards von ISO/IEC und ETSI sowie Begriffsbestimmungen von DIN und ITG aufgenommen, soweit sie in Verbindung mit dem ISDN-Konzept und dem Betrieb von Sprach-, Text-, Bild- und Datenkommunikationssystemen über ISDN-Verbindungen von Interesse sind.

2 Empfehlungen des ITU-T (vormals ITU-T) zum ISDN

Die Empfehlungen zum ISDN sind teils im ITU-T Blue Book (Genf: ITU 1989) veröffentlicht worden, teils seit 1990 einzeln erschienen (seit 1993: „ITU-T Recommendations").

In Serie I. der Empfehlungen sind alle Empfehlungen zusammengestellt, die das ISDN aus der Sicht des Benutzers definieren.

Die Serien Q. und G. umfassen Festlegungen für das Netz.

Serie Q. enthält Empfehlungen für Digital-Vermittlungsstellen, die für Telefonie und für das ISDN geeignet sind, sowie Empfehlungen für die Signalisierung zwischen Benutzer und Ortsvermittlungsstelle und zwischen Vermittlungsstellen.

Empfehlungen für Übertragungsgüte und für Multiplex- und Streckenübertragungsgeräte, Netzsynchronisierung und andere allgemeine Netzfragen sind in der G.-Serie enthalten. In der folgenden Zusammenstellung sind nur diejenigen G.-Empfehlungen aufgeführt, die einen direkten Bezug zum ISDN haben.

Grundlagen einer einheitlichen „Wartungsphilosophie" für Digitalnetze, und insbesondere für das universelle „Telecommunication Management Network" TMN sind in der Serie M. enthalten.

Empfehlungen zu Text- und Bild-Endgeräten sind in der Serie T. zusammengefaßt.

In der Serie X. findet man Empfehlungen für die Datenkommunikation, u.a. über Grundlagen der Protokollarchitektur (nach dem „Open Systems Interconnection"-Modell von ISO/IEC JTC1), und für die Übergänge zwischen dem ISDN und speziellen Datennetzen.

Einige der Empfehlungen der Serien E., Q., V. und X., die Aspekte behandeln, die den Benutzer am ISDN betreffen, tragen zusätzlich Bezeichnungen der I.-Serie.

Die Bilder A1 und A2 geben einen Überblick über das „Gebäude" der ITU-T-Empfehlungen für das ISDN.

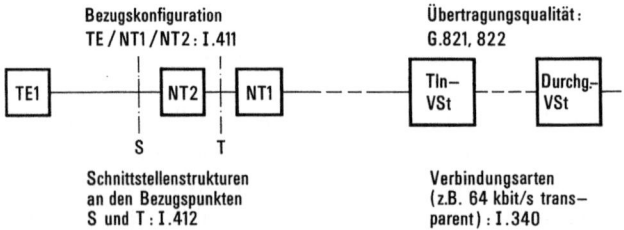

Bild A.1. Aufbau von ISDN-Benutzerstation und Netz und zugehörige ITU-T-Empfehlungen mit allgemeinem Inhalt
TE1 ISDN-Endeinrichtung, NT Netzabschlußeinheit, TlnVSt Teilnehmervermittlungsstelle, DurchgVSt Durchgangsvermittlungsstelle (Transit-VSt)

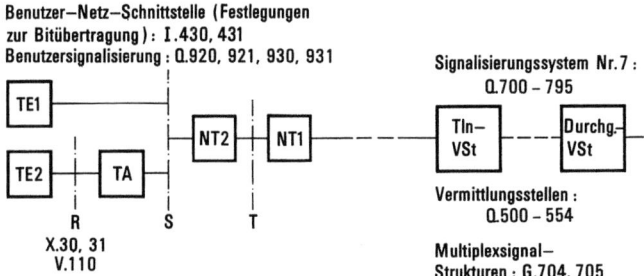

Bild A.2. Aufbau von ISDN-Benutzerstation und Netz und zugehörige ITU-T-Empfehlungen mit Detailfestlegungen
TE2 Endgerät mit herkömmlicher Schnittstelle (z. B. V.-, X.-Schnittstelle)
TA Anpassungseinheit (für Endeinrichtungen)

2.1 Konzepte und Prinzipien des ISDN und B-ISDN

2.1.1 Allgemeines (in Blue Book, Band III.7, soweit die Jahreszahl 1988 angegeben ist*)

I.112 (1993)	Vocabulary of terms for ISDNs	Begriffsbestimmungen
I.113 (1994)	Vocabulary of terms for broadband aspects of ISDN	
I.120 (1993)	Integrated services digital networks (ISDNs)	
I.121 (1991)	Broadband aspects of ISDN	Grundlagen des Breitband-ISDN: Bitraten, ATM-Prinzipien u.a.
I.130 (1988)	Method for the characterization of telecommunication services supported by ISDN and network capabilities of an ISDN	
I.140 (1993)	Attribute technique for telecommunication services supported by an ISDN and network capabilities of an ISDN	
I.141 (1988)	ISDN network charging capabilities attributes	
I.150 (1995)	B-ISDN asynchronous transfer mode functional characteristics	

---

*Gilt ebenso für die weiteren Abschnitte: Empfehlungen mit Jahreszahl 1988 sind in dem jeweils genannten Band des Blue Book enthalten

2.1.2 Dienste (mit Jahreszahl 1988: in Blue Book, Band III.7)

I.210 (1993)	Principles of telecommunication services supported by an ISDN and the means to describe them	Grundlagen der Dienste im ISDN bei 64 kbit/s–1920 kbit/s
I.211 (1993)	B-ISDN service aspects	
I.220/221 (1988/93)	Common aspects of services in the ISDN	
I.230 bis 233.2 (1988-93)	Bearer services supported by an ISDN	Übermittlungsdienste
I.240 bis 241.8 (1988-95)	Teleservices supported by an ISDN	Teledienste, d.h. vollständig (bis Schicht 7) definierte Dienste
I.250 bis 257.1 (1988-95)	Supplementary services in ISDN	Ergänzende Dienstmerkmale

2.1.3 Netzkonzept (mit Jahreszahl 1988: in Blue Book, Band III.8)

I.310 (1993)	ISDN - Network functional principles	Allgemeines zum Netzkonzept
I.311 (1996)	B-ISDN general network aspects	
I.320 (1993)	ISDN protocol reference model	Protokoll-Referenz-Modell für ISDN, in Anlehnung an das OSI-Modell von ISO/IEC JTC1
I.321 (1991)	B-ISDN protocol reference model and its application	
I.324 (1991)	ISDN network achitecture	
I.325 (1993)	Reference configurations for ISDN connection types	
I.327 (1993)	B-ISDN functional architecture	
I.330 (1988)	ISDN numbering and addressing principles	Grundsätze der Teilnehmernumerierung und der Adressierung von Endeinrichtungen
I.333 (1993)	Terminal selection in ISDN	
I.334 (1988)	Principles relating ISDN numbers/subadresses to the OSI reference model network layer addresses	
I.340 (1988)	ISDN connection types	Verbindungsarten (z.B. 64 kbit/s, transparent)
I.350 bis 356 (1993-96)	Performance objectives	
I.361 bis 365.1 (1993-96)	Protocol layer requirements (B-ISDN ATM Layer)	

Anhang: ISDN-Standards 283

I.370 bis 374 (1991-96)	General network requirements and functions	
E.164 (1991)	Numbering plan for the ISDN era	Teilnehmernumerierung im ISDN (angelehnt an Numerierung im Telefonnetz)
E.172 (1992)	ISDN routing plan (ersetzt I.335)	

2.1.4 Benutzer-Netz-Schnittstellen (mit Jahreszahl 1988: in Blue Book, Band III.8)

I.410 (1988)	General aspects and principles relating to recommendations on ISDN user-network interfaces	Allgemeines über Benutzer-Netz-Schnittstellen
I.411 (1993)	ISDN user-network interfaces – reference configurations	Anordnungen von Endgeräten, Netzabschlüssen usw.
I.412 (1988)	ISDN user-network interfaces – interface structures and access capabilities	Multiplexstrukturen an Benutzer-Netz-Schnittstellen
I.413 (1993)	B-ISDN user-network interface	
I.414 (1993)	Overview of Recommendations on layer 1 for ISDN and B-ISDN customer accesses	
I.420 (1988)	Basic user-network interface	Hinweis auf Schnittstellen-Empfehlungen für den Basisanschluß (B+B+D)
I.421 (1988)	Primary rate user-network interface	Hinweis auf Schnittstellen-Empfehlungen für den Primärratenanschluß (u.a. 30 x B+D)
I.430 (1993)	Basic user-network interface - Layer 1 specification	Festlegungen zu Schicht 1 (Bitübertragungsschicht) für den Basisanschluß
I.431 (1993)	Primary rate user-network interface - Layer 1 specification	Wie I.430, jedoch für den Primärratenanschluß
I.432.1 (1996)	B-ISDN user-network interface (UNI). Physical layer specification – General characteristics	Wie I.430, jedoch für B-ISDN
I.432.2 (1996)	B-ISDN UNI. Physical layer specifications for 155520 kbit/s and 622080 kbit/s	
I.432.3 (1996)	B-ISDN UNI. Physical layer specifications for 1554 kbit/s and 2048 kbit/s	
I.432.4 (1996)	B-ISDN UNI. Physical layer specifications for 51840 kbit/s	

2.1.5 Anpassung von Nutzbitraten unter 64 kbit/s und von vorhandenen Schnittstellen an das ISDN - vgl. Abschn. 2.9 dieses Anhangs. (I.460 in Bd. III.8 des Blue Book)

I.460 (1988)	Multiplexing, rate adaption and support of existing interfaces	Anpassung z.B. von 8, 9,6, 16 kbit/s an 64 kbit/s
X.30 (1993) (identisch mit I.461)	Support of X.21, X.21bis and X.20bis based data terminal equipments (DTEs) by an Integrated Services Digital Network (ISDN)	Anschluß von Endgeräten, deren Schnittstelle für leitungsvermittelte Datennetze ausgelegt ist
X.31 (1993) (identisch mit I.462)	Support of packet mode terminal equipment by an ISDN	Anschluß von Endgeräten, deren Schnittstelle für paketvermittelte Datennetze ausgelegt ist
V.110 (1992) (identisch mit I.463)	Support of data terminal equipments with V-series type interfaces by an Integrated Services Digital Network (ISDN)	Anschluß von Endgeräten, deren Schnittstelle für Modems ausgelegt ist (vgl. die V.-Empfehlungen in Abschn. 2.9 dieses Anhangs)

2.1.6 Signalisierung zwischen ISDN-Teilnehmerstation und Ortsvermittlungsstelle (Digital subscriber signalling system No. 1, DSS1)

Q.850 (1993)	Use of cause and location in the digital subscriber Signalling System No. 1 and the Signalling System No. 7 ISDN User Part	
Q.920 (1993)	ISDN user-network interface, data link layer - General aspects	Allgemeines über Schicht 2 des Benutzerzugangs
Q.921 (1993)	ISDN user-network interface, data link layer specification	Festlegungen zu Schicht 2
Q.930 (1993)	ISDN user-network interface, layer 3 - General aspects	Allgemeines zu Schicht 3 des Benutzerzugangs
Q.931 (1993)	ISDN user-network interface, layer 3 - Specification for basic call control	Festlegungen zu Schicht 3
Q.932 (1993)	Generic procedures for the control of ISDN supplementary services	Steuerung der Ergänzenden Dienstmerkmale
Q.950 bis Q.957.1 (1992-95)	Digital subscriber signalling system No. 1, supplementary services protocols	

2.1.7 Signalisierung im B-ISDN

Q.2010 (1995)	B-ISDN overview – Signalling capability set 1, release 1
Q.2100 (1994)	B-ISDN signalling ATM adaption layer (SAAL) – overview description
Q.2110 (1994)	B-ISDN SAAL – Service specific connection oriented protocol (SSCOP)
Q.2120 (1995)	B-ISDN meta-signalling protocol
Q.2130 (1994)	B-ISDN SAAL – Service specific coordination function for support of signalling at the user-network interface (SSCF at UNI)
Q.2140 (1995)	B-ISDN SAAL – Service specific coordination function for signalling at the network node interface (SSCF at NNI)
Q.2610 (1995)	B-ISDN – Usage of cause and location in B-ISDN user art and DSS 2
Q.2650 (1995)	B-ISDN – Interworking between Signalling System No. 7 B-ISDN user part (B-ISUP) and digital subscriber Signalling System No. 2 (DSS 2)
Q.2660 (1995)	B-ISDN – Interworking between B-ISUP and narrow-band ISDN user part (N-ISUP)
Q.2730 (1995)	B-ISDN – B-ISUP – Supplementary services
Q.2761 (1995)	B-ISDN – Functional description of the B-ISUP of Signalling System No. 7
Q.2762 (1995)	B-ISDN – General functions of messages and signals of the B-ISUP
Q.2763 (1995)	B-ISDN – B-ISUP – Formats and codes
Q.2764 (1995)	B-ISDN – B-ISUP – Basic call procedures
Q.2931 (1995)	B-ISDN – Digital subscriber Signalling System No. 2 (DSS 2) – User network Interface (UNI) layer 3 specification for basic call/connection control
Q.2951 (1995)	Stage 3 description for number identification supplementary services using B-ISDN DSS 2 – Basic call
Q.2953 (1995)	Stage 3 description for call completion supplementary services using B-ISDN DSS 2 – Basic call
Q.2957 (1995)	Stage 3 description for additional information transfer supplementary services using B-ISDN DSS 2 – Basic call

2.2 Signalisierungssystem Nr. 7

2.2.1 Allgemeines (mit Jahreszahl 1988: in Blue Book, Band VI.7)

Q.700 (1993)	Introduction to CCITT Signalling system No. 7	Einführung
Q.701-Q.709 (1988-93)	Message Transfer Part	Nachrichtentransferteil

286   Anhang: ISDN-Standards

2.2.2 Steuerteil für Signalisierungstransaktionen

Q.711 (1993)	Functional description of the signalling connection control part	Ergänzung des Nachrichtentransferteils um End-to-End-Transportverbindungen
Q.712 (1993)	Definition and functions of SCCP messages	Protokoll-Elemente
Q.713 (1993)	SCCP formats and codes	Format und Codierung
Q.714 (1993)	Signalling connection control part procedures	Protokoll-Ablauf

2.2.3 ISDN-Benutzerteil

Q.761 (1993)	Functional description of the ISDN User Part of signalling system No. 7	Anwendungsorientierte Signalisierungsfunktionen zwischen ISDN-Vermittlungsstellen
Q.762 (1993)	General function of messages and signals	Protokoll-Elemente
Q.763 (1993)	Formats and codes	Format und Codierung
Q.764 (1993)	Signalling procedures	Protokoll-Ablauf

2.2.4 Signalisierungssystem Nr. 7: Festlegungen für Ergänzende Dienstmerkmale

Q.730 bis Q.737.1 (1992/95)	Signalling System No. 7 – ISDN supplementary services

2.2.5 Transaktionen für das „Intelligente Netz", z.B. für den Verkehr zwischen ISDN-Vermittlung und Datenbank

Q.771 (1993)	Functional description of transaction capabilities	Zweck und Architektur der „Transaction capabilities" (TC)
Q.772 (1993)	Transaction capabilities information element definitions	Beschreibung der Nachrichten-Elemente für Transaktionen
Q.773 (1993)	Transaction capabilities formats and encoding	Aufbau der Nachrichtenelemente
Q.774 (1993)	Transaction capabilities procedures	Prozeduren für Transaktionen
Q.775 (1993)	Guidelines for using transaction capabilities to Signalling System No. 7 test specifications	
Q.780 bis Q.787 (1988-95)		

2.3 Intelligentes Netz

Q.1200 (1993)	Q.-series intelligent network Recommendations structure
Q.1201 (1992)	Principles of intelligent network architecture
Q.1202 (1992)	Intelligent Network – Service plane architecture
Q.1203 (1992)	IN global functional plane architecture
Q.1204 (1993)	Intelligent Network distributed functional plane architecture
Q.1205 (1993)	Intelligent Network physical plane architecture
Q.1208 (1993)	General aspects of the intelligent network application protocol
Q.1211 (1993)	Introduction to intelligent network capability set 1
Q.1213 (1995)	Global functional plane for intelligent network CS-1
Q.1214 (1995)	Distributed functional plane for intelligent network CS-1
Q.1215 (1995)	Physical plane for intelligent network CS-1
Q.1218 (1995)	Interface Recommendation for intelligent network CS-1
Q.1219 (1994)	Intelligent network user's guide for capability set 1
Q.1290 (1995)	Glossary of terms used in the definition of intelligent networks

2.4 Digital-Vermittlungsstellen (mit Jahreszahl 1988: in Blue Book, Band VI.5): Empfehlungen für Orts- und Transitvermittlungen und kombinierte Vermittlungen

Q.500 (1988)	Introduction and field of application	Übersicht, einschl. Anwendung für ISDN
Q.511, Q.512 (1988/95)	Exchange interfaces ...	Schnittstellen zu Verbindungsleitungen, Teilnehmerleitungen
Q.513 (1993)		und für OMAP
Q.521 (1993);	Exchange functions	Betriebliche Funktionen, u.a.
Q.522 (1988)	Exchange connections	für Verbindungen durch die Vermittlungsstelle
Q.541 bis Q.543 (1993);	Design objectives	Betriebliche Qualität
Q.551 bis Q.554 (1994)	Transmission characteristics	Übertragungseigenschaften an Analog- und Digitalklemmen

2.5 Allgemeine Aspekte des Digitalnetzes

2.5.1 Aufbau, Schnittstellen (mit Jahreszahl 1988: in Blue Book, Band III.4)

G.701 (1993)	Vocabulary of digital transmission and multiplexing, and pulse code modulation terms	Begriffsbestimmungen
G.702 (1989)	Digital hierarchy bit rates	„Plesiochrone" Digitalhierarchien, basierend auf 1544 und 2048 kbit/s

G.703 (1991)	Physical/electrical characteristics of hierarchical digital interfaces	Schnittstellen bei 64bis 55520 kbit/s
G.704 (1995)	Synchronous frame structures used at 1544, 6312, 2048, 8448 and 44736 kbit/s hierarchical levels	Strukturen von Pulsrahmen mit 125 μs Länge
G.707 (1993)	Synchronous hierarchical bit rates	Bitraten der „Synchronen Digital-Hierarchie": 155, 622 und 2488 Mbit/s
G.708 (1993)	Network mode interface for the synchronous digital hierarchy	
G.709 (1993)	Synchronous multiplexing structure	
G.711 (1988)	Pulse code modulation of voice frequencies	A- und μ-Gesetz

2.5.2 Übertragungsgüte im Netz (mit Jahreszahl 1988: in Blue Book, Band III.5)

G.811 (1988)	Timing requirements at the outputs of primary reference clocks suitable for plesiochronous operation of international digital links	Anforderungen an Cäsium-Bezugstaktgeber
G.812 (1988)	Timing requirements at the outputs of slave nodes...	Freilaufverhalten der Taktgeber in Netzknoten (u.a.)
G.821 (1988)	Error performance of an international digital connection forming part of an ISDN	Bitfehler in einer weltweiten 64-kbit/s-ISDN-Verbindung
G.822 (1988)	Controlled slip rate objectives on an international digital connection	Slips in einer weltweiten 64-kbit/s-ISDN-Verbindung
G.823 (1993)	The control of jitter and wander within digital networks which are based on the 2048 kbit/s hierarchy	Phasenjitter und -wandern an Schnittstellen im PDH-Netz
G.825 (1993)	The control of jitter and wander within digital networks which are based on the synchronous digital hierarchy	Dasselbe für das SDH-Netz
G.826 (1993)	Error performance parameters and objectives for international constant bit rate digital paths at or above the primary bit rate	Bitfehler in Verbindungen ab 1544 kbit/s (für SDH und ATM)

2.5.3 Netzverwaltung, Wartung

M.3010 (1992)	Principles for a telecommunication management network	Ersetzt M.30 (Blaubuch)
M.3020 (1995)	TMN interface specification methodology	
M.3100 (1995)	Generic network information model	
M.3180 (1992)	Catalogue of TMN management information	
M.3200 (1992)	TMN management service: Overview	
M.3300 (1992)	TMN management facilities presented at the F interface	
M.3400 (1992)	TMN management functions	
M.3600 (1992)	Principles for the management of ISDNs	Ersetzt M.36 (Blaubuch)
M.3602 (1992)	Application of maintenance principles to ISDN subscriber installations	Ersetzt I.602 (Blaubuch)
M.3603 (1992)	Application of maintenance principles to ISDN basic accesses	Ersetzt I.603 (Blaubuch)
M.3604 (1992)	Application of maintenance principles to ISDN primary rate accesses	Ersetzt I.604 (Blaubuch)
M.3605 (1992)	Application of maintenance principles to static multiplexed ISDN basic accesses	Ersetzt I.605 (Blaubuch)
I.610 (1995)	B-ISDN operation and maintenance principles and functions	

2.6 Basisempfehlungen für Telematikdienste, prinzipiell auch auf ISDN anwendbar

F.184 (1993)	Operational provisions for the international public facsimile service between subscriber stations with Group 4 facsimile machines (Telefax 4)	Telefax über Datennetze oder ISDN
F.200 (1992)	Teletex service	Definition des Dienstes
F.300 (1993)	Videotex service	Definition des Dienstes

2.7 Telematik-Endgeräte

2.7.1 Gemeinsame Festlegungen für verschiedene Arten von Telematikendgeräten

T.51 (1992)	Latin based coded character sets for Telematic services	Wahl der Zeichen für Textdienste
T.62 (1993)	Control procedures for Teletex and Group 4 facsimile services	Gemeinsame Steuerungsprozeduren (Schicht 5)
T.70 (1993)	Network-independent basic transport service for the Telematic services	Festlegungen für Schicht 4
T.90 (1992)	Characteristics and protocols for terminals for telematic services in ISDN	Basisempfehlung für ISDN-Endgeräte

2.7.2 Spezielle Festlegungen für Telefax-, Teletex- und Bildschirmtext-Endgeräte und „Dokument-Architektur" (mit Jahreszahl 1988: in Blue Book, Bände VII.3 und VII.5 bis VII.7)

T.0, T.2, T.3 (1988); T.4 (1993), T.6 (1988)	(Facsimile apparatus)	Basisempfehlungen für Telefax, insbesondere auch Gruppe 4
T.60, T.61 (1993)	(Teletex service)	Grundeigenschaften der Teletex-Endgeräte; Zeichendarstellung für Teletex (Schicht 6); Konformitätsprüfung
T.100 (1988)	International information exchange for interactive Videotex	Empfehlungen T.100 und T.101 betreffen Grundanforderungen für Kompatibilität
T.101 (1994)	International interworking for Videotex services	
T.400 (Serie, 1988-95)	(Open document architecture; document transfer and manipulation)	Einheitliche Regeln für Gestaltung und Verarbeitung von Dokumenten

2.8 Festlegungen für Datenverkehr im Rahmen der Übermittlungsdienste

2.8.1 Geschwindigkeitsklassen und Dienstmerkmale

X.1 (1993)	International user classes of service in, and categories of access to, public data networks and ISDNs	Geschwindigkeitsklassen bis 64 bit/s
X.2 (1993)	International data transmission services and optional user facilities in public data networks and ISDNs	Optionen für Dienstmerkmale

2.8.2 Datenübermittlung im Rahmen der Offenen Kommunikation (mit Jahreszahl 1988: in Blue Book, Bände VIII.4 und VIII.5)

X.200 (1994)	Reference model of Open Systems Interconnection for ITU-T applications	Im wesentlichen identisch mit ISO 7498 (s. Abschn. 3 dieses Anhangs)
X.210 (1993)	Conventions for the definition of OSI services	Definition der 7 Schichten des OSI-Modells
X.211 bis X.217 (1988-95)	(Service definitions for Open Systems Interconnection (OSI) for ITU-T applications)	Definition der „Dienste" der einzelnen Schichten
X.224 bis X.227 (1993-95)	(Protocol specifications for Open Systems Interconnection for ITU-T applications)	Festlegungen für Protokolle der einzelnen Schichten

2.8.3 „Frame mode/frame relaying"-Übermittlungsdienste

I.122 (1993)	Framework for frame mode bearer services	Übersicht über die Detail-Empfehlungen
I.233.1 (1991)	ISDN frame relaying bearer service	
I.233.2 (1991)	ISDN frame switching bearer service	
I.370 (1991)	Congestion management for the ISDN frame relaying bearer service	
I.555 (1996)	Frame delaying bearer service interworking	
Q.922 (1992)	ISDN data link layer specification for frame mode bearer services	Spezifikation für Schicht 2
Q.933 (1995)	Signalling specification for frame mode basic call control	Spezifikation für Schicht 3

2.8.4 Message Handling Systems MHS („Briefkasten"-Systeme: Hinterlegen und Abrufen, sowie Formatumsetzung; mit Jahreszahl 1988: in Blue Book, Band VIII.7)

F.400 (1995) (identisch mit X.400)	Message handling system and service overview	MHS-Funktionsmodell, Dienste des MHS, Struktur der MHS-Protokolle
X.402 (1992)	MHS: Overall architecture	Systemarchitektur
X.407, X.408; X.411 bis 420 (1988-95)		Protokolle der MHS, u.a. für Code- und Formatumsetzung, z.B. Teletex/Videotex

2.9 Schnittstellen von Datenendeinrichtungen nach anderen als ISDN-Standards (mit Jahreszahl 1988: in Blue Book, Band VIII.1 für V.-Empf. und Band VIII.2 für X.-Empf.)

V.10 (1993) (identisch mit X.26)	Electrical characteristics for unbalanced double-current interchange circuits operating at data signalling rates nominally up to 100 kbit/s	Unsymmetrische Schnittstellenleitungen bis 100 kbit/s
V.11 (1993) (identisch mit X.27)	Electrical characteristics for balanced double-current interchange circuits operating at data signalling rates up to 10 Mbit/s	Symmetrische Schnittstellenleitungen bis 10 Mbit/s
V.28 (1993)	Electrical characteristics for unbalanced double-current interchange circuits	Für unsymmetrische Schnittstellenleitungen bis 20 kbit/s
V.24 (1993)	List of definitions for interchange circuits between DTE and DCE	Grundfunktionen der Schnittstellenleitungen
V.22-V.23, V.26-V.27ter, V.29-V.31bis (1988); V.32 (1993); V.32bis (1991); V.33 (1988)	(Modems for telephone-type circuits)	Diese Empfehlungen enthalten Schnittstellen-Festlegungen für Endgeräte, die gemäß V.110 an ISDN-Anpassungseinheiten (TA) angeschaltet werden können; außerdem können Modems auch an eine „a/b-Schnittstelle" angeschlossen werden
X.21 (1992)	Interface between DTE and DCE for synchronous operation on public data networks	Schnittstelle zum Anschluß an leitungsvermittelte Datennetze
X.21bis (1988)	Use on public data networks of DTE which is designed for interfacing to synchronous V-Series modems	Schnittstelle zum Anschluß von Endeinrichtungen mit V.-Schnittstelle an leitungsvermittelte Datennetze
X.25 (1993)	Interface between DTE and DCE for terminals operating in the packet mode and connected to public data networks by dedicated circuit	Schnittstelle zum Anschluß an paketvermittelte Datennetze
X.32 (1993)	Interface between DTE and DCE for terminals operating in the packet mode and accessing a packet switched public data network through a public switched telephone network or an Integrated Services Digital Network or a circuit switched public data network	Zugang von Endeinrichtungen mit X.25-Schnittstelle zum Paketnetz über ein leitungsvermitteltes Zubringernetz (Datennetz, Fernsprechnetz, ISDN)
X.75 (1993)	Packet switched signalling system between public networks providing data transmission services	Festlegung der Protokolle für die Kopplung zwischen Paketvermittlungsnetzen

Anhang: ISDN-Standards 293

2.10 ISDN Interworking (mit Jahreszahl 1988: im Blue Book, Band III.9 bzw. für X.81, X.325 VIII.3, VIII.6)

I.500 (1993)	General structure of the ISDN interworking recommendations	Struktur und Inhalt der „Interworking"-Empfehlungen
I.501 (1993)	Frame mode bearer services interworking	Vgl. Abschn. 2.7.3
I.510 (1993)	Definitions and general principles for ISDN interworking	U.a. Prinzipien für ISDN/Nicht-ISDN-Zusammenarbeit
I.511 (1988)	ISDN-to-ISDN layer 1 internetwork interface	Bezugspunkt Q (in Schicht 1)
I.515 (1993)	Parameter exchange for ISDN interworking	Zweck ist Erreichen der Kompatibilität von Ende zu Ende (z.B. im Hinblick auf Bitratenanpassung)
I.520 (1993)	General arrangements for network interworking between ISDNs	U.a. für Unterstützung ungleicher Dienste auf den beiden Seiten einer Verbindung
I.525 (1993)	Interworking between ISDN and networks which operate at bit rates of less than 64 kbit/s	Die Netze mit <64 kbit/s können z.B. Mobilnetze oder Netze mit ADPCM sein
I.530 (1993)	Network interworking between an ISDN and a Public Switched Telephone Network (PSTN)	Zusammenarbeit mit dem Telefonnetz
X.321 (1989) (identisch mit I.540)	General arrangements for interworking between Circuit Switched Public Data Networks (CSPDNs) and Integrated Services Digital Networks (ISDNs) for the provision of data transmission services	desgl. mit leitungsvermittelten Datennetzen
X.81 (1989)	Interworking between an ISDN circuit switched and a Circuit Switched Public Data Network (CSPDN)	Detaillierte Spezifikation für obigen Fall
X.325 (1989) (identisch mit I.550)	General arrangements for interworking between Packet Switched Public Data Networks (PSPDNs) and Integrated Services Digital Networks (ISDNs) for the provision of data transmission services	Zusammenarbeit mit paketvermittelten Datennetzen
I.555 (1993)	Frame relaying bearer service interworking	Zusammenarbeit von „frame relaying"-Diensten mit anderen Diensten
I.570 (1993)	Public/private ISDN interworking	desgl. mit privaten Netzen
I.580 (1993)	General arrangements for interworking between B-ISDN and 64 kbit/s based ISDN	desgl. mit dem Breitband-ISDN

294   Anhang: ISDN-Standards

3 Normen für Datenübermittlungsdienste im Rahmen der Offenen Kommunikation (OSI: Open Systems Interconnection)

Die International Standards ISO ... und ISO/IEC ... werden als eigene Druckschriften herausgegeben.

ISO 7498	Information processing systems - Open Systems Interconnection - Basic reference model	vgl. Abschn. 2.8.2 dieses Anhangs
ISO/IEC 3309	Telecommunications and information exchange between systems - High level data link control procedures (HDLC)- Frame structure	ISO/IEC 3309, 4335 und 7809 enthalten Festlegungen für Datensicherung (Schicht 2) durch HDLC
ISO/IEC 4335	Telecommunications and information exchange between systems - HDLC - Elements of procedures	
ISO/IEC 7809	Telecom ... (wie oben) - HDLC-Classes of procedures	
ISO/IEC 8208	Data communications - X.25 packet level protocol for data terminal equipment	vgl. ITU-T-Empf. X.25 in Abschn. 2.8 dieses Anhangs
ISO/IEC 8348	Data communications - Network service definition	Definition der „Dienste" der Schicht 3 (entspricht ITU-T-Empf. X.213, s. Abschn. 2.7.2)
ISO/IEC 8072	Open Systems Interconnection (OSI)-Transport service definition	Definition der „Dienste" der Schicht 4 (ITU-T-Empf. X.214)
ISO/IEC 8073	OSI - Protocol for providing the connection-mode transport service	Festlegungen für das Schicht-4-Protokoll (ITU-T-Empf. X.224)
ISO 8326	OSI - Basic connection oriented session service definition	Definition der „Dienste" der Schicht 5 (ITU-T-Empf. X.215)
ISO 8327	OSI - Basic connection oriented session protocol specification	Festlegungen für das Schicht-5-Protokoll (ITU-T-Empf. X.225)

4 Normen für Lokale Netze (Local Area Networks, LAN)

ISO/IEC 8802-2	Logical link control	
ISO/IEC 8802-3	Carrier sense multiple access with collision detection (CSMA/CD) access method and physical layer specifications	Zugriffssteuerung für LAN nach „Ethernet"-Prinzip

Anhang: ISDN-Standards   295

ISO/IEC 8802-4	Token-passing bus access method and physical layer specifications	Festlegungen für „Token passing"-LANs (umlaufendes Bitmuster gibt Recht zum Senden)
ISO/IEC 8802-5	Token ring access method and physical layer specifications	
ISO/IEC 8802-7	Slotted ring access method and physical layer specifications	
ISO 9314-1 und 9314-2	Fiber distributed data interface (FDDI), Part 1: Token ring physical layer protocol; Part 2: Token media access control	Optisches Ringsystem mit „Token passing"
ISO/IEC 9314-3	Part 3: Physical layer medium dependent	

5 ISO-Standard für ISDN-Steckverbindung

ISO 8877	Interface connector and contact assignments for ISDN basic access interface located at reference points S and T	Steckverbindung für Basisanschluß

6 Europäische Telekommunikationsnormen (ETS)

Eine große Anzahl von ETS – besonders jene, die zum ISDN gehören – basieren auf ITU-T-Empfehlungen. Sie sind normalerweise detaillierter und mit den entsprechenden ITU-T-Empfehlungen kompatibel, vermeiden aber Optionen. Viele ETS enthalten detaillierte Test-Spezifikationen (die oft umfangreicher sind als die Basisnorm).

Für einige ITU-T-Empfehlungen mit grundlegender Bedeutung (vgl. z.B. Abschn. 2.1.1 bis 2.1.3, 2.4.2, 2.7.1, 2.7.2 dieses Anhangs) gibt es keine entsprechenden ETS.

Im folgenden sind die ISDN-bezüglichen ETS zusammen mit den entsprechenden ITU-T-Empfehlungen aufgelistet. Ein ETS hat die Bezeichnung ETS 300xyz. In der folgenden Zusammenstellung wird nur die Endnummer (xyz) angegeben. Außer den ETS sind nachstehend auch I-ETS ("Interim European Telecommunication Standard" mit vorübergehender Gültigkeit), prETS (Standard im Abstimmungsprozeß) und ETR ("ETSI Technical Reports" mit allgemeiner ergänzender Information) aufgelistet, soweit sie ISDN oder B-ISDN betreffen.

Jeder ETS wird vom ETSI als eigene Druckschrift herausgegeben; die ETS werden in das deutsche Normenwerk als „DIN-ETS" (mit Inhaltsangabe in Deutsch) übernommen.

6.1 Benutzer-Netz-Schnittstelle (Schicht 1) und Endgeräte-Anpassung

ETS 300 ...		entsprechende ITU-T-Empf.
007	Support of packet mode-terminal equipment by an ISDN	X.31
011	Primary rate user-network interface. Layer 1 specification and test principles	I.431
012	Basic user-network interface. Layer 1 specification and test principles	I.430
046	Primary rate access - safety and protection (Fünf Teile: 46-1 bis 46-5)	K.22
047	Basic access - safety and protection (Fünf Teile: 47-1 bis 47-5)	K.22
077	Attachment requirements for terminal adaptors to connect to an ISDN at the S/T reference point	X.30
103	Support of ITU-T Recommendation X.21, X.21bis, and X.20bis based Data Terminal Equipments (DTEs) by an ISDN. Synchronous and asynchronous terminal adaptation functions	X.21, X.21bis, X.20bis
104	Attachment requirements for terminal equipment to connect to an ISDN using ISDN basic access. Layer 3 aspects	Q.931
153	Attachment requirements for terminal equipment to connect to an ISDN using ISDN basic access	I.430
156	Attachment requirements for terminal equipment to connect to an ISDN using ISDN primary rate access	I.431
297	Access digital section for ISDN basic rate	G.960

6.2 Teilnehmer-Signalisierungssystem Nr.1 (Allgemeine Normen, Schichten 2 und 3)

ETS 300 ...		entsprechende ITU-T-Empf.
403-1	User-network interface layer 3. Specifications for basic call control. Part 1: Protocol specification	Q.930, Q.931
403-2	User-network interface layer 3. Specifications for basic call control. Part 2: Specification Description Language (SDL) diagrams	Q.930, Q.931
122	Generic keypad protocol for the control of supplementary services	Q.932
402-1	User-network interface data link layer Part 1: General aspects	Q.920
402-2	Part 2: General application protocol specification	Q.921
196	Generic functional protocol for the support of supplementary services. DSS1 protocol	Q.932

6.3 ISDN-Dienste

ETS 300 ...		entsprechende ITU-T-Empf.
048	ISDN Packet Mode Bearer Services (PMBS); ISDN Virtual Call (VC) and Permanent Virtual Call (PVC) bearer services provided by the B-channel of the user access - basic and primary rate	I.232.1 X.32, Case A
049	Packet Mode Bearer Services (PMBS); ISDN Virtual Call (VC) and Permanent Virtual Call (PVC) bearer services provided by the D-channel of the user access - basic and primary rate	I.232.1 X.31, Case B
082	3.1 kHz telephony teleservice. End-to-end compatibility	P.31, O.131, O.132
083	Circuit mode structured bearer service category usable for speech information transfer. End-to-end compatibility	G.711, O.131, O.132
084	Circuit mode structured bearer service category usable for 3.1 kHz audio information transfer. End-to-end compatibility	G.711, O.131, O.132
101	International digital audiographic teleconference	F.710
108	Circuit-mode 64 kbit/s unrestricted 8 kHz structured bearer service category; Service description	I.231.1
109	Circuit-mode 64 kbit/s 8 kHz structured bearer service category usable for speech information transfer; Service description	I.231.2
110	Circuit-mode 64 kbit/s 8 kHz structured bearer service category usable for 3.1 kHz audio information transfer; Service description	I.231.3
111	Telephony 3.1 kHz teleservice. Service description.	E.105, I.241.1
120	Service requirements for Telefax Group 4	F.184, I.241.3
217-1	Connectionless Broadband Data Services (CBDS) Part 1: Overview	F.812
217-2	CBDS. Part 2: Basic bearer service definition	–
262	Syntax-based videotex teleservice; service description	F.300, I.241.5
263	Telephony 7 kHz teleservice; Service description	I.241.7
264	Videotelephony teleservice; Service description	F.720, F.721
265	Telephony 7 kHz teleservice; Functional capabilities and information flows	–
266	Videotelephony teleservice; Functional capabilities and information flows	–
267	Telephony 7 kHz and videotelephony teleservices; DSS No. 1	–

6.4 Ergänzende Dienstmerkmale (Supplementary Services)

Für jedes „Ergänzende Dienstmerkmal" gibt es drei ETSs, nämlich für Stufe 1 (Service description), Stufe 2 (Functional capabilities and information flows) und Stufe 3 (DSS1 protocol); in den folgenden ETS-Titeln wird der Kürze halber nur „stage 1", „stage 2" oder „stage 3" angegeben.

ETS 300 …		entsprechende ITU-T-Empf.
050	Multiple Subscriber Number (MSN) supplementary service, stage 1	I.251.2
051	MSN supplementary service, stage 2	Q.81.2
052	MSN supplementary service, stage 3	Q.951.2
053	Terminal Portability (TP) supplementary service, stage 1	
054	TP supplementary service, stage 2	Q.83.4
055	TP supplementary service, stage 3	Q.953.4
056	Call Waiting (CW) supplementary service, stage 1	I.253.1
057	CW supplementary service, stage 2	Q.83.1
058	CW supplementary service, stage 3	Q.953.1
059	Subaddressing (SUB) supplementary service, stage 1	I.251.8
060	SUB supplementary service, stage 2	Q.81.8
061	SUB supplementary service, stage 3	Q.951.8
062	Direct Dialling In (DDI) supplementary service, stage 1	I.251.1
063	DDI supplementary service, stage 2	Q.81.1
064	DDI supplementary service, stage 3	Q.951.1
089	Calling Line Identification Presentation (CLIP) supplementary service, stage 1	I.251.3
090	Calling Line Identification Restriction (CLIR) supplementary service, stage 1	I.251.4
091	CLIP and CLIR supplementary service, stage 2	Q.81.3
092	CLIP supplementary service, stage 3	Q.951.3
093	CLIR supplementary service, stage 3	Q.951.4
094	Connected Line Identification Presentation (COLP) supplementary service, stage 1	I.251.5
095	Connected Line Identification Restriction (COLR) supplementary service, stage 1	I.251.6
096	COLP and COLR supplementary service, stage 2	Q.81.5
097	COLP supplementary service, stage 3	Q.951.5
098	COLR supplementary service, stage 3	Q.951.6
128	Malicious Call Identification (MCID) supplementary service, stage 1	I.251.7
129	MCID supplementary service, stage 2	Q.81.7
130	MCID supplementary service, stage 3	Q.951.7
136	Closed User Group (CUG) supplementary service, stage 1	I.255.1
137	CUG supplementary service, stage 2	Q.85.1
138	CUG supplementary service, stage 3	Q.955.1

139	Call Hold (HOLD) supplementary service, stage 1	I.253.2
140	HOLD, stage 2	Q.83.2
141	HOLD supplementary service, stage 3	Q.953.2
164	Meet-Me Conference (MMC) supplementary service, stage 1	I.254.5
165	MMC supplementary service, stage 2	
178	Advice Of Charge: charging information at call set-up time (AOC-S) supplementary service, stage 1	I.256.2a
179	Advice Of Charge: charging information during the call (AOC-D) supplem. service, stage 1	I.256.2b
180	Advice Of Charge: charging information at the end of the call (AOC-E) supplementary service, stage 1	I.256.2c
181	AOC supplementary service, stage 2	Q.86.2
182	AOC supplementary service, stage 3	Q.956.2
183	Conference call, add-on (CONF) supplementary service, stage 1	I.254.1
184	CONF supplementary service, stage 2	Q.84.1
185	CONF supplementary service, stage 3	Q.954.1
186	Three-Party (3PTY) supplem. serv., stage 1	I.254.2
187	3PTY supplementary service, stage 2	Q.84.2
188	3PTY supplementary service, stage 3	Q.954.2
199	Call Forwarding Busy (CFB) supplementary service, stage 1	I.252.2
200	Call Forwarding Unconditional (CFU) supplementary service, stage 1	I.252.4
201	Call Forwarding No Reply (CFNR) supplementary service, stage 1	I.252.3
202	Call Deflection (CD) supplementary service, stage 1	I.252.5
203	CFB supplementary service, stage 2	Q.82.2
204	CFU supplementary service, stage 2	Q.82.2
205	CFNR supplementary service, stage 2	Q.82.2
206	CD supplementary service, stage 2	Q.82.3
207	Diversion supplementary services, stage 3	Q.952
208	Freephone (FPH) supplementary service, stage 1	I.256.4
209	FPH supplementary service, stage 2	Q.86.4
210	FPH supplementary service, stage 3	Q.956.4
284	User-to-User Signalling (UUS) supplementary service, stage 1	I.257.1
285	UUS supplementary service, stage 2	Q.87.1
286	UUS supplementary service, stage 3	Q.957.1
357	Completion of calls to busy subscriber (CCBS) supplementary service, stage 1	I.253
358	CCBS supplementary service, stage 2	
359	CCBS supplementary service, stage 3	
367	Explicit call transfer (ECT) supplementary service, stage 1	
368	ECT supplementary service, stage 2	
369-1	ECT supplementary service, stage 3	

6.5 Signalisierungssystem Nr.7

ETS 300 ...		entsprechende ITU-T-Empf.
008	Message Transfer Part (MTP) to support international interconnection	Q.701 bis Q.708
009	Signalling Connection Control Part (SCCP) (Connectionless service) to support international interconnection	Q.711 bis Q.714
121	Application of the ISDN user part of ITU-T Signalling System No. 7 for international ISDN interconnections. ITU-T Recommendation Q.767 edition 3: 1991 - modified	Q.767
134	Transaction Capabilities Application Part (TCAP)	Q.771 bis Q.774
287	TCAP (Version 2)	
356	ISDN user part (ISUP) Version 2 (19 Teile)	Q.730 bis Q.732, Q.734, Q.735, Q.737 Q.761-Q.764

6.6 Spezielle Funktionen des Netzes

ETS 300 ...		entsprechende ITU-T-Empf.
099	Specification of the Packet Handler Access Point Interface (PHI)	–
100	Routing in support of the ISUP version 1 services	E.172

6.7 B-ISDN

6.7.1 Allgemeine Netzaspekte

ETS 300 ...		entsprechende ITU-T-Empf.
217-1	Connectionless Broadband Data Service (CBDS) Part 1: Overview	
217-2	Connectionless Broadband Data Service (CBDS) Part 2: Basic bearer service definition	
217-3	Connectionless Broadband Data Service (CBDS) Part 3: Definition of supplementary services	

Anhang: ISDN-Standards 301

217-4	Connectionless Broadband Data Service (CBDS) Part 4: Adress screening supplementary service	
298-1	B-ISDN – Basic characteristics and functional specification of ATM Part 1: B-ISDN ATM functional specification	I.150
298-2	B-ISDN – Basic characteristics and functional specification of ATM Part 2: B-ISDN ATM layer specification	I.361
299	B-ISDN – Cell based user network access – Physical layer interfaces for B-ISDN applications	I.432
300	B-ISDN – Synchronous Digital Hierarchy (SDH) based user network access – Physical layer interfaces for B-ISDN applications	I.432
301	B-ISDN – Traffic control and congestion control in B-ISDN	I.371
349	B-ISDN – ATM Adaptation layer specification – type 3/4	I.363.3
354	B-ISDN – Protocol Reference Model	
405	Metropolitan Area Network (MAN) interconnection of MAN switching systems (MSS) based on an ATM interface	I.364
455.1	Broadband Virtual Path Service (BVPS); Part 1: BVPS for Permanent communications (BVPS-P)	
455.2	Broadband Virtual Path Service (BVPS); Part 2: BVPS for Reserved communications (BVPS-R)	
464	Broadband Integrated Services Digital Network (B-ISDN); ATM layer cell transfer performance	
467	Support of Frame Relay Bearer Service (FRBS) in B-ISDN and frame relay interworking between B-ISDN and other networks	I.555
478	Connectionless Broadband Data Service (CBDS) over ATM: UNI specification	
479	Connectionless Broadband Data Service (CBDS) over ATM: NNI specification	
prETS 300 ...		
428	B-ISDN – ATM Adaption layer specifications – type 5	I.363.5
469	B-ISDN – Management architecture and management information model for the VP-VC-crossconnect	I.751

I-ETS 300 …		
353	B-ISDN – ATM Adaption layer specification – type 1	I.363.1
404	B-ISDN – Operation and maintenance principles and functions	I.610
465	B-ISDN – Availability and retainability performance for B-ISDN semi-permanent connections	
ETR 072	Connection types and their reference configurations	
ETR 073	Evolution towards B-ISDN	
ETR 082	Connectionless Broadband Data Service (CBDS) Complementary information to ETS 300 217	
ETR 089	B-ISDN – Principles and requirements for signalling and management information transfer	
ETR 092	B-ISDN – Framework for conformance testing of lower layers in B-ISDN	
ETR 112	B-ISDN principles	
ETR 117	Asynchronous Transfer Mode (ATM) Signalling ATM Adaptation Layer (AAL) requirements	
ETR 118	Switching, exchange and cross-connect functions and performance requirements	
ETR 122	Connectionless Broadband Data Service (CBDS) CBDS over Asynchronous Transfer Mode (ATM)	
ETR 123	Parameters and mechanisms provided by the network relevant for charging in B-ISDN	
ETR 149	Interworking between Metropolitan Area Networks (MANs) and Asynchronous Transfer Mode (ATM) for the Connectionless Broadband Data Service (CBDS)	
ETR 155	ATM – OAM functions and parameters for accessing performance parameters	I.356
ETR 161	Functional description of the Virtual Path cross-connect	

6.7.2 Signalisierung

ETS 300 …		entsprechende ITU-T-Empf.
436	B-ISDN – Signalling ATM Adaptation Layer Service Connection Oriented Protocol (SSCOP)	Q.211
437	B-ISDN – Signalling ATM Adaptation Layer Service Specific Coordination Function (SSCF) at UNI	Q.213
438	B-ISDN – Signalling ATM Adaptation Layer Service Specific Coordination Function (SSCF) at NNI	Q.214

Anhang: ISDN-Standards   303

443	B-ISDN – Digital Subscriber Signalling System No. 2 (DSS 2), UNI layer 3: protocol specification	
486	B-ISDN Metasignalling	Q.2110
495	Interworking B-ISUP/DSS 2	Q.2650
496	Interworking B-ISUP/ISUP	Q.2660
656	B-ISDN – B-ISUP	Q.276
657	B-ISDN – B-ISUP supplementary services	Q.273
661	DSS 2 – Direct Dialling In (DDI)	
662	DSS 2 – Multiple Subscriber Number (MSN)	
663	DSS 2 – Calling Line Identification Presentation (CLIP)	
664	DSS 2 – Calling Line Identification Restriction (CLIR)	
665	DSS 2 – Connected Line Presentation (COLP)	
666	DSS 2 – Connected Line Restriction (COLR)	
667	DSS 2 – Subaddressing (SUB)	
668	DSS 2 – User-to-user service	
669	DSS 2 – Supplementary service interaction	
685	B-ISDN – DSS 2 cause	

6.8 ISDN-Terminals

ETS 300 ...		entsprechende ITU-T-Empf.
072 bis 076	Videotex (Diverse Aspekte)	–
079	Syntax-based videotex. End-to-end protocols, circuit mode	–
080	ISDN lower layer protocols for telematic terminals	T.90
081	Teletex end-to-end protocol over the ISDN	T.61/62/64
085	3.1 kHz telephony teleservice. Attachment requirements for handset terminals	P.31
087	Facsimile group 4 class 1 equipment on the ISDN. Functional specification of the equipment	T.6, T.563
112	Facsimile group 4 class 1 equipment on the ISDN. End-to-end protocols	T.503/521/563
155	Facsimile group 4 class 1 equipment on the ISDN. End-to-end protocols tests	T.64
245-1	Technical characteristics of telephone terminals for the ISDN, Part 1: General	–
245-2	Technical characteristics of telephone terminals for the ISDN, Part 2: PCM A-law, handset telephony	–
245-3	Technical characteristics of telephone terminals for the ISDN, Part 3: PCM A-law, loudspeaking and handsfree function	–

304 Anhang: ISDN-Standards

245-7	Technical characteristics of telephone terminals for the ISDN, Part 7: Locally generated information tones	E.180
280	Facsimile group 4 class 1 equipment on the ISDN/Terminal testing	–
281	Telephony 7 kHz teleservice: Terminal requirements necessary for end-to-end compatibility	–

7 Begriffsbestimmungen für das deutsche Sprachgebiet

Die deutschen Normen werden als DIN-Normblätter (weiß) und DIN-Normblatt-Entwürfe (gelb) herausgegeben. Die Empfehlungen und Empfehlungsentwürfe der Informationstechnischen Gesellschaft, ehemals Nachrichtentechnische Gesellschaft, werden in der Nachrichtentechnischen Zeitschrift veröffentlicht.

DIN 40146-1	Nachrichtenübertragung. Teil 1: Grundbegriffe (1994)
DIN 44300	Informationsverarbeitung. Begriffe (Entwurf 1982)
DIN 44301	Informationstheorie. Begriffe (1984)
DIN 44302	Informationsverarbeitung: Datenübertragung/Datenübermittlung. Begriffe
NTG 1.1/03	Impuls- und Pulsmodulations-Technik, Begriffe. (Empfehlung 1985). Nachr. techn. Z. 39 (1986) S. 66-71
NTG 1203	Daten- und Textkommunikation. Begriffe (Empfehlung 1983). Nachr. techn. Z. 36 (1983) S. 697-708 und 766-777
NTG 0902	Nachrichtenvermittlungstechnik. Begriffe (Empfehlung 1982). Nachr. techn. Z. 35 (1982) S. 481-488 und 549-558
ITG 1.6/01	ISDN-Begriffe. (Entwurf 1987). Nachr. techn. Z. 40 (1987) H.1

Literatur

[1] Akimaru, H.; Kawashima, K.: Teletraffic theory and applications. London, Berlin, Heidelberg, New York: Springer 1993. S. 19ff.
[2] Ambrosch, W. D.; Maher, A.; Sasscer, B.: The Intelligent Network. A joint study by Bell Atlantic, IBM and Siemens. Berlin, Heidelberg, New York, London, Paris, Tokyo: Springer 1989, S. 5-13.
[3] Ambrosch, W.D.; Maher, A.; Sasscer, B.: The Intelligent Network. Berlin, Heidelberg, New York, London, Paris, Tokyo: Springer 1989.
[4] American National Standard ANSI T1.601-1988.
[5] Armbrüster, H.: Mobilität und Kommunikation. Dritte Generation der Mobilkommunikation. telcom rep. 2 (1992), S. 57-63.
[6] Armbrüster, H.; Rothamel, H. J.: Broadband applications and services. Communications Technology International 1991, S. 178-184. London: The Sterling Publishing Group PLC 1991.
[7] Armbrüster, H.; Schaffer, B.: Broadband-ISDN: Realization aspects of the future telecommunications infrastructure. telcom report 10 (1987), S. 206-216.
[8] Armbrüster, H.; Wimmer, K.: Broadband multimedia applications using ATM networks: high-performance computing, high-capacity storage, and high-speed communication. IEEE J. on Sel. Areas in Commun., Vol. 10 (1992), S. 1382-1396.
[9] Armbrüster, H.; Wimmer, K.: Wege zu Breitband-Multimedia-Anwendungen. Nachr.techn. Z. 46 (1993), S. 358-363 und S. 434-439.
[10] Arndt, G., Lueder, R.: Universal personal telecommunication – Bewegungsfreiheit in allen Netzen. telcom rep. 2 (1993), S. 67-69.
[11] Arndt, G.; Rothamel, H.-J.: Kommunikationsdienste im ISDN. telcom rep. 8 (1985), Sonderh. „Diensteintegrierendes Digitalnetz ISDN", S. 10-15.
[12] Basler, H.: Grundbegriffe der Wahrscheinlichkeitsrechnung und statistischen Methodenlehre, 7. Aufl. Würzburg, Wien: Physica-Verlag 1978, S. 81-83.
[13] Bell Communication Research (Bellcore): Bellcore Technical Reference TR-TSV-000772 (Issue 1), Generic system requirements in support of switched multi-megabit data service. Piscataway, N.J., USA: Bellcore 1991.
[14] Bellcore SR-NPL-001555: Advanced Intelligent Network Release 1 Proposal
[15] Bellcore SR-NPL-001623: The Advanced Intelligent Network Release 1 Network and Operations Plan
[16] Bellcore Technical Advisory FA-INS-001134: Information Networking Architecture (INA), Framework Overview
[17] Bellcore TM-NWT-020327: INA Framework Architecture
[18] Berwing, P.: DECT: Höchster Standard für ganz Europa. Siemens Z. 94 (1994) H. 1.

[19] Binder, U.: Telekommunikationsanlagen in ISDN-Technik. Expert-Verlag, Ehningen 1992.
[20] Bocker, P.: Datenübertragung, Bd. I: Grundlagen, 2. Aufl. Berlin, Heidelberg, New York, Tokyo: Springer 1983, S. 128 f.
[21] Bocker, P.: Datenübertragung, Bd. I: Grundlagen. 2. Aufl. Berlin-Heidelberg, New York, Tokyo: Springer 1983, S. 238ff.
[22] Bocker, P.: Datenübertragung, Bd. I: Grundlagen, 2. Aufl. Berlin, Heidelberg, New York, Tokyo: Springer 1983. S 243ff.
[23] Bocker, P.: Datenübertragung, Bd. I: Grundlagen, 2. Aufl. Berlin. Heidelberg, New York, Tokyo: Springer 1983, S. 257 ff.
[24] Bocker, P.: Datenübertragung, Bd. II: Einrichtungen und Systeme. Berlin, Heidelberg, New York: Springer 1979. S. 157ff.
[25] Bocker, P.; Kleinke, G.; Skaperda, N.; Thomanek, U. F.: ISDN services and their implementation in EWSD system. 4th World Telecommunication Forum, Geneva. Part II. Vol. II, pp. 2.8.3.1-2.8.3.8.
[26] Bohländer E.; Gora, W.: Mobilkommunikation. Bergheim: DATACOM 1992
[27] Bolle, G.: Mobilkommunikation. Berlin, Heidelberg, New York: Springer 1989, S. 89-180.
[28] Brody, G.; Parker, J.; Wasserman, J.: Subscriber tracking and locating in personal communications networks, XIV International Switching Symposium Tokyo, Japan (25.-30.10. 1992). Tagungsband Vol. 1, S. 307-311.
[29] Buhrmann, M.; Zan, W.; Oldfield, P.: Evolution to the personal intelligent network, XIV International Switching Symposium Tokyo, Japan (25.-30.10. 1992). Tagungsband Vol. 1, S. 312-316.
[30] Cameron, W.H. et al.: Personal communication services – architecture and development of a network portability service, XIV International Switching Symposium Tokio, Japan (25.-30.10. 1992). Tagungsband Vol. 1, S. 317-321.
[31] CCITT Handbook on economic and technical aspects of the choice of telephone switching systems. Genf: ITU 1981, S. 54-55.
[32] Cronjaeger, S.; Meinhard, W.; Schweizer, J.: Functional components for multimedia services. International Congr. on Commun., Genf 1993. Tagungsband S. 1563-1568.
[33] Daisenberger, G.; Reger, J.; Wegmann, G.: Verkehrsmessung und -überwachung, ein Hilfsmittel für Planung und Betrieb von Fernsprechvermittlungsstellen und -netzen. telcom rep. 4 (1981), S. 222-232.
[34] Deutsche Bundespost Telekom, FTZ, FIN 3: Rahmenkonzept EURO-ISDN. Techn. Richtlinie 1 TR 207. Darmstadt: FTZ 1992.
[35] Deutsche Bundespost Telekom: Telebox-400-IPM, Produktbeschreibung. Sonderdruck. Darmstadt: 1993.
[36] Deutsche Bundespost Telekom: VK-Aktuell/VK Praxis: Nutzung des VBN; Videokommunikation; AKUBIS; MEDKOM; TELEMED; etc. Zeitschr. Visuell, Bildkommunikation – Informationsdienst der DBP Telekom, H. 1, 1991.

[37] Drügh, P.; Senft, R.: Digitalsignalübertragung mit 2 Mbit/s auf Orts-und Bezirkskabeln. telcom rep. 2 (1979), Beih. „Digitalübertragungstechnik", S. 85-89.
[38] Duelli, H.: Alles über Mobilfunk. München: Franzis 1991
[39] Eberling, D.; Henkel, W.-R.; Kölling, M.; Schünemann, G.; Vogt, N.: „Gestaltung und Planung von Glasfaseranschlußnetzen", in „Taschenbuch der Fernmeldepraxis 1994" (Hrsg. B. Seiler), Berlin: Schiele & Schön 1994, Seiten 18-39.
[40] ETSI DTR/NA-43308: Baseline document on the integration of IN and TMN, Version 3, September 1992
[41] ETSI: ISDN Standards Management (ISM); The ETSI basic guide on the European integrated services digital network. ETSI Technical Report ETR 010. Valbonne: ETSI 1993.
[42] ETS 300 085: ISDN; 3.1 kHz telephony teleservice. Attachment requirements for handset terminals. Valbonne: ETSI 1992.
[43] Europäische Gemeinschaft: Memorandum of Understanding on the Implementation of an European ISDN Service by 1992. Brüssel, EG 1989.
[44] Falconer, R.M.; Adams, J.L.; Orwell, A.: Protocol for an integrated service local network. British Telecom Technology J., vol. 3, no. 4 (1985) 27-35.
[45] Fischer, W.; Göldner, E.-H.; Huang, N.: Von LAN und MAN zum Breitband-ISDN. telcom rep. 15 (1992) S. 42-45.
[46] Flor, E.: „Grundgedanken zu Einführung optischer Abschlußnetze bei der Deutschen Bundespost Telekom", in „Taschenbuch der Fernmeldepraxis 1994" (Hrsg. B. Seiler), Berlin: Schiele & Schön 1994, Seiten 13-17.
[47] Forst, H.S.: Drahtlose Telekommunikation. Berlin, Offenbach: VDE-Verlag 1991.
[48] Frantzen, V.; Maher, A.; Eske Christensen, B.: Towards the Intelligent ISDN – Concepts, Applications, Introductory Steps. Proc. First International Conference on Intelligent Networks, Bordeaux, 14-17 March 1989, S. 152-156.
[49] Fromm, I.: Anforderungen an private Netze der Bürokommunikation. DATACOM 1988, H.2, S. 86-92 und H.4, S. 68-76.
[50] Fromm, I.: Local Area Networks – high-speed networks for office communications. telcom rep. 5 (1982), S. 234-239.
[51] Fromm, I.: Standardisierung lokaler Netze (LAN). Informationstechnik 1986, H.1, S. 30-36.
[52] Frödrich, M.; Marlow, I.; Sachs, W.; Schulz, W.; Templin, A.: „Technische Gestaltung von OPAL-Netzen", in „Taschenbuch der Fernmeldepraxis 1994" (Hrsg. B. Seiler), Schiele & Schön, Berlin 1994, Seiten 40-105.
[53] FTZ-Richtlinie 1 R 7: Anwendungsspezifikation für das ITU-T-Zeichengabesystem Nr. 7 im nationalen Netz der Deutschen Bundespost, Teil 5: Anwenderteil für ISDN (ISDN UP).
[54] FTZ-Richtlinien für den Kennzeichenaustausch im Impulskennzeichenverfahren: FTZ-Richtlinien 1 R 3 (IKZ 50) und 13 R 12 (IKZ S und IKZ N).

[55] Fundneider, O.: Schrittmacher für bitratenvariable Breitbandkommunikation. telcom rep. 14 (1991), S. 258-261.
[56] Geckeler, S.: Lichtwellenleiter für die optische Nachrichtenübertragung. Berlin, Heidelberg, New York, Tokyo: Springer 1986 (327 S.).
[57] Gerke, P. R.: Neue Kommunikationsnetze: Prinzipien, Einrichtungen, Systeme. Berlin, Heidelberg, New York: Springer 1982. S. 32ff.
[58] Gerke, P. R.: Neue Kommunikationsnetze: Prinzipien, Einrichtungen, Systeme. Berlin, Heidelberg, New York: Springer 1982, S. 77 ff.
[59] Göldner, E.H.; Herrmann, H.; Scholz, J.: Breitbandkommunikation auf dem Prüfstand. B-ISDN-Pilotprojekt der Deutschen Bundespost Telekom. telcom report 16 (1993), S. 76-78.
[60] Grabowski, K.-H.; Hagenhaus, L.: Traffic models for ISDN with integrated packet switching. 12th Intern. Teletraffic Congr. Turin 1988, Congr. Book, S. 4.1 A 2.1-4.1 A 2.7.
[61] Griffiths, J.M. [et al.]: ISDN explained: worldwide network and applications technology. Chichester, New York: John Wiley & Sons 1992.
[62] Guba, W.: „HDSL-Mehrpaarsysteme im technischen und wirtschaftlichen Vergleich", Nachr.techn. Z. 48 (1995) 4, Seiten 36-41.
[63] Händel, R.; Huber, M.N.: Customer network configurations and generic flow control. Intern. J. of Digital and Analog Communication Systems, 4 (1991), issue no. 2.
[64] Händel, R.; Huber, M.N.: Integrated broadband networks. Wobingham: Addison-Wesley Publishers Ltd. 1991.
[65] Hlawa, F.; Stoll, A.: Der zentrale Zeichenkanal nach dem ITU-T-System Nr. 7. telcom rep. 2 (1979), S. 394-401.
[66] Höring, K.; Bahr, K.; Struif, B.; Tiedemann, C.: Interne Netzwerke für die Bürokommunikation – Technik und Anwendungen digitaler Nebenstellenanlagen und von Local Area Networks (LAN). Heidelberg: Decker's Verlag G. Schenk 1983, S. 49ff.
[67] Huber, J. F.; Mair, E.: Universelle Paketvermittlung durch flexible EWSP-Architektur. telcom report 10 (1987), S. 12-18.
[68] IEEE 802.6 (1990): Distributed Queue Dual Bus (DQDB) subnetwork of a Metropolitan Area Network (MAN).
[69] Informationstechnische Gesellschaft (ITG) im Verband Deutscher Elektrotechniker (VDE): Datenschutz im ISDN. Frankfurt 1991.
[70] ISO 8877: Interface connector and contact assignments for ISDN basic access.
[71] ISO 9314, 1991: Information processing systems – Fibre Distributed Data Interface (FDDI) – Part 1-4, Part 6.
[72] ISO 9314, 1991: Information processing systems – Fibre Distributed Data Interface (FDDI) – Part 5.
[73] ISO/IEC: Commitee Draft 13818, Information technology – Generic coding of moving pictures and associated audio. Part 1: System, part 2: Video, part 3: Audio. Genf: ISO/IEC 1993.
[74] ISO/IEC 3309 – High level data link control procedures – Frame structure.

[75] ISO/IEC 4335 – High level data link control procedures – Elements of procedures.
[76] ISO/IEC 7809 – High level data link control procedures – Classes of procedures.
[77] ISO/IEC 8208: X.25 packet level protocol for data terminal equipment.
[78] ISO/IEC 8802-2 bis -5 und -7 (Standards für LANs)
[79] ISO/IEC 8802-3, 1990: Information processing systems – Local Area Networks – Part 3: Carrier Sense Multiple Access with Collision Detection (CSMA/CD) access method and physical layer specifications.
[80] ISO/IEC 8802-4, 1990: Information processing systems – Local Area Networks – Part 4: Token-passing bus access method and physical layer specifications.
[81] ISO/IEC 8802-5, 1991: Information processing systems – Local Area Networks – Part 5: Token Ring access method and physical layer specifications.
[82] ISO/IEC 11172, Information technology – Coding of moving pictures and associated audio for digital storage media at up to about 1.5 Mbit/s. Part 1: System, part 2: Video, part 3: Audio. Genf: ISO/IEC 1993.
[83] ITU Publication: Optical fibres for telecommunications. Genf: ITU 1984.
[84] ITU-T-Draft-Empf. F.MDV: Proposal on a framework for multimedia delivery services. ITU Report COM 1-R 22, Genf: ITU 1994.
[85] ITU-T-Draft-Empf. F.MDS: Multimedia Generic Service Distribution. ITU Report COM 1-R 61, Genf: ITU 1995.
[86] ITU-T-Empf. E.164: Numbering plan for the ISDN era. Genf: ITU 1991.
[87] ITU-T-Empf. E.165: Timetable for coordinated implementation of the full capability of the numbering plan of the ISDN era (Recommendation E.164). Blue Book, Vol. II.2, Genf: ITU 1989.
[88] ITU-T-Empf. E.166/X.122: Numbering plan interworking for the E.164 and X.121 numbering plans. Genf: ITU 1992.
[89] ITU-T-Empf. E.170: Traffic routing. Genf: ITU 1992.
[90] ITU-T-Empf. E.172: ISDN routing plan. Genf: ITU 1992.
[91] ITU-T-Empf. E.500: Traffic intensity measurement principles. Genf: ITU 1992.
[92] ITU-T-Empf. E.521: Calculation of the number of circuits in a group carrying overflow traffic. Blue Book, Vol. II.3, Genf: ITU 1989.
[93] ITU-T-Empf. F.184: Operational provisions for the international public facsimile service between subscriber stations with group 4 facsimile machines (Telefax 4). Genf: ITU 1993.
[94] ITU-T-Empf. F.300: Videotex service. Genf: ITU 1993.
[95] ITU-T Draft-Empf. F.310: Broadband videotex services. ITU Report COM I-R 49. Genf: ITU 1992.
[96] ITU-T-Empfehlungen der F.400-Serie: Message handling services. Genf: ITU 1989-1993.
[97] ITU-T-Empf. F.720: Videotelephony services – General. Genf: ITU 1992.
[98] ITU-T-Empf. F.721: Videotelephony teleservice for ISDN. Genf: ITU 1992.

310   Literatur

[99] ITU-T Draft-Empf. F.722: Broadband videotelephony services. ITU Report COM 1-R 42. Genf: ITU 1994.
[100] ITU-T-Empf. F.730: Videoconference service – General. Genf: ITU 1992.
[101] ITU-T Draft-Empf. F.732: Broadband videoconference services. ITU Report COM 1-R 42. Genf: ITU 1994.
[102] ITU-T Draft-Empf. G.81s: Timing characteristics of SDH equipment slave clocks (SEC). ITU Report COM 13-R 57. Genf: ITU 1995.
[103] ITU-T-Empf. F.740: Audiovisual interactive services. Genf: ITU 1993.
[104] ITU-T-Empf. F.761: Service oriented requirements for telewriting applications. Blue Book, Vol. II.5, Genf: ITU 1989 (hier noch unter der früheren Nummer F.730 geführt).
[105] ITU-T-Empf. F.811: Broadband connection-oriented bearer service. Genf: ITU 1992.
[106] ITU-T-Empf. F.812: Broadband connectionless data bearer service. Genf: ITU 1992.
[107] ITU-T Draft-Empf. F.821: Broadband TV distribution services. ITU Report COM I-R 29. Genf: ITU 1991.
[108] ITU-T Draft-Empf. F.822: Broadband HDTV distribution services. ITU Report COM I-R 29. Genf: ITU 1991.
[109] CCITT GAS 9: Handbook on case studies on the progressive introduction of ISDN in a national network. Genf: ITU 1992, S. 70.
[110] ITU-T-Empf. G.114: One-way transmission time. Genf: ITU 1993.
[111] ITU-T-Empf. G.703: Physical/electrical characteristics of hierarchical digital interfaces. Genf: ITU 1991.
[112] ITU-T-Empf. G.704: Synchronous frame structures used at 1 544, 6 312, 2 048, 8 488 and 44 736 kbit/s hierarchical levels. Genf: ITU 1995.
[113] ITU-T-Empf. G.707: Synchronous hierarchical bit rates. Genf: ITU 1993.
[114] ITU-T-Empf. G.708: Network node interface for the synchronous digital hierarchy. Genf: ITU 1993.
[115] ITU-T-Empf. G.709: Synchronous multiplexing structure. Genf: ITU 1993.
[116] ITU-T-Empf. G.711: Pulse code modulation (PCM) of voice frequencies. Blue Book, Vol. III.4, Genf: ITU 1989.
[117] ITU-T-Empf. G.722: 7 kHz audio-coding within 64 kbit/s. Blue Book, Vol. III.4, Genf: ITU 1989.
[118] ITU-T-Empf. G.726: 40, 32, 24, 16 kbit/s adaptive differential pulse code modulation. Genf: ITU 1990.
[119] ITU-T-Empf. G.728: Coding of speech at 16 kbit/s using low-delay code excited linear prediction. Genf: ITU 1992.
[120] ITU-T-Empf. G.732: Characteristics of primary multiplex equipment operating at 2048 kbit/s. Blue Book, Vol. III.4, Genf: ITU 1989.
[121] ITU-T-Empf. G.733: Characteristics of primary PCM multiplex equipment operating at 1544 kbit/s. Blue Book, Vol. III.4, Genf: ITU 1989.
[122] ITU-T-Empf. G.735: Characteristics of primary PCM multiplex equipment operating at 2048 kbit/s and offering synchronous digital access at 384 kbit/s and/or 64 kbit/s. Blue Book, Vol. III.4, Genf: ITU 1989.

Literatur 311

[123] ITU-T-Empf. G.737: Characteristics of an external access equipment operating at 2048 kbit/s offering synchronous digital access at 384 kbit/s and/or 64 kbit/s. Blue Book, Vol. III.4, Genf: ITU 1989.
[124] ITU-T-Empf. G.742: Second order digital multiplex equipment operating at 8448 kbit/s and using positive justification. Blue Book, Vol. III.4, Genf: ITU 1989.
[125] ITU-T-Empf. G.751: Digital multiplex equipments operating at the third order bit rate of 34368 kbit/s and the fourth order bit rate of 139264 kbit/s and using positive justification. Blue Book, Vol. III.4, Genf: ITU 1989.
[126] ITU-T-Empf. G.811: Timing requirements at the outputs of primary reference clocks suitable for plesiochronous operation of international digital links. Blue Book, Vol. III.5, Genf: ITU 1989.
[127] ITU-T-Empf. G.812: Timing requirements at the outputs of slave clocks suitable for plesiochronous operation of international digital links. Blue Book, Vol. III.5, Genf: ITU 1989.
[128] ITU-T-Empf. G.821: Error performance of an international digital connection forming part of an ISDN. Blue Book, Vol. III.5, Genf: ITU 1989.
[129] ITU-T-Empf. G.822: Controlled slip rate objectives on an international digital connection. Blue Book, Vol. III.5, Genf: ITU 1989.
[130] ITU-T-Empf. G.823: The control of jitter and wander within digital networks which are based on the 2048 kbit/s hierarchy. Genf: ITU 1993.
[131] ITU-T-Empf. G. 825: The control of jitter and wander within digital networks which are based on the synchronous digital hierarchy (SDH). Genf: ITU 1993.
[132] ITU-T-Empf. G.826: Error performance parameters and objectives for international constant bit rate digital paths at or above the primary bit rate. Genf: ITU 1993.
[133] ITU-T-Empf. G.921: Digital sections based on the 2048 kbit/s hierarchy. Blue Book, Vol. III.5, Genf: ITU 1989.
[134] ITU-T-Empf. G.960: Access digital section for ISDN basic rate access. Genf: ITU 1993.
[135] ITU-T-Empf. G.961: Access digital transmission system on metallic local lines for ISDN basic rate access. Genf: ITU 1993.
[136] ITU-T-Empf. G.964: V-Interfaces at the Digital Local Exchange (LE)-V.5.1-Interface (based on 2048 kbit/s) for the Support of Access Networks (AN). Genf: ITU 1994.
[137] ITU-T-Empf. G.965: V-Interfaces at the Digital Local Exchange (LE)-V.5.2.-Interface (based on 2048 kbit/s) for the Support of Access Networks (AN). Genf: ITU 1995.
[138] ITU-T-Empf. H.221: Frame structure for a 64 to 1920 kbit/s channel in audiovisual teleservices. Genf: ITU 1995.
[139] ITU-T-Empf. H.242: System for establishing communication between audiovisual terminals using digital channels up to 2 Mbit/s. Genf: ITU 1993.

312   Literatur

[140] ITU-T-Empf. H.261: Video codec for audiovisual services at p x 64 kbit/s. Genf: ITU 1993.
[141] ITU-T-Empf. I.120: Integrated Services Digital Networks (ISDNs). Genf: ITU 1993.
[142] ITU-T-Empf. I.121: Broadband aspects of ISDN. Genf: ITU 1991.
[143] ITU-T-Empf. I.210: Principles of telecommunication services supported by an ISDN and the means to describe them. Genf: ITU 1993.
[144] ITU-T-Empf. I.211: Broadband ISDN service aspects. Genf: ITU 1993.
[145] ITU-T-Empf. I.230: Definition of bearer service categories. Blue Book, Vol. III.7, Genf: ITU 1989.
[146] ITU-T-Empf. I.231, I.231.1-I.231.10: Circuit-mode bearer service categories. Blue Book, Vol. III.7, und Neuausgaben, Genf: ITU 1989-1993.
[147] ITU-T-Empf. I.232, I.232.1, I.232.2: Packet-mode bearer service categories. Blue Book, Vol. III.7, Genf: ITU 1989.
[148] ITU-T-Empf. I.233: Frame mode bearer services. Genf: ITU 1993.
[149] ITU-T-Empf. I.233.1: ISDN frame relaying bearer service. Genf: ITU 1991.
[150] ITU-T-Empf. I.233.2: ISDN frame switching bearer service. Genf: ITU 1991.
[151] ITU-T-Empf. I.240: Definition of teleservices. Blue Book, Vol. III.7, Genf: ITU 1989.
[152] ITU-T-Empf. I.241, I.241.1-I.241.8: Teleservices supported by an ISDN. Blue Book, Vol. III.7, und Neuausgaben, Genf: ITU 1989-1995.
[153] ITU-T-Empf. I.251.1: Direct dialling in (DDI). Genf: ITU 1992.
[154] ITU-T-Empf. I.251.3: Calling line identification presentation (CLIP). Genf: ITU 1992.
[155] ITU-T-Empf. I.251.4: Calling line identification restriction (CLIR). Genf: ITU 1992.
[156] ITU-T-Empf. I.251.5: Connected line identification presentation (COLP). Genf: ITU 1994.
[157] ITU-T-Empf. I.251.6: Connected line identification restriction (COLR). Genf: ITU 1994.
[158] ITU-T Recommendations I.251.7: Malicious call identification (MCID). Genf: ITU 1992.
[159] ITU-T-Empf. I.252.2: Call forwarding busy (CFB). Genf: ITU 1992.
[160] ITU-T-Empf. I.252.3: Call forwarding no reply (CFNR). Genf: ITU 1992.
[161] ITU-T-Empf. I.252.4: Call forwarding unconditional (CFU). Genf: ITU 1992.
[162] ITU-T-Empf. I.253.1: Call waiting (CW), Genf: ITU 1990.
[163] ITU-T-Empf. I.254.1: Conference calling (CONF). Blue Book, Vol. III.7, Genf: ITU 1989.
[164] ITU-T-Empf. I.254.2: Three party supplementary service (3PTY). Genf: ITU 1992.
[165] ITU-T-Empf. I.255.1: Closed user group (CUG). Genf: ITU 1992.
[166] ITU-T-Empfehlungen I.256.2a: Advice of charge: charging information at call set-up (AOC-S); I.256.2b, Advice of charge: charging information

Literatur 313

during the call (AOC-D); I.256.2c, Advice of charge: charging information at the end of the call (AOC-E). Genf: ITU 1993.
[167] ITU-T-Empf. I.310: ISDN – Network Functional Principles. Genf: ITU 1993.
[168] ITU-T-Empf. I.320: ISDN protocol reference model. Genf: ITU 1993.
[169] ITU-T-Empf. I.321: B-ISDN protocol reference model and its application. Genf: ITU 1991.
[170] ITU-T-Empf. I.327: B-ISDN functional architecture. Genf: ITU 1993.
[171] ITU-T-Empf. I.330: ISDN numbering and addressing principles. Blue Book, Vol. III.8, Genf: ITU 1989.
[172] ITU-T-Empf. I.340: Connection Types. Blue Book, Vol. III.8, Genf: ITU 1989.
[173] ITU-T-Empf. I.361: B-ISDN ATM layer specification. Genf: ITU 1993.
[174] ITU-T-Empf. I.362: B-ISDN ATM Adaption Layer (AAL) functional description. Genf: ITU 1993.
[175] ITU-T-Empf. I.363: B-ISDN ATM Adaption Layer (AAL) specification. Genf: ITU 1993.
[176] ITU-T-Empf. I.364: Support of broadband connectionless data service on B-ISDN. Genf: ITU 1993.
[177] ITU-T-Empf. I.365.1: Frame relaying service specific convergence sublayer (FRSSCS). Genf: ITU 1993.
[178] ITU-T-Empf. I.371: Traffic control and congestion control in B-ISDN. Genf: ITU 1993.
[179] ITU-T-Empf. I.374: Framework recommendation on network capabilities to support multimedia services. Genf: ITU 1993.
[180] ITU-T Draft-Empf. I.375: Network capabilites to support multimedia services. ITU-T COM 13-R 48. Genf: ITU 1995.
[181] ITU-T-Empf. I.411: ISDN user-network interfaces – reference configurations.Genf: ITU 1993.
[182] ITU-T-Empf. I.412: ISDN user-network interfaces – interface structures and access capabilities. Blue Book, Vol. III.8, Genf: 1989.
[183] ITU-T-Empf. I.413: B-ISDN user-network interface. Genf: ITU 1993.
[184] ITU-T-Empf. I.430: Basic user-network interface – layer 1 specification. Genf: ITU 1993.
[185] ITU-T-Empf. I.431: Primary rate user-network interface – layer 1 specification. Genf: ITU 1993.
[186] ITU-T-Empf. I.432: B-ISDN user-network interface – physical layer specification. Genf: ITU 1993.
[187] ITU-T-Empf. I.432.1, B-ISDN User-Network Interface. Physical Layer Specification – General Characteristics. Genf: ITU.
[188] ITU-T-Empf. I.432.2, B-ISDN User-Network Interface. Physical Layer Specification for 155 520 kbit/s and 622 080 kbit/s. Genf: ITU vorauss. 1996.
[189] ITU-T-Empf. I.432.3, B-ISDN User-Network Interface. Physical Layer Specification for 1 544 kbit/s and 2 048 kbit/s. Genf: ITU vorauss. 1996.

[190] ITU-T-Empf. I.432.4, B-ISDN User-Network Interface. Physical Layer Specification for 51 840 kbit/s. Genf: ITU vorauss. 1996.
[191] ITU-T-Empf. I.460: Multiplexing, rate adaptation and support of existing interfaces. Genf: ITU 1989.
[192] ITU-T-Empf. I.500: General structure of the ISDN interworking recommendations. Genf: ITU 1993.
[193] ITU-T-Empf. I.555: Frame relaying bearer service interworking. Genf: ITU 1993.
[194] ITU-T-Empf. I.580: General arrangements for interworking between B-ISDN and 64 kbit/s based ISDN. Genf: ITU 1995.
[195] ITU-T-Empf. I.610: B-ISDN operation and maintenance principles and functions. Genf: 1993.
[196] ITU-T-Empf. M.3010: Principles for a telecommunications management network. Genf: ITU 1992.
[197] ITU-T-Empf. M.3020: TMN interface specification methodology, Genf 1992
[198] ITU-T-Empfehlungen Q.120–Q.139: Specifications of Signalling System No. 4. Blue Book, Vol. VI.2, Genf: ITU 1989.
[199] ITU-T-Empfehlungen Q.140–Q.164: Specifications of Signalling System No. 5. Blue Book, Vol. VI.2, Genf: ITU 1989 (Dazu Neuausgaben von 1993 bei Q.141 und Q.144).
[200] ITU-T-Empfehlungen Q.400–Q.480: Specifications of Signalling System R2. Blue Book, Vol. VI.4, Genf: ITU 1989.
[201] ITU-T-Empf. Q.511: Exchange interfaces towards other exchanges. Blue Book, Vol. VI.5, Genf: ITU 1989.
[202] ITU-T-Empf. Q.512: Digital exchange interfaces for subscriber access. Blue Book, Vol. VI.5, Genf: ITU 1995.
[203] ITU-T-Empf. Q.513: Digital exchange interfaces for operations, administration and maintenance. Genf: ITU 1993.
[204] ITU-T-Empf. Q.522: Digital exchange connections, signalling and ancillary functions. Blue Book. Vol. VI.5, Genf: ITU 1989.
[205] ITU-T-Empf. Q.542: Digital exchange design objectives – Operations and maintenance. Genf: ITU 1993.
[206] ITU-T-Empf. Q.701: Functional description of the message transfer part (MTP) of Signalling System No. 7. Genf: ITU 1993.
[207] ITU-T-Empf. Q.702: Signalling data link. Blue Book. Vol. VI.7, Genf: ITU 1989.
[208] ITU-T-Empf. Q.703: Signalling System No. 7 – Signalling link. Genf: ITU 1993.
[209] ITU-T-Empf. Q.704: Signalling network functions and messages. Genf: ITU 1993.
[210] ITU-T-Empf. Q.705: Signalling network structure. Genf: ITU 1993.
[211] ITU-T-Empf. Q.706: Message transfer part signalling performance. Genf: ITU 1993.

Literatur   315

[212] ITU-T-Empf. Q.707: Testing and maintenance. Blue Book, Vol. VI.7, Genf: ITU 1989.
[213] ITU-T-Empf. Q.708: Numbering of international signalling point codes. Genf: ITU 1993.
[214] ITU-T-Empf. Q.711: Functional description of the signalling connection control part. Genf: ITU 1993.
[215] ITU-T-Empf. Q.712: Definition and function of signalling connection control part messages. Genf: ITU 1993.
[216] ITU-T-Empf. Q.713: SCCP formats and codes. Genf: ITU 1993.
[217] ITU-T-Empf. Q.714: Signalling connection control part procedures. Genf: ITU 1993.
[218] ITU-T-Empf. Q.721: Functional description of the Signalling System No.7 telephone user part (TUP). Blue Book, Vol. VI.8, Genf: ITU 1989.
[219] ITU-T-Empf. Q.722: General function of telephone messages and signals. Blue Book, Vol, VI.8, Genf: ITU 1989.
[220] ITU-T-Empf. Q.723: Formats and codes. Genf: ITU 1993.
[221] ITU-T-Empf. Q.724: Signalling procedures. Genf: ITU 1993.
[222] ITU-T-Empf. Q.725: Signalling performance in the telephone application. Genf: ITU 1993.
[223] ITU-T-Empf. Q.761: Functional description of the ISDN user part of Signalling System No. 7. Genf: ITU 1993.
[224] ITU-T-Empf. Q.762: General function of messages and signals of the ISDN user part of signalling system No. 7. Genf: ITU 1993.
[225] ITU-T-Empf. Q.763: Formats and codes of the ISDN user part of signalling system No. 7. Genf: ITU 1993.
[226] ITU-T-Empf. Q.764: ISDN user part signalling procedures. Genf: ITU 1993.
[227] ITU-T-Empf. Q.766: Performance objectives in the integrated services digital network application. Genf: ITU 1993.
[228] ITU-T-Empf. Q.795: Operations, administration and maintenance part (OMAP). Blue Book Vol. VI.9, Genf: ITU 1989.
[229] ITU-T-Empf. Q.920: ISDN user-network interface data link layer – general aspects. Genf: ITU 1993.
[230] ITU-T-Empf. Q.921: ISDN user-network interface – data link layer specification. Genf: ITU 1993.
[231] ITU-T-Empf. Q.922: ISDN data link layer specification for frame mode bearer services. Genf: ITU 1992.
[232] ITU-T-Empf. Q.930: ISDN user-network interface layer 3 – general aspects. Genf: ITU 1993.
[233] ITU-T-Empf. Q.931: ISDN user-network interface layer 3 specification for basic call control. Genf: ITU 1993.
[234] ITU-T-Empf. Q.932: Generic procedures for the control of ISDN supplementary services. Genf: ITU 1993.

[235] ITU-T Recommendations on videotelephony for n x 64 kbits/s – transmission and systems aspects (H.221, H.230, H.242, H.261, H.320). Genf: ITU 1993.
[236] ITU-T-Empf. T.4: Standardization of Group 3 facsimile apparatus for document transmission. Genf: ITU 1993.
[237] ITU-T-Empf. T.6: Facsimile coding schemes and coding control functions for group 4 facsimile apparatus. Blue Book, Vol. VII.3, Genf: ITU 1989.
[238] ITU-T-Empf. T.30: Procedures for document facsimile transmission in the general switched telephone network. Genf: ITU 1993.
[239] ITU-T-Empf. T.62: Control procedures for teletex and group 4 facsimile services. Genf: ITU 1993.
[240] ITU-T-Empf. T.70: Network-independent basic transport service for the telematic services. Genf: ITU 1993.
[241] ITU-T-Empf. T.90: Characteristics and protocols for terminals for telematic services in ISDN. Genf: ITU 1992.
[242] ITU-T-Empf. T.100: International information exchange for interactive videotex. Blue Book, Vol. VII.5, Genf: ITU 1989.
[243] ITU-T-Empf. T.101: International interworking for videotex services. Genf: ITU 1994.
[244] ITU-T-Empf. T.102: Syntax-based videotex end-to-end protocols for the circuit mode ISDN. Genf: ITU 1993.
[245] ITU-T-Empf. T.103: Syntax-based videotex end-to-end protocols for the packet mode ISDN. Genf: ITU 1993.
[246] ITU-T-Empf. T.105: Syntax-based videotex application layer protocol. Genf: ITU 1994.
[247] ITU-T-Empf. T.106: Framework of videotex terminal protocols. Genf: ITU 1993.
[248] ITU-T-Empf. T.150: Telewriting terminal equipment. Blue Book, Vol. VII.5, Genf: ITU 1989.
[249] ITU-T-Empfehlungen der T.400-Serie: Open document architecture (ODA) and interchange format, document transfer and manipulation (DTAM). Blue Book, Vol. VII.6, VII.7, und z.T. überarbeitete Ausgaben, Genf: ITU 1989-1993.
[250] ITU-T-Empf. T.503: Document application profile for the interchange of group 4 facsimile documents. Genf: ITU 1991.
[251] ITU-T-Empf. T.504: Document application profile for videotex interworking. Genf: ITU 1993.
[252] ITU-T-Empf. T.521: Communication application profile BT-0 for document bulk transfer based on the session service. Genf: ITU 1994.
[253] ITU-T-Empf. T.523: Communication application profile DM-1 for videotex interworking. Genf: ITU 1993.
[254] ITU-T-Empf. T.541: Operational application profile for videotex interworking. Genf: ITU 1993.
[255] ITU-T-Empf. T.563: Terminal characteristics for group 4 facsimile apparatus. Genf: ITU 1993.

[256] ITU-T-Empf. T.564: Gateway characteristics for videotex interworking. Genf: ITU 1993.
[257] ITU-T-Empf. V.24: List of definitions for interchange circuits between data terminal equipment and data circuit-terminating equipment. Genf: ITU 1993.
[258] ITU-T-Empf. V.110: Support of DTEs with V.-series type interfaces by an ISDN. Genf: ITU 1992.
[259] ITU-T-Empf. X.1: International user classes of service in, and categories of access to, public data networks and integrated services digital networks (ISDNs). Genf: ITU 1993.
[260] ITU-T-Empf. X.2: International data transmission services and optional user facilities in PDNs and ISDNs. Genf: ITU 1993.
[261] ITU-T-Empf. X.21: Interface between data terminal equipment and data circuit-terminating equipment for synchronous operation on public data networks. Genf: ITU 1992.
[262] ITU-T-Empf. X.22: Multiplex DTE/DCE interface for user classes 3-6. Blue Book, Vol. VIII.2, Genf: ITU 1989.
[263] ITU-T-Empf. X.25: Interface between data terminal equipment (DTE) and data circuit-terminating equipment (DCE) for terminals operating in the packet mode and connected to public data networks by dedicated circuit. Genf: ITU 1993.
[264] ITU-T-Empf. X.30: Support of X.21, X.21bis and X.20bis based DTEs by an ISDN. Genf: ITU 1993.
[265] ITU-T-Empf. X.31 (= I.462): Support of packet mode terminal equipment by an ISDN. Genf: ITU 1993.
[266] ITU-T-Empf. X.32: Interface between data terminal equipment (DTE) and data circuit-terminating equipment (DCE) for terminals operating in the packet mode and accessing a packet switched public data network through a public switched telephone network or an Integrated Services Digital Network or a circuit switched public data network. Genf: ITU 1993.
[267] ITU-T-Empf. X.50: Fundamental parameters of a multiplexing scheme for the international interface between synchronous data networks. Blue Book, Vol. VIII.3, Genf: ITU 1989.
[268] ITU-T-Empf. X.51: Fundamental parameters of a multiplexing scheme for the international interface between synchronous data networks using 10-bit envelope structure. Blue Book, Vol. VIII.3, Genf: ITU 1989.
[269] ITU-T-Empf. X.61: Signalling System No. 7 – Data User Part. Blue Book, Vol. VIII.3, Genf: ITU 1989.
[270] ITU-T-Empf. X.71: Decentralized terminal and transit control signalling system on international circuits between synchronous data networks. Blue Book, Vol. VIII.3, Genf: ITU 1989.
[271] ITU-T-Empf. X.75: Packet switched signalling system between public networks providing data transmission services. Genf: ITU 1993.

318 Literatur

[272] ITU-T-Empf. X.121: International numbering plan for public data networks. Genf: ITU 1989.
[273] ITU-T-Empf. X.200: Information technology – Open Systems Interconnection – The basic model. Genf: ITU 1994.
[274] ITU-T-Empf. X.208: Specification of Abstract Syntax Notation One (ASN.1). Blue Book, Vol. VIII.4, Genf: ITU 1989.
[275] ITU-T-Empf. X.209: Specification of basic encoding rules for Abstract Syntax Notation One (ASN.1). Blue Book, Vol. VIII.4, Genf: ITU 1989.
[276] ITU-T-Empf. X.214: Information technology – Open Systems Interconnection – Transport service definition. Genf: ITU 1993.
[277] ITU-T-Empf. X.215: Information technology – Open Systems Interconnection – Session service definition. Genf: ITU 1994.
[278] ITU-T-Empf. X.216: Information technology – Open Systems Interconnection – Presentation service definition. Genf: ITU 1994.
[279] ITU-T-Empf. X.217: Information technology – Open Systems Interconnection – Service definition for the association control service element. Genf: ITU 1995.
[280] ITU-T-Empf. X.218: Reliable transfer: Model and service definition. Genf: ITU 1993.
[281] ITU-T-Empf. X.219: Remote operations: Model, notation and service definition. Blue Book, Vol. VIII.4, Genf: ITU 1989.
[282] ITU-T-Empf. X.224: Protocol for providing the OSI connection-mode transport service. Genf: ITU 1993.
[283] ITU-T-Empf. X.225: Information technology – Open Systems Interconnection – connection-oriented session protocol: Protocol specification. Genf: ITU 1994.
[284] ITU-T-Empf. X.226: Information technology – Open Systems Interconnection – connection-oriented presentation protocol: Protocol specification. Genf: ITU 1994.
[285] ITU-T-Empf. X.227: Information technology – Open Systems Interconnection – connection-oriented protocol for the association control service element: Protocol specification. Genf: ITU 1995.
[286] ITU-T-Empf. X.228: Reliable transfer: Protocol specification. Blue Book, Vol. VIII.5, Genf: ITU 1989.
[287] ITU-T-Empf. X.229: Remote operations: Protocol specification. Blue Book, Vol. VIII.5, Genf: ITU 1989.
[288] ITU-T-Empfehlungen der X.400-Serie: Message handling systems. Blue Book, Vol. VIII.7, z.T. überarbeitete und neue Ausgaben, Genf: ITU 1989, 1991-1995.
[289] ITU-T-Empf. X.11: CMIP (Common Management Information Protocol Specification). Genf: ITU 1992.
[290] Kahl, P.: ISDN. Das neue Fernmeldenetz der Deutschen Bundespost Telekom. Heidelberg: R. v. Deckers Verlag, G. Schenk, 1992.
[291] Kauffels, F.-J.: Lokale Netze. Pulheim: DATACOM Buchverlag, 1988.

[292] Kessler, T.: Funkrufdienste im praktischen Einsatz. München: Franzis-Verlag 1992.
[293] v. Kienlin, A.; Klunker, I.: Packet switching and ISDN – a powerful alliance. Proc. ISS '87, Phoenix, March 15-20, 1987, pp. A.4.1.1-A.4.1.5.
[294] Klink, D.: Das System PCM 480. In: Digitale Übertragungstechnik, Postleitfaden 6/5-III. Heidelberg: Deckers Verlag, G. Schenk 1983.
[295] Komp, G.; Heuser, S.: „ADSL-unsymmetrische Übertragungstechnik auf Ortsanschlußleitungen", Nachr.techn. Z. 48 (1995) 4, S. 28-35.
[296] Kühn, P.: Teletraffic and the future of IIC. 13th Intern. Teletraffic Congr. Kopenhagen 1991, Elsevier Science Publishers B.V. (North Holland), Teletraffic and Datatraffic in a Period of Change, Vol. 14, S. 1087-1092.
[297] LeMinh, T.; Cannon, S.: ISDN-Centrex: The FWSI-approach. Proc. for Globecom '86, S. 19.5.1-19.5.5.
[298] Lyles; J.B., Swinehart D.C.: The emerging gigabit environment and the role of local ATM. IEEE Commun. Mag., vol. 30, no. 4, April 1992, pp. 52-58.
[299] Mägerl, G.: TMN and IN in the framework of "Intelligence in the network", Proceedings of ICCC Intelligent Networks Conference, Tampa 1992, S. 316–332
[300] Mahlke, G.; Gössing, P.: Lichtwellenleiterkabel: Grundlagen, Kabeltechnik, Anlagenplanung. 3. Aufl., Berlin, München: Siemens AG (1992) (278 S.).
[301] Maloberti, A.; Giusto, P.: Activities on third generation mobile systems in COST and ETSI. CSELT Technical Reports 3 (1992), pp. 181-189.
[302] Mitterer, H.; Steigenberger, H.: EWSD – the ISDN switching system. telcom report 10 (1987), S. 235–240.
[303] Möhrmann K.H.; Sailer H.: Optical transmission for FITL systems using PON architecture. 4th Workshop on optical local networks, Versailles 1992, Congr. Book, pp. 63-68.
[304] Musmann, H.G.; Werner, O.; Fuchs, H.: Kompressionsalgorithmen für interaktive Multimedia-Systeme. Informationstechnik und Technische Informatik 35 (1993), H 2, S. 4-18.
[305] Nachrichtentechnische Gesellschaft im VDE (NTG), Fachausschuß 1.6 ISDN-Anwendungen: Dienste im ISDN. Berlin, Offenbach: VDE-Verlag GmbH, 1986.
[306] Neufang, K.: Das Digitalkoppelnetz im System EWSD. telcom. rep. 4 (1981), S. 28-32.
[307] v. Nielen, M.: UMTS: A third generation mobile system. 3rd IEEE International Symposium on Personal, Indoor and Mobile Radio Communications, Boston (19.-21. 10. 1992), Tagungsband S. 17-21.
[308] Ohmann, F: Neue Kommunikationstechnik im dienstintegrierenden Netz. Nachr.-techn. Z. 36 (1983),S. 76-77.
[309] Osterburg, G. D.: Siemens System EDS-N – die neue Generation des bewährten Digitalvermittlungssystems für Text- und Datenkommunikation. telcom report 5 (1982), S. 113-118.

[310] Raab, G.: ISDN-Kommunikationssysteme und ihr Zusammenwirken mit dem öffentlichen ISDN. telcom. rep. 8 (1985) Sonderh. „Diensteintegrierendes Digitalnetz ISDN", S. 57-63.
[311] Ribbeck, G.: Bedienung und Wartung des Systems EWSD. telcom rep. 4 (1981), S. 49-54.
[312] Ribbeck, G.; Skaperda, N.: EWSD as a basis for ISDN. ISS '84 Florence, 7-11 May 1984, pp.21.B.3.1–21.B.3.6
[313] Ricke, H.; Kanzow, J.: BERKOM-Breitbandkommunikation im Glasfasernetz. Heidelberg: R. v. Deckers Verlag, G. Schenk,
[314] Rolle, G.: Mobilkommunikation. Berlin, Heidelberg, New York: Springer 1989, 89–180
[315] Rosenbrock, K.H.: ISDN – eine folgerichtige Weiterentwicklung des digitalen Fernsprechnetzes. Jb. d. Deutschen Bundespost 1984, Bad Windsheim: Heidecker, 1984, S. 509-577.
[316] Rosenbrock, K.H.; Richter, E.; Zeller, M.: ISDN Praxis, das Handbuch der neuen Sprach-, Text-, Bild-, Datenkommunikation. Ulm: Neue Medienges. 1992 (Erg. 1993), Kap. 10.
[317] Rosenbrock, K.H.; Richter, E.; Zeller, M.: ISDN Praxis, das Handbuch der neuen Sprach-, Text-, Bild-, Datenkommunikation. Ulm: Neue Medienges. 1992 (Erg. 1993), Kap. 4 u. 6.
[318] Rosenbrock, K. H.: Integration von Fernmeldediensten im digitalen Fernsprechnetz der Deutschen Bundespost – ISDN. Z. f. d. Post- und Fernmeldewes. 1982, H. 9, S. 24-31.
[319] Rosenbrock, K. H.; Schladt, B.: Das CCITT-Zeichengabesystem Nr. 7 – Eine Einführung. Unterrichtsbl. der Deutschen Bundespost 1984, S. 27-70.
[320] Rothamel, H. J.: A blueprint for broadband ISDN services. Telephony, 11.86, S. 50-58.
[321] Scheele, P.: Mobilfunk in Europa. Heidelberg: R. v. Decker, G. Schenk 1992
[322] Schmidt, V.; v. Winnicki, K.: Digitalsignalübertragung auf symmetrischen Kupferdoppeladern. telcom report 10 (1987), Special „Multiplex- und Leitungseinrichtungen", S. 139-145.
[323] Schollmeier, G.: Die Teilnehmeranschlußtechnik im ISDN. telcom rep. 8 (1985) Sonderh. „Diensteintegrierendes Digitalnetz ISDN", S. 21-26.
[324] Schwartz, L.: A personal communications services prototype using the advanced intelligent network, XIV International Switching Symposium Tokio, Japan (25.-30.10. 1992). Tagungsband Vol. 1 S. 302-306.
[325] Schweizer, L.: Begriffe der Digitalsignal-Übertragungstechnik, Bezeichnungen und Abkürzungen der DBP. In: Digitale Übertragungstechnik, Postleitfaden 6/5-III. Heidelberg: R. v. Decker, G. Schenk 1983.
[326] Schweizer, L.: Performance of terrestrial and satellite 64 kbit/s paths: requirements of voice and data, and standards of the future Integrated Services Digital Network (ISDN). IEEE Internat. Conf. on Commun., Boston, 1983. Conf. Rec., Vol. 1, pp. 23-27.

[327] Schweizer, L.: Planning aspects of quantizing distortion in telephone networks. Telecommun. J. 48 (1981), S. 32-36.
[328] Schweizer, L.: Übertragungstechnik für das ISDN. telcom report 11 (1988), S. 160-163.
[329] Skaperda, N.: EWSD heute – gewachsene Leistungsvielfalt. telcom report 11 (1988), S. 200-203.
[330] Skaperda, N.: EWSD morgen – zukunftssichere Kommunikation. telcom report 11 (1988), S. 204–209.
[331] Steinkamp, J.: Neue Impulse für den Richtfunk. telcom report 11 (1988), S. 82-84.
[332] Steinmetz, R., Hertwich R.G.: Integrierte verteilte Multimedia-Systeme. Informatik Spektrum 14 (1991), S. 249-260.
[333] telcom rep. 9 (1986). Sonderh. „Nachrichtenübertragung auf Funkwegen" (485 S.).
[334] telcom rep. 10 (1987) Special „Multiplex-und Leitungseinrichtungen", S. 94-133, 146-159 u. 223-286.
[335] Temple, S.: European Telecommunications Standards Institute: A revolution in European telecommunications standards making. Hull 1991: Kingston Public Relations.
[336] Tenzer, G.: Glasfaser bis zum Haus. Heidelberg: R. v. Decker, G. Schenk 1991.
[337] TU Berlin: TUBKOM Das TU-Breitband-Kommunikationssystem – Stand, Ziele, Projekte. Forschung 8 (1991), Nr. 33-35 (Sonderausgabe). Berlin: TU Berlin 1991.
[338] Tuttlebee, W. H.: Cordless Telecommunications in Europe. London: Springer 1990
[339] 1st International Conference on Universal Personal Communications, Dallas, Texas (29.9.-2.10. 1992). Tagungsband.
[340] 8th ITC Specialist Seminar on Universal Personal Telecommunication, Santa Margherita Ligure, Italien (12.-14. 10. 1992). Tagungsband.
[341] Valentin, R.: Ausbreitungsprobleme bei der Übertragung von Digitalsignalen über Richtfunk (II). fernmeldeprax. 59 (1982), S. 244-252.
[342] Walker, J.: Mobile information sytems. Boston, London: Artech House 1990.
[343] Wellhausen, H.-W.: „Neue Nutzungsmöglichkeiten vorhandener Kupferanschlußnetze", Nachr.techn. Z. 48 (1995) 4, S. 18-27.
[344] Wenzel, G.: Der zentrale Zeichenkanal Nr. 7 nach CCITT im System EWSD. telcom rep. 4 (1981), Beih. "Digitalvermittlungssystem EWSD", S. 38-43.
[345] Wöhlbier, G.: Planung von Telekommunikationsnetzen. Band I Fernsprechnetze. Heidelberg: R. v. Decker, G. Schenk, S.132.

Sachverzeichnis

A-Gesetz 232
a/b-Schnittstelle 146
AAL s. ATM Adaption Layer
AAL-Einheit 170
Abrufdienste 19
Abtastintervall 232
Abtastwert 232
Access Network s. Anschlußnetz
Add-Drop-Multiplexer 51, 249
Adressierung 119
Aktivierung 93
Alarm 240
Alarmmeldesignal 240
AMI-Code s. Leitungscode
Analog/Digital-Umsetzung 231
Anklopfen mit Anzeige 7
Anpassungseinheit TA 77, 137
Anreizprotokoll s. stimulus protocol
Anrufliste 170
Anrufumleitung 170
Anschalteeinheit 167
Anschlußkonfiguration 50
Anschlußleitungen 48, 202
Anschlußmerkmale
 – allgemeine 23
 – – des ISDN 41
 – dienstspezifische 41
Anschlußnetz 8, 9, 47, 200, 246
Anwenderteile (User Parts) 219
Anwendungen 1, 2
anwendungsspezifische Funktion 154
Anzeige
 – alphanumerische 170
 – der Gebühreneinheiten 7
Asynchronous Transfer Mode ATM 4, 8, 97, 197, 198

 – Adaptation Layer AAL 109, 134, 156
 – Anpassungsschicht 98, 109, 131, 134
 – Crossconnect (ATM-CC) 208
 – Einheit 170
 – Koppelelement 206, 207
 – Koppelnetz 207, 208
 – LAN 83
 – Schicht 98, 105
 – Technik 83
 – Universalvermittlungsstelle 199
 – Vermittlungsstelle 53, 208, 209
 – Zelle 204
Audiokommunikation 1
Auskünfte 43
authentication 5, 66
Autotelefon 265

B-ISDN 6, 8, 97, 195, 197, 198
 – Frame-Relay-Übermittlungsdienste 34
 – Protokoll-Referenzmodell 15
 – Vermittlungsstelle 204
B-ISUP 197, 226, 227
B-Kanal 6, 85
Bandbreite 3
Basisanschluß 6, 85, 86, 90, 199, 200, 243
Basisdienstmerkmale 23
Basiskanäle 6
Basisstation 266
Basisstationssteuerung 65
Basisstationssystem 65
Baumnetz 56
Bearer Capability 135
Bearer Services 135
Bearer/Connection Control 136

Belegung 69
Belegungsdauer 69
Belegungsbelastung 70
Benutzer 7
 – Benutzer-Signalisierung 129
 – Netz-Schnittstellen 6, 83, 97
Benutzeranschluß 195
Benutzeranschlußbereich der TK-Anlage 183
Benutzerebene 98
Benutzerklasse 146
Benutzersignalisierung 115, 131, 210
 – Release 132
Benutzerstation 6, 47, 77, 81, 251
Berechtigungszentrum 66
Besucherdatei 66, 266
Betreiber 8
Betrieb und Wartung 214
Bezugspunkt R 78, 140
Bezugspunkt S 77, 82
Bezugspunkt T 77, 82
Bezugspunkt U 78
Bezugstaktgeber 251
Bildkompression 171
Bildschirmtext 29, 70
Bildtelefon 171
Bildtelefondienst 39
Bildtelefonie 28
Bitfehler 252, 253, 255
Bitfolgeunabhängigkeit 240
Bitrate 52, 71, 99, 233
Blockierung 67, 68, 207
Breitband-Bewegtbildkommunikationsanwendungen und -dienste 38
Breitband-Bildfernsprechen 34, 38
Breitband-Bildschirmtext 39
Breitband-Datenkommunikationsanwendungen und -dienste 36
Breitband-Dokumentenabruf 37
Breitband-Dokumentenkommunikationsanwendungen und -dienste 37

Breitband-Dokumentenübermittlung 37
Breitband-ISDN (B-ISDN) 6, 131, 195, 197, 198, 316
Breitband-Verteilkommunikation 40
Breitband-Videokonferenz 34, 38
Breitbanddienste 33
Breitbandverteildienste 9
Bridges 154
Broadband ISDN User Part s. B-ISUP
Broadband Videotex Service 34
Burst-Verkehr 59, 187
Burstverfahren 244
burstiness 71
Business Management Layer 260
Buskonfiguration 121
Busnetz 56
Bussysteme 187

Call Control CC 136
Call Offering-Prozedur 151
Capability Set 132, 135
CAPI 175
Carrier Sense Multiple Access mit Collision Detection s. CSMAC/CD
CBDS 9
CC s. Call Control
CCIR (Comité Consultatif International des Radiocommunications) 11, 231
CCITT (Comité Consultatif International Télégraphique et Téléphonique) 11, 231, 279
CCNC 213, 229
Cell Loss Priority s. CLP
CEN 11, 279
CENELEC 11, 279
CENTREX 180
CEPT 233
Cityruf 269
CLNAP (Connectionless Network Access Protocol) 160

Sachverzeichnis

CLNIP (Connectionless Network Interface Protocol) 160
CLP 105
CMIP 261
Code s. Leitungscode
Codec 233
Common Channel Network Processor CCNP 213
Common Channel Signalling Network Control s. CCNC
Common ISDN Application Programming Interface s. CAPI
Common Management Information Protocol s. CMIP
Computer Supported Cooperative Working s. CSCW
Connectionless Broadband Data Service 9, 36
Connectionless Layer CCL 159
Connectionless Service Functions CLSF 159, 160, 196
control plane 98
Convergence Sublayer s. CS
Coordination Processor s. CP
Core- and Edge-Prinzip 154
CP 213
CRC (cyclic redundancy check) 103, 234
Cross-Connect-Multiplexer CCM 249
Crossconnectoren 8, 53
CS 110
CSCW 178
CSMA/CD 187
CSPDN (Cicuit switched public data network) 62, 139, 140, 143
CT1 270
CT2 270

D-Kanal 6, 85
– Protokoller 168
Data Communication Function DCF 259
Data Communication Interface DCI 185

Datenblock 253
Datenkommunikation 1, 36
Datennetz 62
– mit Leitungsvermittlung s. CSPDN
– mit Paketvermittlung s. PSPDN
Datenschutz 9
Datenserver 65
Datenübertragung 8, 70, 255
Datex-L 52
DECT 270
desk-top Interface 100
Dialogdienste 19, 39
Dienste 1, 2, 13
– im 64-kbit/s-ISDN 24, 31
– im Breitband-ISDN 33
– interaktive 19
– mit Endeinrichtungen aus eigenständigen Text- und Datennetzen 32
dienstespezifische Anschlußmerkmale 41
Dienstgüte 5
Dienstmerkmale 23
– ergänzende 7, 23, 40, 41, 129
Dienststeuerungszentrale s. Service Control Point
Dienstwechsel 7
Dienstübergänge 44
Digital European Cordless Telecommunication s. DECT
Digitalsignal
– Grundleitungsabschnitt DSGLA 240
– Hierarchie 234
– Multiplexer 248
– Multiplexgerät 248
– Übertragungsnetz 55
DIN 279

DQDB (Distributed Queue Dual
    Bus) 9, 189
- Protokoll 106
Digital Signalling System DSS 197
Durchgangsvermittlungsstelle 49,
    71, 181
Durchschaltebeziehungen 205
Durchschalteverfahren 61

Echo-D-Kanal 88
Echokompensation 237, 245
Echokompensatoren 67
ECMA 279
Einmodenfaser 237
Einphasenwahl 195
Einzelgebührennachweis 10
electronic mail 3, 29
end-to-end-Signalisierung 54, 220
Endeinrichtungen 2, 6, 77, 80, 152,
    165
Endgeräte 165
Endvermittlungsstelle 57
ERMES 269
Erreichbarkeit 7, 61
ETSI 11, 279
European Committee for
    Electrotechnical Standardization
    s. CENELEC
European Committee for
    Standardization s. CEN
European Computer Manufacturers
    Accociation s. ECMA
European Radio Messaging System
    s. ERMES
Europäisches Institut für
    Telekommunikationsstandards
    s. ETSI
Exchange Termination ET 200

Faksimile 70
Farbbilder 177
Fax Mail 29
FDDI 188, 189
Fernnetz 48, 57, 58, 60, 242
Fernsehtelefon 176

Fernsehtelefondienst 39
Fernspeisestromversorgung 167
Fernsprechnetz s. PSTN
Fernverbindungsleitungen 48
Fernvermittlungsstelle 48, 58
Fernwirkdienste 28
Festnetze 65
Festverbindungen 3, 53
Fiber
- in the loop 247
- to the curb 247
- to the home 247
Fibre Distributed Data Interface s.
    FDDI
Filmbearbeitung 177
FMBS 62
Foren 12
FPLMTS 272
Frame mode bearer service s. FMBS
Frame Relay 9, 154
- Netze 152
- Verfahren 5
- Technik 53
- Übermittlungdienste 26
- Verbindungen 156
Fremdanschaltung 58
Frequenznormal 251
functional protocol 129, 166
Funkfeld 242
Funkkanal 266
Funkruf 265, 268
Funktelefonnetz C 267
funktionales Protokoll s. functional
    protocol
Future Public Land Mobile
    Telecommunication System
    s. FPLMTS

Gebührenanzeige 170
Gebühreninformationen 43
Generic Flow Control s. GFC
Geräusch 252
GFC 105
Glasfaser 100
Glasfaseranschluß 51

Gradientenfaser 237
Großtube 237
GSM-Netz 267

H-Kanal 85
Handover 266
Handy 265
Hauptverkehrsstunde 68
Hauptvermittlungsstelle 48, 57, 58, 240
HDLC 123, 154, 253
HDTV-Verteildienste 34, 40
Header Error Control HEC 102, 105
Header-Umwertungstabelle (Header Translation Table) 206
Heimatdatei 66, 266
High Level Data Link Control s. HDLC
Hilfskanal 6

IEC 11, 279
IKZ 215
Informationsarten 2
Informationsdienstmerkmale 41, 43
Informationsmodell 261
Informationssicherheit 5
Informationstechnische Gesellschaft (ITG) im VDE 10, 279
Initial Address Message 70
integrierte Lösung 141, 147
intelligent peripheral 264
intelligentes Netz 4, 73, 276
International Electrotechnical Commission s. IEC
International Organization for Standardization s. ISO
International Telecommunication Union s. ITU
International Telecommunication Union –Radiocommunication Sector s. ITU-R
International Telecommunication Union – Telecommunication Standardization Sector s. ITU-T
Internet 3

Interworking 156
ISDN 3, 5, 6, 197, 198
– User Part 143, 226
– Basisanschluß 167
– Benutzerstation 77
– Bildkonferenz 28
– Bildschirmtext 29
– Bildtelefon 28
– Dienste mit 64 kbit/s und n × 64 kbit/s über B-Kanäle 26
– Dienste über den D-Kanal 30
– Fernkopierer 173
– Fernskizzieren (Telewriting) 27
– Fernsprechen 27
– Festbildübermittlung 28
– Memorandum of Understanding 75
– Nebenstellenanlagen 6, 180
– Rufnummer 72
– Standards 279
– Steckkarten 174
– Subadresse 72
– Teilnehmervermittlungsstelle 191, 194, 213
– Telefax 27
– Telefon 170
– User Part s. ISUP
– Vermittlungsstellen 191, 199
– Zwischenamtssignalisierung 143, 149, 215
ISO 11, 279
ISUP 143, 149, 197, 226
ITU 231, 279
ITU-R 11, 231
ITU-T 11, 231, 279
– Signalisierungssytem Nr. 7 215

Jitter 255
JTC1 11

Kabel 237
Kanaltypen 84
Kanalverbindungen 60
Kennzahlweg 58
Kernfunktionen 154

Kleintube 237
Knotenvermittlungsstelle 48, 57, 58, 240
Koaxialkabel 100, 187, 237
Komforttelefon 170
Kommunikationsnetz 1, 47
Kommunikationsprotokolle 14
Kommunikationssteckdose 6, 8
Kompatibilitätsinformation 121
Koppelfeld 181
Koppelnetz 195, 233
 – für ATM-Zellen (ATM Switching Network) 206
Kupferadern 237
Kurzwahl 170

LAN 5, 9, 83, 159, 165
LAPD 9, 122
layer management 99
Leerzellen 169, 206
leitungsvermittelte 64 kbit/s- und n × 64-kbit/s-Übermittlungsdienste 26
leitungsvermittelte Verbindungen 117
Leitungsabschluß s. Line Termination
Leitungsankoppelung 167
Leitungscode 241
 – 2B/1Q 242, 245
 – 4B/3T 242, 245
 – 5B/6B 242
 – 7B/8B 242
 – AMI- 89, 241
 – B8ZS 241
 – HDB3 241
 – MMS43 245
 – pseudoternär 241
Leitungssystem 241
leitungsvermitteltes öffentliches Datennetz s. CSPDN
Leitungsvermittlung 52, 140, 193
Letztwege 70
Lichtwellenleiter 9, 237; s.a. Glasfaser

Line Termination LT 200
Link-by-Link-Nachrichten 223
Link-by-Link-Signalisierung 220
Local Area Network (LAN) 5, 8, 9, 36, 57, 63, 83, 159, 165, 187
logische Kanalnummer 206
logische Verbindungen 53

MAN (Metropolitan Area Network) 5, 37, 64, 159, 189
Managed Objects 261
Management-Ebene 99
Maschennetz 56
Message Transfer Part MTP 218, 219
Master-Slave-Verfahren 251
Mediation Functions MF 259
Mehrwertdienste 5
Metasignalisierung 131, 133
Mobilfunkkommunikation 265
Mobilfunknetz 65
Mobilfunkvermittlungsstellen 65
Mobilität 265
Mobilkommunikation 265
Modem 1
Monomedium-Dienste 19, 22
Multimedia
 – Dienste 8, 19, 22
 – Endgerät 165, 178
Multimediakommunikation 1
Multiplexer 8
Multiplexsignal 246
µ-Gesetz 232

Nachrichtentransferteil s. Message Transfer Part (MTP)
Namenspeicher 170
Nebenstellenanlage 165, 180
Nettobitrate 53
Network Element Function Layer 260
Network Element Function NEF 258
Network Element Management Layer 260

Sachverzeichnis

Network Management 5, 257
Network Management Layer 260
Network Termination NT 77, 79, 80, 200
Netzabschlußeinheit s. Network Termination NT
Netzaufbau 56
– des 64-kbit/s-ISDN 57
– des B-ISDN 59
Netzdimensionierung 67
Netze für Text- und Datenkommunikation 3; s.a. CSPDN, PSPDN
Netzeigenschaften (Network Capabilities) 191
Netzeinführung 75
Netzgüte 5
Netzhierarchieebenen 56
Netzinformationen 43
Netzkennung 72
Netzknoten 47, 59
Netzkontrollzentrum 54
Netztopologien 56
Netzsynchronisierung 231, 250
Netzübergangslösung 141, 145, 147, 195
Netzübergangstellen 63
Netzübergänge 62, 137
– zum 64-kbit/s-ISDN 152
NT s. Network Termination
Numerierungsplan 72

Object Oriented Paradigm 261
Oktett 233
Oktettstruktur 247
Open Network Architecture (ONA) 5
Open Network Provision (ONP) 5
Operation and Maintenance OAM 113, 169, 214
Operations and Maintenance Center OMC 257
Operations Systems Function OSF 258

Operations, Administration and Maintenance OA&M 257
Ortsnetz 48, 58, 242
Ortsnetzkennzahl 72
Ortsverbindungsleitungen 48
Ortsverbindungsleitungsnetz 60
Ortsvermittlungsstelle 48, 58
Orwell-Protokoll 106
OSI-Referenzmodell 14, 115
Outslot-Signalisierung 117
Overlay-Netz 73, 199

Packet Handler PH 139, 149
Packet Switched Public Data Network s. PSPDN
paging 268
paketvermittelte Verbindungen 117
paketvermittelte Übermittlungdienste 26
paketvermitteltes öffentliches Datennetz s. PSPDN
Paketvermittlung 52, 140, 181, 193
Paketvermittlungsverfahren 5
passives optisches Netz s. PON
Payload Type-Feld PT 105, 106
PCM 231
– adaptive Differenz- (ADPCM) 233
– Sprachübertragung 254
PDH 55, 236
Personal Computer 173
personenorientierte Kommunikation 4
persönliche Rufnummer 274
persönliche Telekommunikation 274
persönliches Dienstprofil 274
Pfadverbindungen 60
PH 139, 149
Phasenjitter 252
Phasenschwankung 252
Phasenwandern 255
physikalische Schicht 98
physikalische Leitungsabschluß LT 201

plane management 99
plesiochron 248
plesiochrone Digitalhierarchie
  s. PDH
PON 49
Port-Methode 145
Positiv-Null-Negativ-Stopfverfahren 249
Positiv-Stopfverfahren 248
PressFax 177
Primärratenanschluß 6, 85, 95, 199
Primärvermittlungsstelle 48
private Netze 82, 165, 179
Protokollarchitektur 115
Protokollreferenzmodell 98
PSPDN (Packet switched public data network) 62, 139, 140, 143, 147, 149
PSTN (Public switched telephone network) 58, 139, 140
Publicly Available Specification PAS 12
Pulscodemodulation s. PCM

Quality of Service QOS 109
Quantisierungsgeräusch 232
Quantisierungsintervall 231
Querwege 70

Radio in the Loop 247
Rahmenbehandlung 168
Rahmenkennung 233
Rahmenstruktur 233
Raumstufen 205
Regendämpfung 238
Regionalnetz 60, 242
Richtfunk 238
Ringnetz 5, 56
Roaming 266
Router 154
Rückruf, automatischer 170
Rufnummernanzeige 10
Rufsteuerung 136
Rundsendekanal 133

SAPI 149, 150

SAR 109
Satellit 255
Satellitenfunk 238
Schichtenmanagement 99
Schleifenlaufzeit 88
Schlupf 250
Schnittstellen der V.-Serie 146
Schnittstellencode 241
schnurloses Telefon 265
SCP 48, 197, 213, 263, 275
SDH 55, 99, 101, 236, 248
Segmentation and Reassembly Sublayer s. SAR
Sekundärvermittlungsstelle 48
Service
– Access Point Identifier s. SAPI
– Control Point s. SCP
– Creation Point 263
– Data Point 263
– Management Layer 260
– Management System 263
– Module 186
– Specific Connection Oriented Protocol SSCOP 134
– Specific Coordination Functions SSCF 134
– Switching Point s. SSP
Sicherheitsdienste 28
Sicherungsprotokoll im D-Kanal
  s. LAPD
Signale 1
Signalisierungsendpunkt SP (Signalling Point) 218
Signalisierungskanal s. Signalling Virtual Channel
Signalisierungsnetz 54
Signalisierungssystem Nr. 7 54, 73, 215
Signalisierungstransferpunkt
  s. Signalling Transfer Point
Signallaufzeit 255
Signalling AAL (SAAL) 226
Signalling Transfer Point STP 218
Signalling Virtual Channel SVC 132
Slip 250

Sachverzeichnis 331

SMDS (Switched Multimegabit Data Service) 9, 36
Sonderverbindungen 43
SONET 100
Speicherdienste 4, 19
Speisung 94
SSP 264, 275
Standardisierung 10
Standardisierungsorganisationen 11
Standards Committee T1 279
stationsorientierte Kommunikation 4
Sternnetz 56, 181
Steuerebene 98
stimulus protocol 129, 166
STM (Synchronous Transport Module) 55, 235, 248
Störungen 252
Switched Multimegabit Data Service s. SMDS
synchrone Digitalhierarchie s. SDH
Synchronous Transfer Mode (STM) 8, 97, 197
Synchronous Transport Module s. STM

T1 system 233
Takterzeugung und Netzsynchronisierung 215
Taktfrequenz 250
Taktversorgung 252
Teilnehmeranschlußleitung 6, 242
Teilnehmernummer 72
Teilnehmervermittlungsstelle 47, 197, 200, 211, 240
Telebox-400-IPM 29
Telecommunication Technology Committee s. TTC
Telecommunication Management Network TMN 48, 214, 257
Teledienste 18, 69
Telefon 166
Telefonkarte 274
Telefonnetz s. PSTN
Telekommunikationsanlage 63, 179

Telexnetz 3
Terminalmobilität 274
Text Mail 29
Text/Datennetz s. CSPDN, PSPDN
Textübertragung 254
Third Generation Mobile System TGMS 272
TK-Anlage 165
Token Bus 57, 188
Token-Ring 188
Tonruf 170
Transaction Capabilities TC 225
Transaction Capabilities Application Part TCAP 226
Transitnetz 8
transmission convergence sublayer 101
Transversalfilter 245
Tertiärvermittlungsstelle 48
TTC 279
TV-Verteildienste 34, 40
TV-Zuspielung 39

Übermittlungsdienst-Kennung 119
Übermittlungsdienste 18, 135
Übertragungsmedium 236, 239
Umleitung von Anrufen 170
UMTS 272
Universal Mobile Telecommunication System s. UMTS
Universal Personal Telecommunication UPT 265, 276, 277
USA 233
user plane 98
UTP-3 100

Verband Deutscher Elektrotechniker (VDE) 10, 279
Verbindungsabbau 6, 127, 128
Verbindungsannahmesteuerung 71
Verbindungsarten 117
Verbindungsaufbau 6, 126
Verbindungsaufbauzeiten 69

Verbindungsleitung 55, 88
Verbindungsleitungsnetz 47
verbindungslose (connectionless) Kommunikation 9, 152
verbindungslose (connectionless) Übermittlungsdienste 36
verbindungslose (connectionless) Übermittlungsverfahren 159
verbindungslose Datendienste 59
verbindungsorientierte Übermittlungsdienste 36
Verbindungssteuerung 136
Verbindungsdienstmerkmale 41, 42
Verkehr 70
Verkehrsbelastung 70
Verkehrscharakteristik 69
Verkehrsgüte 68
Verkehrslenkung 67, 70, 71
Verkehrsvolumen 70
Verkehrswert 68, 70
Verlust 68
Verlustbetrieb 67
Vermittlungsabschluß s. Exchange Termination
Vermittlungsparameter 72
Vermittlungsstelle 51
Vermittungeinrichtung 8
Verteildienste 19
 - mit 64 kbits/s 30
Video-on-Demand 36, 39
Video-Overlay 179
Vierer 237
virtual channel VC 9, 53, 209
Virtual Channel Connection VCC 106
Virtual Channel Identifier VCI 105, 135, 209
virtual path VP 9, 53, 209
Virtual Path Connection VPC 106

Virtual Path Connection Identifier VPCI 135
Virtual Path Identifier VPI 105, 135, 209
virtueller Kanal s. virtual channel
virtueller Pfad s. virtual path
virtuelle Privatnetze VPN 4, 5, 59
virtuelle Verbindung 65
Voice Mail 29

Wahlwiederholung 170
Wander 255
Wartebetrieb 67
Wartungstechnik 8
Wellenlänge 237
Work Station Functions WSF 259
workstation 9, 178

X.25-Schnittstelle 147

Zeitgetrenntlageverfahren 244
Zeitmultiplex-Vermittlung 181, 203
Zeitstufen 205
Zeitungsseitenübertragung 177
Zellenverlust 252
Zellgrenzerkennung 169
Zellularfunk 265
Zentralkanal-Signalisierung 193, 194, 217
zentraler Signalisierungskanal s. ZZK
Zentralkanalsystem 215
Zentralvermittlungsstelle 48, 57, 58, 240
Zweiphasenwahl 149, 195
Zwischenamtssignalisierung 215
Zwischenregenerator 237
ZZK (zentraler Zeichengabekanal) 143, 197

Springer und Umwelt

Als internationaler wissenschaftlicher Verlag sind wir uns unserer besonderen Verpflichtung der Umwelt gegenüber bewußt und beziehen umweltorientierte Grundsätze in Unternehmensentscheidungen mit ein. Von unseren Geschäftspartnern (Druckereien, Papierfabriken, Verpackungsherstellern usw.) verlangen wir, daß sie sowohl beim Herstellungsprozess selbst als auch beim Einsatz der zur Verwendung kommenden Materialien ökologische Gesichtspunkte berücksichtigen.
Das für dieses Buch verwendete Papier ist aus chlorfrei bzw. chlorarm hergestelltem Zellstoff gefertigt und im pH-Wert neutral.

MIX
Papier aus verantwortungsvollen Quellen
Paper from responsible sources
FSC® C105338

If you have any concerns about our products,
you can contact us on
ProductSafety@springernature.com

In case Publisher is established outside the EU,
the EU authorized representative is:
**Springer Nature Customer Service Center GmbH
Europaplatz 3, 69115 Heidelberg, Germany**

Printed by Libri Plureos GmbH
in Hamburg, Germany